广东海洋强省建设策略

钱宏林　李　宁　谢　健　等著

海洋出版社

2016年 · 北京

图书在版编目（CIP）数据

广东海洋强省建设策略/钱宏林等著. —北京：海洋出版社，2016. 9
ISBN 978 -7 -5027 -9586 -3

Ⅰ. ①广… Ⅱ. ①钱… Ⅲ. ①海洋战略 - 研究 - 广东 Ⅳ. ①P74

中国版本图书馆 CIP 数据核字（2016）第 239598 号

责任编辑：杨传霞　王　溪
责任印制：赵麟苏
海洋出版社　出版发行
http：//www. oceanpress. com. cn
北京市海淀区大慧寺路 8 号　邮编：100081
北京朝阳印刷厂有限责任公司印刷　　新华书店发行所经销
2016 年 10 月第 1 版　2016 年 10 月北京第 1 次印刷
开本：889mm ×1194mm　1/16　印张：20. 25
字数：464 千字　定价：120. 00 元
发行部：62132549　邮购部：68038093　总编室：62114335

《广东海洋强省建设策略》主要作者名单

（按姓氏笔画排列）

刘　斌	汤苑芳	苏　文	杨　帆	杨黎静	
李　宁	李明杰	张晓浩	陈　蕾	赵明利	
柯　涛	钱宏林	高　杨	黄华梅	曹　艳	
谢　凡	谢素美	谢　健	魏　征		

前 言

人类有文字可载的几千年历史，已经充分证明了人类文明发展过程中海洋的重要性。进入21世纪以来，越来越多的国家对海洋在国家政治、经济、军事、科技、资源、环境等方面的重要影响有了更加深刻的认识。因此，哪个国家能在重视海洋、开发海洋、规划海洋、保护海洋、管理海洋等领域取得突破性进展，就能在新世纪的国际综合竞争中取得优势地位。中共十七届五中全会上，“发展海洋经济”被首次写入中国共产党中央委员会全体会议的公报。近几年，国务院通过的《国民经济和社会发展“十二五”规划纲要》和《全国海洋经济发展“十二五”规划》等一系列国家战略规划，均明确提出要推进海洋经济发展，制定和实施海洋发展战略，提高海洋开发、控制、管理能力并将其作为国家发展转型升级、提高核心竞争力的重要支撑。在当前世界经济复苏形势依旧不明朗、国内经济转型升级进入攻坚期、陆域资源环境约束日趋严峻化、新一轮改革创新进入深水区的历史阶段，党的十八大系统提出了“建设海洋强国”的重大方略。2013年，习近平总书记又提出了建设“一带一路”的重大倡议。这是新时期党和国家领导层在深刻剖析国内外经济社会发展情况、洞悉世界未来发展潮流之后，做出的伟大战略决策，对指导未来的海洋事业发展具有极其重大的战略意义。

从地方层面来看，进入21世纪以来，我国东部沿海省市高度重视各项海洋事业的发展，从辽宁的“五点一线”沿海经济带、天津滨海新区、山东半岛蓝色经济区，到江苏的沿海开发战略、浙江的海洋经济发展示范区，再到福建的海西经济区、广东的海洋经济综合试验区等，各地纷纷推出相关发展规划并创立了若干发展模式。特别是随着国务院于2011年依次批复《山东半岛蓝色经济区发展规划》《浙江海洋经济发展示范区规划》《广东海洋经济综合试验区发展规划》这三个国家级的战略规划之后，我国沿海地区“3+N”的重点发展布局基本明确。

《广东海洋经济综合试验区发展规划》的批复，标志着广东海洋经济综合试验区建设上升为国家战略。这说明，未来广东在各项海洋事业发展方面的举措、经验和教训，已不仅仅是广东自身的事情，而且业已成为国家海洋强国战略的重要依托，关系到我国海洋经济发展战略和区域发展总体战略的全面实施。而且，随着建设“一带一路”、设立国家级自贸区等相关重大战略的逐步推进，广东事实上已经成为新一轮改革开放的创新高地。在这个重要的历史节点，为配合广东省委省政府提出的建设海洋强省的战略目标、科学履行国家海洋局南海分局的工作职责、充分发挥地方建设的“智库”作用，国家海洋局南海分局组织局属单位南海规划与环境研究院长期在海洋工作第一线的科技人员，开展了“广东海洋强省建设策略”研究，尝试从理论层面研究如何建设海洋强者。

本书内容分为7章，分别从建设海洋强省的重要意义、发展现状、机遇与挑战、他山借鉴、挖掘潜力、发展蓝图和措施建议等方面，探索了建设海洋强省的一系列问题。这对于广东构建现代海洋产业体系、加快海洋科技研发、保护海洋生态环境、创新海洋管理服务、培育海洋文化意识，进而增强广东发展的源动力、推动广东发展方式转变、确保广东改革开放的排头兵地位，实现广东由海洋大省向海洋强省的重要转变，达成“提升我国海洋经济国际竞争力的核心区”“促进海洋科技创新和成果高效转化的集聚区”“加强海洋生态文明建设的示范区”“推进海洋综合管理的先行区”的战略定位，具有较强的开拓意义。本书编写分工如下：全书整体框架由钱宏林、李宁、谢健、陈蕾共同确定，第一章由谢素美编写，第二章由杨黎静编写，第三章和第四章由李宁编写，第五章主要由刘斌、苏文、李宁等编写，第六章主要由杨帆、魏征、李明杰等编写，第七章主要由汤苑芳、曹艳、黄华梅等编写。全书由李宁统稿。

本书的顺利完成，要感谢国家海洋局南海分局机关和局属其他单位的大力支持以及广东省各级政府和广东省海洋与渔业局的高效配合。本书得到了海洋公益性行业科研专项“海洋强国建设的评价体系研究及应用”（编号：201405029）、第一次全国海洋经济调查项目（编号：1511510315031）和国家海洋局南海分局海洋科学技术局长基金项目（编号：1610）的资助。海洋出版社的各位编辑在出版过程中付出了很多辛勤的劳动，深表谢意！

我们深知，广东建设海洋强省是一个极其复杂的规模庞大的系统工程，涉及海洋事业发展的方方面面，其理论探索更不可能在一朝一夕之内完成，必然会随着实践的发展而不断革故鼎新。由于时间、精力和理论水平等方面的限制，我们的研究不免存在着不足之处，恳请各位领导、专家和广大读者批评指正。

作　者

2016 年 6 月

目 录

第一章 扬风帆——建设海洋强省恰逢其时 ……………………………………（1）
第一节 海洋强国的提出 ……………………………………………………（2）
一、正式走向海洋 …………………………………………………………（2）
二、建设海洋强国 …………………………………………………………（3）
第二节 实施海洋强省战略 …………………………………………………（5）
一、海洋强省建设背景 ……………………………………………………（5）
二、海洋强省建设意义 ……………………………………………………（7）
三、海洋强省建设目标 ……………………………………………………（10）
第三节 历届政府的殷切希望 ………………………………………………（11）
第二章 明现状——距离海洋强省到底多远 ………………………………（14）
第一节 广东建设海洋强省的现状 …………………………………………（15）
一、区位条件 ………………………………………………………………（15）
二、自然资源 ………………………………………………………………（16）
三、生态环境 ………………………………………………………………（21）
四、社会政策 ………………………………………………………………（24）
五、经济基础 ………………………………………………………………（25）
六、科教力量 ………………………………………………………………（32）
七、人缘文化 ………………………………………………………………（33）
第二节 沿海省市区海洋发展对比分析 ……………………………………（37）
一、沿海省市区海洋资源环境现状比较分析 ……………………………（37）
二、沿海省市区海洋经济发展水平比较分析 ……………………………（44）
三、沿海省市区海洋科技创新能力比较分析 ……………………………（56）
四、广东海洋发展综合评价 ………………………………………………（67）
第三节 广东海洋发展中的问题 ……………………………………………（71）
一、海洋发展面临资环双重压力 …………………………………………（71）
二、海洋科技自主创新能力较弱 …………………………………………（72）
三、海洋经济综合发展水平不高 …………………………………………（72）
四、海洋综合管理服务能力不足 …………………………………………（74）
五、参与次区域合作圈力度不足 …………………………………………（74）
六、海陆联动有待推进 ……………………………………………………（75）
第三章 临海洋——机遇与挑战并存 ………………………………………（76）
第一节 海洋带来重要挑战 …………………………………………………（77）

一、广东遭受巨大海洋灾害 …… (77)
二、南海开发面临复杂争端 …… (83)
第二节 海洋助推广东发展 …… (89)
一、广东发展的简要回顾 …… (89)
二、广东一系列改革措施 …… (91)
三、海洋因素逐渐凸显 …… (96)
第三节 海洋决定广东未来 …… (99)
一、世界经济政治形势新变化 …… (99)
二、国内其他省市区步步紧逼 …… (101)
三、广东未来发展的新机遇 …… (103)
第四章 摸经验——他山之石建设海洋强省 …… (107)
第一节 国内海洋发展优势地区经验 …… (108)
一、台湾地区:教育 …… (108)
二、香港地区:航运 …… (109)
三、山东:产业 …… (111)
四、浙江:生态文明 …… (112)
五、江苏:防灾宣传 …… (113)
六、三大试点地区海洋相关政策比较 …… (113)
第二节 世界其他国家和地区经验 …… (120)
一、北欧:资源开发 …… (120)
二、美国加利福尼亚州:科教 …… (128)
三、日本:战略 …… (129)
第三节 对广东建设海洋强省的启示 …… (130)
一、金融和产业 …… (130)
二、基础教育 …… (131)
三、科技支撑 …… (131)
四、防灾宣传 …… (132)
五、环境保护 …… (133)
第五章 增优势——创造海洋发展新动力 …… (134)
第一节 增创海洋地缘优势 …… (135)
一、海洋地缘优势分析 …… (135)
二、海洋地缘优势的创新发挥 …… (135)
第二节 增创海洋资源优势 …… (143)
一、海洋资源优势分析 …… (143)
二、创新发挥广东海洋资源潜力的途径 …… (143)
第三节 增创经济潜能优势 …… (147)
一、海洋经济潜能分析 …… (147)

二、实现由潜能优势向现实实力转变的途径 …………………………………… (149)
第四节 增创生态环境优势 …………………………………………………… (154)
一、广东省近年来的海洋环境保护工作 ……………………………………… (155)
二、推进海洋强省建设,增创生态环境优势 ………………………………… (159)
第五节 增创管理体制优势 …………………………………………………… (162)
一、海洋管理的相关概念 …………………………………………………… (162)
二、国际社会海洋管理的发展趋势 ………………………………………… (163)
三、广东海洋行政管理体制发展历程 ……………………………………… (164)
四、推进广东海洋管理体制改革的思考 …………………………………… (166)
第六节 增创公共服务优势 …………………………………………………… (168)
一、海洋公共服务的概念 …………………………………………………… (168)
二、增创海洋公共服务优势的建议 ………………………………………… (170)
第七节 增创海洋战略优势 …………………………………………………… (173)
一、推进“海上丝绸之路”建设 …………………………………………… (173)
二、广东自贸试验区探新路 ………………………………………………… (179)
第六章 促发展——绘制广东海洋发展新蓝图 ……………………………… (184)
第一节 大汕头湾区——粤闽台海洋经济合作的桥头堡 ……………………… (186)
一、大汕头湾区海洋开发概况 ……………………………………………… (186)
二、大汕头湾区海洋发展政策导向 ………………………………………… (190)
三、大汕头湾海洋综合发展策略 …………………………………………… (194)
第二节 大红海湾区——珠三角串联粤东的主通道 …………………………… (197)
一、大红海湾区海洋开发概况 ……………………………………………… (197)
二、大红海湾区海洋发展政策导向 ………………………………………… (200)
三、大红海湾海洋综合发展策略 …………………………………………… (205)
第三节 环大亚湾区——广东海洋经济发展的新明珠 ………………………… (208)
一、环大亚湾区海洋开发概况 ……………………………………………… (208)
二、环大亚湾区海洋发展政策导向 ………………………………………… (212)
三、环大亚湾海洋经济发展策略 …………………………………………… (215)
第四节 环珠江口湾区——粤港澳海洋经济合作的核心区 …………………… (218)
一、环珠江口湾区海洋开发概况 …………………………………………… (218)
二、环珠江湾区海洋发展政策导向 ………………………………………… (223)
三、环珠江口湾区海洋经济发展策略 ……………………………………… (227)
第五节 大广海湾区——广东海洋经济发展的增长域 ………………………… (230)
一、大广海湾区海洋开发概况 ……………………………………………… (230)
二、大广海湾区海洋发展政策导向 ………………………………………… (232)
三、大广海湾海洋经济发展策略 …………………………………………… (235)
第六节 大海陵湾区——粤西对接珠三角的重点区 …………………………… (238)

一、大海陵湾区海洋开发概况 …………………………………………………… (238)
二、大海陵湾海洋发展政策导向 ………………………………………………… (241)
三、大海陵湾海洋经济发展策略 ………………………………………………… (243)
第七节 雷州半岛——粤桂琼海洋经济区的重要组成 ……………………………… (245)
一、雷州半岛海洋开发概况 …………………………………………………… (245)
二、雷州半岛海洋发展政策导向 ………………………………………………… (248)
三、雷州半岛海洋经济发展策略 ………………………………………………… (251)
第八节 粤北地区——广东海洋经济发展的联动区 ……………………………… (255)
一、粤北地区经济发展概况 …………………………………………………… (255)
二、粤北地区融入海洋强省建设的发展策略 ……………………………………… (258)
第七章 推举措——多管齐下建设海洋强省 ………………………………………… (262)
第一节 文化海洋,增强海洋意识 ………………………………………………… (263)
一、扬长并蓄:广东海洋文化宣教的路径选择 ……………………………………… (263)
二、影响深远:广东海洋文化建设的方略构建 ……………………………………… (269)
第二节 经略海洋,发展海洋经济 ………………………………………………… (271)
一、海洋产业结构的大调整 …………………………………………………… (271)
二、合理调整布局区域经济 …………………………………………………… (277)
三、推进区域海洋经济合作 …………………………………………………… (279)
第三节 认知海洋,创新海洋科技 ………………………………………………… (281)
一、广东海洋科技发展的对策措施 ……………………………………………… (281)
二、中长期广东省需开展的海洋科技项目 ………………………………………… (283)
第四节 美丽海洋,保护海洋环境 ………………………………………………… (286)
一、海洋生态文明示范区建设 ………………………………………………… (287)
二、实施海洋生态红线制度 …………………………………………………… (288)
三、完善海洋环境保护制度建设 ………………………………………………… (290)
四、海域海岸带整治修复工程 ………………………………………………… (292)
五、广东省美丽海湾建设 ……………………………………………………… (296)
第五节 法治海洋,加强海洋管理 ………………………………………………… (297)
一、完善海洋管理法律法规体系 ………………………………………………… (297)
二、建立健全海洋综合管理体制 ………………………………………………… (298)
三、建立完善海洋综合协调机制 ………………………………………………… (299)
四、合理规划海域综合使用水平 ………………………………………………… (299)
五、加强海洋环境管理体系建设 ………………………………………………… (301)
第六节 安全海洋,保障减灾防灾 ………………………………………………… (302)
一、完善海洋灾害应急法律制度 ………………………………………………… (302)
二、提高海洋灾害风险防范能力 ………………………………………………… (302)
三、完善海洋灾害应急演练教育 ………………………………………………… (303)

四、健全海洋灾害预警防范体系 …………………………………………………（303）
五、完善海洋灾害信息披露机制 …………………………………………………（304）
六、加大海洋防灾减灾投入力度 …………………………………………………（305）
七、提高海洋防灾减灾科技水平 …………………………………………………（305）
参考文献 ………………………………………………………………………………（307）

第一章

扬风帆

——建设海洋强省恰逢其时

第一节　海洋强国的提出

一、正式走向海洋

海洋对自然界、对人类社会文明的进步有着巨大的影响，人类社会发展的历史进程一直与海洋息息相关。海洋是生命的摇篮，它为生命的诞生、进化与繁衍提供了基础条件；海洋是风雨的故乡，它在控制和调节全球气候方面发挥着重要的积极作用；海洋是资源的宝库，它为人们提供了丰富的食物和无尽的资源；海洋是交通的要道，它为人类从事大宗商品交易，提供了经济便捷的运输途径；海洋是现代高科技研发的基地，它为人们探索自然奥秘、发展高科技产业提供了广阔舞台。海洋，拥有真正意义上"宝贵"的物质、能量和空间，可以有效补充日渐匮乏的陆地资源，突破资源对经济发展的限制，不断优化经济结构。

"向海而兴，背海而衰"。古今中外的经验教训已经昭示了海洋对于一个国家发展的重要性。古罗马哲学家西塞罗曾说过："谁控制了海洋，谁就控制了整个世界。"任何国家都不能无视海洋的重要性，即便是内陆国家也要考虑如何利用公海资源、分享海洋效益。走向海洋方能拥抱世界，孙中山先生也曾说"凡一国之盛衰，在乎海权之得失"。历史证明，一个大国如果在海洋上没有自己的位置，就不能算是真正意义上的大国，而拥有海洋的话语权，才算跻身世界大国之列。

正因为海洋在现代社会如此重要，所以它也已经成为世界主要力量在国际舞台进行多维度、综合性的合作与竞争的重要领域。20 世纪 60 年代之后，以争夺海洋资源、控制海洋空间、抢占海洋科技"制高点"为主要特征的现代国际海洋权益斗争呈现出日益加剧的趋势。进入 21 世纪，基于对海洋资源的争夺，海洋成为政治、经济、军事、外交、科技等领域的敏感地带。逐鹿海洋、竞争海洋、深度开发海洋乃大势所趋。国际海洋竞争主要表现在以下几个方面：勘探开发新的海洋矿产资源；发现、开发利用海洋新能源；获取更多、更广的海洋食品；加速海洋新药物资源的开发利用；实现更安全、更便捷的海上航线与运输方式等。美国指出：海洋是地球上"最后的开辟疆域"，未来 50 年要从外层空间转向海洋；加拿大提出：发展海洋产业，提高贡献，扩大就业，占领国际市场；日本把利用科技加速海洋开发作为提高国际竞争能力的重要手段；英国把发展海洋科学作为迎接跨世纪的一次革命；澳大利亚在今后 10 ~ 15 年要强化海洋基础知识普及，加强海洋资源可持续利用与开发。

21 世纪是海洋的世纪，海洋是拓展国家利益的重要战略空间，它直接关系到国家的政治安全和经济可持续发展，决定着国家的未来。日益强大的中国需要更加主动积极地走向海洋，高度重视海权，坚决维护领海主权和海洋权益，建设海洋强国。走向海洋，不但需要培育全民族海洋意识，而且需要提高海洋探索认知能力和海洋资源开发能力，更需要尽快提高海洋装备水平和蓝色产业支撑能力。

2011 年 12 月 21 日晚间黄金时段，中央电视台一套首播中国第一部大型海洋文化纪录片——《走向海洋》。随之，由海洋出版社出版的同名图书《走向海洋》也现身图书市场。央视与海洋出版社同时推出《走向海洋》，寓意深刻，标志着新的海洋"启智"时代和海洋文化普及时代的到来。《走向海洋》在开篇就表达了一种新观点：中华文明更是海洋文明。喜马拉雅山虽然挡住了印度洋的季风，但中华民族并没有与海洋隔绝。中华民族的命运与海洋时刻息息相关。从公元前的秦始皇五次东巡，到国威远播的汉唐，到富国弱兵的两宋，到郑和下西洋，到甲午中日战争，到中国沦为半殖民地，再到新中国的建立，“海洋”因素在中华民族的历史中无处不在。海洋不是一道屏障，而是通道，到了全球化趋势更加明显、国与国之间利益博弈更加激烈的今天，中国“走向海洋”势在必行。“走向海洋”是中华民族伟大复兴的必经之途，这是《走向海洋》的思想核心。《走向海洋》这部中华民族海洋战略的宣言书，通过回顾中国海洋历史来宣言当下：中国实现“海洋强国”的目标不会动摇。《走向海洋》力证了海洋对于中国的重要性，意在重铸中华民族的海洋意识。此书认为，只有彻底捍卫国家海权，做到“主权属我”，中国才能成为真正意义上的世界海洋强国。

时任国家海洋局局长刘赐贵曾说过：“中华民族走向海洋的历史是追求和平的，协和万邦是中国历代王朝统治者的理想；中华民族走向海洋的历史是艰难曲折的，‘重陆轻海’的思想始终束缚着前行的步伐。在中华民族伟大复兴的道路上，走向海洋的步伐不会停顿，建设现代化海洋强国的目标不会动摇。”2012 年 4 月中菲黄岩岛对峙以来，南海主权争端加剧，之后的中日钓鱼岛对峙事件，更让国人在愤慨之余，倍感海权的重要。走向海洋，建设海洋强国，维护领土主权与民族利益，是当今中华儿女的历史使命。

二、建设海洋强国

比古罗马西塞罗更早时期的希腊海洋学者狄米斯托克利曾预言：“谁控制了海洋，谁就控制了一切。”世界历史进程也充分证明了：海权握，国则兴；海权无，国则衰。任何大国的崛起必然伴随其海洋化的进程。

我国是海洋大国，有 1.8 万千米海岸线，约 300 万平方千米的管辖海域，近海大陆架蕴藏有丰富的石油、天然气等资源，在海洋有着广泛的战略利益。正因为我国是一个海洋大国，所以海洋利益的得失直接决定或影响着国家政治、经济、安全、文明进步的走向，决定和影响着国家的前途命运。维护海洋国土主权和安全，解决祖国统一问题、南海问题、钓鱼岛问题，保证海外合法利益不受侵犯，保证海外航线安全等问题，都需要重视海洋的军事意义，加强海上作战力量建设。因此，借海强身、以海兴国，建立海洋强国是中国发展的必然选择。只有加快建设海洋强国步伐，加强与海洋相关的综合力量建设，才能有效地维护海洋国土不受外来侵犯，以过硬的实力维护国家海洋国土主权安全，保证我国海洋利益不受侵犯。中国在推进现代化的历程中，需要不断调整自己的海洋战略，加快建设海洋强国的步伐。

21 世纪是海洋的世纪，这是广泛共识；海洋事关国家安全和永续发展，这是根本利益。随着世界经济快速发展，能源短缺的问题日显突出，陆域资源、能源和空间的压力与日俱增。世界各国越来越重视发展海洋经济，围绕着海洋权益和安全的斗争呈现出越来越复杂的态势，我国的海洋权益和安全也面临着严峻的挑战。沿海国家，特别是一些西方老牌海洋大国都在争相建设海洋强国。面对当前世界主要海洋国家将海洋权益视为核心利益所在，积极推行新一轮的海洋经济政策和战略调整，中国推进海洋强国建设，积极维护海洋权益，除了维护国家领土主权，也是发展之本、民生之需，更是中华民族伟大复兴的题中之意。我国是世界上的海洋大国之一，是发展中国家中的主要海洋国家之一，同时也是世界第一人口大国和近些年经济增长最快的大国，海洋是我国提升综合国力的关键点。实施海洋战略，是世界强国发展的成功经验，也是我国21世纪的地缘战略选择，更是我国国脉所系和崛起之必需。建设海洋强国，有助于我国充分发挥海洋资源上的优势，弥补自身的不足，更好地解决发展中遇到的问题，实现全面、协调、可持续发展。

党的十六大以来，党中央、国务院推出了一系列重要举措，已经拉开了建设海洋强国的序幕，出现了可喜的进展，创造了不凡的业绩，海洋科技、海洋经济和海洋国防等各个领域迈出了坚实的步伐。党的十六大、十七大分别提出“实施海洋开发”和“发展海洋产业”，国家的“十一五”和“十二五”规划纲要则先后提出“强化海洋意识，维护海洋权益，保护海洋生态，开发海洋资源，实施海洋综合管理，促进海洋经济发展”和“坚持陆海统筹，制定和实施海洋发展战略，提高海洋开发、控制、综合管理能力”。《全国科技兴海规划纲要(2008—2015年)》的发布实施，从科技层面对海洋工作作出了战略部署。党的十八大首次系统提出了“建设海洋强国”的战略目标，明确了“提高海洋资源开发能力、发展海洋经济、保护海洋生态环境、坚决维护国家海洋权益”的工作重点。

在国际格局和国际政治经济形势风云变幻的今天，海洋强国战略目标的提出具有重要的战略意义。党的十八大报告将建设海洋强国提升至国家发展战略高度，宣示中国将提高海洋资源开发能力，坚决维护国家海洋权益。加强海洋的开发、利用、安全，关系到国家的安全和长远发展。开发利用海洋既是着眼于中华民族伟大复兴的需要，也是着眼于我国领土主权和发展权的维护。

运筹沧海，经略环宇。党的十八大首次明确提出建设海洋强国战略之后，中央最高领导层对我国海洋事业发展的持续关注，为中国走向海洋注入了强大的信心和动力。2013年7月，习近平总书记在第八次中央政治局集体学习时指出，要进一步关心海洋、认识海洋、经略海洋，推动我国海洋强国建设不断取得新成就；2013年12月的中央政治局会议再次强调，要扎实推进海洋强国建设；2013年12月的中央经济工作会议，将化解产能严重过剩矛盾、建设“21世纪海上丝绸之路”作为2014年经济工作的主要任务。风帆举、砥砺行，在金融危机长期影响、全球经济深刻调整、我国经济深化改革、海洋权益备受挑战的当下，扎实推进海洋强国建设已经成为我国实现健康发展、维护地区和平、促进共同繁荣的历史担当。

进入21世纪以来，我国在海洋经济发展、海洋产业布局、海洋科技提升、海洋生态环境保护等方面取得了长足进步，海洋资源开发能力显著上升，初步建立陆海资源配置与经济布局、海洋近岸开发与远海拓展统筹兼顾的国土空间开发格局。我国将海洋战略纳入国家战略，坚持和平发展、合作共赢，建设“强而不霸”的海洋强国，不仅对自身具有重大的历史和现实意义，对地区和世界海洋也具有重要的积极意义。这是我们党和政府应对海洋问题尤其是新世纪以来针对国际国内海洋形势做出的重大战略部署，也是我们党和政府针对长期以来海洋问题政策的合理提升和深化，具有重要的现实意义和战略价值。

依据国际国内海洋问题发展情势，结合我国自身的特点，中国提出建设“海洋强国”的战略目标，不仅是我国国内针对海洋问题政策的汇总和深化，也是我国提出构建“和谐世界”“和谐海洋”后在海洋领域的理念延伸及贡献，对于维护国际海洋秩序具有重大的作用和意义。建设“海洋强国”战略目标的提出，也是我国继续实现推进现代化建设、完成祖国统一、维护世界和平与促进共同发展这三大任务的重要保障。

“海洋强国”战略内涵丰富，涵盖了多个方面，既要求提高海洋资源的综合开发能力，同时又要兼顾可持续发展；既要求保障我国海上的权利，也要保证承担海上的国际义务与责任。中国特色海洋强国的内涵主要表现在如下几方面。

认知海洋：强化海洋科学研究，强化海洋专门人才的培养，强化全民族的海洋意识。

利用海洋：优化海洋开发的空间布局，提高海洋开发利用水平。

生态海洋：坚持规划用海，坚持集约用海，坚持生态用海，坚持科技用海，坚持依法用海。

管控海洋：完善海洋法律法规，强化海洋综合管理，提高海洋维权执法能力。

和谐海洋：让海洋成为沿海国家的合作之海、友谊之海。

重视海洋对我国的发展有重大而深远的意义。海洋强国战略的提出可能使我国从忽视海洋的传统陆权国家向海陆复合型国家转变，完成这一转变对我国无疑是个挑战，需要从政治、经济、军事、文化等多个方面去丰富这一战略的内涵与意义，把握战略实施带来的新机遇。

对海洋实力的追求必将影响我国将来的政策选择与制定，并且这种影响是多元的，在思想上、经济上、军事上都将带来新的内涵，而这些也成为整个国家和民族实现“中国梦”的新内涵。没有“海洋强国”作支撑，所谓“中国梦”就不会完整。而且，海洋强国的内涵不可能一成不变，它将随着建设海洋强国的实践而不断充实和完善。

第二节　实施海洋强省战略

一、海洋强省建设背景

（一）国家高度重视海洋经济发展

世界经济从陆域竞争演变为海域竞争是历史的必然，这是由丰富的海洋资源和广阔的海洋空间决定的。我国政府敏锐地关注到了时代发展的最新动向，21 世纪以来，先后颁布了十多个具有国家战略意义的区域规划，其中东部沿海地区经济方式转变和产业结构调整成为国家战略布局的重点。沿海各省市纷纷将依托海洋转变发展方式，发展海洋经济、布局临海工业、抢占战略性新兴海洋产业制高点作为新时期的重要任务。2010 年 10 月，党的十七届五中全会通过的《中共中央关于制定国民经济和社会发展第十二个五年规划的建议》首次在五年规划中明确提出“发展海洋经济”，为全国海洋经济的发展创造了重大机遇。之后，党的十八大报告、《推动共建丝绸之路经济带和 21 世纪海上丝绸之路的愿景与行动》等国家发展的纲领性文件为全国海洋经济的发展创造了良好的政策环境。

从区域布局看，以国务院批复的《山东蓝色半岛经济区发展规划纲要》《浙江海洋经济示范区规划》《广东海洋经济综合试验区发展规划》为代表以及《推动共建丝绸之路经济带和 21 世纪海上丝绸之路的愿景与行动》中定位为 21 世纪海上丝绸之路核心区的福建，再加上天津，这五个省市一起构成了我国地方层面发展海洋经济的引领区域。其余各沿海省份，也纷纷根据自身发展基础和独特的地理、人文优势加快海洋经济发展。

（二）广东迎来重大战略机遇时期

广东作为海洋资源条件较好的经济第一大省，在中国走向海洋、向海洋进军的征途中责无旁贷。广东海洋资源丰富，海洋经济发展较快，是中国海洋经济发展的排头兵之一。近期，广东借力国家的种种发展战略，迎来了重大发展机遇。

1. 海洋强省战略

广东较早地将海洋经济发展纳入省委省政府工作之中。2010 年 1 月，广东省委十届六次全会把发展海洋经济和推进海洋综合开发列为新兴战略产业。2010 年 4 月，国务院同意国家发展和改革委员会上报的《关于开展我国海洋经济发展试点工作的请示》，并将广东作为国家海洋经济发展试点地区之一。2010 年 12 月，广东省政府与国家海洋局签订《关于促进广东海洋经济强省建设的框架协议》，省部合作助推海洋经济强省建设，广东大力发展海洋经济的时代已经来临。2011 年 1 月，《中共广东省委关于制定国民经济和社会发展第十二个五年规划的建议》中提出加快建设海洋经济强省的战略目标。2011 年 8 月，国务院批复了《广东海洋经济综合试验区发展规划》，为广东从“海洋大省”向“海洋强省”的跨越搭建了新平台。广东发展海洋经济着手较早并且在党的十八大之后，进一步细化了建设海洋经济强省的工作安排，于 2013 年 4 月，由广东省发改委和广东省海洋与渔业局联合印发了《关于充分发挥海洋资源优势，努力建设海洋经济强省的决定》及《广东省发展临海工业实施方案》等 5 个方案。

2. “21 世纪海上丝绸之路”战略

2013 年 10 月，国家主席习近平提出建设“21 世纪海上丝绸之路”战略。作为古代海上丝绸之路的发源地之一，广东成为建设“21 世纪海上丝绸之路”进程中绕不开的重要一环。广东是我国通往东南亚、南亚、中东、北非等“海上丝绸之路”沿线地区最便捷的交通枢纽，广东与以上国家和地区开展合作的前景广阔。

2015 年 1 月 15 日，广东省委十一届四次全会将“参与 21 世纪海上丝绸之路建设”作为广东的一项重点工作，被提上重要议事日程。会议明确，要加快构建对外开放新格局，进一步提升对外开放水平，抓紧谋划和启动自由贸易试验区建设，积极参与“21 世纪海上丝绸之路”建设，加大力度推动“走出去”和“引进来”。目前，广东有关方面正在积极研究与海上丝绸之路沿线国家的合作，着手制定围绕 21 世纪海上丝绸之路的建设规划，稳步推进与沿线国家在贸易、投资、交通设施、文化交流、旅游、海洋经济等领域的深度合作。通过合作共赢，广东不但可以实现与沿线国家和地区的政策沟通、道路连通、贸易畅通、货币流通、民心相通，保障国家安全和能源资源安全，而且有利于推动广东海洋强省的建设。

3. 自贸区发展战略

作为进一步推进改革开放的重要手段，国家除了原有设立的上海自贸区之外，又批准了包括广东在内的三个自贸区。2015 年 4 月，中国（广东）自由贸易试验区挂牌仪式在广州南沙举行。广东省自贸区总面积达到116.2平方千米，包括南沙新区、前海蛇口片区以及珠海横琴新区。自贸区的建设与海洋经济密不可分，因此，广东自贸区的建设不但有利于推动建设与国际接轨的新制度体系，扩大投资领域开放，推进贸易发展方式转变，深化金融领域开放创新等，而且有利于不断壮大海洋经济规模，推进海洋强省的建设力度。

（三）广东经济发展方式面临转型

广东自改革开放以来，依托外贸出口的发展模式，经济迅速增长，但长时间以牺牲生态环境、压低劳动力资本为代价的经济增长模式必定难以持久。特别是2008年国际金融危机爆发以来，广东众多小型对外出口企业倒闭，原有发展模式难以为继。广东在危机前，通过建立“倒逼机制”，实施“三促进一保持”（促进建立现代产业体系，促进提高自主创新能力，促进传统产业转型升级，保持经济平稳较快发展）和产业、劳动力“双转移”的总体工作思路，加快转变经济发展方式的步伐。

2010年5月，为了贯彻落实中央关于加快经济发展方式转变的重大战略部署，深入实施《珠江三角洲地区改革发展规划纲要（2008—2020年）》，应对广东经济社会发展过程中逐渐暴露出的一些问题，广东省委省政府印发《关于加快经济发展方式转变的若干意见》，明确提出“推动经济进入创新驱动、内生增长的发展轨道，促进经济社会又好又快发展”的目标并在协调拉动经济增长、优化升级产业结构、突出区域协调发展、推进自主创新等方面明确了工作任务。

广东省委省政府就国民经济全局做出的指导意见，对海洋经济发展也具有重要的借鉴意义。时至今日来看，“十二五”时期广东的海洋经济发展取得了巨大的成就，但与此同时也面临着从未有过的压力。广东海洋经济综合实力不强，诸如产业结构有待优化、发展方式比较粗放、传统产业比重较大、区域发展不平衡、海洋生态环境部分区域恶化、海洋科技支撑有待加强、海洋财税金融支持不够完善等问题日渐凸显。因此，要转变经济发展方式，海洋经济是一个极其重要的领域。而且由于海洋经济的高度外向型特征，海洋经济发展方式的转变必将对转变国民经济发展方式起到重要的先导作用。

二、海洋强省建设意义

改革开放30多年来，广东经济在经历多年的快速粗放式增长之后矛盾开始凸显。在新的历史起跑线上，广东经济要实现可持续发展，从陆地转向海洋，向海洋“要空间、要资源、要环境”是广东未来发展的重要方向，是缓解目前正面临的人口、资源、环境三大危机的重要出路。作为国家海洋经济试点省份之一，广东正处于由海洋大省向海洋强省转变的重要阶段。因此，广东省委省政府审时度势，适时提出建设“海洋强省”的战略目标，是非常明智的选择。建设强省，不但是建设幸福广东的重要依托，而且是广东“争当全国海洋事业科学发展排头兵”的必然选择。

（一）有利于推动海洋强国等战略的实施

广东是海洋大省，发展海洋经济优势突出，基础良好，潜力巨大，海洋经济发展在全国具有举足轻重的地位。时任国家主席胡锦涛在2011年8月15日视察广东时作出“要按照国家批准的《广东海洋经济综合试验区发展规划》，合理开发利用海洋资源，努力打造海洋经济强省”的重要指示精神。2012年11月5日，广东省委副书记、省长朱小丹在广州会见时任国家海洋局局长刘赐贵。刘赐贵表示，国家海洋局将继续支持广东在发展海洋经济、建设海洋经济综合试验区上先行先试，希望广东省在海洋工作上多出好经验、为我国建设海洋经济强国多做贡献。

广东省委、省政府印发的《关于充分发挥海洋资源优势，努力建设海洋经济强省的决定》以及发展临海工业、海洋新兴产业、滨海旅游业等实施方案，提出总投资逾万亿元的177个重点建设项目。其中，海洋装备制造业升级和沿海石化基地扩能项目占很大比重，将助力广东实现海洋强省的战略目标。海洋经济强省建设是海洋强国建设的一部分，作为在全国具有重要示范意义的省份，广东海洋强省建设推进的越成功，对国内其他沿海省区的海洋强省（区）建设越具有示范意义，从而有利于海洋强国目标的实现，也有利于推动“21世纪海上丝绸之路”、国家自贸区等发展战略的实施。

（二）有利于转变优化海洋经济发展方式

过去30多年，广东凭借海洋优势，迅速发展成为全国第一经济大省。但是广东海洋经济发展也存在诸多问题，难以适应全球发展趋势和“南海开发”要求。广东海洋经济发展方式粗放，海洋产业结构不合理，重构严重，缺乏规模企业，分海域开发秩序混乱，海域使用矛盾突出，海洋生态恶化的势头尚未遏止，珠江口海域是全国海域污染较为严重的地区之一。此外，广东虽然海洋经济总量居全国第一，但海洋科技力量仅处在全国第七位，尤其是顶尖级人才数量与山东差距很大。面对上海、山东、浙江、天津等沿海省市海洋经济发展的迅猛势头，广东海洋经济的先发优势正在逐渐丧失。落后的发展方式和日益紧迫的发展环境，迫使广东必须加快海洋发展政策的转变，否则将难以对接上“南海开发”。

为顺应经济转型大潮，广东已将海洋经济定位为重要主攻载体，把扩充经济总量、推动经济转型升级的重要着力点放在海洋经济上。通过适时推进海上产业转移，从顶层设计上谋划全省产业布局，有利于形成特色鲜明、辐射力大、竞争力强的海洋产业集聚区和产业集群，推动广东区域协调发展与产业转型升级，助力广东海洋强省建设。通过海洋强省建设，有利于用高新技术改造传统海洋产业，推动海洋新兴产业发展，促使优势产业集群化和传统产业高端化，形成现代海洋产业体系；有利于加大自主创新投入，推动海洋经济增长由资源依赖向创新驱动转变，提高海洋经济的质量效益，将海洋开发向更深、更广、更高的领域拓展。尤其是建设21世纪海上丝绸之路，依托海上丝绸之路商贸物流大通道，发展临海先进制造业，同时大力发展海洋石油、海洋化工、海洋旅游等产业，形成区域特色鲜明的海洋产业集群，有利于转变海洋经济发展方式、调整产业结构。

（三）有利于改善民生和推动城镇化建设

大力发展海洋经济，建设海洋强省，不但是广东调整产业结构的重要着力点，而且是广东建设资源节约型和环境友好型社会的重要立足点，可以缓解广东人口、资源、环境三大危机的压力。

众所周知，世界范围的经济区域结构、产业布局、人口就业分布均呈现向沿海地区转移的大趋势，沿海地区大都属于经济发展和人口就业承载力最高的“光环带”。广东也概莫能外，珠三角地区沿海各市，集中了全省八成以上的经济产出、固定资产投资、常住人口等重要经济和社会发展指标。粤东和粤西地区，经济较为发达的区域也是沿海岸分布。随着新型城镇化建设的推进，广东必将在量和质上取得更加显著的成绩。

随着海洋资源开发越来越引起沿海地区的重视，海洋经济日益成为广东未来发展的重要增长极。海洋产业的发展必将增加沿海地区的就业吸纳力，为就业为本的城镇化提供原动力。即便是滨海旅游、海洋渔业等传统海洋产业，也具有资源集聚、高效生态等特征，可以通过进一步深化提升产业发展的内在质量而吸引新的投资从而增加就业、保护生态环境，对于广东的新型城镇化建设也有着不容忽视的重要作用。总之，海洋经济的发展对于保障粮食安全、能源安全、水源安全，加强资源节约和生态环保等都具有十分重要的意义，有利于进一步改善民生，有利于推动广东的生态宜居、海陆统筹、可持续发展的城镇化进程。

（四）有利于推动生态文明和软实力建设

党的十八大报告提出“五位一体”的中国特色社会主义总布局，将经济、政治、文化、社会和生态五大建设并列，作为指导我国实现全面建成小康社会目标的强有力保障。这对于海陆兼备的广东来说，在建设海洋强省时具有重要的指导意义。与此同时，广东建设海洋强省也是在国家推进“21世纪海上丝绸之路”建设和自贸区建设的新时代背景下进行的，这就必然要在以往加强经济社会发展的同时，更加注重生态文明和海洋文化等软实力的建设。

如前所述，经历了30多年的高速增长之后，广东在面对资源约束趋紧、部分地区环境污染严重、生态系统退化的严峻形势，必须树立尊重自然、顺应自然、保护自然的生态文明理念，走可持续发展道路，这也是建设海洋强省的内在要求之一。建设海洋强省，有利于提升人们对海洋生态文明重要性和生态安全战略意义的认识，有利于完善海洋生态保护机制，促进海洋资源恢复与增长，也有利于推进国家级海洋生态文明示范区建设，保证海洋资源的可持续利用，推动全省生态文明建设的发展。

作为海上丝绸之路的发祥地和改革开放的先行地，广东在“三个定位，两个率先”总目标的统领下，建设海洋强省、建设珠三角世界级城市群、申报粤港澳自贸区等一系列目标规划，都可以沿着这条古老而崭新的“海上丝绸之路”找到新的依托。作为文化建设的重要组成部分，广东无论从海洋历史文化、海洋军事文化、海洋旅游文化或海洋民俗文化等各个方面，都能挖掘出非常多的各具特色的文化亮点。而且，在加快建设海洋强省的过程中，全社会对海洋文化会越来越重视，海洋文化必然会越来越发展、丰富和繁荣，海洋文化产品会日益丰富，不但有利于释放改革红利、有利于形成对外开放合作的新格局，而且有利于促进社会整体的文化建设，形成广东特色的海洋软实力。

（五）有利于缩小区域差距，促进区域协调发展

目前广东省经济发展过程中存在的一个主要问题就是区域发展不平衡，区域的发展差距

逐渐扩大，区域发展的不协调会影响到经济社会的发展，将不利于区域经济的长期发展。由于广东省的海洋资源、区位优势和经济发展基础具有区域性差异，因此，海洋经济的发展也存在区域发展不平衡的问题，海洋经济的发展既能促进区域的经济发展，也会拉大区域经济发展的不平衡，同时海洋经济与陆域经济一样也具有“马太效应”，海洋经济资源丰富，经济基础雄厚，海洋科技发达的地区的海洋经济会发展越来越好，其海洋经济发展具有自我增强机制，会不断地内生出新的海洋经济增长点。而海洋资源相对欠缺，经济基础薄弱，技术落后的区域则发展会越来越缓慢，逐渐加大区域海洋经济发展的不平衡。区域的发展不平衡是经济发展过程中的必然，但若该问题不加以重视和解决，区域的不平衡会使得整个区域经济增长受阻，甚至引发一系列社会问题。

海洋强省的建设，通过大力发展海洋经济有利于促进区域的协调发展。其核心和根本是要通过加快海洋经济发展模式的转变，构建新的循环可持续发展模式。发挥各地的比较优势，合理布局海洋产业，在区域间形成产业链，各区域间合理分工，加快海洋经济结构的升级，大力发展海洋第三产业和高端服务业，通过技术扩散和产业转移，产业链分工合作带动欠发达地区的海洋经济发展。同时通过发展海洋经济中的分工合作会促进发达地区与欠发达地区之间的人才、技术和经验的交流和合作，逐步培养出欠发达地区的内生增长动力，促进欠发达地区海洋经济的发展，逐步缩小区域发展的差距。

三、海洋强省建设目标

海洋强省是海洋强国的微观单元，其概念的内涵十分丰富，反映的是一个地区海洋各项事业发展的综合实力。根据不同学者的研究，它可以划分为很多种类，不仅可以分为硬实力和软实力，也可以分为当前实力和潜在实力、自然实力和社会实力等方面。从部门角度来看，它可以包括海洋经济综合实力、海洋产业综合实力、海洋科技综合实力、海洋文化综合实力、海洋环境承载能力、海洋生态环保能力、海洋管理服务能力等若干方面。

因此，为海洋强省设定科学合理的建设目标，可以为我国海洋强国战略的实施提供重要支撑。广东省海洋强省的建设应通过构建具有广东特色的海洋发展布局和产业体系、加强海洋生态文明建设、实施科技兴海和人才强海战略、提高海洋综合管理能力、加强海洋文化建设、加快推进海洋重大基础设施建设、强化保障措施等，推动广东省海洋经济综合实力进一步提升，助力广东早日建成海洋强省。

根据广东海洋各项事业发展的现状，未来广东省海洋强省的建设目标应该是：到2025年，广东省真正实现由“海洋大省”向“海洋强省”的跨越，基本完成海洋强省建设、21世纪海上丝绸之路建设和自贸区建设等历史重任。海洋经济发展的质量和效益明显提升，海洋产业结构战略性调整取得重大进展，海洋生态文明建设取得标志性成绩，海洋科技支撑能力明显加强，海洋人才建设匹配经济发展水平，海洋综合管理和服务能力显著提高，全社会海洋氛围浓厚。

具体包括：

——海洋基础设施和基础领域加快建设，推动生产要素双向流动，实现“五通”要求，达到建设21世纪海上丝绸之路标准；

——海洋产业增加值年均增速达13%以上，占全省GDP的比重达到25%以上；海洋产业布局更加合理；区域海洋发展协调度明显增强；

——海洋生态环境进一步改善，陆源污染物排放得到有效控制；单位GDP能耗达到0.4以下，近岸海域水质达到二类以上比例超过90%；

——海洋科技贡献率进一步加大，海洋科技创新体系进一步完善；科技投入占海洋产业增加值的比重达到2.5%，海洋战略性新兴产业增加值年均增速达到20%；

——海洋综合管理服务能力得到有效提升，海洋环境监测、灾害性天气预报预警、防灾减灾、应急处理等管理服务体系进一步健全；

——海洋文化发展迅速，文化考古、遗址修复、海洋展览、海洋影视等各类海洋文化业态得到充分发展，全社会对海洋的认知度得到明显提高。

第三节　历届政府的殷切希望

国务院从推进海洋强国建设和保持国民经济平稳较快发展的战略高度出发，将广东列为全国海洋经济发展试点地区，广东承担着率先建成海洋强省，打造建设海洋强国主力省的重大使命。2004年以来，广东省、国家海洋局等相关领导人均对广东建设海洋强省做出了重要的指示精神。

2004年2月26日，时任广东省副省长李容根在全省海洋与渔业工作会议上指出，进一步明确打造“海洋强省”的战略部署，计划到2010年，全省海洋产业总产值比2003年翻一番，海洋产业增加值占全省国内生产总值的15%左右。

2007年2月4日，时任广东省人大代表、深圳市委常委、秘书长戴北方，在审议政府工作报告时，建议广东高度重视开发利用海洋资源发展海洋经济，制定海洋战略，建设海洋强省。戴北方代表说，纵观世界经济发展史，很多大国的崛起都是依靠海洋，是大海让这些国家走向强盛。而现在，世界上有一百多个沿海国家，都把开发利用海洋列为基本国策，作为加快经济发展、增强国家竞争力的重要战略选择。而中国作为一个有着漫长海岸线的海洋大国，在开发利用海洋方面也作出了战略部署，党的十六大明确提出要“实施海洋开发”。

2011年6月8日世界海洋日暨全国海洋宣传日期间，时任广东省政府副省长刘昆提出，要紧紧围绕加快转型升级、建设幸福广东这个核心，以建设海洋强省为目标，以全国海洋经济发展试点地区建设为载体，加快转型升级，着力提高海洋经济发展整体水平。

2011年12月29日，第八期广东省委常委集中学习讨论会以“发展海洋经济，建设海洋经济强省”为主题，开展专题学习讨论。时任省委书记汪洋主持会议并作讲话。学习讨论会邀请时任国家海洋局局长刘赐贵作专题讲座。汪洋强调，发展海洋经济，加快建设海洋强省是一项系统工程，要加强组织领导、健全工作机制、加大资金投入、重视人才工作、强化海洋管理，为加快转型升级、建设幸福广东增添新动力。

2012年8月，时任省委书记汪洋在广东省实施广东海洋经济综合试验区发展规划工作会议上指出，争取到2015年实现海洋经济生产总值1.5万亿元，基本建成海洋经济强省，到

2020 年全面实现海洋经济强省。

广东海洋发展在全国具有举足轻重的地位。为充分发挥广东在建设海洋强国中的重要作用，时任国家海洋局刘赐贵局长在2012 年 11 月调研广东时表示，将从支持广东推进海洋经济试点省建设、支持广东完善海洋功能区划体系、支持广东建设全国海洋生态文明示范区、支持广东无居民海岛保护性整体开发、支持广东科学规划合理有序进行围填海、支持广东科技兴海计划、支持广东建立完善海洋监测预报体系、支持广东提升海洋维权与执法能力建设、支持广东打造海洋文化胜地、支持举办“海洋科学家助推广东海洋强省建设”系列活动、支持广东珠海长隆极地科学普及教育基地建设、支持广东建设海洋综合试验区等 12 个方面，给力广东海洋强省建设。

2013 年 3 月 13 日，广东省政府在珠海市召开全省海洋与渔业工作会议。广东省副省长邓海光出席会议并讲话。邓海光副省长强调，广东省要全面贯彻党的十八大提出的“建设海洋强国”的战略部署，落实省委十一届二次全会精神，立足“海”实际、做足“海”文章，以建设海洋强省为引领，以全面加快广东海洋经济综合试验区建设为抓手，努力将广东打造成为建设海洋强国的主力省。要努力做到“六个着力”：一是着力优化海洋开发空间布局。充分发挥规划、区划的引领作用，进一步强化海洋主体功能区划布局。二是着力构建现代海洋产业体系。提升传统优势海洋产业，培育壮大海洋新兴产业，打造高端临海产业群，率先构建产业高端、布局合理、优势集聚、创新引领的现代海洋产业体系。三是着力加快发展现代渔业。完善渔港基础设施建设，加快发展远洋渔业，大力发展内陆特色渔业，推进“深蓝渔业”工程，提高水产品质量安全水平，抓好渔民安居工程。四是着力加大海洋科技创新驱动。要深入实施科技兴海战略，争取新建一批国家级、省级涉海重点实验室，加快重点领域的技术攻关和产业化研究，建设海洋科技成果高效转化基地。五是着力加强海洋生态环境保护。加大海洋污染防治，建立健全海洋与渔业生态补偿机制，建设“美丽港湾”、海洋公园、海洋牧场以及具有国际先进水平的国家级自然保护区。六是着力提高海洋综合管理水平。创新海域使用管理制度，加强海岛开发与保护，提高海洋与渔业执法能力，提升海洋公共服务水平，坚决维护国家海洋权益。

2013 年 8 月 30 日，广东省委书记胡春华主持召开省委常委集中学习讨论会，传达学习了习近平总书记在中央政治局第八次集体学习时的重要讲话精神，围绕“实施海洋强国战略及广东海洋经济发展”进行专题学习。会上，胡春华书记指出，“我们要认真学习习近平总书记的重要讲话，切实用讲话精神统一思想，进一步强化经略海洋的意识和能力，抓住国家建设海洋强国的历史机遇，切实增强建设海洋强省的责任感和使命感，坚持陆海统筹，科学有序地向海洋要资源、要环境、要空间，不断开创海洋经济发展新局面。”并强调“要扎实推进海洋强省建设，增创广东发展新优势。要大力发展海洋经济，形成具有国际竞争力的现代海洋产业体系。要坚持海洋开发和保护并重，守住海洋生态环保底线。要坚持科技兴海，促进海洋科技资源优化配置。要提高海洋综合管控能力，加快构建现代海洋管理体系。”

2015 年 6 月 8 日，广东省省长朱小丹在广州会见国家海洋局局长王宏时指出，广东是我国的海洋大省，省委、省政府明确提出要大力发展海洋经济，把广东建设成为海洋强省。希望国家海洋局一如既往地给予广东省关心、指导与支持帮助，支持广东节约集约用海、开展海洋科技创新、加强海洋执法能力建设、推进美丽海湾与海洋生态文明建设、发展海洋旅游产业和办好中国海洋经济博览会等。同时，结合“十三五”规划，抓紧研究启动新一轮的部省战略合作，使广东建设海洋强省的步伐迈得更好更快。国家海洋局局长王宏表示，国家海洋局将会同国家有关部门、金融机构，在海洋经济、海洋科技、海洋生态文明等方面给予广东大力支持，希望广东在建设海洋强省上为全国创造更多宝贵经验。

第二章

明现状

——距离海洋强省到底多远

第一节 广东建设海洋强省的现状

一、区位条件

广东位于我国大陆最南端，从东到西分别与福建、江西、湖南、广西毗邻，珠江口东西两侧分别与香港、澳门特别行政区接壤，西南部雷州半岛隔琼州海峡与海南省相望。全省陆地面积17.98万平方千米，约占全国陆地面积的1.85%；其中岛屿面积1 592.7平方千米，约占全省陆地面积的0.89%。广东下辖2个副省级城市、19个地级市，一般划分为珠三角、粤东、粤西和粤北四大子区域。就广东的海洋经济发展情况来看，广东省“湾区”特征明显，《广东海洋经济地图》将广东沿海划分为“六湾区一半岛”，即大汕头湾区、环大亚湾湾区、大红海湾区、环珠江口湾区、大广海湾区、大海陵湾区六个湾区和雷州半岛；“湾区”概念有利于整合岸线等资源，对其中的各个部分进行独特的发展定位，如“环珠江口湾区”处于珠江出海口，为大珠三角地区的交通枢纽，整合了广州、深圳、东莞、中山、珠海、香港、澳门七个地区的岸线资源，背靠广阔腹地面积，有利于发挥各自优势，建成具有国际影响力宜居湾区、我国南方海洋科技中心和国际航运中心以及我国海洋旅游、临港物流、海工装备制造业、海洋生物医药等海洋产业集聚区。同时，“湾区”也是多元文化融合与合作的平台，随着CEPA等深入实施，跨行政区域、跨界各个领域的广泛合作，未来广东将以湾区为核心，充分发挥其独特的区位优势，扩大区域共同利益，在机遇与挑战并存的情况下参与经济全球化发展。

广东面向南海。南海是西太平洋的边缘海，又是东亚大陆边线最大的边缘海，南海南北长约1 600海里，东西宽约900海里，平均深度1 212米，扼来往于西北太平洋至印度洋的交通要冲，穿过北部湾直达印支半岛，是我国南北航线必经之地。而且，南海海域连接着我国福建、广东、广西、海南、台湾等省区以及菲律宾、印度尼西亚、马来西亚、新加坡、越南等东南亚国家，是“海上丝绸之路”、众多国际航线的必经之地。从地理位置上看，广东处于中国—东盟自贸区的中心位置，地缘优势突出，在地域上形成一个连接我国与东南亚、南亚的大板块，在功能上形成直接与东盟国际市场连接的双向拓展的经济大走廊。随着中国—东盟10+1、10+3的战略合作的加深及区域经济一体化发展的推进，广东与东盟的经贸往来日益密切，为广东与东盟区域贸易与合作双向发展提供新的契机。据广州海关统计，2013年广东对东盟的进出口贸易值为1 022.2亿美元，比2012年同期增长10.7%，东盟超越欧盟，成为广东第三大贸易伙伴，占同期广东进出口总值的9.4%①。就经贸合作而言，马来西亚、泰国、新加坡分别为广东对东盟进出口贸易的前三甲。其中对马来西亚进出口268.1亿美元，增长24.1%；对泰国进出口201.9亿美元，基本保持不变；对新加坡进出口178.7亿美元，增长3.0%。南海的区位优势将使广东更好地融入东盟等相关区域经济圈的发展，海洋开发

① 东盟成为广东第三大贸易伙伴［EB/OL］. http://news.xinhuanet.com/world/2014-01/17/c_119016835.htm, 2014-10-17.

乃至深远海开发也将带动广东整个腹地经济的发展，未来广东经济的发展将离不开以南海开发为依托的海洋经济的发展。

广东省毗邻港澳，也是对台的重要窗口。广东作为祖国的南大门，背靠一个13亿人口的巨大市场，是连接国际和国内市场的重要桥梁，是物流、人流、技术流、资金流和信息流的大通道，具有优越的区位优势。在陆域上，依托珠江、西江、韩江等水系，广东具有十分广阔的经济腹地，各种经济要素如原材料、劳动力不断流入广东，为广东的快速发展奠定了坚实的基础。另外，广东省拥有深圳、珠海、汕头3个经济特区，是我国对外开放的重要窗口和前沿。从经济地理的角度来看，整个珠江三角洲与香港、澳门的经济关系都十分密切。首先，香港、澳门两个特别行政区和深圳、珠海两个特区城市及珠江出海口内侧的广州共同构成了珠三角的核心，也是珠三角经济最为发达的地区。其次，该核心区域经济的不断发展，周边城市如东莞、惠州、中山、佛山等都日益受到巨大的辐射带动作用，逐渐形成经贸关系更加密切的珠江大都市圈。随着产业升级转型及产业转移的推进，港澳对广东省经济发展的促进作用已逐步向全省范围扩展。自从实行改革开放政策以来，广东省已形成了全方位、多层次的对外开放体系，近年来随着“粤港澳合作框架”的推动落实，粤港澳经济发展一体化，坐拥庞大财政盈余和活跃资本市场的香港、澳门可与珠三角区域在联动发展中互惠互利，广东凭借其区位优势也可为香港、澳门拓展发展空间提供平台。此外，潮汕地处粤、闽、台交界地区，是广东距离台湾最近的位置，距离台湾澎湖马公港仅102海里，两地隔海相望，汕台海上货运直航凸显“黄金航线”魅力，近年来汕头与台湾经贸合作为断拓宽领域、加深层次，尤其在与台湾高雄次区域经济合作上，两地贸易呈现稳定发展的态势。粤东地区东接海峡西岸经济区，作为广东与海峡西岸经济区合作的桥头堡和重要通道，可同时享有泛珠三角和海峡西岸经济区的优惠政策和便利条件；粤西地区西连北部湾经济区，南临海南国际旅游岛，各区块间产业差异明显，经济互补性强，开放程度较高，使广东发展海洋经济具有良好的区位条件。

二、自然资源

（一）空间资源

广东海洋空间辽阔，陆架宽广，海域和海岸线呈条状展布，大陆海岸线长达4 114.5千米，占全国大陆海岸线总长1.8万千米的22.9%，位列沿海各省区第一；海域面积41.93万平方千米，是陆域面积（17.98万平方千米）的2.3倍，其中内水面积4.89万平方千米，领海面积1.64万平方千米，200海里专属经济区面积35.40万平方千米。海岸线类型主要有自然岸线、人工岸线及河口岸线，广东省人工岸线比例已经超过60%，达2 572千米。自然岸线可分为砂质岸线、粉砂淤泥质岸线、基岩岸线和生物岸线，其中砂质岸线较长，达712千米。全省人工岸线共划分为4种利用类型，包括城镇生活与休闲旅游、港口与临港工业、养殖堤坝和防风暴潮堤坝。其中低强度利用方式（养殖堤坝和防风暴潮堤坝）占3/4以上。从全省范围来看，人工岸线中，城镇生活与休闲旅游岸线开发利用强度较大的市有汕头市、珠海市、深圳市；港口与临港工业岸线开发利用强度较大的市有深圳市、东莞市、广州市；养殖堤坝主要集中在潮州市、汕尾市、惠州市、江门市、阳江市、茂名市、湛江市；防风暴潮堤坝主要集中在揭阳市、广州市、中山市、湛江市。

全省拥有海岛共有1 350个，总面积为1 472平方千米，总岸线约2 174千米，其中面积在500平方米以上的海岛有374个；全省海岛中，有常住居民海岛46个，其中村级岛29个，乡级岛13个，县级岛4个，有7个海岛为领海基点所在位置。全省滩涂广布，主要分布在粤西沿海，共有面积为2 042.66平方千米，约占全国滩涂总面积的8.3%。滩涂、浅海可养殖面积合计8 360平方千米，占全国的32.2%，是全国沿海省市可养殖面积最大的省份。全省有大小海湾510多个，其中适宜建港的海湾200多个，珠江三角洲、粤东地区海湾分布较集中。①

据初步统计，近30年来，广东省共计围填海面积约697.6平方千米，其中填海面积约414.1平方千米，围海面积约283.5平方千米。此外由于淤涨等原因所形成陆地面积约8.1平方千米，淤涨区域主要位于珠江口、雷州半岛和韩江口。总体来看，近三十年广东增加的土地面积相当于香港陆地面积的65%。广东的围填海区主要位于河口、海湾，按照我国近海海洋综合调查与评价成果推算，目前全省500公顷以上的海湾和河口共有44个，总面积约8 564平方千米。其中位于半封闭型港湾或河口的围填海区面积为544.7平方千米；位于封闭型港湾或河口的围填海区面积为68.5平方千米；位于开放型港湾、河口或海域的围填海区面积为80.8平方千米。

（二）港口资源

广东海岸线蜿蜒曲折，港口资源优良，具备丰富的岸线资源，为建设优良港口提供了先天的有利条件，其中深水岸线长1 510千米，适宜建港的海湾200多个，广澳湾、大亚湾、大鹏湾、伶仃洋、高栏列岛、海陵湾、湛江湾、琼州海峡北岸等具有建造10万至40万吨级港口的条件。同时，广东属亚热带季风气候，港口常年不冻，在区位上毗邻港澳及东南亚，又为优质大港及港口群的形成提供了条件，分别形成了以汕头港和汕尾港为主体的粤东港口群，以深圳港、广州港、珠海港为主体的珠三角港口群和以湛江港为主体的粤西港口群，港区多具有岸线较长、水域面积宽阔、泊稳、水深条件良好等建港条件。

目前广东沿海港口已形成以广州、深圳、珠海、汕头、湛江港为主要枢纽港口，潮州、揭阳、汕尾、惠州、虎门、中山、江门、阳江、茂名港为地区性重要港口的分层次发展格局。其中，广州港、深圳港、湛江港分别是我国珠江三角洲沿海港口群和西南沿海港口群的中心港口。广东生产泊位码头数、港口生产码头长度及万吨级以上泊位数均居于全国沿海省市首位，港口建设至2013年底，全省共有生产性泊位总数2 953个，万吨级深水泊位273个，其中沿海泊位1 850个。全省港口年综合通过能力达到14.67亿吨，集装箱年通过能力达5 101万标准箱；其中沿海港口年综合通过能力达到12.75亿吨，集装箱年通过能力达到4 438万标准箱。珠江三角洲地区港口年综合通过能力达到11.52亿吨，集装箱年通过能力达到4 886万标准箱。

全省港口总体运行良好，沿海港口“三大发展战略（亚太中心战略、南北枢纽战略、珠江门户战略）”初见成效，各项港口生产指标呈不同程度增长。2013年全省港口共完成货物

① 根据《广东海情》整理。

吞吐量 15.50 亿吨，居全国第二，同比增长 11.08%，增速较 2012 年高出 5.79 个百分点，改变了 2011 年、2012 年连续两年增速下滑的趋势。沿海港口完成货物吞吐量 13.1 亿吨，居全国前列，同比增长 7.89%；随着全球经济缓慢复苏，广东对外贸易回暖，全省外贸货物吞吐量完成 5.01 亿吨，同比增长 4.95%；集装箱吞吐量完成4 945.56万标准箱，居全国前列，同比增长 3.95%，港口生产总体保持增长态势。其中，广州港货物吞吐量达到 4.72 亿吨，同比增长 4.66%，居全国沿海港口第四位，位列全世界港口货物吞吐量第六位；集装箱吞吐量完成 1 550.45 万标准箱，同比增长 5.16%。深圳港作为中国重要的港口城市和进出口基地，2013 年深圳港货物吞吐量完成 2.34 亿吨，同比增长 2.63%，集装箱吞吐量完成 2 327.85 万标准箱，同比增长 1.48%，创历史新高，并首次超越香港，跃居全球第三，是国际贸易和航运网络中的重要枢纽港口。珠海港货物吞吐量完成 10 022.98 万吨同比增长 29.41%，珠海、虎门港跨入亿吨大港，全省吞吐量亿吨港口达到 5 个，能力超亿吨的港口有 6 个，珠江口湾区港口群积极拓展内外贸航线，开辟国际集装箱班轮航线超过 250 条，马士基 1.8 万标准箱的集装箱船船挂靠深圳港，欧洲、北美市场继续巩固，东盟、南美、非洲等新兴市场港口合作不断加强。湛江港 2013 年货物吞吐量达 1.80 亿吨，同比增长 5.26%，旅客吞吐量完成1 235.34万人次，同比增长 1.65%，成为环北部湾首个亿吨大港，亦成为广东省继广州港、深圳港之后第三大年货物吞吐量过亿吨的港口。2013 年广东省沿海港口吞吐量统计见表 2.1。①

表 2.1　2013 广东省沿海港口吞吐量统计表

地区	旅客吞吐量（万人）	货物吞吐量（万吨）	外贸吞吐量（万吨）	集装箱吞吐量（万标准箱）
广州市	77.02	47 200	11 462	1 550.45
深圳市	490.20	23 397.9	18 174.4	2 327.85
珠海市	640.27	10 023	2 036.05	88.11
汕头市	0.00	5 037.90	1 428.5	128.80
惠州市	0.00	8 045.31	1 859.44	16.43
汕尾市	0.00	627.85	138.86	1.73
东莞市	30.93	11 187.09	2 139.82	198.63
中山市	123.89	6 875.74	675.42	132.14
江门市	17.03	6 737.08	894.61	93.36
阳江市	0.00	2 055.21	1 163.45	0.0036
湛江市	1 235.34	18 006.18	5 974	45.18
茂名市	0.00	2 369.76	1 274.10	10.34
潮州市	1.05	1 050.64	633.65	0.17
揭阳市	0.00	2 509.80	0.00	0.00

① 根据《中国港口年鉴 2014》整理。

（三）生物资源

广东地处南海北部，渔业生态系统多样，拥有陆架生态系统、陆坡生态系统、珊瑚礁生态系统以及大洋生态系统等多种渔业生态系统，海洋渔业资源丰富。南海北部大陆架有鱼类 1 027 种、南海大陆斜坡海域有鱼类 205 种、南海诸岛海域有鱼类 523 种，其中有经济价值的 100 多种，如大黄鱼、带鱼、竹荚鱼、金线鱼、鳗鱼、石斑鱼、金枪鱼。南海北部有虾、蟹类 400 多种，如刀额新对虾、短沟对虾、日本对虾、墨吉对虾、长毛对虾、须赤虾、中华管鞭虾、三疣梭子蟹、远海梭子蟹、珠脊梭子蟹等；南海水深 1 000 米以内的广阔海域，有捕获记录的头足类有 73 种。这些海洋经济种类多具有生长速度快、生长周期短、繁殖快的特点，适于增养殖开发。因此，南海的海岸带、海岛的海洋生物资源开发潜力巨大。

广东海洋渔业资源具有热带暖水性海洋生物特点，种类繁多，各种类相互混栖，每一种类的群体数量较少，主要渔业资源由地方性种群组成，缺少外海大洋性种类，无明显的洄游路线，广泛分布在大陆架海域。海洋渔业资源以底层鱼类为主，占渔获量的 50%，主要捕捞对象为多齿蛇鲻、金线鱼、花斑蛇鲻、二长棘犁齿鲷、短尾大眼鲷、黄带绯鲤、深水金线鱼等，但大部分单一鱼种的数量不足渔获量的 1%；其次为中、上层鱼类，占渔获量的 18.3% 左右，占有较大比重的有小公鱼、金色小沙丁鱼、蓝圆鲹以及日本竹荚鱼等；虾、蟹和头足类所占比例较小，分别占渔获量的 5.5% 和 1.6% 左右，主要虾类有长毛对虾、日本对虾、短沟对虾、龙虾等。

根据有关资料显示，2012 年广东省渔业经济总产值 1 983.64 亿元，其中渔业产值 941.33 亿元，海洋捕捞产值 121.25 亿元，占全国的 7.11%，海水养殖产值 324.53 亿元，占全国的 14.33%。全省水产养殖面积 57.52 万公顷，同比增长 0.23%，其中海水养殖面积 20.18 万公顷，占水产养殖总面积的 35.09%；水产品总产量 789.5 万吨，同比增长 3.54%，海水产品产量 432.34 万吨，海水产品与淡水产品的比重为 55∶45，高于全国 51∶49 的比重。

（四）旅游资源

广东介于亚热带气候向热带气候过渡地带，适合滨海旅游的时间较长，滨海旅游资源类型丰富多样，既有滨海沙滩、温泉水库，又许多文化古迹及非物质文化遗产等，共有滨海旅游资源单体 256 个，其中以海滩、海岛等自然景观为主，资源数量达 172 处；文化遗迹、城市设施等人文景观亦占据重要地位，资源数量达 84 处。广东省滨海旅游区域特征突出，从滨海旅游资源的空间分布来看，粤西的自然旅游资源，尤其是海滩资源非常突出；粤东的人文旅游资源，特别是妈祖文化和滨海文化遗迹优势较为明显；而珠三角地区则较为综合，海岛资源丰富，海滩资源等级也较高。由于广东毗邻港澳，又是著名侨乡，外商云集，每年有较多的华人华侨回乡探亲、商务洽谈等，加上广东与内地的经济往来密切，交通便利，使得广东省的滨海旅游市场容量大，开发利用潜力大。

目前，广东已开发滨海旅游项目有广州南沙游艇俱乐部、深圳华侨城欢乐海岸、珠海横琴长隆国际海洋度假区、珠海格力东澳岛等。人为修缮开发或改良并配套相关设施，融合历史人文景观，引入科普教育，如汕头南澳岛、广州南沙湿地、珠海东澳岛、惠东巽寮湾、阳江海陵岛、茂名放鸡岛等。人造景观也需依赖当地本身优越的景观、地质地貌、水文动力条件等进行升级改造，营造宏伟的人文商业娱乐景观，建设完善的配套，打造娱乐性极强，自成体系的滨海旅游区域，如珠海横琴长隆国际海洋度假区、广州南沙游艇俱乐部、深圳华侨城欢乐海岸、深圳蛇口太子港国际邮轮母港、江门银湖湾游艇休闲度假区等。

虽然广东滨海旅游资源在数量和规模上占有优势，但在品位和级别上缺乏具有代表性和广泛影响力的产品，等级最高的五级资源数量很少，只占全省滨海旅游资源总数的2.7%。缺乏具有代表性和广泛影响力的滨海旅游资源，高等级的滨海旅游资源较为稀缺。

高端休闲滨海旅游资源逐步开发，邮轮游艇引领发展方兴未艾。随着“21世纪海上丝绸之路”战略的实施，广东推进滨海旅游园区建设，不断整合旅游资源，邮轮、游艇悄然兴起，掀起一轮新的滨海旅游高潮。珠海、中山、江门三市政府以建立滨海旅游休闲度假中心为目标，签署《推进珠中江海洋经济区域紧密合作协议》，加大三市滨海旅游资源整合力度，大力开发邮轮游艇、个性海岛等高端休闲旅游产品，共同打造其澳—翠亨新区—大广海湾区高端休闲旅游区。广东以游艇俱乐部群为支撑的滨海旅游黄金海岸正在加快形成，“粤港澳游艇自由行”“亚洲游艇城”等项目已启动，游艇码头未来规划总规模突破1万个，这些旅游资源将带动产业规模年均增长38%以上。

（五）矿产资源

广东省地处我国南部，濒临油气资源丰富的南海。广东省所辖海域大陆架石油天然气含量也十分丰富，近岸海域石油资源97亿吨，主要集中在珠江口盆地，可预见性石油资源储量达50亿吨以上并且大多具有勘采价值。目前珠江口盆地已经有荔湾3－1，流花34－2，流花29－1等油气发现，其中流花29－1－1井共钻通厚度达70米的净气层，荔湾3－1油气是我国第一次真正意义的深水油气田。此外总部位于深圳、湛江的中海油南海东部、西部公司每年在南海海域油田年产量超过1 000万方油当量。广东省滨海矿产资源丰富，据估算沿海20米水深以浅海域表层海砂总储量达250.27亿立方米，其中雷州半岛周围海域海砂区、海陵岛周围海域海砂区和电白沿海海域海砂区储量最为丰富，珠江口共分布有17个埋藏砂体，初步估算，珠江口埋藏砂体总储量达到12.43亿立方米。广东省滨海锆石、钛铁矿、金红石和独居石的含量普遍偏高，就矿种而言，锆石、独居石和钛铁矿具有远景开采价值。

（六）海洋可再生能源

海洋可再生能源包括潮汐、波浪、海流（潮流）、温差、盐差能和海上风能等。广东省的海洋可再生能源总蕴藏量大，发展潜力大，开发条件较好。广东沿岸可开发利用的潮汐能理论总装机容量为57.3万千瓦，年发电量为1 500兆千瓦，位列全国第五，波浪能资源理论平均功率为173.95万千瓦，占全国总量的14%，粤东是广东省沿海波能理论功率和平均波能密度最大的海区，具有波能资源丰富、密度稳定、季节变化小、开发利用条件好等优点。潮流能理论功率共计为51.30万千瓦，盐差能资源蕴藏量理论功率为2 807.66万千瓦，占全国总量17%，集中于珠江口海域的各河口附近海域。广东沿海及岛屿风能密度大于200瓦/米^{2}的等值线平行于岸线，沿海岛屿风能密度大于300瓦/米^2，只中台山地风能密度高于500瓦/米^2，为我国平地上有记录的风能资源最大地区之一。

总体来看，广东省在全国沿海各省市海洋资源禀赋比较中具有非常突出的优势，海洋资源综合实力排序中居首位，海洋资源存量指数也远高于其他沿海省市。

三、生态环境

（一）海水环境

根据近年来海洋环境质量公报，广东省在近岸海域共布设320个水质监测站位并开展海水质量监测，主要监测指标包括水温、盐度、pH值、无机氮、活性磷酸盐、石油类、化学需氧量（COD_{Mn}）、溶解氧和重金属等。表2.2反映了2011—2013年全省近岸海域水质符合《海水水质标准》第一、第二、第三、第四类海域面积比例的变化情况，截止至2013年，全省近岸海域水质状况有所下降，珠江口海域无机氮含量劣于第四类海水水质标准的监测站位比例有所增加，就污染区域和污染物而言，珠江口为主要污染区域，拓林湾、汕头港、水东湾及湛江湾等局部海域自2011年后污染情况得到改善，主要污染物为无机氮和活性磷酸盐。

表2.2 2011—2013年全省近岸海域水质情况表

年份 水质面积比例（%）	2013年	2012年	2011年
第一类	66.7%	74.2%	76%
第二类	12.3%	11.9%	11%
第三类	7.7%	5.5%	5.9%
第四类	3.0%	1.9%	1.7%
劣于第四类	10.3%	6.5%	5.4%

对比广东省各市近岸海域水质状况显示，广东省整体近岸水质较好，但是揭阳、东莞、广州和江门4个城市水质状况堪忧。粤东近岸海域水质状况总体较好，港区局部海域水质较差，主要污染物为活性磷酸盐和石油类；惠州近岸水质总体较好，考洲洋和大亚湾澳头港等局部海域水质较差，主要污染物为活性磷酸盐和石油类；深圳大亚湾、大鹏湾等东部海域水质状况总体较好，深圳湾和珠江口东岸海域水质状况较差，主要污染物为无机氮、活性磷酸盐和石油类；珠海市海域水质总体较好，但沿岸海域水质较差，主要污染物为无机氮；茂名近岸海域水质状况总体较好，水东湾局部海域水质较差，主要污染物为活性磷酸盐和石油类；湛江近岸海域水质状况总体较好，湛江湾湾内和部分港口局部海域水质较差，主要污染物为无机氮和活性磷酸盐；阳江近岸海域水质状况总体较好；揭阳受强降水影响，大部分近岸海域无机氮劣于第四类海水水质标准，石油类符合第三类海水水质标准，2011—2013年海水质量下滑；东莞市近岸海域水质较差，主要污染物为无机氮、活性磷酸盐和石油类；广州市近

岸海域水质较差，主要污染物为无机氮、活性磷酸盐和化学需氧量；江门沿岸局部海域水质较差，主要污染物为无机氮。

2011 年春季和夏季监测广东省近岸海洋功能区，结果显示 56% 和 57% 的海水质量达标，至 2012 年海洋功能区达标率为 56%，2013 年数据显示达标率相比 2012 年，继续下滑 4.4%，降至 51.6%，广东省海洋功能区水质达标率近 3 年持续走低。2013 年广东省对 27 个工业废水入海排污口进行监测，25 个排污口排放入海的废水水质达到广东省地方标准《水污染物排放限值》（DB4426—2001）的相应标准，达标率为 92.59%，主要超标污染物（或指标）为化学需氧量和 pH 值；2012 年，27 个排污口中 23 个达标，达标率为 85.19%，主要超标污染物为化学需氧量（CODcr）、生化需氧量和氨氮；2011 年，监测了 30 个工业废水排污口，8 个排污口超过排放标准，超标率为 26.67%，个别排污口出现氨氮、pH 值或铜超标现象。

（二）海洋生态

2013 年对大亚湾、珠江口、汕头近岸、茂名近岸、湛江东部近岸及雷州半岛西南沿岸海域等重点监测海域开展了海洋生物多样性监测（表 2.3）。

表 2.3　2013 年广东省近岸海域生物多样性质量等级

海域	浮游植物		浮游动物		大型底栖动物	
	多样性指数平均值	等级	多样性指数平均值	等级	多样性指数平均值	等级
大亚湾	2.34	中	2.33	中	1.98	较差
珠江口	1.94	较差	2.19	中	1.52	较差
汕头近岸	2.57	中	3.12	较好	2.22	中
茂名近岸	1.90	较差	2.56	中	2.34	中
湛江东部	2.56	中	2.58	中	1.92	较差
雷州半岛西南沿岸	1.76	较差	2.25	中	—	—

注：“—”表示无数据，引自《2013 年广东省海洋环境质量公报》。

另外，根据《2013 年中国海洋环境状况公报》，南海鉴定出海草 7 种，红树植物 9 种，造礁珊瑚 104 种，浮游植物、浮游动物和大型底栖动物种类分别为 473 种、546 种和 645 种，浮游植物主要类群分别为硅藻和甲藻、浮游动物主要为桡足类和水母类、大型底栖动物主要有节肢动物、软体动物和环节动物；据统计，2009 年以来，夏季珠江口海域浮游动物和大型底栖生物多样性指数呈下降趋势，大亚湾海域大型底栖生物多样性指数呈上升趋势。

1. 海洋保护区

2013 年，广东省对管辖海域内的 4 个国家级自然保护区和 3 个国家级海洋公园的海洋环境和海洋生物进行监测。海洋保护区的生物资源和水质状况基本保持稳定，海洋生物多样性总体保持稳定水平。

4 个国家级自然保护区包括：徐闻珊瑚礁国家级自然保护区、雷州珍稀海洋生物国家级自然保护区、珠江口中华白海豚国家级自然保护区和惠东港口海龟国家级自然保护区。其中，徐闻珊瑚礁、雷州珍稀海洋生物和惠东港口海龟 3 个国家级自然保护区的水质优良，各监测指标符合第一类海水水质标准，而珠江口中华白海豚国家级自然保护区水质总体一般，无机氮和活性磷含量超标。

3 个国家级海洋公园包括：广东海陵岛国家级海洋公园、广东特呈岛国家级海洋公园和广东乌石国家级海洋公园。其中，广东乌石国家级海洋公园水质优良，符合第一类海水水质标准，广东海陵岛国家级海洋公园水质符合第一类或第二类海水水质标准，而广东特呈岛国家级海洋公园水质总体一般，无机氮超标。

2. 人工鱼礁建设

近年来，广东省大力推进生态公益性人工鱼礁项目。截至 2011 年底，建设人工鱼礁 38 座，其中已建成 28 座，在建 10 座。2012 年，人工鱼礁建设稳步增加，全省已建成人工鱼礁区 39 座，在建 11 座，礁体空方量达 3 997 万立方米，礁区核心区面积 28 268 公顷。2013 年，基本完成了广东省人大人工鱼礁议案办理任务，已建成人工鱼礁 42 座，在建 8 座，礁体空方量比 2012 年增加 6 万立方米，礁区核心区面积增加了 411 公顷。广东省通过推进人工鱼礁建设、加强执法监督等有力措施，保障了海洋资源环境养护和海洋经济强省的和谐发展。

（三）海洋灾害

通过对 2004—2013 年南海区赤潮发生次数和累计面积统计，从图 2. 1 可以看出 2013 年来赤潮发生次数虽然高居不下，但是赤潮累计面积有明显的下滑，针对广东省来说，广东省沿海每年发生多次赤潮事件，但规模较小，危害程度较轻，未直接造成经济损失与人员中毒事件。广东省主要的赤潮多发区位于珠海、深圳、湛江、汕尾和惠州海域。而引发赤潮的优势种主要有 6 种：中肋骨条藻、夜光藻、米氏凯伦藻、柔弱为菱形藻、双胞旋沟藻和球形棕囊藻。

据统计，2013 年广东省共发生风暴潮过程 9 次，其中造成灾害的风暴潮过程有 3 次，海浪灾害 4 次，共造成直接经济损失 74. 41 亿元，比 2012 年增加 56. 73 亿元，比 2011 年 12 亿经济损失高出 62. 41 亿元。

总之，广东省海洋生态环境状况整体良好，生物资源和海洋生物多样性总体保持稳定水平，尤其是近年来人工鱼礁稳步推进，到 2013 年完成了广东省人大人工鱼礁议案办理任务；海洋赤潮造成的经济损失递减，但是风暴潮和海浪灾害具有随机性，不受人类掌控；影响广东省生态环境质量的主要因素是海水质量，目前比较突出的两个问题是：第一，珠江水域水环境质量污染状况仍然没有好转，广东省主要河流的污染物入海量有所增加，第二，广东省近岸未达到清洁水质标准的海域面积高达 45. 1%，被污染的海域主要分布有珠江口的广州、东莞、中山、深圳的西部、珠海东部和南部、江门市新会等一些经济发达和人口较为密集的大中城市，另外，潮州拓林湾、汕头港以及湛江湾等一些港湾的局部海域也受到严重污染，主要的污染物主要是无机氮、活性磷酸盐，还有石油类。

图 2.1　2004—2013 年南海区赤潮发生次数和累计面积

四、社会政策

广东是我国改革开放的前沿阵地，一直享有特殊政策，30 多年来累积了明显的政策、制度优势，已基本形成了社会主义市场经济体制，加上开放程度高及地缘优势，使得广东能够面向南海，全面参与中国—东盟自贸区及次区域合作。2002 年我国签订了《中国—东盟全面经济合作框架协议》、2007 年我国与东盟再签《中国—东盟自由贸易区服务贸易协定》，2008 年时任省委书记汪洋访问东盟布局“东盟战略”，2010 年中国—东盟自贸区全面建成，粤港澳区域合作不断与东盟对接，这对广东来说无疑有着新机遇。未来广东建设海洋强省，将离不开与东盟的合作，离不开南海海洋经济圈、次区域的经济合作，这使得广东具有极为重要的地缘优势和政策优势。

其次，广东省委、省政府历来高度重视海洋工作，始终把发展海洋经济列为全省经济社会发展的重要战略领域。2004 年广东省委、省政府召开多次海洋工作会议，出台了《关于加快发展海洋经济的决定》(粤发〔2004〕3 号）等指导性文件，确立建设海洋经济强省战略；2008 年的广东省第六次海洋工作会议，省委、省政府强调指出“广东经济的发展首先是海洋经济的发展”并提出明确目标，即广东要“争当全国海洋事业科学发展的排头兵，努力把广东建成提升全国海洋经济国际竞争力的核心区、海洋经济科学发展的示范区”，又是广东海洋大开发的重要指导思想。2010 年 4 月，国务院同意将广东列为全国海洋经济发展试点地区，标志着广东海洋经济发展已上升为国家战略，正在为广东实现新一轮大发展注入新的强大动力，推进全国海洋经济发展试点地区建设已成为广东的一项重大战略任务。同年 12 月，广东省政府与国家海洋局在广州签订《关于促进广东海洋经济强省建设的框架协议》，协议的签署旨在贯彻落实国务院批准的《国家海洋事业发展规划纲要》和《珠三角改革发展规划纲要》，充分发挥广东省区位优势、产业优势、基础优势、人文优势和政策优势，推进广东省海洋经济科学发展，先行先试，加快建设海洋经济强省，争当海洋事业发展的排头兵。

“十二五”是广东省加快转变海洋经济发展方式、建设全国海洋经济综合试验区和提升全国海洋经济国际竞争力核心区的重要时期，广东省“十二五”海洋发展规划也紧紧围绕“加快转型升级、建设幸福广东”的核心任务，以科学发展为主题，以加快转变海洋经济发展方式为主线，以建设海洋经济强省为目标，着力提高海洋经济核心竞争力和综合实力，调整优化海洋经济结构，提升海洋传统优势产业，培育发展海洋战略性新兴产业，加强海洋生态环境修复与保护，促进海洋经济全面协调可持续发展，努力把广东建成提升全国海洋经济国际竞争力的核心区和全国海洋生态文明建设的示范区。2011 年 5 月 5 日，时任广东省省长黄华华会见到广东调研海洋管理工作的时任国家海洋局局长刘赐贵一行，表示“广东将贯彻落实广东省与国家海洋局共同签署的《关于促进广东海洋经济强省建设的框架协议》，推动海洋经济成为新的经济增长点”，未来广东将坚持先行先试，争取在八个领域率先突破，努力打造对全国海洋经济发展具有示范引领作用的“广东海洋发展模式”。次日，时任广东省委书记汪洋在会见时任国家海洋局局长刘赐贵时表示，“发展海洋经济保护重于开发，不能再走陆地上先开发后保护、先污染后治理的老路。广东将努力探索走一条海洋科学发展的新路子，将保护海洋环境放在首位，在此前提下实施海洋开发、利用，使海洋经济保持健康稳定可持续发展。发展海洋经济，广东还将坚持一二三产业并重，齐头发展，摒弃重工业、轻农业的发展思路，在做大做强海洋工业的同时，加快海洋渔业和滨海旅游业等产业发展。”

2011 年随着《广东海洋经济综合试验区发展规划》获国务院批复，广东省委省政府随后出台了《关于充分发挥海洋资源优势努力建设海洋经济强省的决定》《广东省发展临海工业实施方案》《广东省发展海洋新兴产业及海洋科技实施方案》《广东省发展滨海旅游业实施方案》《广东省集中集约用海实施方案》和《广东省海洋生态保护实施方案》等五个实施方案，规划了 177 个重点建设项目，总投资近 1 万亿元。大规模海洋建设项目的规划以及海洋经济建设的全面启动，对当前经济下行压力较大的广东来说意义深远，尤其对广东“稳增长”的带动作用，确保广东经济稳定增长、促进经济转型升级和可持续发展意义重大。2012 年随着广东海洋经济综合试验区建设全面铺开，全省掀起了新一轮海洋开发高潮，纷纷出台一系列有关加快海洋经济发展的政策文件，广东省财政厅和广东省海洋与渔业局联合发布了《广东海洋经济创新发展区域示范专项项目管理办法》，对海洋装备制造业等产业进行资金支持，扶持海洋战略性新兴产业的发展，为广东建设海洋经济强省提供了相应的财政政策保障，为广东建设海洋强省注入了强大的动力。

五、经济基础

（一）国民经济优势

广东是我国实施改革开放的先行地区，目前已形成了多领域、全方位的对外开放格局，成为了我国第一经济大省，经济总量连续 25 年居全国首位，2013 年度在全国 31 个省份 GDP 排名中，广东率先突破 6 万亿元，达 62 163.97 亿元，比上年增长 8.5%，经济总量位居榜首。与全国相比，全年 GDP 增速比全国平均水平高 0.8 个百分点，比山东和江苏低 1.1 个百分点，比浙江高 0.3 个百分点。如果把广东作为一个经济体参与国际排名，广东 GDP 总量已排在世界第 16 位，接近排名世界第 15 位的韩国（2012 年为 1.13 万亿美元）。

2013 年广东人均 GDP 达到 58 540 元，增长 7.8%，按平均汇率折算为 9 453 美元，突破 9 000 美元大关，按照世界银行制定的国家与地区收入水平划分标准，广东已迈进中上等收入国家或地区的新门槛。虽然 2013 年广东、江苏、山东的 GDP 总量为全国前三名，但广东人均 GDP 排名却并没那么靠前。按人均 GDP 排名前十位的分别为天津、北京、上海、江苏、浙江、内蒙古、辽宁、广东、福建、山东，其中突破 10 万元人均 GDP 的只有天津，也显示出广东省人均 GDP 的处于全国中上等水平。目前广东、江苏、山东和浙江是我国经济总量最大的四个省。在四个省的地级以上市中，2013 年 GDP 最高的市在广东，广州、深圳、苏州位于前三，而在经济增速方面，广东有 7 个城市位于增速前十，江苏有 3 个城市，增长速度居前五位的城市全在广东，速度优势明显。

广东作为全国领先的工业大省，工业门类较齐全，基础工业实力雄厚并重视高新技术产业的发展，信息产业已成为广东的先导支柱产业，具备了一定的发展规模并成为了全国最大的高新技术产业带，目前广东已形成了以电子信息、电器机械、汽车、石化、轻纺等为主体，各具特色、优势明显的产业发展格局。在众多因素作用下，珠三角地区已形成了具有较强辐射带动力的现代产业体系，电子信息、电器机械、石油化工等产业具有较强的竞争优势。此外，广东正在实施“腾笼换鸟”产业转型升级计划，在冶金、机械、化工、环保等领域，与东南亚国家相比具有明显比较优势，可为广东产业转型升级提供了广阔的市场和空间。

2013 年广东省的经济结构继续调整优化，三次产业结构由“二三一”调整为“三二一”，三次产业结构调整为 4.9∶47.3∶47.8，第三产业比重近 10 年来首次超越第二产业，其中第一产业增加值 3 047.51 亿元；第二产业增加值 29 427.49 亿元；第三产业增加值 29 688.97亿元。全年规模以上工业中高技术制造业完成增加值 6 143.29 亿元，同比增长 9.8%；先进制造业增加值 12 314.71 亿元，增长 9.3%；现代服务业增加值 17 173.26 亿元，增长 11.1%。在第三产业中，批发和零售业增长 10.5%，住宿和餐饮业增长 3.4%，金融业增长 18.0%，房地产业增长 11.2%。民营经济增加值 32 058.76 亿元，增长 8.8%。

2013 年区域经济发展协调性不断提高，珠三角地区产业发“五个一体化”深入推进，广州南沙、深圳前海、珠海横琴等广东转型升级的重要平台不断加快建设。全年广州南沙完成投资 252.99 亿元，增长 62.5%，高于全省平均水平 44.2 个百分点，珠海横琴完成投资 208.77 亿元，增长 24.0%，深圳前海完成投资 84.41 亿元，大幅增长 365.4%。粤东、粤西、粤北围绕钢铁、石化、交通基础设施等大项目投资建设推动经济快速发展，以产业转移园区为载体推进产业集聚和升级，全年以上地区 GDP 增速比全省平均水平约高 2.0 个百分点。

当前广东经济运行内在动力仍比较强劲，CPI 和 PPI 等价格指数有企稳上升的趋势，市场需求缓慢趋旺，预计未来广东省的经济将继续保持平稳的中高速发展态势，同时第三产业比重、现代产业比重继续提高，区域发展差距继续缩小，经济增长质量和效益保持稳定提升。①

① 根据 2014 年《广东统计报告（第 5 期）》整理。

（二）对外经贸优势

广东省多年来积累的国民经济实力、产业基础、商贸优势为广东建设海洋强省、促进海洋经济的健康快速发展提供了强有力的支撑。改革开放以后，广东作为我国对外贸易第一大省，在国际贸易中占一席之地，省会广州一直是我国对外贸易的窗口，其每年举办的“广交会”被誉为我国对外贸易的风向标。近年来，东盟资本对广东进行了大量直接投资，广东与海上丝绸之路沿线国家之间的经贸合作日益密切，双边和多边贸易关系不断升级，连续多年保持增长态势。广东—东盟双边贸易额，从2005年的369.01亿美元，增加到2013年的1 022.21亿美元，占全国的23%，年均增速13.6%。广东与东盟贸易合作的加强，使得资源得到更高效的整合和配置，也有利于广东将价廉物美的“广东制造”产品推向东盟市场，促进双边贸易的稳定增长。目前，东盟超越欧盟，成为广东第三大经贸伙伴、第三大投资来源地和第二大投资市场。广东—非洲双边贸易额，2000年是55.92亿美元，2013年达到447.94亿美元，13年间增长8倍。随着“海上丝绸之路”战略的实施，广东与“海上丝绸之路”沿线各国商贸合作将不断深入，利益纽带也将日益牢固，为广东加快转型发展，发挥广东在建设“海上丝绸之路”中的突出优势，实现“三个定位、两个率先”目标提供了重要的机遇。

（三）海洋经济概况

进入21世纪以来，海洋开发不断向广度和深度推进，广东省海洋经济在全国海洋经济和广东省国民经济中均占有重要地位，2013年全省实现海洋生产总值11 284亿元，比上年增长7.4%，占全国海洋生产总值的20.78%，海洋经济总量继续保持全国领先地位，连续19年领跑全国。同时，广东海洋经济在整个广东省国民经济中的地位也日益凸显，2013年广东省海洋生产总值占地区生产总值的18.2%，再创新高，海洋三产比例也进一步优化为1.7:47.4:50。2006—2013年广东海洋生产总值的年均增长速度为15.62%，高于同期广东省地区生产总值2个百分点。2013年广东自提出“建设海洋经济强省”战略目标以来，广东的“蓝色引擎”正式启动，以发展海洋经济作为“加快转型升级，建设幸福广东”新优势，不断提高海洋经济竞争力和现代化水平为核心，海洋经济总量平稳、快速增长，不断推动海洋产业发展，海洋产业结构不断优化，成为广东经济新的增长极。广东已经初步形成了以海洋渔业、滨海旅游业、海洋化工业、海洋交通运输业、海洋油气业为支柱，以海洋生物医药业、海洋高端工程装备制造业等为代表的战略性新兴海洋产业正迅速崛起，海洋船舶制造、海洋电力、海水综合利用等海洋产业全面发展的海洋经济发展格局。

（四）海洋产业优势

2013年广东省实现海洋生产总值为11 284亿元，其中海洋产业增加值6 853亿元，海洋相关产业增加值4 431亿元。从三大产业分类来看，海洋第一产业增加值191.8亿元，第二产业增加值5 348.6亿元，第三产业增加值5 743.6亿元，海洋产业总体保持了强劲的发展势头。其中，主要海洋产业增加值4 039.1亿元，比上年增长7.65%。目前广东省形成了以滨海旅游业为首、海洋交通运输业、海洋化工业、海洋油气业、海洋渔业共同发展的五大优势海洋产业格局，如图 2.2 所示，2013 年实现滨海旅游业增加值为 1 496 亿元，同比增长 12.65%；海洋交通运输业实现增加值为 781 亿元，同比增长 10%；海洋化工业实现增加值 556 亿元，同比增长 8.17%；海洋油气业实现增加值 539 亿元，同比降低 3.92%；海洋渔业增加值 291 亿元，同比增长 6.99%；五大支柱产业占全省海洋产业增加值的 53.45%，其中滨海旅游业、海洋交通运输业、海洋化工业等产业呈现强劲的增长态势。

从海洋产业发展趋势来看，2006—2013 年，海洋生产总值占广东省地区生产总值的比重也呈逐步升高的趋势，如图 2.3 所示。海洋第一产业占海洋生产总值的比重逐渐降低，由 2006 年的 4.5% 逐渐降到 2013 年的 1.7%，2006 年海洋第一、第二、第三产业的增加值所占比重为 4.5%、28.6%、66.9%。2012 年广东省海洋第一、第二、第三产业的比值为 1.7∶48.9∶49.4，2013 年海洋第一、第二、第三产业的比值为 1.7∶47.4∶50.9，显示出海洋产业的结构不断优化。目前广东海洋产业结构调整速度放缓，已呈较为合理的“三二一”模式，进一步拉大了与国内其他省市海洋产业结构水平的相对优势，其中 2012 年浙江省海洋第一、第二、第三产业比值为 7.5∶44.1∶48.4；山东省海洋第一、第二、第三产业比值为 7.2∶48.6∶44.2；天津市海洋第一、第二、第三产业比值为 0.2∶66.7∶33.1。

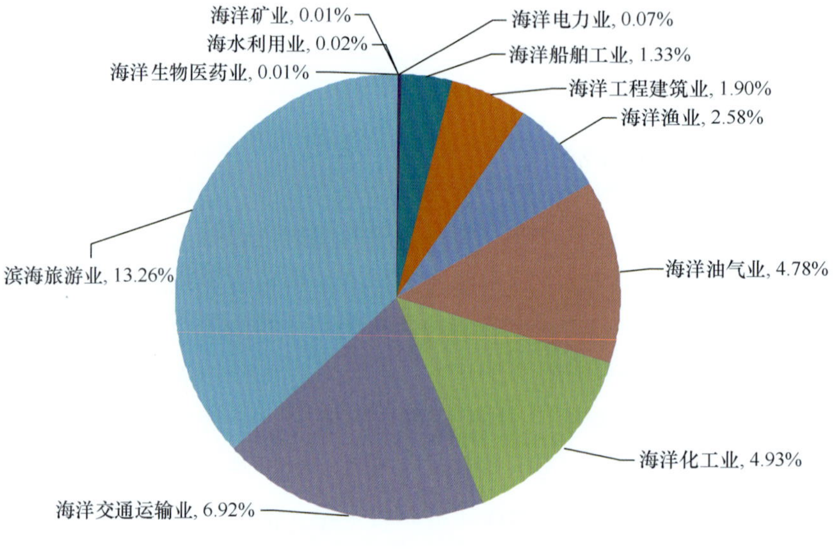

图 2.2　2013 年广东省主要海洋产业增加值构成图

广东省滨海旅游业、海洋交通运输业、海洋油气业、海洋石化和海洋渔业等五大传统支柱海洋产业优势明显，在全国也具有一定的比较优势。

1. 滨海旅游业

广东省在全国率先开发滨海旅游，滨海旅游业已成为广东省旅游特色之一，也是海洋产业的重要组成部分。广东的滨海旅游业发展取决于强大的旅游资源和较为完善的旅游配套设施。目前广东形成了珠江三角洲、粤东、粤西三大滨海旅游度假区，其中有国家 4A 级景区阳江大角湾、汕头中信高尔夫海滨度假村及南澳岛等；随着以休闲度假为导向的产品深度开发，出现了惠州巽寮湾等为代表的高端滨海旅游度假区；此外，深圳华侨城、碧桂园十里银

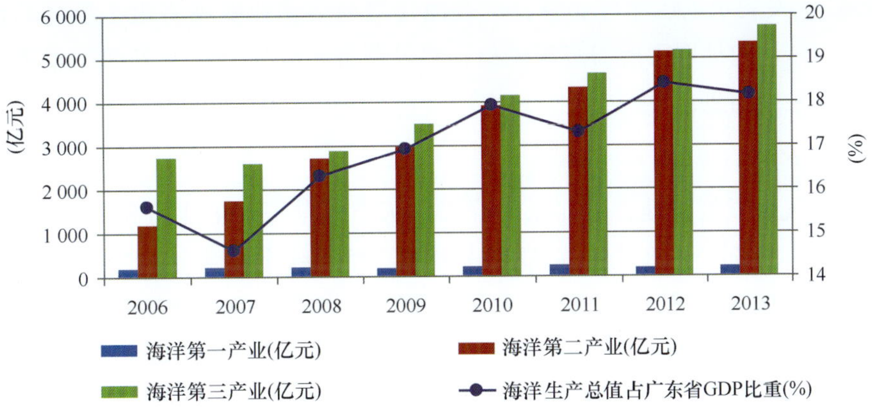

图 2.3　2006—2013 年全省海洋生产总值构成情况

滩等一系列龙头企业和项目，采用“旅游 + 地产”“游艇 + 地产模式”等发展模式，形成了“以旅游主题地产特色的成片综合开发和运营”的核心竞争力。目前广州、深圳、珠海、中山等地已建成游艇码头，邮轮、游艇将成为引领滨海旅游业发展的新增长点。2013 年全省游艇制造业产值达 13 亿元。

滨海旅游产值方面，2012 年实现滨海旅游业增加值为 1 328 亿元，2013 年实现滨海旅游业增加值为 1 496 亿元，增长 12.65%，占广东省海洋生产总值的 13.26%，为海洋第三产业的主导行业。另外，广东省历年的入境旅客人次更是明显高于其他沿海省份，且是其他各省的数倍。可见，滨海国际旅游是广东省滨海旅游业的优势项目之一，有力支撑广东省滨海旅游业的发展。截至 2013 年广东沿海城市共有星级宾馆（酒店）917 家，拥有客房数 146 820 间，居全国之首。2013 年广东省共接待过夜游客 30 151.01 万人次，增长 9.99%，实现旅游总收入 6 716.69 亿元，增长 15.91%，在经济下行压力加大情况下，滨海旅游业仍保持两位数增长，对广东省地方经济的“维稳”贡献较大。

2. 海洋交通运输业

广东海洋交通运输业保持平稳增长，在不断整合优化港口资源，结合自身的交通网络特点，逐步形成了以广州港、深圳港、湛江港、珠海港、汕头港等为主要港口，潮州港、揭阳港、汕尾港、惠州港等地区性港口的发展格局。2013 年全省港口完成货物吞吐量 15.50 亿吨，居全国第二，同比增长 11.08%，港口生产总体保持增长态势。深圳港作为我国重要的港口城市和进出口基地，2013 年集装箱吞吐量 2 327.85 万标准箱，首次超越香港 100 万标准箱居全球集装箱大港第三位，全港区达到每小时 36 吊次的装卸效率，使港口操作效率名列世界前茅。广州港的货物吞吐量居全国沿海港口第四位，世界第六位，集装箱吞吐量居世界第八位，已发展成为我国华南地区最大的综合性主枢纽港。

在海洋交通运输业基础设施建设方面，随着投资 75 亿元的南沙港区三期工程以及广东省海洋经济发展“十二五”规划重点项目中提及的珠海港高栏港区主航道工程、广州港深水航道拓宽工程、广州港码头工程、珠海港码头工程等一批重点项目的建设以及广州国际航运经济研究中心成立等，广东全省的五大主要枢纽港正在拓展港口能力，向境外市场拓展，对内发展“无水港”、发展水上运输等业务，广东海洋交通运输业发展将迈上更高的台阶，海洋交通运输业对广东从内地取得所需资源供给，对外服务于外贸货运及外向型经济具有重要作用，有着广阔的发展前景。

3. 海洋油气业

广东海洋油气业发展迅速，近年来海洋石油天然气勘探开采能力和输送能力不断增强。中海油南海东部、西部公司在南海东部海域油田已经连续十几年年产量超过 1 000 万方油当量。珠海中海油南海天然气陆上终端平基工程等一批海洋油气业项目相继开工运行，为海洋油气业发展注入了新的动力。2013 年天然气开采量为 753 549 万立方，虽然比 2012 年略有下降，但仍占全国开采量的 60% 以上，稳居全国第一；石油开采量 1 345 万吨，仅次于天津，居全国第二，占全国开采量的 29.6%。海洋油气业生产总值 561 亿元，占全国海洋油气业生产总值比重达 34%。尤其是 2012 年以来，中海油分两批开放 35 个中国南海海域区块，与外国公司进行合作，招标工作进展顺利，南海油气田进入投产“井喷期”，同时借助南海油气开发的明显区位优势，广东省在海洋油气业的发展上也面临着前所未有的机遇。

作为三大石油公司中最早涉足 LNG 领域的公司，中海油在广东省在建或计划开工建设的 LNG 项目已达到 5 个，分别位于深圳、珠海、揭阳和湛江等地区。随着广东省海洋经济发展“十二五”规划重点项目中的珠海中石化黄茅岛 LNG 及发电、深圳迭福 LNG 接收站项目、大鹏 LNG 接收站扩建项目、粤西 LNG 项目等 LNG 项目的建设，广东省海洋油气业的发展将更上一个台阶。

4. 海洋化工业

广东省工业基础良好，石化产业更是产业规模大、门类齐全，呈集聚化发展。国内三大石油巨头中石油、中石化、中海油均已落户广东，广东省石化企业以中石油、中石化、中海油三大油气公司企业为主，在广东投资的项目规模大、生产加工能力强。形成了广州石化基地、惠州大亚湾石化基地、茂名石化基地、湛江石化基地、汕潮石化基地等五大石化产业基地，湛江—茂名—广州—惠州—粤东沿海带状石化产业集群基本形成。广东已成为国内非常重要的石化基地。

随着南海油气资源的不断勘探与开发，广东受益于区位优势，海洋油气企业呈现出多类型、多元发展。广东海洋油气化工产业已基本形成从上游原油开采、炼油、乙烯生产到下游合成材料、精细化工、橡胶加工等比较完整的产业体系，企业规模大，实力雄厚。近年来，广东海洋化工产业逐步向园区集聚发展，依托大型炼油化工一体化龙头项目，惠州大亚湾石化区和茂名石化区等大型石化基地已初具规模；珠江三角洲地区已成为精细化工、专用化学品、橡胶加工和塑料加工等行业主要生产区域；珠海正成为石化下游深加工和基本有机原料生产基地；汕头是我国聚苯乙烯主要产地。

2013 年广东沿海石化新兴项目呈加速发展之势，2013 年全省海洋化工业增加值达到 556 亿元，在建、新建、扩建、竣工的炼油项目众多。中委合资广东石化 2 000 万吨/年重质原油加工工程项目、中海油乐金 ABS 项目等海洋化工项目建设为海洋化工业发展注入新的活力。

中国石化集团茂名石油化工公司、茂名石化实华股份有限公司、鲁华化工有限公司、广东润丰石化有限公司、中海壳牌石油化工有限公司惠州公司、广州天朗涂料化工有限公司、广东省茂名市高山海洋石油化工公司等公司企业带动广东海洋化工产业发展、保证区域石油化工产品供应等方面发挥了重要作用。随着广东省海洋经济发展"十二五"规划重点项目中的中委合资广东石化2 000万吨/年重油加工工程项目、珠海中海油能源发展高栏精细化工园、中海油惠州炼化二期扩建项目、中科合资广东炼化一体化项目等一系列重点石化项目的实施与建设以及中海油粤东项目获批，中海油在广东新增600万吨液化天然气，茂名石化炼油项目的改扩建、湛江中科炼化总投资590亿元人民币建设石化产业园区，形成1 500万吨原油加工和100万吨乙烯产能，将为广东海洋化工业的发展注入强劲动力。

5. 海洋渔业

广东海洋渔业保持稳步增长态势，在全国占有重要地位。2013年，广东海洋渔业增加值达到291亿元，占全国海洋渔业增加值的7.5%；2012年全省海水养殖面积19.7万公顷，其中滩涂、浅海可养殖面积位居全国第一；海水养殖产量287万吨，占全国海水养殖产量1 739万吨的16.5%，仅次于山东和福建，居全国第三位。广东省现代渔业发展前景广阔，全省扶持深水网箱养殖产业园区建设，阳江深水网箱产业园区大镬岛示范基地、粤兴水产品加工综合楼建设项目、国联深水网箱产业园区的建设标志着广东"深蓝渔业"继续保持良好发展态势。同时，积极推进水产养殖健康示范区的建设，在渔业基础设施建设、水产养殖示范园区建设、水产品质量安全监管、水生资源养护、平安渔业建设、渔业合作组织建设、渔政执法能力建设等方面有了较大的提升，为推动全国渔业事业又好又快发展做出了重要贡献。

（五）海洋经济合作

广东省在海洋强省的建设过程中，要把海洋经济做大做强必须要加强同周边区域的合作，只有加强区域海洋经济合作，才有可能扩展海洋经济发展空间，促进科技、人才等要素的流动，发挥各区域的比较优势，共同解决发展中的问题，实现区域海洋经济的共同发展。为此广东省提出了"三圈一带"的海洋经济发展构想。"三圈"分别是指以珠三角海洋经济区为核心，与香港、澳门共同构建粤港澳海洋经济合作圈；以粤东海洋经济区为基础，粤东汕头、潮州、揭阳、梅州四市在以福建沿海为核心区的海峡西岸经济区中积极开展粤闽台海洋经济合作圈；以粤西湛江、茂名、阳江为主向东积极融入广西北部湾经济区的合作开发，向南积极参与海南国际旅游岛的合作建设，构建粤桂琼海洋经济合作圈。

目前广东省根据"三圈一带"的海洋经济发展战略，制定了相应的发展目标和策略，各经济圈正在积极开展相关的合作开发。其中粤港澳海洋经济合作圈，主要是以广州南沙、珠海横琴、深圳前海等国家新建的自贸区作为合作载体，共同发展海洋运输、高端海洋服务业、滨海旅游业等海洋产业。例如香港运输业逐步向成本较低的深圳、珠海等珠江三角洲地区分流转移；南沙新区建立的"智慧岛"，主要在科技、教育等方面与港澳相连的开展合作。由于粤港澳在以上产业发展中各自具有相对较好的优势，再加上自贸区的先行先试的特殊使命，粤港澳海洋经济合作将会对其他海洋经济圈今后的合作与发展提供很好的经验和借鉴意义。

六、科教力量

近十年来，广东省高度重视科技研究投入，2013 年全省科技经费及人员投入稳定增长，全社会共投入研发（即 R & D）经费 1 443.5 亿元，居全国第二，比 2012 年增加 207.3 亿元，增长 16.8%；其占全省地区生产总值（GDP）的比例逐步提升，至 2013 年已达 2.32%，比 2012 年提高 0.15 个百分点，超过全国平均水平 0.24 个百分点。根据活动类型分类，全省用于基础研究的经费投入为 33.8 亿元，比上年增长 4.2%；应用研究经费 102.8 亿元，增长 15.8%；试验发展经费 1 306.9 亿元，增长 17.2%；按资金来源分，政府资金投入 116.2 亿元，比上年增长 7.7%；企业资金投入 1 290.7 亿元，增长 18.3%；境外资金投入 9.8 亿元，增长 10.6%；其他资金投入 26.7 亿元，减少 6.1%。

2013 年我国近七成的 R & D 经费资源分布在东部地区，R & D 经费投入强度超过全国平均水平的有北京、上海、天津、江苏、广东、浙江、山东和陕西 8 个省市，广东在 R & D 经费投入上仅次于江苏，位居全国第二，R & D 经费占 GDP 总量比重排在北京、天津、上海、江苏之后，位于全国第五。2013 年全国 R & D 人员超过 20 万人的地区有广东、江苏、浙江、山东、北京、上海、河南和湖北 8 个省市，广东和江苏两在 R & D 投入强省均超过 60 万人，广东以 65.2 万人居全国之首，表明广东的研发投入已有较大的人员队伍，拥有研发人员众多的数量基础。目前广东的经费投入主要分布在珠三角地区并主要集中在企业，且以试验发展为主体，基础研究相对较弱；R & D 人员学历结构有待优化，人才队伍素质有待提高[①]。

广东省海洋科技力量在南海三省中最为雄厚，全省海洋科研单位比较密集。据 2013 年统计数据显示，广东省海洋科研机构共 24 个（含中央驻穗机构），占全国的 13.7%，仅次于北京，海洋科研机构数量在沿海省市中居前列，其中有中科院南海海洋研究所、水科院南海水产研究所、水科院珠江水产研究所等多家海洋科研机构以及全国三所海洋综合大学中的广东海洋大学也位于广东省内，另外两所海洋大学分别位于山东和台湾。此外，有中山大学、华南理工大学、暨南大学、汕头大学、华南农业大学等部分院、系参与海洋科研和教育工作，广东已经拥有一批水平较高的学术带头人和海洋专业技术人才，初步形成了较为完善的海洋教育体系和强大的海洋科研力量，为广东海洋强省建设提供了一定的科技和人才支撑。

广东省海洋科技自主创新能力不断增强。2011—2013 年，广东省共获国家海洋成果创新奖 8 项，省级海洋科技进步奖 19 项，建成海洋生物医药等省部级以上重点实验室 25 个，广州、湛江更是被国家确定为全国海洋高技术基地。目前广东省已在中科院南海海洋所建有海洋药物研究开发重点实验室、汕头大学建有海洋生物技术重点实验室等，构建了一批国家级和省级海洋科技成果示范基地及科技兴海转化平台，拥有了一批具有自主知识产权的海洋科技创新成果，初步形成了以广州、深圳、珠海等为中心的海洋生物工程、制药及可再生能源等高新技术密集区。

---

① 引自 2014 年《广东统计报告（第 55 期）》。

七、人缘文化

（一）海外华人华侨

广东建设海洋强省除了自古以来兴渔盐之利、海上贸易的优良传统以及良好的经济基础外，广东还是著名侨乡，在世界100多个国家和地区祖籍广东的华侨、华人约为2 200万人，遍布世界各地，占全国华侨华人总数的2/3；按行政区划计，广东地级市有80%为侨乡；按土地面积计，侨乡占全省总面积的72%；按人口计，归侨、侨眷人数达2 000多万，侨乡人口约为全省总人口75%。广东籍的华侨华裔及港澳同胞，大部分祖籍广东沿海地区。在地区分布上，他们大多分布在港澳地区、东南亚、日本、美洲、澳洲及西欧等地。经过长年的在外打拼，他们具有一定的经济实力并逐步掌握了先进的技术、管理经验。虽然长期居住在国外，但他们大多热爱祖国、关心家乡发展。改革开放以来，大量华侨华人返回国内做贡献，在文化教育、医疗卫生、社会福利等方面投入大量资金。在地方企业发展上，他们也积极发挥作用，帮助地方企业引进资金、设备等。广东的华侨华裔和港澳同胞在广东及至全国的对外开放中起到了不可低估的作用。在“海上丝绸之路”、广东“海洋强省”建设中，他们也将继续发挥作用，成为重要的力量。

目前在海外影响较大的广东华侨组织有“世界客属恳亲大会”“国际潮团联谊会”和“世界中山各中学同学恳亲大会”等。广东毗邻港澳，祖籍广东的港澳同胞约600万人。华人华侨热爱祖国、热爱家乡，为广东的经济建设、文化建设、慈善事业，为广东与世界各国和地区的友好往来做出了重大贡献。广东依靠毗邻港澳及东南亚的独特地理位置，发挥其侨乡众多等人文优势，可以较低的土地价格和充足劳动力吸引大量华人华侨投资，引进先进技术、设备、管理等，尤其可吸引港澳台制造业等大规模产业转移，使“三资”企业在广东迅速发展起来，对广东经济结构的发展变化发挥了极其重要的作用，而这又是长三角海洋经济区及山东半岛蓝色经济区所不具备的优势。随着中国—东盟合作的不断深化，广东与东盟国家的经贸往来日益密切，特别是新加坡、马来西亚、印度尼西亚、菲律宾等国华裔较多，这些东盟华人华侨许多具有广东血脉，受中华文化的传承，说普通话、广东话、潮汕话、客家话，长期以来以各种形式关心、支持我国的发展，他们是广东在拓展与东盟关系、参与东盟次区域合作的重要资源，在东盟国家许多侨乡如潮汕、梅州的华人华侨都设有当地的同乡会等组织，这些组织是与广东密切联系的根基和动力，未来广东要加强与东盟的经贸合作，融入南海海洋经济圈的发展，这些东盟华裔华侨将发挥着重要的桥梁纽带作用。

（二）海洋文化宣传

广东也是中国海洋文化最早的重要发祥地之一，经过历史的累积与沉淀，海洋文化资源深厚而丰富。汕头港是我国历史上对外开放较早的港口之一。潮汕文化、雷州文化也成为广东最具代表性、独具特色的海洋文化形式。古老的海上丝绸之路中广州、湛江都是重要的节点，广东沿海地区也留下了众多珍贵的古海港遗址。深厚的海洋历史文化底蕴是广东发展海洋文化、海洋强省建设弥足珍贵的资源。特别是海内外移民文化交流广泛，形成了广东海洋文化开放、包容的特质和开拓、进取、创新的精神。但是与之不相适应的是，在广东的发展历史中，海洋文化一直没有被充分挖掘，而是以一种潜在文化的形式存在。有学者针对高校学生进行海洋意识教育进行过研究，结果发现目前形势不容乐观。如李华在《广东省高校海洋环境通识教育的研究》① 中，采用随机抽样方法，对中山大学、华南理工大学、华南师范大学、广东外语外贸大学、广东工业大学、广州大学等六所高校的506名学生进行了问卷调查。通过各高校教务处网站对国内33所高校（其中广东省14所）开出的环境教育通识课程随机调查，继而又对这些海洋环境通识课程内容进行了查询。而且还就广东高校通识教育中的海洋意识教育问题，采访了中科院广州地球化学研究所谢先德教授及广东工业大学徐文彬教授等。结果发现，广东省高校学生总体海洋知识缺乏、海洋意识偏弱。

近年来，广东海洋文化建设取得了一系列新突破、新发展。在广东“加速发展海洋经济，培养发展海洋经济的人才”的政策推动下，从事广东海洋文化研究的学者逐渐增加，与海洋文化专业和海洋文化研究相关的机构也相继建立。从海洋知识、海洋民俗到海洋经济、海洋管理，海洋文化的研究不断加深，内涵不断丰富。海洋文化正由潜在生产力向现实生产力转化，在广东社会经济发展中发挥着重要的作用。经过多年努力，广东的海洋文化事业发展迅猛，海洋文化形成产业化发展，与海洋文化相关的法律得以建立，海洋文化的开发与保护意识不断增强。

为了提高公众的海洋意识，广东开展了多种多样的广义海洋文化宣教活动。这些宣传活动，主要集中在海洋经济、海洋科技、海洋防灾减灾、海洋环保、海洋主权、狭义海洋文化等方面，除此之外，还有海洋综合性宣教。广东各界通过多方努力，以期共同建设海洋文化，提升公众的海洋意识。

海洋经济宣教活动。广东海洋经济宣传的重头戏当数广东省人民政府与国家海洋局联合举办的“中国海洋经济博览会”。作为我国目前唯一的国家级综合性海洋博览会，目前分别于2012年、2014年和2015年举办了3届，该博览会被誉为“中国海洋第一展”，已经成为展示我国海洋经济发展前沿成果的重要窗口和搭建国内外海洋经济交流合作的重要平台，对推动海洋资源开发利用，促进海洋产业转型升级，加快海洋科技创新，加强海洋生态文明建设，深化海洋经贸合作具有十分重要的意义。每一届博览会都比上一届规模更大，活动更丰富，与产业发展结合更紧密，国了规约程度更高，国内外嘉宾参与意愿强烈，逐步形成了自己的“品牌效应”。除“中国海洋经济博览会”外，“走向蓝海——打造海洋经济强省系列活动”也是近年广东海洋宣传的重要活动之一。2012年8月至2012年年底，广东省海洋与渔业局和南方日报社联合举办了打造海洋经济强省系列活动，其中，“走向蓝海”南方微电影海洋经济微纪录片大赛和“走向蓝海”广东海洋摄影大赛，形式新颖，主要是向社会征集反映广东海洋建设和海洋经济相关题材的影像作品；吸引力强，奖金金额成千上万。效果明显，历时一年的南方微电影节“走向蓝海——海洋经济微纪录片”单元，吸引了不少民众参加。成果丰硕，参与者眼光独到，作品紧跟时代节奏。这些成果，将海洋拉近到观众的身边，为相关部门做好海洋工作提供了形象生动的素材，为广东海洋经济发展出谋划策。

① 李华．广东省高校海洋环境通识教育的研究［D］．广州大学硕士论文，2007：1.

海洋科技宣教活动。广东的海洋科技宣传，已经突破拉横幅、发传单的传统宣传手段，出现了形象生动宣传方式。2014 年 7 月，广东海洋馆就举办了“人造海水”微生系统设备微缩版展览，形象地为大众揭秘“人造海水”的炼成原理。通过这一套微缩版设备的演示，观众可以非常容易地理解人造海水的过滤、净化、贮存、循环回收等复杂的工艺流程。这一宣传方式，向大众介绍了世界上先进的人造海水配制技术和卫生系统，宣传科技如何为海洋生物创造最接近真正海洋的生活环境。这一形象生动的宣传方式，大大提升了科普活动的影响效果。

海洋防灾减灾宣教活动。广东省一直重视海洋预报减灾工作，在全国率先推行用海项目建立海洋灾害风险评价制度。广东作为中国唯一的海啸演习地点，曾参加由联合国发起太平洋国家统一组织实施的“2011 泛太平洋跨国海啸演习”。演习本身就是一场很好的宣传活动。2011 年 11 月 10 日，演习活动在广东省惠州市大亚湾经济技术开发区石化工业应急响应指挥中心举行，大亚湾区共有应急办、消防、海洋渔业、交通、交警、安监、宣教、海事等 15 个部门参加了此次演习。同时，主办方还抓住这次机会，着重向中学生进行海洋防灾减灾宣。大亚湾第一中学初中部，组织了 4 个班约 220 人进行演习。另外，主办方还在活动中对村民进行宣教。澳头街道前进村也组织村民疏散演习。此次海洋防灾减灾演练宣教活动的影响，还在媒体的宣传中超越大亚湾区范围，当日及次日，广东电视台、人民网、凤凰网、donews 和中国经济网等媒体都对此次演习进行了报道，使得此次海洋防灾减灾宣教活动的影响范围达至广东乃至全国。另外，广东省举办的其他海洋防灾减灾宣传活动也有声有色。例如，在 2012 年 5 月 12 日中国第四个“防灾减灾日”中，以“弘扬防灾减灾文化、提高防灾减灾意识”为主题的广东省海洋防灾减灾宣传周活动在汕尾启动，活动组织方通过宣讲、培训等科普宣教活动，提高社会各界海洋防灾减灾意识，以期防患于未燃。

海洋环保宣教活动。广东的海洋生态环境保护宣传活动的常见手法是在海洋日开展增殖放流活动。参加活动的代表阶层广泛，如在深圳市 2011 年 6 月海洋宣传日渔业资源增殖放流活动中，参加的代表有市人大代表、市政协委员，也有海洋公益团体，还有香港流动渔民代表及广大市民。又如，在 2014 年 6 月的茂名市海洋与渔业局博贺渔港“2014 年茂名市海洋渔业资源增殖放流活动”中，出席的各界代表与新闻媒体等共 70 多人。此类宣传活动，多通过放流海洋生物，以达到教育公众的目的。如在 2011 年深圳的渔业资源增殖放流活动中，有 121 万尾海水鱼苗，925 万尾斑节对虾苗，鲍鱼苗 1.8 万粒在南澳双拥码头通过 9 条放生槽被放流入南澳海域。其中，还包括各企业及社会热心人士捐赠放流的 41.44 万尾鱼苗、125 万尾虾苗及 1.8 万粒鲍鱼苗。又如，在 2014 年茂名市海洋渔业资源增殖放流活动中，共向大海投放笛鲷苗 11.5 万尾、长毛对虾苗 1 150 万尾、墨吉对虾苗 980 万尾。这类增殖放流宣传活动，能起到进一步增强公众保护生态环境意识的作用。广东的很多地区，都连续多年举办增殖放流主题活动，如惠州市大亚湾经济技术开发区自 1984 年始，每年都开展增殖放流活动，已累计投放鱼苗 1 523 万尾，虾苗 1.5 亿尾，紫海胆 30 万粒，翡翠贻贝 200 多万粒。此类宣传活动，树立和弘扬生态文明理念，得到了社会各界的广泛参与和大力支持，形成了共建社会生态文明的良好舆论氛围，取得了良好的经济效益和社会影响。

海权宣教活动。2014 年 4 月，中国作家协会创研部和广东省作家协会在京举行了张培忠纪实文学《海权战略——郑芝龙、郑成功海商集团纪事》研讨会。此书通过近百年的经验教训，强调海权意识和海权战略，对于我国今天的海洋战略、海上维权等有鲜明的借鉴和启示意义。与会专家、学者认为，此书具有很强的思想价值，最大的成功之处是阐述了海权战略。此书的发行及研讨会的召开，都能唤起公众对海权的重视。

狭义海洋文化宣教活动。广东的狭义海洋文化宣传活动类型多样。有通过海洋读物出版进行宣传的，如1991年广东旅游出版社出版了龙莆尧等编的《神奇的海：广东省海员工会海洋文学征文优秀作品选集1987—1990》。有通过恢复涉海文物功能而进行宣传的，如有“海丝路旧航标”之称的旧粤海关大钟扬起新钟声：现位于广州的中国海关博物馆，曾为粤海关大楼，其顶上的机械钟一度成为丝绸之路的旧航标，这座古钟在沉静30多年后，再次鸣起悠扬的乐曲，似乎向世人倾诉着广州这座“海上丝绸之路”重要城市的前世今生。有通过博物展览而对公众进行宣教的，如多市文化遗产精品联展在广州博物馆举办：2014年4月，由广州、宁波、福州、扬州、蓬莱、北海、南京、漳州、泉州九个城市联合举办的“跨越海洋——中国‘海上丝绸之路’九城市文化遗产精品联展”在广州博物馆向公众开放。有通过举办地方民俗活动进行海洋文化宣传的，如广州的波罗诞民俗大派对。还有通过评选海洋文化地标活动进行宣传的，如2014年7月中山市举办了寻找“中山海洋文化地标”暨郑和下西洋609周年纪念活动。广东的海洋文化宣传活动形式较为多样。

海洋综合宣教活动。广东的一些地区，还会利用每年6月8日世界海洋日的契机，对公众开展综合性的海洋意识教育。例如，2014年6月，茂名市海洋与渔业局、茂名市志愿者于当日联合开展“6.8海洋宣传日”清洁水东湾畔为主题的美化活动，以期增强广大市民对海洋资源、海洋环境、海洋科技、海洋开发等的认识，呼吁广大市民认识海洋、关注海洋，合理利用海洋，爱护海洋环境。又如，2014年6月世界海洋日，阳江千名学子昨日宣誓保护蓝海，在宣誓之中除了接受海洋生态环境教育之外，还感受到保护海洋的神圣，还得到了爱海爱国的综合教育。另外，还有利用海洋日开展征文比赛活动的。2011年6月，广东省海洋与渔业局、南方报业传媒集团和广东省作家协会就曾联合举办的“我心中的海洋”征文活动。活动起到了进一步加大海洋综合宣传力度，更好地营造推进全国海洋经济发展试点地区建设的良好氛围，提高全社会热爱海洋、开发海洋、保护海洋的意识。除了利用海洋日活动进行综合宣传外，广东省通过举办大型系列活动来进行综合宣传。如制作与播放《广东沿海行》节目，这一海洋大型综合性宣传节目，是由南方影视传媒集团、广东电视台联合广东省海洋与渔业局、广东海事局、广东省旅游局组织策划，广东电台和广东沿海地区14个地市台参与报道的。节目着眼于经济建设、文化建设、社会建设、生态文明等方面建设，系统、全面地介绍广东沿海地区各方面的建设成就，对唤醒人们的海洋意识与主权意识产生了积极的影响。在广东省举办的此类历时长、影响大的海洋意识综合性宣传活动中，较具代表性的还有：广东“探访海上丝绸之路”海外联合报道、“寻访海上丝绸之路”“广东海岛行”等电视系列报道主要形式是：中共广东省委宣传部与广东省政府新闻办组织南方日报、羊城晚报、广东广播电视台的30多位记者，组成联合报道组，重走古“海上丝路”，不仅要寻觅海上丝绸之路与广东的历史渊源，还要记录今日广东与沿线国家日益频繁的文化交流和经贸往来。其目的是要推动21世纪海上丝绸之路建设，扩大对外开放，提高公众的海洋综合意识。

然而，也要认识到广东海洋文化的发展与社会经济发展依然十分不协调，在未来开发中还有巨大的发展空间。海洋文化的研究起步相对晚，海洋文化的竞争力不强，整体水平还有待提高。因此，在广东海洋强省建设中，大力弘扬海洋文化精神，加快海洋文化建设，是一项重要的任务。

第二节　沿海省市区海洋发展对比分析

一、沿海省市区海洋资源环境现状比较分析

（一）部分沿海省市区海洋资环概况

1. 辽宁

辽宁省位于我国海岸线的最北端，海岸线漫长，有着良好的建港条件，已形成了以大连、营口港为枢纽，连接沿海地方中小港的海上交通运输体系和40多条海上通道，分别与100多个国家和地区形成海上贸易网络。海域面积约15万平方千米，大陆岸线漫长，约占全国大陆岸线总长的12%，全省海岸和滩涂类型齐全，功能多样，有丰富的港口、海洋渔业、滨海旅游、海底矿产、海水化学及海洋能资源。辽宁省近海海域海洋渔业资源丰富，已鉴定出海洋生物520多种，现已被渔业开发利用的经济种类80余种，包括鱼类、虾蟹类、头足类等经济生物资源，其中毛虾、对虾、海蜇是全国三大地方捕捞品种；海洋矿产资源较丰富，主要有石油、天然气、煤、铁、硫、钾、盐、重砂矿等，石油、天然气主要分布在辽东湾，石油资源量约有7.5亿吨，天然气资源量约有1 000亿立方米。滨海砂矿主要有金刚石、沙金、锆英石等，开发前景广阔；海洋能蕴藏量约为700万千瓦，占全国海洋能蕴藏量的0.67%；滨海旅游资源丰富，主要有海蚀景观资源、滨海湿地景观资源及历史文化资源，形成了以大连、丹东、葫芦岛为中心的旅游区。相对其他沿海地区，辽宁省的海洋资源相对丰富，其开发潜力巨大，但海洋资源产出水平不高，2011年海洋经济总产值与确权海域面积比率位于全国倒数第一。

2. 河北

河北省位于我国南温带和中温带大陆东岸，北距北京283千米，东与天津毗连，紧傍渤海，东北部与辽宁相接，海岸线总长度625.7千米，其中大陆岸线长487.3千米，分布有秦皇岛港、唐山港、黄骅港三个港口并形成了秦皇岛港东港区、西港区、唐山港京唐港区、曹妃甸港区、黄骅港煤炭港区、综合港区等规模化港区，2013年全省港口吞吐量达到8.89亿吨，同比增长16.8%，港口固定资产投资完成185亿元，新增港口通过能力1.2亿吨。河北海岸复杂多变，以淤泥沙质岸段海岸线变化尤为明显，海岛陆域总面积8.43平方千米，全省海岛规模较小，面积大于1平方千米的只有2个，形状多为长条状或斑点状；潮间带面积1 167.9平方千米，地形地貌齐全多样，自北向南有岩滩、砾石滩、海滩、潮滩、河口三角洲、泻湖等。河北省海洋滩涂生物多种多样，潮间带具有经济价值的贝类有四角蛤蜊、文蛤、

大连湾牡蛎、彩虹明樱蛤等，潮间带除了贝类，尚有资源较丰富的多种蟹类，河北重要经济种类有蓝点马鲛、银鲳、带鱼、小黄鱼等，沿岸海域均有产卵场，多数种类产卵场主要在渤海湾沿岸的岐口至大口河一带浅水区和曹妃甸一带水区。此外河北的海洋化工资源丰富，盐区拥有丰富的苦卤资源，对海水利用能力不断提高，目前已能生产钾、溴、镁、硝等多个品种。

3. 山东

山东省濒临黄海和渤海，与朝鲜半岛、日本列岛隔海相望，全省东西最长距离700千米，居全国第二。大陆海岸线北起漳卫新河河口，南至绣针河河口，海岸线占全国海岸线的1.6%，岸线曲折，近海拥有多处天然良港和岛屿群，全省海岸可建10万~20万吨以上深水泊位的港址23处，海域面积达到15.96万平方千米，与陆地面积相当，山东省共有海岛456个，海岛总面积约111.22平方千米，海湾面积8 139平方千米，潮间带滩涂面积2 412平方千米。山东省海洋资源丰富程度居全国之首，近海海洋生物约1 400种，海洋经济藻类有海带、石花菜、裙带菜等，重要经济价值鱼、虾、蟹类有80多种；海洋矿产资源已发现有20多种，石油主要分布在渤海湾——莱州湾的海滩和浅海地区，砂金、锆石、石英砂等滨海砂矿分布于山东半岛沿岸，其中砂金矿地质储量与产量均居全国首位；海洋能理论蕴藏量1.4×10^7千瓦，在渤海龙口、北隍城海区和黄海成山角、千里岩、小麦岛波浪能较集中；近海海水有80多种化学元素，目前已达到工业利用规模的食盐、镁、钾、溴等，山东近岸暖温带季风气候对滩晒制盐十分有利；滨海旅游资源主要有海滨自然风光、海岛观光、湿地生态、民俗风情和人文景观等，形成了青岛、烟台、威海、东营等各具特色的旅游城市；港口资源丰富，已建成较发达的港口群。山东省海洋物质资源丰富，但开发利用程度仅有20%，未形成规模效益，排在沿海11省市中的中下水平。

4. 江苏

江苏省在我国沿海地区中地理位置优越，位于长江、淮河下游，北接山东、南连上海和浙江省，海岸线长达954千米，岸线长度在全国沿海省市中靠后，海域面积约18万平方千米，江苏沿海拥有良好的港航资源，长江口、近海深水水道、北部基岩海岸散布着数十处可建大中型港口的理想港址，连云港是我国十大海港之一，周边海州湾沿岸附近的柘汪港、燕尾港、小丁港乃至石臼港可构成港口群体，对外贸易优势明显，丰富的港口资源可容纳大规模的临海工业，开发潜力巨大。江苏省海域跨暖温带和北亚热带，水温适中，海洋生物资源丰富，近海分布着长江口、海州湾、吕泗、大沙渔场，海洋藻类资源丰富，达200种以上，经济价值较高的有条斑紫菜、海带、鼠尾藻、萱藻等数十种，海域滩涂广布，甲壳类和头足类动物资源丰富；海洋矿产资源相对贫乏，北部海域海水含盐度较高，利于盐业生产，但海洋能相当丰富，北部海区近岸和近海岛屿风能丰富，沿海潮汐能资源主要分布于长江口北支、一些喇叭形河口及辐射沙洲强潮水道；全省拥有国家级、省级风景名胜区各一个，国家级自然保护区两个，旅游资源具有一定的区域特色。江苏省海洋资源产出水平不高，综合实力位于全国沿海省市中中等偏下。

5. 浙江

浙江省地处我国东南沿海长江三角洲南翼，东临东海，南接福建，北与上海、江苏接壤，全省海域辽阔，管辖海域约26万平方千米，是陆域面积的两倍，海岸线长度居全国首位，也是全国海岛数量最多的省份，海洋基础资源优势明显，岛屿众多，海岛总数居全国之首，可利用海岸滩涂资源26.68万公顷，居全国第三，海岸线曲折，拥有数量可观、具有深水条件的天然港口、锚地和航道水门，沿海港口类型齐全，分布均匀，沿海共有可建万吨以上港口的岸线有253千米，以舟山群岛的深水岸线最为丰富，目前浙江省沿海已建成宁波、舟山、嘉兴、台州、温州为骨干的沿海港口群，截至2012年底，全省沿海拥有港口泊位1 065个，其中万吨以上泊位185个，年综合通过能力达8.7亿吨，其中宁波—舟山港完成货物吞吐量7.4亿吨，跃居世界海港首位，集装箱吞吐量居世界第六、全国第三位。

浙江海域位于亚热带季风气候带，温暖湿润，雨量充沛，沿岸海流与台湾暖流交汇，近海盐度低而季节变化大，营养盐丰富，众多岛屿及不计其数的岩礁周围浅海海域和潮间带，为浙江海域成为我国渔业资源蕴藏量最为丰富、渔业生产力最高的渔场提供了良好的条件，浙江渔场面积仅次于海南和广东，居全国第三，有我国最大的渔场，渔业资源种类多，质量优，舟山渔场是我国主要经济鱼类的集中产出，带鱼、马面鱼、乌贼等具有经济价值的生物品种较多，坛紫菜、羊栖菜、石花菜等海藻也有较大资源量。浅海、滩涂养殖资源丰富，条件优越，养殖品种约40多种；近海海洋油气资源丰富，经济价值巨大的东海陆架盆地是新生代为主的大型沉积盆地，有着良好的油气资源前景，有可能成为我国重要的海洋能源生产基地；由于濒临东海，潮强流急，浙江省还具有丰富的潮汐能、波浪能、温差能等海洋能，全省潮汐能理论装机容量约占全国总量的40%，浙江沿海除了潮差大之外，都具有水道窄、潮流急的特点，其潮流能也是全国潮流能重点地区之一，此外沿海风能大，品位高，可建各级风力发电站；浙江沿海的旅游资源不仅数量大，类型多，而且分布集中在杭州、宁波、绍兴、温州等城市，兼有自然景观和海洋文化旅游资源，有两个国家级和5个省级风景名胜区，此外还有南麓列岛国家级海洋自然保护区，拥有杭州、绍兴、宁波、临海等全国历史文化名城，海洋旅游业在省内及全国占有重要地位。

总而言之，浙江省的海洋资源相对丰富，海洋资源综合实力位于沿海省市中第二梯队，海洋资源存量也在中上水平。

6. 福建

福建省位于我国东南沿海，台湾海峡西岸，东北与浙江省毗邻，西南与广东省相连，是我国距东南亚、大洋洲最近的省份之一，属亚热带海洋性气候，各种水系交汇海域地形复杂，为海洋生物提供良好的生存环境。海岸线长度位居全国第二，岸线曲折，形成许多天然良港，港湾口小腹大，湾内水域宽阔，沿岸地基坚实，是我国沿海地区建港条件最好的省份，大、中、小型港口齐全，可建5万吨以上深水泊位有沙埕港、三都澳罗源湾、湄洲湾、金门湾、东山湾等深水港湾，可供开发深水泊位约700个；海洋生物资源丰富，有发展海洋水产业的天然优势，海水人工养殖种类较多，主要有紫贻贝、扇贝、海带、紫菜、对虾、大黄鱼等；滨海矿产资源可开采矿种多，优势矿种突出，台湾海峡西部海域具有良好的成油条件，海底油气储量较大，有工业利用价值的玻璃砂、高岭土、建筑用砂等20多种；海水盐度除了江河入海口较低外，一般均在32，发展海水制盐条件优越，盐田平均产盐80吨/公顷，居全国首位，海盐质量优良，是我国南方主要盐区之一；全省潮汐能丰富，理论发电量284.4×10^8千瓦·时，可开发装机容量$1\,033\times10^4$千瓦，居全国首位；滨海旅游资源丰富，有山海自然景观和博古典雅的人文历史景观，也是我国沿海旅游资源集中地区之一。福建省的海洋资源综合实力在沿海地区中排名靠后，海洋资源存量也处于全国沿海省市中中等偏下的水平。

7. 广西

广西位于我国沿海的西南端，东邻广东，南临北部湾，面向东南亚，西南与越南接壤，是我国西部唯一沿海、沿江、沿边省区，是我国西南最便捷的出海通道，处于泛珠三角区域与东盟自由贸易区两大区域的中心位置，成为双向沟通的重要枢纽，其海岸线曲折，其曲直比高达8.6∶1，拥有众多港湾，使广西素有天然优良港群之称，而且港湾水深，不冻少淤，掩护条件良好，具有良好的建港条件，开发利用潜力大，除了防城港、北海港、饮州港三个中型深水港口之外，可供发展万吨级以上的深水码头的海湾、岸段还有10多处，随着南昆铁路的建成运行，作为海上通道口的港口建设将进一步加快。广西岛屿众多并拥有广阔的滩涂资源，但目前海洋空间资源利用率极低，开发利用潜力大。

广西地处北热带、南亚热带，气候温和，雨量充沛，长年无霜冻，冬天有“天然温室”之称，适合多种生物资源的生长发育，植被资源丰富，森林总覆盖率超过30%，浅海分布有珊瑚礁，沿海滩涂分布有面积占我国40%的红树林，是重要的海洋生态系统。广西位于北部湾，是我国传统渔区，有白马、西口、涠洲、莺歌海、青湾、夜莺岛、昌化等10多个渔场，生物资源丰富，有中国鲎、文昌鱼、海马、儒艮、海星、沙蚕等珍稀、重要海洋药用生物，著名的合浦珍珠就产于这一海域。广西沿海海洋矿产丰富，主要有煤、泥炭、铝、金、锆英石、花岗岩、钛铁矿等，特别是石英砂储量最为丰富，质量好，品位高，钛铁矿也比较丰富并伴生有金红石、黄玉等，综合开发利用潜力大，此外还蕴藏有丰富的油气资源，有北部湾盆地、莺歌海盆地、合浦盆地三个含油沉积盆地，其中莺歌海盆地是我国目前海陆勘探所发现的最大海上天然油气田，合浦盆地是全国最有开发前景的八大石油小盆地之一。广西海水平均盐度为30~32，海水化学资源丰富，海水含溴率为30百万分率，是发展盐业和海水化工业的较好场所，此外海洋潮汐能、风能也具有一定的开发利用前景。

8. 海南

海南位于我国最南端，包括海南岛和中、西、南沙群岛及其周边海域，是我国最大的海洋省，紧邻港澳台和珠江三角洲地区，北与广东雷州半岛相望，东濒南海与台湾省相望，与菲律宾、文莱、马来西亚为邻，是我国南部沿海交通要塞。海南地处热带，属热带季风气候，雨量充沛，海岸线绵长，占全国海岸线总长的1/10，海南岛沿岸可供建港港湾达84处，人均占有浅海、滩涂面积较大，海洋资源以海洋油气、海洋渔业、滨海旅游、海洋盐业、滨海砂矿资源最为丰富。南海是世界四大海洋油气储藏区之一，在我国所辖海域已发现有6大储存油气盆地，海洋油气开发前景广阔；海南也是我国滨海砂矿资源储量富集地之一，矿产品种多，储量大、质量好，分布集中，便于开采，其中钛铁砂矿、锆英石、石英砂矿探明储量居全国首位。海南省周边有北部湾渔场、清澜渔场、三亚渔场、西中沙渔场、南沙渔场，海洋生物品种繁多，含有多种经济鱼类、贝类、虾类、藻类等；滨海旅游资源十分丰富，热带滨海景观、海岛风情极具魅力，是我国唯一的热带海岛旅游休闲度假胜地，也是我国冬季避寒的胜地，此外拥有众多天然良港，是发展海洋交通运输业的有利条件；西南部和南部日照时间长，气温高，是我国华南地区海盐生产条件最好的地区，有大量适宜建造盐田的滩涂和平原，其中莺歌海盐场是我国三大盐场之一，是华南沿岸最大、晒盐条件最佳的盐场，可建成盐化工生产基地，此外海水提铀、溴、硒等海水化学资源也有广阔的前景。

9. 天津

天津市地处华北平原的东北部，海河下游，东临渤海，西距北京120千米，是海上通往北京的咽喉要道，区位优势明显，腹地广阔，不仅是我国陆地重要枢纽，也是我国北方十几个省市通往海上的交通要道，拥有北方最大的人工港——天津港，有30多条海上航线通往300多个国际港口，是从太平洋彼岸到欧亚内陆的主要通道和欧亚大陆桥的主要出海口，是华北广大地区最近的出海口，拥有海岸线153千米，管理海域面积3 000平方千米，滩涂资源面积370平方千米，所处的渤海沿岸海洋资源丰富，渤海湾共有海洋动植物170种以上，而且海盐资源丰富，天津沿岸还是我国主要产盐区之一；近海油气资源也相对丰富，渤海油田是我国第一个海上油气田，石油产量不断增长，渤海天然气也已上岸利用，为发展海洋石油化工业提供了雄厚的资源保障，由于天津港拥有便利的交通运输条件，使得国外石油运输十分便利，可充分利用国外石油资源发展炼化、石油化工，建设国家级石化产业基地等；天津海洋旅游资源位列沿海省市末位，仅有海洋类型自然保护区1个，从海洋资源实力的整体水平看，天津在沿海省市中处于第三梯队，海洋资源存量也在全国各沿海省市中处于中等偏下水平。

10. 上海

上海位于长江入海口，东临东海，南临杭州湾，西接江苏、浙江两省，交通便利，地理位置优越，现辖有3个有居民岛和11个无居民岛，是国家综合运输大通道和国内、国际物流的重要节点，具有对内、对外双向辐射的区位优势。可以开发利用的海岸线约470千米，其中大陆海岸线183千米，深水岸线已基本开发完毕。2013年上海港货物吞吐量77 574.6万吨，全年全港完成集装箱吞吐量3 361.7万标准箱，增长3.3%，创历史新高。上海海域有典型渔业资源中华绒螯蟹、鳗鲡苗以及中华鲟等珍稀物种等，近20年来长江口岸以内区域浮游生物种类下降明显，底栖生物种类和密度下降显著，浮游植物密度明显增加，浮游动物密度和生物量略有增加。上海的滨海旅游资源有浦东华夏文化旅游区、南汇滨海、奉贤海湾、金山滨海等，已具有一定规模，但尚未形成完整的滨海旅游体系，缺乏知名度较高、吸引力强的滨海旅游项目；上海海域的海洋风能有效蓄积量介于1 100~3 300千瓦·时/米^{2}之间，从沿岸到海上依次增长，佘山海域为最大，年均有效风能密度在360瓦/米^{2}以上，具备商业开发利用价值大；海洋波浪能能流密度年平均介于1.73~5.70千瓦/米，平均为2.68千瓦/米，其中以长江口外海域最大，杭州湾海域次之，与浙江等地相比储量较低，潮汐能以杭州湾北岸为最高，具有开发潜力。

（二）沿海省市区海洋资源特点比较

我国海洋资源在沿海省市分布不平衡，位于渤海湾的辽宁、河北等主要有水产、盐田、油气、港口及旅游资源；黄海及其沿岸主要有水产、港口、旅游资源；东海沿岸主要有水产、油气、港口、旅游、滨海砂矿、潮汐能等资源，南海及其海岸带主要有水产、油气、港口、旅游、滨海砂矿、海洋热能等资源，各沿海省市区海洋资源优势比较如表 2.4 所示。

表 2.4　沿海省市区优势海洋资源比较

沿海省市区	优势海洋资源
辽 宁	水产、港口、油气、旅游
河 北	港口、盐业、滩涂、旅游
天 津	港口、旅游、滨海
山 东	港口、水产、旅游、油气
江 苏	港口、盐业、滩涂
上 海	港口、海洋能
浙 江	港口、水产、旅游、油气、海洋能
福 建	水产、港口、油气、旅游
广 东	水产、港口、油气、旅游
广 西	水产、油气、砂矿、盐业
海 南	油气、水产、旅游、盐业、砂矿

从我国沿海省市区海洋资源特点概况可知，我国沿海各地区海洋资源分布不平衡，海洋水产主要集中在山东、福建、浙江、广东、辽宁 5 个省，水产产量占我国水产产量的比重大，上海和广东的港口资源条件优越，其海洋交通运输业的发展程度遥遥领先其他省份；我国海洋石油天然气资源储量丰富的地区主要在广东、山东、辽宁、天津沿海，其中广东所占比例最大；滨海砂矿主要分布在山东、福建、广东、广西、海南；滨海旅游资源主要集中在广东、海南、福建、浙江；盐业资源产量较大的省有山东、河北、辽宁、天津、江苏，山东、江苏、天津的海洋化工业发达，其产值所占全国比例较高，浙江的海洋生物资源丰富，海洋生物医药业发展，占全国比例较高。

（三）沿海省市区海洋环境优势比较

我国沿海省市区经过多年的发展，形成了环渤海经济区、长江三角洲经济区、海峡西岸经济区和珠江三角洲四大经济区，以下将沿海省市按所属的经济区分类，分析比较我国沿海省市的环境、区位优势情况（表 2.5）。

表 2.5　沿海省市区海洋环境区位优势现状比较

经济区	沿海省市	区位环境优势
环渤海经济区	辽宁、河北、天津、山东	属于东北、华北、华东的接合部，我国北方经济最活跃的地区，与东北亚地区国际开发合作的独特优势；有雄厚的发展基础，依托其广阔的腹地和区内市场及便捷交通及老工业环境基础，发展成为我国规模较大、较为成熟发达的现代物流中心和消费市场区之一，可面向日本、韩国、朝鲜、俄罗斯发展多边经贸关系。
长三角经济区	江苏、上海、浙江	位于长江入海口，其核心城市上海，处于全国最高经济梯度，提升“长三角”区域整体竞争力，经济环境良好，区位优势明显，核心城市带动，其他城市错位竞争，打造世界级制造为中心，但土地紧缺等严重制约“长三角经济区”的投资环境，位于东北亚经济区的核心区，兼发展对台经贸关系。
海峡西岸经济区	福建	以福建为主体包括周边地区，南北与珠三角、长三角两个经济区衔接，东与台湾岛，西与江西广大内陆腹地贯通，具有带动区域经济走向全国甚至全世界的区位优势，面向台湾是具有特殊使命的地域经济综合体，主要发展对台经济合作，位于中国—东盟经济自由贸易区内。
珠三角经济区	广东	由位于珠江三角洲地区的9个地级市组成，经济圈包括香港和澳门，是我国市场化及国际化程度最高的经济圈，依靠毗邻港澳的独特地理位置，发展其信息优势和侨乡众多的人文环境优势吸引港澳台外资，表现出明显的出口拉动型经济环境特点，主要面向东南亚发展多边经贸关系。

从我国沿海省市区所处的四大经济区的国际地理区位环境来看，环渤海经济区和长三角经济区处于东北亚经济区的核心位置，海峡西岸经济区和珠江三角洲经济区处于中国—东盟经济区的核心区，从这两大国际经济区来看，东北亚经济区的经济环境优于另一经济区，其经济总量远大于中国—东盟经济区的经济总量且该区内的日本、俄罗斯、韩国是海洋科技强国，我国的海洋科技力量也大部分集中在这一地区，因此从人才、教育环境上看东北亚经济区是强于中国—东盟经济区。特别在2011年日本大地震后，日本加速国内产业向外转移，我国也是韩国的重要市场，这一地区处于资本流进的趋势；而中国—东盟经济区，除了台湾地区和新加坡在人才、教育资源上有一定优势，其他国家如越南、缅甸、老挝等技术、人才、产业都处于较低水平，因此，区域环境对海峡西岸经济区和珠江三角洲经济区来说是产业转移的好机会，这两个经济区处于资本、人才、技术输出趋势。在区域内东盟国家与珠三角经济区的广西、海南、广东两翼地区及福建在某种程度上存在着获取台湾、新加坡的资本、技术和人才流入的竞争。在外向化程序上，环渤海经济区与珠三角、长三角尚存在一定距离，但随着近年来外商投资逐渐北上，尤其日韩及欧美等跨国公司纷纷在这一区域设立研究机构等，使环渤海经济区对外开放呈上升的态势。从国际区位环境优势来看，环渤海经济区和长三角经济区优于海峡西岸经济区和珠三角经济区。

从国内环境来看，环渤海经济区的京津地区是我国科研实力最强的地区，高校、研究所云集，环渤海经济区在经济总量上强于海峡西岸经济区，但弱于长三角经济区和珠三角经济区，在科研人才、产业带动方面环渤海经济区强于海峡西岸经济区和珠三角经济区，在区域内京津在各方面处于绝对优势地位，河北、辽宁、山东处于两翼边缘区，天津沿海空间狭小，从各方面综合来看山东具有一定优势且山东的县域经济发展位居北方之首，在环渤海经济区中具有较强的竞争力。

在长三角经济区，上海处于经济区的核心，在人才、技术、经济等方面都发挥着龙头作用，但江苏在经济结构、人才技术上要强于浙江，虽然地理区位相似，但二者对经济区内资源环境的吸引能力上江苏强于浙江。在珠三角经济区，广东、香港、澳门处于核心区，港澳发展受空间影响，珠三角经济区对区域内资源环境的吸引能力处于绝对优势。

总之，从国际地理区位环境看，我国沿海省市区中辽宁、河北、天津、山东、江苏、上海、浙江强于福建、广东、广西、海南，但从区域内部优势看，天津、山东、上海、江苏、福建、广东具有一定的区位环境优势。综合以上分析，天津、山东、上海、广东在发展海洋经济强省上区位环境优势比较明显。

二、沿海省市区海洋经济发展水平比较分析

放眼全国海洋经济形势，各沿海省和地区都将海洋经济上升到重要地位并成为国民经济新的增长点，如以海洋生产总值位于全国前六的省份来说，除广东省外，福建省、浙江省制定了“建设海洋经济强省战略”、江苏提出“建设海上苏东”、山东提出“海上山东”战略，辽宁省提出“海上辽宁”发展思路，足见各省均积极抢抓机遇，制定正确、科学的海洋经济发展战略，以实现海洋经济跨越性发展。

我国拥有 1.8 万千米的大陆岸线，主张管辖海域的面积约 300 万平方千米，其中领海和内水的面积为 38 万平方千米。各沿海省市区海岸线长、岛屿数情况见表 2.6，由表可知，广东省、山东省、福建省拥有大陆海岸线长度位居全国前三；海洋岛屿数量较多的沿海省市有浙江省、福建省、广东省；岛屿岸线长度位居全国前三的分别为广东省、浙江省、福建省。由于各沿海省、市海洋资源特色各不相同，所以各沿海省、市、区在海洋发展上均有其独特的发展优势及特点。

表 2.6　各沿海省、市、区海岸线长、岛屿数

省市区	海岸线长度（千米）	海洋岛屿数（个）
广 东	3 368.1	1 134
山 东	3 024.4	296
浙 江	2 200	2 161
福 建	3 051	1 404
江 苏	953.9	24
辽 宁	2 178	506
河 北	487	75
天 津	153	12
上 海	172.31	5
广 西	1 595	697
海 南	1 617.8	235
全 国	18 800.51	6 771

注：数据来源《中国海洋发展报告 2012》。

（一）沿海省市区海洋经济发展情况

2006—2013年间，我国11个沿海省市区（广东省、山东省、浙江省、福建省、江苏省、辽宁省、河北省、天津市、上海市、广西壮族自治区和海南省）的海洋生产总值以及海洋产业和海洋相关产业的增加值如表2.7、图2.4、图2.5及图2.6所示。

表2.7　2006—2012年沿海大省市区海洋及相关产业增加值　　单位：亿元

省市区	广东			山东		
年份＼类别	海洋生产总产值	海洋产业	海洋相关产业	海洋生产总产值	海洋产业	海洋相关产业
2006	4 085.5	—	—	3 745.4	—	—
2007	4 532.7	3 025.9	1 506.7	4 477.8	2 629.6	1 848.3
2008	5 825.5	3 625.8	2 199.7	5 346.3	3 091.7	2 254.5
2009	6 661.0	4 226.2	2 434.7	5820.0	3 201.1	2 619.0
2010	8 253.7	5 066.0	3 187.7	7 074.5	4 024.5	3 050.0
2011	9 191.1	5 612.2	3 578.9	8 029.0	4 616.2	3 412.8
2012	10 506.6	6 317.0	4 189.6	8 972.1	5 259.3	3 712.9
2013	11 283.6	6 852.3	4 431.4	9 696.2	5 726.5	3 969.7
省市区	福建			江苏		
年份＼类别	海洋生产总产值	海洋产业	海洋相关产业	海洋生产总产值	海洋产业	海洋相关产业
2006	1 845.5	—	—	1 187.0	—	—
2007	2 290.3	1 336.6	953.7	1 873.5	1 132.5	741.0
2008	2 688.2	1 557.2	1 131.0	2 114.5	1 279.9	834.5
2009	3 202.9	1 718.2	1 484.7	2 717.4	1 533.5	1 184.0
2010	3 682.6	1 931.9	1 751.1	3 550.9	1 953.9	1 597.1
2011	4 284.0	2 267.2	2 016.8	4 253.1	2 378.3	1 874.8
2012	4 482.8	2 543.5	1 939.3	4 722.9	2 645.2	2 077.8
2013	5 028.0	2 841.6	2 186.3	4 921.2	2 820.8	2 100.5
省市区	河北			天津		
年份＼类别	海洋生产总产值	海洋产业	海洋相关产业	海洋生产总产值	海洋产业	海洋相关产业
2006	1 013.3	—	—	1 675.5	—	—
2007	1 232.9	674.8	558.0	1 601.0	866.8	734.2
2008	1 396.6	761.3	635.3	1 888.7	1 009.5	879.3

续表

省市区	河　北			天　津		
类别 年份	海洋生产总产值	海洋产业	海洋相关产业	海洋生产总产值	海洋产业	海洋相关产业
2009	922.9	492.5	430.5	2 158.1	1 159.4	998.7
2010	1 152.9	593.8	559.2	3 021.5	1 666.5	1 355.1
2011	1 451.4	762.2	689.2	3 519.3	2 050.1	1 469.2
2012	1 622.0	866.1	755.9	3 939.2	2 183.1	1 756.1
2013	1 741.8	938.6	803.2	4 554.1	2 457.4	2 096.7
省市区	广　西			海　南		
类别 年份	海洋生产总产值	海洋产业	海洋相关产业	海洋生产总产值	海洋产业	海洋相关产业
2006	209.8	—	—	338.7	—	—
2007	343.5	213.1	130.4	371.1	265.1	106.0
2008	398.4	244.8	153.6	429.6	304.7	124.9
2009	443.8	284.3	159.5	473.3	336.5	136.8
2010	548.7	338.8	210.0	560.0	397.0	163.0
2011	613.8	386.7	227.1	653.5	466.9	186.7
2012	761.0	469.0	292.1	752.9	540.5	212.5
2013	899.4	546.3	353.2	883.5	630.0	253.5
省市区	浙　江			辽　宁		
类别 年份	海洋生产总产值	海洋产业	海洋相关产业	海洋生产总产值	海洋产业	海洋相关产业
2006	1 990.6	—	—	1 596.6	—	—
2007	2 244.4	1 397.4	847.0	1 759.8	1 039.1	720.7
2008	2 677.0	1 583.6	1 093.4	2 074.4	1 221.5	852.9
2009	3 392.6	1 935.5	1 457.1	2 281.2	1 439.6	841.7
2010	3 883.5	2 183.1	1 700.4	2 619.6	1 640.6	979.0
2011	4 536.8	2 560.0	1 976.8	3 345.5	2 050.0	1 295.6
2012	4 947.5	2 812.1	2 135.4	3 391.7	2 119.8	1 271.9
2013	5 257.9	3 025.9	2 232.0	3 741.9	2 372.8	1 369.1

续表

省市区	上海			全国		
年份＼类别	海洋生产总产值	海洋产业	海洋相关产业	海洋生产总产值	海洋产业	海洋相关产业
2006	3 403.1	—	—	21 592.4	12 696.7	8 895.6
2007	4 321.4	2 296.7	2 024.8	25 618.7	15 070.6	10 548.0
2008	4 792.5	2 640.2	2 152.3	29 718.0	17 591.2	12 126.8
2009	4 204.5	2 495.4	1 709.1	32 277.6	18 822.0	13 455.6
2010	5 224.5	3 035.1	2 189.3	39 572.7	22 831.0	16 741.7
2011	5 618.5	3 272.2	2 346.3	45 496.0	26 422.0	19 074.1
2012	5 946.3	3 508.9	2 437.4	50 045.2	29 264.4	20 780.8
2013	6 305.7	3 757.5	2 548.2	54 313.2	31 969.5	22 343.7

注：2006 年 12 月 29 日发布，2007 年 5 月 1 日实施的《海洋及相关产业分类》，对涉海产业分成了海洋产业和海洋相关产业两类，因此，在 2007 年以后的海洋统计年鉴中，都给出了海洋产业和海洋相关产业的统计值，而 2006 年及以前的统计年鉴中则未进行海洋产业和海洋相关产业的划分，因此，2006 年的统计数据只有海洋生产总值的数据。

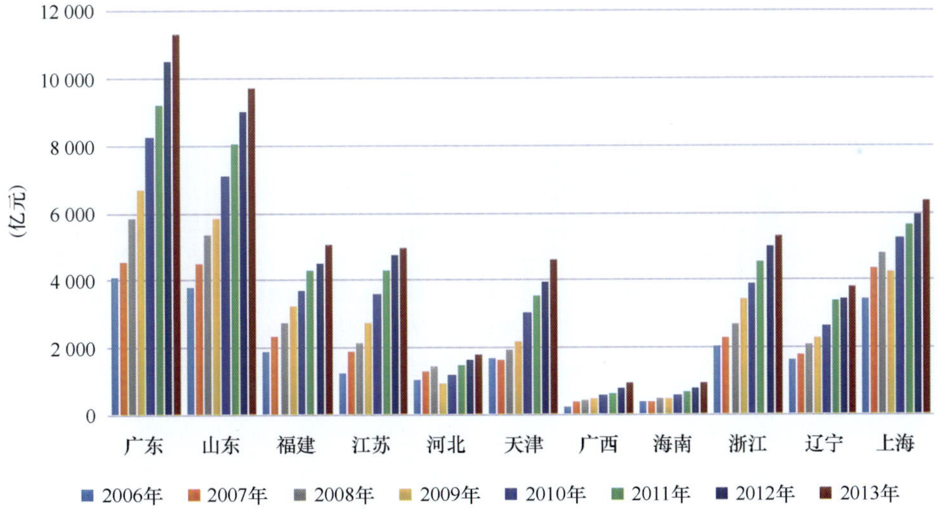

图 2.4　2006—2013 年各沿海省、市、区海洋生产总值发展情况

由表 2.7 及图 2.4 可以看出，2006—2013 年期间，广东省海洋生产总值都处于领先地位且年增长量最大，山东省和上海市的海洋生产总值紧随其后。除上海及河北省海洋生产总值有小幅变动外，其余沿海省市区海洋生产总值基本呈上升趋势，保持着稳定增长的态势。广西壮族自治区和海南省就海洋生产总值来讲水平相当，五年间增长幅度很小且在全国沿海省市区中排名靠后。各沿海省市区海洋经济发展并不均衡，以近两年地区海洋生产总值衡量，广东、山东可归为第一类，海洋生产总值都在 9 000 亿元左右；上海、福建、浙江、辽宁、天津可归为第二类，海洋生产总值在 3 000 亿元至 6 000 亿元之间；河北、广西、海南为第三类，海洋生产总值小于 2 000 亿元。

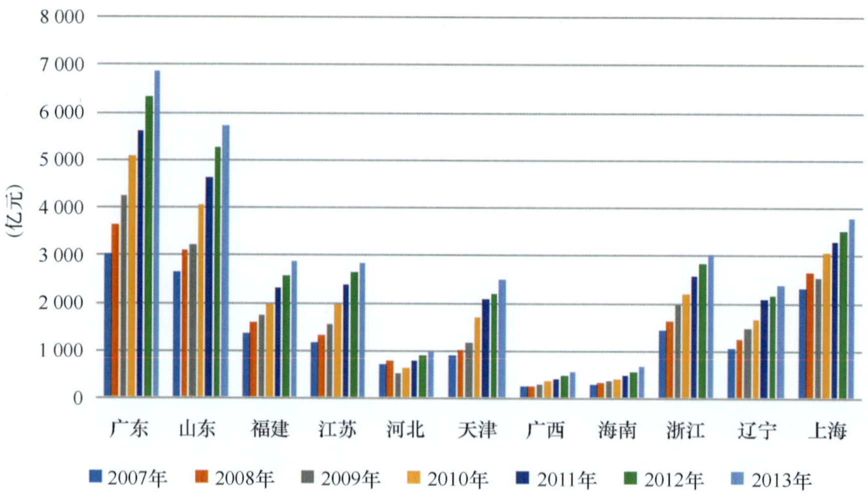

图 2.5　2007—2013 年各沿海省、市、区海洋产业增加值情况

注：2006 年及以前的海洋统计年鉴中未对海洋产业和海洋相关产业进行统计

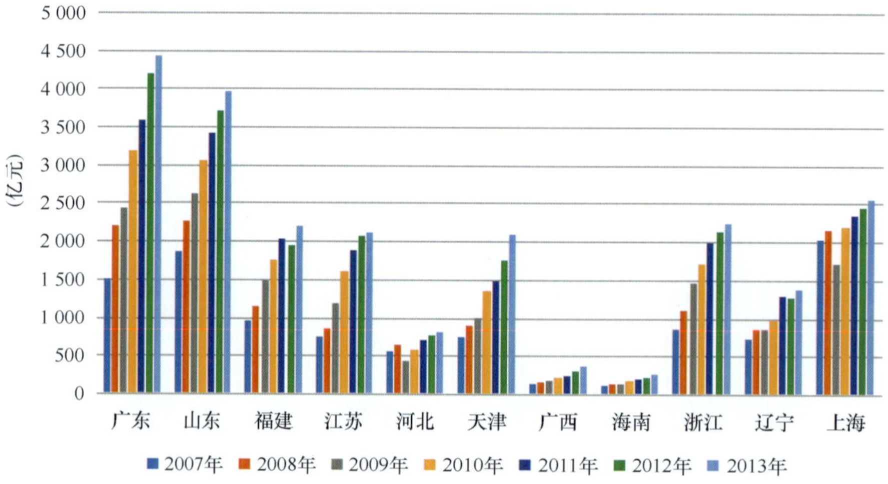

图 2.6　2007—2013 年各沿海省、市、区海洋相关产业增加值情况

注：2006 年及以前的海洋统计年鉴中未对海洋产业和海洋相关产业进行统计

从各沿海省市区海洋产业增加值来看，其呈现出与海洋生产总值类似的状态：广东省的海洋产业增加值领跑全国，其次是山东省和上海市的海洋产业增加值分别位居全国第二、第三位。除河北省和上海市外，其他九个沿海地区的海洋产业增加值都处于逐年递增状态，上海市 2009 年出现较小幅度的下滑，至 2010 年有所上升。河北省增长趋势出现与上海相同的状况，但海洋产业增加值远不如上海。广西壮族自治区和海南省的海洋产业增加值仍处于全国末位且年增长量很小。

从各沿海省市区海洋相关产业的发展情况来看，2013 年海洋相关产业增加值排名前三的分别为广东省、山东省和上海市，但上海市海洋相关产业增加值历年表现并不稳定，增幅逐年减小，而广东省和山东省均呈现出稳定上升的态势，增幅较大，其他九个沿海省市区的海洋产业增加值也均逐年递增，广西壮族自治区和海南省海洋产业增加值仍处于全国末位且年增长量较小。

2006—2013 年间，11 个沿海省市区海洋生产总值及其占沿海地区生产总值的比例情况见表 2.8 及图 2.7。从表中可以看出，2006—2013 年间，全国海洋生产总值高速增长，其占沿海地区生产总值比例较稳定，徘徊在 16% 左右且呈现出稳中有升的趋势。海洋生产总值占沿海地区生产总值比例较大的沿海省、市有天津市、上海市、海南省和福建省，比例均为 20% 以上。广东省、山东省和江苏省等沿海地区表现出了良好的上升态势。

表 2.8　2006—2013 年沿海省市区海洋生产总值占沿海地区生产总值比例情况

省市区	指标	2006 年	2007 年	2008 年	2009 年	2010 年	2011 年	2012 年	2013 年
广 东	海洋生产总值	4 085.5	4 532.7	5 825.5	6 661	8 253.7	9 191.1	10 506.6	11 283.6
	占沿海地区生产总值（%）	15.6	14.6	16.3	16.9	17.9	17.3	18.4	18.2
山 东	海洋生产总值	3 745.4	4 477.8	5 346.3	5 820	7 074.5	8 029.0	8 972.1	9 696.2
	占沿海地区生产总值（%）	17	17.2	17.2	17.2	18.1	17.7	17.9	17.7
浙 江	海洋生产总值	1 990.6	2 244.4	2 677	3 392.6	3 883.5	4 536.8	4 947.5	5 257.9
	占沿海地区生产总值（%）	12.6	12	12.5	14.8	14	14.0	14.3	14.0
福 建	海洋生产总值	1 845.5	2 290.3	2 688.2	3 202.9	3 682.9	4 284.0	4 482.8	5 028.0
	占沿海地区生产总值（%）	24.2	24.8	24.8	26.2	25	24.4	22.8	23.1
江 苏	海洋生产总值	1 187	1 873.5	2 114.5	2 717.4	3 550.9	4 253.1	4 722.9	4 921.2
	占沿海地区生产总值（%）	5.5	7.3	7	7.9	8.6	8.7	8.7	8.3
辽 宁	海洋生产总值	1 596.6	1 759.8	2 074.4	2 281.2	2 619.6	3 345.5	3 391.7	3 741.9
	占沿海地区生产总值（%）	17.3	16	15.4	15	14.2	15.1	13.7	13.8
河 北	海洋生产总值	1 013.3	1 232.9	1 396.6	922.9	1 152.9	1 451.4	1 622.0	1 741.8
	占沿海地区生产总值（%）	8.7	9	8.6	5.4	5.7	5.9	6.1	6.2
天 津	海洋生产总值	1 675.5	1 601	1 888.7	2 158.1	3 021.5	3 519.3	3 939.2	4 554.1
	占沿海地区生产总值（%）	38.4	31.7	29.7	28.7	32.8	31.1	30.6	31.7
上 海	海洋生产总值	3 403.1	4 321.4	4 792.5	4 204.5	5 224.5	5 618.5	5 946.3	6 305.7
	占沿海地区生产总值（%）	32.8	35.5	35	27.9	30.4	29.3	29.5	29.2
广 西	海洋生产总值	209.8	343.5	398.4	443.8	548.7	613.8	761.1	899.4
	占沿海地区生产总值（%）	4.3	5.8	5.6	5.7	5.7	5.2	5.8	6.3

续表

省市区	指标	2006 年	2007 年	2008 年	2009 年	2010 年	2011 年	2012 年	2013 年
海 南	海洋生产总值	338.7	371.1	429.6	473.3	560	653.5	752.9	883.5
	占沿海地区生产总值（%）	32.3	30.3	29.4	28.6	27.1	25.9	26.4	28.1
全 国	海洋生产总值	21 090.9	25 073	29 662.3	32 277.6	39 572.7	45 496.0	50 045.2	54 313.2
	占沿海地区生产总值（%）	16.6	15.7	15.8	15.6	16.1	15.7	15.7	15.8

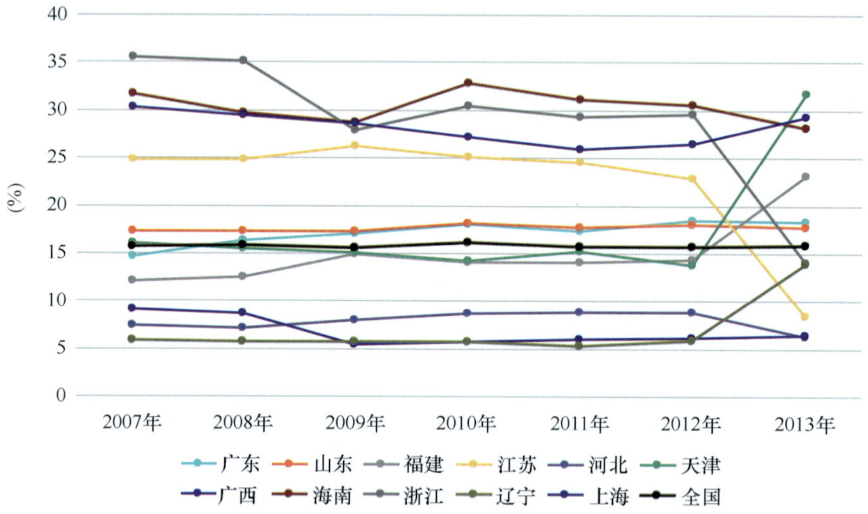

图 2.7　2006—2013 年各沿海省市区海洋生产总值占地区生产总值比重情况

海洋生产总值是全部涉海经济活动的最终反应，在一定程度上反映了沿海地区海洋经济发展的总体情况。全国各沿海省市区在海洋生产总值方面均呈现出上升趋势，这不仅表明了各沿海省市区不断加大对海洋经济发展的重视，同时也说明了海洋经济对地区经济发展的拉动力越来越大，海陆经济结合发展将成为各沿海省市区经济发展的未来趋势和重要抓手。

从海洋发展总体情况来看，在我国海洋经济整体快速发展的过程中，沿海各省市区的海洋经济发展并不均衡，各区域的地理位置、海洋自然资源及其社会经济条件和经济发展模式的不同，均会造成其海洋经济发展水平之间发生差异。广东省、山东省、上海市、浙江省海洋经济总体发展情况位居全国前列，这不仅与各省市区海洋资源丰富程度有关，与各地自身的经济发展程度、人才资源储备、毗邻地缘优势等均有不同程度的关联。

（二）沿海省市区海洋经济密度比较

单位岸线海洋经济密度是地区海洋生产总值与地区岸线长度的比值，主要表征单位岸线相对应的海洋产出效益，一般以每千米海洋生产总值来表示。根据 2011—2013 年的海洋统计数据，可以得到各沿海省市区的海洋经济密度如表 2.9 和图 2.8 所示。

由表 2.9 的计算结果可知，2011—2013 年各沿海省市区海洋经济密度排名变化不大，除广西和海南两地发生变化外，其他地区排名并无变化。上海、天津、江苏、河北、广东位居海洋经济密度排名前五位且经济密度均有上升。上海 2011 年海洋经济密度为 32.61 亿元/千米上升到 2013 年的 36.60 亿元/千米；天津从 23.00 亿元/千米上升到 29.77 亿元/千米；江苏、河北、广东、山东和浙江徘徊在 2 亿 ~6 亿元之间；辽宁、福建、广西和海南的海洋经济密度维持在 0.4 ~2 亿元之间。广西近三年海洋生产总值上升幅度较大，其海洋经济密度因此也有所上升。

表 2.9　2011—2013 年各沿海省市区单位海岸线海洋经济密度变化情况

省市区	海岸线长度（千米）	2011 年			2012 年			2013 年		
		海洋生产总值（亿元）	经济密度（亿元/千米）	排名	海洋生产总值（亿元）	经济密度（亿元/千米）	排名	海洋生产总值（亿元）	经济密度（亿元/千米）	排名
广 东	3 368.1	9 191.1	2.73	5	10 506.6	3.12	5	11 283.6	3.35	5
山 东	3 024.4	8 029	2.65	6	8 972.1	2.97	6	9 696.2	3.21	6
浙 江	2 200	4 536.8	2.06	7	4 947.5	2.25	7	5 257.9	2.39	7
福 建	3 051	4 284	1.40	9	4 482.8	1.47	9	5 028.0	1.65	9
江 苏	953.9	4 253.1	4.46	3	4 722.9	4.95	3	4 921.2	5.16	3
辽 宁	2 178	3 345.5	1.54	8	3 391.7	1.56	8	3 741.9	1.72	8
河 北	487	1 451.4	2.98	4	1 622	3.33	4	1 741.8	3.58	4
天 津	153	3 519.3	23.00	2	3 939.2	25.75	2	4 554.1	29.77	2
上 海	172.31	5 618.5	32.61	1	5 946.3	34.51	1	6 305.7	36.60	1
广 西	1 595	613.8	0.38	11	761	0.48	10	899.4	0.56	10
海 南	1 617.8	653.5	0.40	10	752.9	0.47	11	883.5	0.55	11

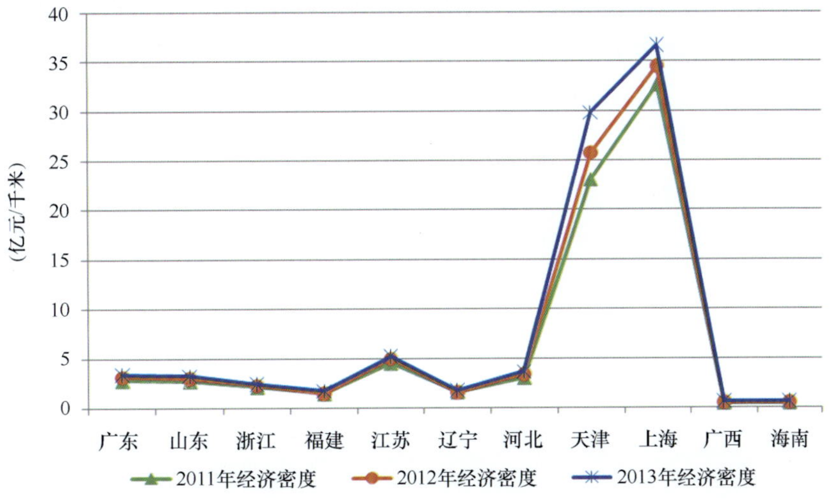

图 2.8　2011 年、2012 年各沿海省市区单位海洋线海洋经济密度对比图

（三）沿海省市区海洋产业构成比较

海洋产业结构是指各沿海产业部门在海洋经济体系中的相互联系及其比例关系，是决定海洋经济的其他结构如就业结构、地区结构和技术结构的重要因素，根据海洋产业分类不同，从而形成不同类型的海洋产业结构。按照三次产业分类标准可以将海洋产业划分为海洋第一产业、海洋第二产业、海洋第三产业。海洋第一产业主要指海水养殖业和海洋捕捞业；海洋第二产业包括海洋水产品加工业、海洋油气业、海滨沙矿业、海洋盐业、海洋化工业、海洋生物医药业、海洋电力业、海水综合利用业、海洋船舶工业、海洋工程建筑业等；海洋经济第三产业包括海洋交通运输业、滨海旅游业、涉海金融保险服务业、海洋科学研究、教育、涉海社会服务业等。

2006—2013 年间，我国各沿海省、市海洋总值一、二、三产业的情况如表 2.10 所示。沿海各省市区海洋一、二、三产业占其海洋生产总值的比例情况如表 2.11、图 2.9、图 2.10、图 2.11 及图 2.12 所示。

由表 2.10 及表 2.11 可知，2013 年，全国海洋第一产业生产总值为 2 918.0 亿元，占全国海洋生产总值的 5.4%；第二产业生产总值为 24 909.0 亿元，占全国海洋生产总值的 45.9%；第三产业生产总值为 26 486.2 亿元，占全国海洋生产总值的 48.8%。

与第二、第三产业相比，海洋第一产业生产总值较低，广东省、山东省、浙江省、福建省、辽宁省等省海洋第一产业总值较高，增长速度较快。山东省、浙江省、福建省、辽宁省、广西壮族自治区、海南省等省（区）海洋第一产业生产总值占海洋生产总值比例相对其他地区较高，均在 6% 以上，高于全国所占比例的平均值。广东省海洋第一产业生产总值较高，但占海洋生产总值的比例较低，不足 5%。

海洋第二产业在海洋生产总值中贡献较大。从总量上来看，海洋第二产业在 2012 年达到了 24 909.0 亿元，是当年海洋生产总值的 45.9%，明显高于第一产业。从各地区的情况来看，总体上海洋第二产业迅猛发展，增速较快，广东省和山东省尤其突出，其中广东省 2006 年海洋第二产业生产总值为 1 170 亿元，2013 年则达到了 5 352.6 亿元，增长速度超过了 357%，跃居到了 11 个沿海省市的首位。

海洋第三产业在海洋生产中扮演了举足轻重的角色。由表 2.10 及表 2.11 可以看出，全国及各沿海省市区的海洋第三产业生产总值贡献最大，占据着海洋产业总值的半壁江山，其增长速度稳中有升。广东省、山东省和上海市在海洋第三产业中的表现较为突出，其 2012 年海洋第三产业生产总值分别为 5 191.7 亿元、3 960.6 亿元、3 693.9 亿元，占其海洋生产总值的比例分别为 49.4%、44.2%、62.1%；2013 年海洋第三产业生产总值分别为5 738.3亿元、4 386.6 亿元、3 983.8 亿元，占海洋生产总值的比例分别为 50.9%、45.2%、63.2%。

表 2.10　2006—2013 年沿海省市区海洋三大产业总值　单位：亿元

省市区	产业类型	2006 年	2007 年	2008 年	2009 年	2010 年	2011 年	2012 年	2013 年
广 东	第一产业	182.8	207.4	220	184.4	194	225.8	180.1	192.7
	第二产业	1 170	1 738.3	2 719.3	2 917.7	3 920	4 311.4	5 134.9	5 352.6
	第三产业	2 732.6	2 587	2 886.2	3 504.9	4 139.6	4 654.0	5 191.7	5 738.3
山 东	第一产业	306.9	340.1	384.9	406.6	444	540.9	648.7	715.7
	第二产业	1 483.8	2 155.8	2 629.1	2 890.8	3 552.2	3 961.9	4 362.8	4 593.9
	第三产业	1 954.6	1 982	2 332.3	2 522.6	3 078.3	3 526.3	3 960.6	4 386.6
浙 江	第一产业	137.8	154	232	238.3	286.7	350.4	369.7	378.1
	第二产业	608.3	909.6	1 123.9	1 558.9	1 763.3	2 022.2	2 180.4	2 258.2
	第三产业	1 244.5	1 180.8	1 321.1	1 595.3	1 833.6	2 162.2	2 397.4	2 621.5
福 建	第一产业	169.2	222.2	252	272.1	317.7	361.4	416.3	450.6
	第二产业	615.4	909.3	1 097.7	1 408.9	1 602.5	1 866.0	1 815.9	2 026.2
	第三产业	1 060.9	1 158.9	1 338.5	1 521.9	1 762.7	2 056.6	2 250.7	2 551.2
江 苏	第一产业	65.4	84.8	85.8	169.5	162.6	135.6	220.4	225.6
	第二产业	397.7	869.3	968.7	1 403.5	1 927.1	2 297.0	2 439.2	2 432.2
	第三产业	723.9	919.4	1 060	1 144.5	1 461.2	1 820.6	2 063.4	2 263.5
辽 宁	第一产业	146.4	198	252	330.8	315.8	437.1	447.0	499.6
	第二产业	604	899	1 073.8	982.8	1 137.1	1 445.7	1 339.7	1 402.7
	第三产业	846.2	662.9	748.6	967.6	1 166.7	1 462.7	1 605.1	1 839.6
河 北	第一产业	24.8	23.1	26.6	37.1	47.1	61.1	70.9	77.9
	第二产业	484.8	633.7	717.8	503.4	653.8	813.7	876.3	911.4
	第三产业	503.7	576.1	652.3	382.4	452.1	576.5	674.7	752.5
天 津	第一产业	3.5	5	4.3	5.1	6.1	7.2	7.9	8.7
	第二产业	894.6	1 031.6	1 255	1 329.3	1 979.7	2 410.4	2 626.0	3 056.7
	第三产业	777.4	564.4	629.5	823.6	1 035.7	1 101.7	1 305.3	1 479.7
上 海	第一产业	3.5	4.2	4.3	3.8	3.7	3.8	4.2	3.9
	第二产业	844.8	1 960.1	2 123.3	1 660.4	2 059.6	2 196.8	2 248.2	2 318.0
	第三产业	2 554.8	2 357.2	2 664.9	2 540.3	3 161.1	3 417.9	3 693.9	3 983.8
广 西	第一产业	45.7	52.1	59.2	94	100.4	126.8	142.7	154.0
	第二产业	70	146.9	173.1	167.5	223.1	230.6	301.8	376.9
	第三产业	94.1	144.5	166.1	182.4	225.2	256.4	316.5	368.6
海 南	第一产业	57	86.9	87.2	116.1	129.9	131.9	162.7	211.2
	第二产业	68.8	83.8	114	103.1	116.6	130.0	144.6	171.3
	第三产业	212.9	200.5	228.4	254.1	313.5	391.6	445.6	501.0
全 国	第一产业	1 142.9	1 377.5	1 608.1	1 857.7	2008	2 381.9	2 670.6	2 918.0
	第二产业	7 242.2	11 361.8	14 026.4	14 980.3	18 935	21 685.6	23 469.8	24 909.0
	第三产业	12 705.8	12 333.8	14 027.8	15 439.5	18 629.8	21 428.5	23 904.8	26 486.2

表 2.11 2006—2012 各沿海省、市海洋生产总值构成比例 %

省市区	产业类型	2006 年	2007 年	2008 年	2009 年	2010 年	2011 年	2012 年	2013 年
广 东	第一产业	4.5	4.6	3.8	2.8	2.4	2.5	1.7	1.7
	第二产业	28.6	38.3	46.7	44.6	47.5	46.9	48.9	47.4
	第三产业	66.9	57.1	49.5	52.6	50.2	50.6	49.4	50.9
山 东	第一产业	8.2	7.6	7.2	7.0	6.3	6.7	7.2	7.4
	第二产业	39.6	48.1	49.2	49.7	50.2	49.3	48.6	47.4
	第三产业	52.2	44.3	43.6	43.3	43.5	43.9	44.2	45.2
浙 江	第一产业	6.9	6.9	8.7	7.0	7.4	7.7	7.5	7.2
	第二产业	30.6	40.5	42.0	46.0	45.4	44.6	44.1	42.9
	第三产业	62.5	52.6	49.4	47.0	47.2	47.7	48.4	49.9
福 建	第一产业	9.2	9.7	9.4	8.5	8.6	8.4	9.3	9.0
	第二产业	33.3	39.7	40.8	44.0	43.5	43.6	40.5	40.3
	第三产业	57.5	50.6	49.8	47.5	47.9	48.0	50.2	50.7
江 苏	第一产业	5.5	4.5	4.1	6.2	4.6	3.2	4.7	4.6
	第二产业	33.5	46.4	45.8	51.6	54.3	54.0	51.6	49.4
	第三产业	61	49.1	50.1	42.1	41.2	42.8	43.7	46.0
辽 宁	第一产业	9.2	11.2	12.1	14.5	12.1	13.1	13.2	13.4
	第二产业	37.8	51.1	51.8	43.1	43.4	43.2	39.5	37.5
	第三产业	53.0	37.7	50.1	42.4	44.5	43.7	47.3	49.2
河 北	第一产业	2.4	1.9	1.9	4.0	4.1	4.2	4.4	4.5
	第二产业	47.8	51.4	51.4	54.5	56.7	56.1	54.0	52.3
	第三产业	49.7	46.7	46.7	41.4	39.2	39.7	41.6	43.2
天 津	第一产业	0.2	0.3	0.2	0.2	0.2	0.2	0.2	0.2
	第二产业	53.4	64.4	66.4	61.6	65.5	68.5	66.7	67.3
	第三产业	46.4	35.3	33.3	38.2	34.3	31.3	33.1	32.5
上 海	第一产业	0.1	0.1	0.1	0.1	0.1	0.1	0.1	0.1
	第二产业	24.8	45.4	44.3	39.5	39.4	39.1	37.8	36.8
	第三产业	75.1	54.5	55.6	60.4	60.5	60.8	62.1	63.2
广 西	第一产业	21.8	15.2	14.8	21.2	18.3	20.7	18.7	17.1
	第二产业	33.3	42.8	43.5	37.7	40.7	37.6	39.7	41.9
	第三产业	44.9	42.1	41.7	41.1	41.0	41.8	41.6	41.0
海 南	第一产业	16.8	23.4	20.3	24.5	23.2	20.2	21.6	23.9
	第二产业	20.3	22.6	26.5	21.8	20.8	19.9	19.2	19.4
	第三产业	62.9	54.0	53.2	53.7	56.0	59.9	59.2	56.7
全 国	第一产业	5.4	5.5	5.4	5.8	5.1	5.2	5.3	5.4
	第二产业	34.3	45.3	47.3	46.4	47.8	47.7	46.9	45.9
	第三产业	60.2	49.2	47.3	47.8	47.1	47.1	47.8	48.8

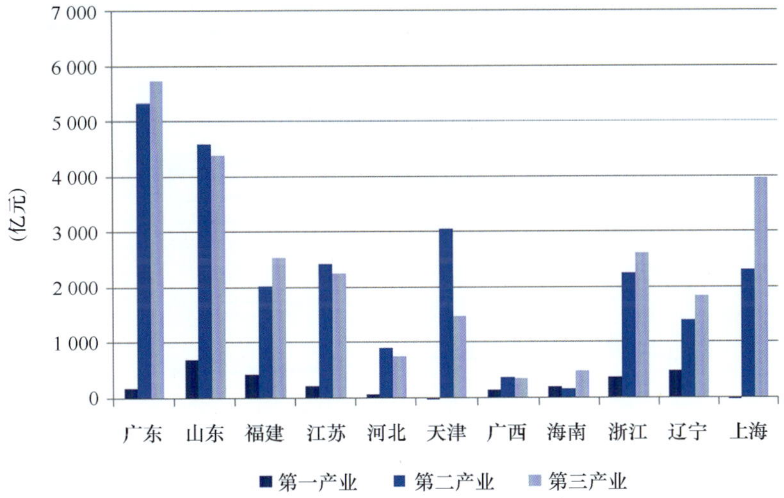

图 2.9　2013 年各沿海省、市、区海洋第一、二、三产业生产值情况

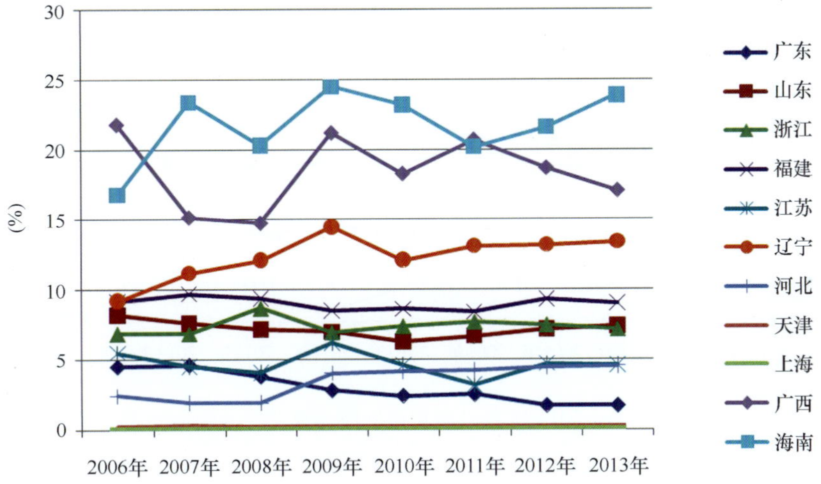

图 2.10　2006—2013 年各沿海省市区海洋第一产业贡献率趋势图

总体看来，全国及各沿海省市区海洋产业构成中，广东省、浙江省、福建省、上海市、广西壮族自治区、海南省基本呈现出了“三二一”的顺序阶段，而山东省、江苏省、辽宁省、河北省、天津市则呈现出“二三一”的顺序结构。

在“三二一”阶段中的各沿海省市区中，其海洋产业以第三产业为主，一些传统海洋产业采用了新技术成果成功实现了技术升级，规模进一步扩大，发展模式也更加集约化；“二三一”阶段中的各沿海省市区海洋产业以第二产业为主，在此阶段中，其海洋产业发展的重点为海洋生物工程、海洋石油、海洋矿业、海洋船舶等海洋第二产业。

在一般意义上，产业结构在一定程度上反映了产业发展的不同阶段，产业结构的区际差异过于明显，也在一定程度上反映出地区海洋经济发展水平的差距。海洋产业发展会受到多种因素的影响，具体到不同地区，海洋产业结构的演变路径和演变速度会有较大差异性。不

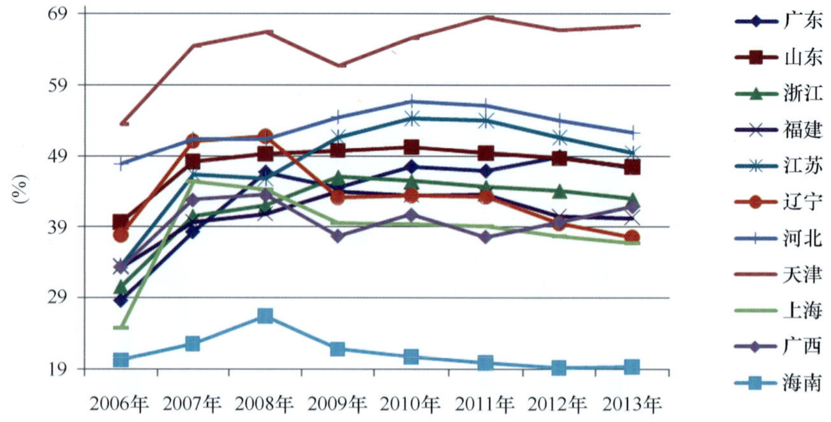

图 2.11　2006—2013 年各沿海省市区海洋第二产业贡献率趋势图

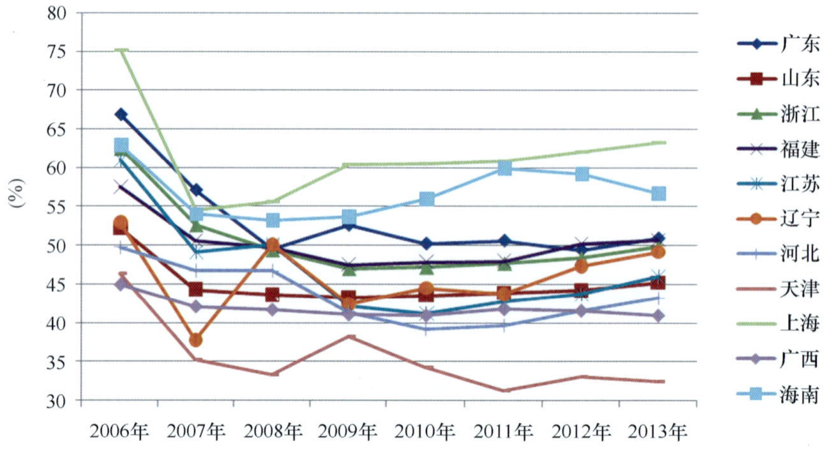

图 2.12　2006—2013 年各沿海省市区海洋第三产业贡献率趋势图

同的海洋产业结构具有不同的整体效益，导致了其海洋经济以不同的速度增长，不同的海洋经济增长又对海洋产业结构产生了不同要求，促使海洋产业结构进行合理化调整，海洋产业结构合理化是促进海洋经济健康快速发展的正确途径，各沿海省市区均需结合其资源特色来合理调整海洋产业发展结构。

三、沿海省市区海洋科技创新能力比较分析

海洋科学研究与技术进步是推动海洋产业发展的内动力，在海洋产业发展中发挥着越来越重要的作用，在知识经济时代，海洋科学研究特别是海洋科学技术的创新能力也决定着海洋产业的竞争力，是海洋产业在国际经济活动中确立竞争优势的主要来源。

（一）沿海省市区海洋科研技术力量比较

从 2006—2013 年全国沿海地区海洋科研统计指标可知，沿海各省市区从事海洋科研活动的人员数是呈现稳定的逐步增长趋势，全国海洋机构科技活动人员从 2006 年的 13 941 人增

长到2013年的32 349人，增长了约1.3倍，如表2.12所示。2012年沿海各省市区中，北京、上海、山东三地海洋机构科技活动人员数位列前三，广东位居第四，处于中等水平。由2013年全国沿海地区海洋科研统计指标可知，如表2.13，在175个沿海地区海洋科研机构中，北京、广东、山东分别位居前三，各自拥有海洋科研机构数分别为24个、24个、21个，广东与北京并列第一，处于第一梯队，其次为浙江、辽宁，处于第二梯队，天津、上海、福建处于第三梯队。从海洋科研人员指标看，北京、上海、山东分别是位居前三，其中北京拥有从业人员13 976人，比上海（4 039人）、山东（3 864人）从业人数占绝对优势，而广东、江苏、天津分别拥有3 250、2 959、2 646人，处于第二梯队。从上述两指标反映出广东省海洋科研机构数量比山东、上海多，但在从业人员数上不占优势，反映出大型科研机构不足，而江苏海洋科研机构数仅有10个，从业人员有2 959人；上海海洋科研机构数14个，从业人员有4 039人。就海洋科研规模上看，上海、山东紧随北京，拥有一定的规模；若从长三角经济区来看，江、浙、沪的海洋科研实力如果能整合或组团式地发展，其规模优势将远远超过山东、广东。

表2.12 沿海各省海洋机构科技活动人员数　　单位：人

省市区	2006年	2007年	2008年	2009年	2010年	2011年	2012年	2013年
合 计	13 941	14 825	15 665	27 888	29 676	30 642	31 487	32 349
北 京	2 460	2 479	2 727	10 026	10 968	11 949	12 349	12 371
天 津	1 711	1 849	1 762	1 860	1 938	2 056	2 116	2 192
河 北	370	400	384	520	498	535	531	525
辽 宁	493	539	548	1583	1 610	1 601	1 662	1 706
上 海	1 983	2 128	2 269	2 906	2 919	3 011	3 127	3 366
江 苏	933	1 031	1 260	2 023	2 509	1 943	1 762	1 728
浙 江	805	859	922	1 171	1 148	1 336	1 407	1 500
福 建	567	635	664	939	974	968	1 015	1 224
山 东	2 200	2 406	2 477	2 882	2 940	3 049	3 203	3 181
广 东	1 761	1 732	1 869	2 162	2 299	2 564	2 638	2 796
广 西	120	123	120	321	332	365	358	371
海 南	69	135	147	173	172	143	179	175
其 他	469	509	516	1 322	1 369	1 122	1 140	1 214

资料来源：历年《中国海洋统计年鉴》。

表 2.13　2013 年沿海地区海洋科研机构及人员情况

省市区	机构数（个）	从业人员（人）
合 计	175	38 754
北 京	24	13 976
天 津	14	2 646
河 北	5	555
辽 宁	17	2 107
上 海	14	4 039
江 苏	10	2 959
浙 江	18	1 800
福 建	12	1 276
山 东	21	3 864
广 东	24	3 250
广 西	9	460
海 南	3	215
其 他	4	1 607

资料来源：《中国海洋统计年鉴 2013》。

从沿海地区海洋科研机构经费收入总额情况来看，可由表 2.14 得知，全国海洋科研机构经费收入体现了整体上升的趋势，北京、山东、上海分别位于前三，江苏、广东、天津居第四、第五、第六位，处于第二梯队。从这个指标可见，山东、上海、江苏在科研经费投入上比广东大。广东的海洋科研机构经费收入总额由 2006 年的 5.85 亿元增长到 2012 年的 19.60 亿元，增长约 13.75 亿元，增幅较大，但总体水平一般。这可能是由于近年来广东省加大了海洋科研机构科研活动方面的人员和经费投入以及科学技术水平不断上升造成增幅扩大，但是，广东省在人员投入方面尚未达到一定的水平，横向上的增幅变大与纵向上的总量数据表示，广东省在海洋投入方面存在可继续加大投入的进步空间。

表 2.14　沿海地区海洋科研机构经费收入总额　　单位：千元

省市区	2006 年	2007 年	2008 年	2009 年	2010 年	2011 年	2012 年	2013 年
合 计	5 289 252	7 739 401	8 769 653	16 016 100	19 550 823	23 221 895	25 772 307	26 556 354
北 京	1 186 183	1 694 110	1 985 108	6 379 460	7 813 133	9 118 227	9 706 492	10 200 232
天 津	661 124	895 530	911 247	1 296 530	1 597 189	1 593 334	1 636 931	1 550 800
河 北	39 518	49 950	54 869	68 650	110 173	131 596	124 021	138 739
辽 宁	117 170	198 904	272 267	658 800	862 859	1 051 461	1 134 138	1 134 799
上 海	762 216	1 210 878	1 403 095	1 960 310	2 262 120	2 674 753	2 897 953	3 072 266

续表

省市区	2006 年	2007 年	2008 年	2009 年	2010 年	2011 年	2012 年	2013 年
江 苏	344 950	408 853	516 886	639 440	1 320 846	1 726 401	2 009 956	2 085 245
浙 江	414 235	428 923	514 677	687 940	856 514	1 114 879	1 318 163	1 333 885
福 建	224 202	282 562	317 817	428 650	436 869	527 127	846 320	699 473
山 东	783 307	1 349 709	1 543 041	1 847 470	1 889 731	2 545 958	3 166 172	3 247 585
广 东	585 344	954 303	937 301	1 341 190	1 532 153	1 744 704	1 774 881	1 960 673
广 西	12 729	16 531	22 133	75 170	76 308	83 236	93 599	123 638
海 南	10 544	15 203	23 243	40 400	41 810	52 398	99 504	62 439
其 他	147 730	233 945	267 969	592 090	751 118	857 821	964 177	946 580

资料来源：历年《中国海洋统计年鉴》。

（二）沿海省市区海洋科技创新能力比较

近年来随着国家对海洋开发的高度重视，我国海洋科技创新能力显著提高。由 2012 年沿海地区海洋科研机构科技专利统计指标情况可知，如表 2.15 所示，拥有发明专利总数中北京、上海、辽宁位于前三位，分别拥有 5 378 项、1 472 项、1 268 项，而广东、山东分别拥有1 065项、553 项，位于第四、第五位，从 2012 年度海洋科研机构专利授权数指标可知，位居前三的是北京、上海、辽宁，分别是 906 项、295 项、181 项。2013 年北京、上海、辽宁仍位居前三，分别拥有 5 949 项、1 882 项、1 544 项，山东、广东位居第四、第五，分别拥有 678 项、527 项，如表 2.16 所示，结合近几年沿海省市海洋科研机构年度专利授权数可知，北京、上海、辽宁、广东、江苏的增长较明显，若从长三角经济区来看，江、浙、沪一体化发展将比珠三角经济区（广东省）具有明显优势，而从 2013 年统计数据表明，处于中等发展水平的山东在这方面渐渐体现出优势，并以略微的优势超越广东。

表 2.15　2012 年沿海地区海洋科研机构科技专利情况　　单位：项

省市区	专利申请受理		专利授权数		拥有发明专利总数
		发明专利		发明专利	
合 计	5 120	4 202	2 746	1 883	10 695
北 京	2 460	2 160	1 135	906	5 378
天 津	130	59	79	36	145
河 北	8	4	6	2	4
辽 宁	616	552	252	181	1 268
上 海	842	687	435	295	1 472
江 苏	125	75	105	43	204
浙 江	[illegible]	[illegible]	[illegible]	33	116

续表

省市区	专利申请受理		专利授权数		拥有发明专利总数
		发明专利		发明专利	
福 建	24	11	16	10	121
山 东	401	304	280	165	553
广 东	273	210	246	165	1 065
广 西	16	15	13	10	21
海 南	2	1	5	4	5
其 他	176	89	115	33	343

资料来源:《中国海洋统计年鉴 2013》。

表 2.16 2013 年沿海地区海洋科研机构科技专利情况 单位:项

省市区	专利申请受理		专利授权数		拥有发明专利总数
		发明专利		发明专利	
合 计	5 340	4 398	3 430	2 246	11 564
北 京	2 228	1 988	1 435	1 007	5 949
天 津	113	68	88	32	153
河 北	3	3	7	0	8
辽 宁	575	526	324	263	1 544
上 海	1073	853	625	432	1 882
江 苏	172	108	99	47	201
浙 江	115	52	79	28	131
福 建	53	51	13	11	224
山 东	455	363	370	226	678
广 东	327	238	226	149	527
广 西	15	15	14	11	36
海 南	0	0	2	2	2
其 他	211	133	148	38	229

资料来源:《中国海洋统计年鉴 2014》。

从表 2.17 和表 2.18 可以看出,全国各沿海地区都表现出了良好的课题研究能力,基本都呈增长趋势,2013 年度沿海地区海洋科研机构科技课题试验发展情况看,北京、江苏、上海位于前三位,处于第一梯队,广东、天津、山东位于第四、第五、第六位,处于第二梯队;而在科技课题成果应用方面,江苏、北京、山东位于前三位,处于第一梯队,上海、天津、浙江居第四、第五、第六位,为第二梯队,而广东落于第三梯队,2013 年广东的试验发展和成果应用课题分别为343项及42项，其中试验发展水平比2006年增长了86.41%，而成果应用水平仅比2006年增长了16.67%，比2012年有较大回落，但近几年广东呈现不断提高的科研能力，有良好的增长趋势，基本与全国保持一致。可见，从全国沿海省市区比较看，2012年广东省的海洋科研机构科技课题试验发展方面有一定的优势，拥有310项，处于第二梯队，稍微落后于山东（350项），却比浙江（102项）呈明显优势，但在成果应用方面远远落后于山东、浙江两省，在沿海省市中也只处于第三梯队，而且2013年广东省的成果应用情况较2012年则不太乐观，远远落后于山东、浙江两省，甚至略低于海南，说明广东省虽然在不断提高自身海洋科研课题研究能力，在课题试验发展方面有一定重视，而在成果应用方面明显不足，显示出科技创新应用能力不足。

表2.17　沿海地区科研机构科技课题试验发展情况　　单位：项

省市区	试验发展情况							
	2006年	2007年	2008年	2009年	2010年	2011年	2012年	2013年
合 计	1 238	1 361	1 420	2 550	2 838	2 855	3 569	3 997
北 京	86	132	146	896	881	931	1 152	1 212
天 津	97	106	161	205	197	239	265	335
河 北	10	3	8	9	1	11	20	35
辽 宁	11	17	15	109	124	149	148	162
上 海	108	250	218	228	312	299	333	411
江 苏	393	331	467	381	509	394	698	880
浙 江	54	34	44	60	74	69	102	109
福 建	74	108	20	110	63	58	29	40
山 东	159	155	116	250	272	286	350	327
广 东	184	173	187	183	235	250	310	343
广 西	16	13	8	24	41	55	69	58
海 南	0	4	0	0	8	24	2	0
其 他	46	35	30	95	121	90	91	85

资料来源：历年《中国海洋统计年鉴》。

表2.18 沿海地区科研机构科技和成果应用情况　　单位：项

省市区	试验发展情况							
	2006年	2007年	2008年	2009年	2010年	2011年	2012年	2013年
合 计	699	697	691	1 074	1 359	1 453	1 515	1 516
北 京	20	41	26	187	427	382	331	378
天 津	77	75	78	80	73	74	82	114
河 北	8	10	8	16	13	15	11	15

续表

省市区	试验发展情况							
	2006 年	2007 年	2008 年	2009 年	2010 年	2011 年	2012 年	2013 年
辽 宁	19	17	16	91	86	82	91	68
上 海	101	40	47	77	97	121	128	116
江 苏	244	276	300	240	271	467	462	373
浙 江	56	59	45	79	57	53	104	105
福 建	51	25	37	79	81	94	74	53
山 东	56	64	47	83	88	57	95	185
广 东	36	58	53	63	86	47	67	42
广 西	3	3	4	30	20	10	8	10
海 南	28	29	25	41	47	44	43	44
其 他	0	0	5	8	13	7	19	13

资料来源：历年《中国海洋统计年鉴》。

从 2006—2012 年沿海地区海洋科研机构发表科技论文情况可以看出，如表 2.19 所示，全国发表科技论文数量处于上升的趋势，各沿海地区内部有小幅的增减变化，但总体仍与全国发展形势类似，2013 年度北京、山东、广东发表科技论文数量分别居全国前三位，2012 年广东省海洋科研机构发表科技论文数为 2 104 篇，落后于北京位居全国第二的水平，比山东略显优势，远远超过浙江的科技论文数，2013 年广东省海洋科研机构发表科技论文数为 1 889 篇，略低于山东，位居全国第三，这表明广东省海洋科研机构具备一定的海洋科研能力和科研水平，发展前景较好。

表 2.19　沿海地区海洋科研机构发表科技论文情况　　单位：篇

省市区	2006 年	2007 年	2008 年	2009 年	2010 年	2011 年	2012 年	2013 年
合 计	8 492	9 104	9 485	14 451	14 296	15 547	16 713	16 284
北 京	2 722	2 641	3 011	6 370	5 626	5 953	6 271	6 238
天 津	320	390	335	548	668	765	851	888
河 北	391	604	349	490	90	555	448	426
辽 宁	86	185	159	243	316	446	478	418
上 海	766	744	676	851	1 032	1 103	1 223	1 105
江 苏	671	828	955	933	1 070	1 005	1 040	969
浙 江	300	318	320	472	452	497	509	588
福 建	302	299	315	359	349	406	350	331
山 东	1 167	1 344	1 426	1 619	1 651	1 879	2 023	2 094

续表

省市区	2006 年	2007 年	2008 年	2009 年	2010 年	2011 年	2012 年	2013 年
广 东	1 181	1 195	1 382	1 260	1 685	1 552	2 104	1 889
广 西	11	11	13	86	105	142	105	89
海 南	41	28	37	45	36	56	69	63
其 他	534	517	507	1 175	1 216	1 188	1 242	1 186

资料来源：历年《中国海洋统计年鉴》。

（三）沿海省市区海洋科研人才结构比较

从2013年我国沿海省市区海洋科研机构科技活动人员专业水平构成来看，如表2.20所示，北京、山东、广东、上海、天津的海洋科研人员高级职称人数排前五位，分别拥有5 274人、1 146人、1 077人、985人、779人。广东省的高级职称人数居全国第三位，比2012年上升一位，还是落后于山东省，但高于上海、浙江、江苏等省市，显示出一定的高级专业人才优势，但如果从长三角一体化来看，其高级专业人才将强于广东、山东省。

表2.20　沿海省市区海洋科研机构科技活动人员专业水平构成　　单位：人

省市区	科技活动人员				
		高级职称	中级职称	初级职称	其他
合 计	32 349	12 380	10 928	4 998	4 043
北 京	12 371	5 274	4 053	1 454	1 590
天 津	2 192	779	781	454	178
河 北	525	217	117	29	162
辽 宁	1 706	604	546	186	370
上 海	3 366	985	1 041	788	553
江 苏	1 728	772	503	286	167
浙 江	1 500	541	538	254	167
福 建	1 224	363	433	215	213
山 东	3 181	1 146	1 269	606	160
广 东	2 796	1 077	933	457	329
广 西	371	81	160	105	25
海 南	175	23	35	77	40
其 他	1 214	518	519	87	90

资料来源：《中国海洋统计年鉴2014》。

（四）沿海省市区海洋科教人才支撑比较

通过对2013年我国沿海省市区海洋科研机构学历构成统计指标来看，北京无论在博士研究生、硕士研究生还是本科生、大专生的数量上都占绝对优势，居全国之首，如表2.21所示，海洋科技人员学历中博士研究生数量排名中，山东、广东居第二、第三位，分别有809人、802人；硕士研究生数量全国排名前三位的是北京、上海、山东，而广东则排在第四位且在本科生数量上，上海居全国第二，山东在数量上都超过了广东，位居第三；在大专生数量上，山东则居全国第二位，上海居全国第三位。从以上统计分析可见，我国海洋科技高等人才主要集中在京津地区、长三角经济区及山东省，其中京津地区人才优势明显，广东虽有一定的人才优势，但明显弱于长三角地区和山东省。

表2.21　沿海省市区海洋科研机构科技人员学历构成　　单位：人

省市区	科技活动人员	学历			
		博士	硕士	大学生	大专生
合 计	32 349	7 499	9 352	10 067	3 045
北 京	12 371	3 696	3 624	3 055	974
天 津	2 192	176	688	968	182
河 北	525	43	128	260	70
辽 宁	1 706	152	465	688	225
上 海	3 366	559	1 052	1 189	354
江 苏	1 728	349	485	616	163
浙 江	1 500	149	525	662	120
福 建	1 224	167	324	406	177
山 东	3 181	809	884	966	370
广 东	2 796	802	756	756	271
广 西	371	15	66	213	60
海 南	175	7	40	61	26
其 他	1 214	575	315	227	53

资料来源：《中国海洋统计年鉴2014》。

由我国沿海省市海洋科研技术人才培养能力指标来看，2013年全国共有137个博士专业点，山东海洋专业博士研究生专业培养点共有19个，当年毕业生共220人，招生263人，在校生1 118人，毕业班学生有611人，在全国居首位，上海、江苏紧随其后；广东省居第四位，拥有海洋高端人才（博士研究生）培养点10个，当年毕业生49人，招生70人，在校生242人，毕业班学生104人，如表2.22所示，山东在海洋专业高端人才培养方面优势显著，明显优势广东及长三角地区。在海洋中高端人才（硕士研究生）培养点方面，2013年全国共有 345 个专业点，山东海洋专业硕士研究生共有 37 个专业培养点，当年毕业生有 398 人，招生 466 人，在校生 1 419 人，毕业班学生有 488 人，仍在全国居首位，上海居第二位，广东和浙江并列第三位，如表 2.23 所示。2013 年广东毕业生有 227 人，招生 244 人，在校生 721 人，毕业班学生有 233 人，虽然在专业培养点个数上紧随山东、上海，但在学生人数上远落后于山东、上海，甚至不及辽宁，显示出海洋中高端人才培养能力不足。在海洋专业中低端人才（本科生）培养方面，全国共有 241 个专业培养点，如表 2.24 所示，其中山东 30 个，居全国之首，浙江、江苏、辽宁紧随其后，虽然山东、江苏、浙江在专业培养点上比较多，但在学生人数方面却不如辽宁。广东有 16 个专业培养点，位于全国第五位，当年毕业生 833 人，招生 1 567 人，在校生 4 403 人，毕业班学生 895 人，无论在专业培养点个数还是培养学生人数方面都远远落后于山东、浙江。从以上统计指标可以看出，山东在海洋专业人才培养上处于明显优势，是我国海洋专业人才的孵化器，而广东在海洋专业人才培养方面在全国中只处于中等以上水平，在海洋科技人才支撑方面也不如长三角地区，显示出海洋专业后备力量不足的现状。

表 2.22　沿海省市区海洋专业博士研究生情况

省市区	专业点（个）	学生人数（人）			
		毕业生	招生	在校生	毕业班学生
合 计	137	673	929	4 031	1 937
北 京	7	39	23	112	56
天 津	5	6	5	25	15
河 北	—	—	—	—	—
辽 宁	8	48	52	331	44
上 海	16	43	97	408	220
江 苏	13	60	93	459	230
浙 江	5	5	28	81	19
福 建	6	28	39	141	69
山 东	19	220	263	1118	611
广 东	10	49	70	242	104
广 西	—	—	—	—	—
海 南	1	0	2	3	0
其 他	46	175	256	1 110	569

资料来源：《中国海洋统计年鉴 2014》。

表 2.23　沿海省市区海洋专业硕士研究生情况

省市区	专业点（个）	学生人数（人）			
		毕业生	招生	在校生	毕业班学生
合 计	345	3 356	3 491	10 170	3 392
北 京	21	105	110	310	101

续表

省市区	专业点（个）	学生人数（人）			
		毕业生	招生	在校生	毕业班学生
天 津	11	68	86	215	62
河 北	6	16	8	27	15
辽 宁	23	404	357	1 038	306
上 海	30	411	423	1 166	404
江 苏	24	390	371	1 120	380
浙 江	26	153	216	581	180
福 建	22	160	206	603	179
山 东	37	398	466	1 419	488
广 东	26	227	244	721	233
广 西	4	20	14	52	22
海 南	3	28	25	76	28
其 他	112	976	965	2 842	994

资料来源：《中国海洋统计年鉴 2014》。

表 2.24　沿海省市区普通高等教育各海洋专业本科生情况

省市区	专业点（个）	学生人数（人）			
		毕业生	招生	在校生	毕业班学生
合 计	241	14 730	17 555	65 668	15 384
北 京	3	160	98	491	145
天 津	12	756	825	3 462	870
河 北	10	230	429	1 081	213
辽 宁	22	2 157	2163	8 814	2 276
上 海	14	1 169	1 460	5 084	1 110
江 苏	29	1 412	1 450	5 905	1 444
浙 江	29	625	1 018	3 631	760
福 建	13	1 026	1 560	5 556	1 097
山 东	30	1 925	2 229	7 972	1 714
广 东	16	833	1 567	4 403	895
广 西	6	136	281	884	187
海 南	2	103	153	549	125
其 他	55	4 198	4 322	17 836	4 548

资料来源：《中国海洋统计年鉴 2014》。

四、广东海洋发展综合评价

海洋强省展示的是一个沿海省的海洋综合实力，是其在海洋经济、海洋资源、海洋生态环境、海洋科研教育、海洋公共服务能力、海洋文化、海洋综合管理水平的综合体现。其内涵既包括自然资源环境的，也包括人文社会的。本节通过分析海洋强省的内涵，围绕海洋经济综合实力、海洋科研教育综合实力、海洋资源环境可持续发展能力、海洋公共服务能力、海洋文化建设、海洋综合管理水平六方面，构建广东省海洋强省指标体系，对广东海洋强省的建设情况进行科学评价，分析我国沿海地区海洋各方面发展及其综合能力的综合得分并重点比较广东在全国的综合实力及单项实力排位情况。

（一）因子及主成分分析结果

本实证通过使用 SPSS19. 0 软件，对 2013 年全国 11 个沿海省市区的海洋强省指标数据进行分析。根据海洋强省指标类别的不同，分别进行因子分析，KMO 和巴特利球形检验的结果显示显著性水平 P 低于 0. 05，表明对数据进行因子分析是具有一定可行性和科学性的。分析过程中采用方差最大化正交旋转，得到累计方差总贡献率合理且抽取特征值大于 1 的能够代表各类指标的因子。

由于指标类别的不同，各类指标最后选取得到的因子个数并不相同。结果显示，海洋经济综合实力指标选取包含了 3 个因子，累计方差贡献率约为 80%；海洋科技创新能力指标选取包含了 2 个因子，累计方差贡献率约为 70%；海洋资源可持续发展能力指标选取包含了 5 个指标，累计方差贡献率约为 83%；由于海洋文化发展水平选取的指标较少，结合实际情况考虑的海洋文化发展水平选取包含了 1 个指标，方差贡献率约为 64%；海洋公共服务能力仅用一个因子就达到了 80% 的累积方差贡献率，故海洋公共服务能力选取一个因子；海洋综合管理能力选取了 2 个因子，累计方差贡献率为约 82% 。

从海洋强省评价指标的各方面来看，广东省目前的海洋综合实力处于全国较前列的地位。各项指标具体情况见表 2. 25 和图 2. 13 所示。

表 2. 25　海洋强省各类指标得分

省市区	海洋经济综合实力	海洋科技创新能力	海洋资源可持续能力	海洋文化发展水平	海洋公共服务能力	海洋综合管理能力
广东	0. 410 6	0. 428 8	0. 634 0	0. 655 4	1. 534 6	0. 928 9
山东	−0. 017 1	0. 500 8	0. 413 4	0. 653 5	0. 782 7	0. 447 0
浙江	0. 141 0	−0. 124 7	0. 171 7	0. 235 2	0. 700 1	−0. 040 4
福建	0. 031 7	−0. 141 8	0. 380 9	−0. 286 5	0. 642 7	0. 092 2
江苏	0. 104 4	0. 095 9	−0. 200 8	0. 597 4	−0. 570 5	−0. 148 1
辽宁	−0. 486 2	−0. 265 7	−0. 187 4	0. 239 8	−0. 159 6	1. 065 7
河北	−0. 702 6	−0. 431 0	−0. 476 6	0. 518 4	−0. 573 1	−0. 570 0

续表

省市区	海洋经济综合实力	海洋科技创新能力	海洋资源可持续能力	海洋文化发展水平	海洋公共服务能力	海洋综合管理能力
天 津	0.195 2	0.819 9	-0.426 1	-0.927 1	-0.979 6	-0.435 1
广 西	-0.517 4	-0.562 1	-0.159 3	0.068 8	-0.764 2	-0.423 1
上 海	0.947 4	0.432 8	-0.362 6	-0.918 5	-0.301 8	-0.580 3
海 南	-0.107 0	-0.752 7	0.212 8	-0.836 4	-0.311 3	-0.336 8

数据来源：《中国海洋统计年鉴》。表中得分为负数，标明该样本因子得分低于平均分。

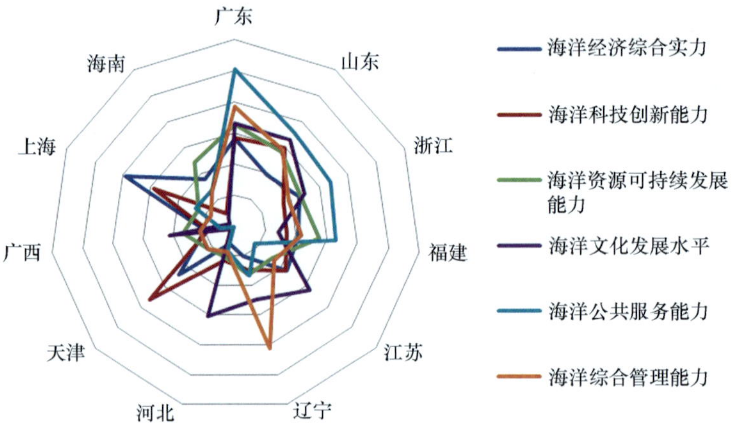

图 2.13　海洋强省市区各类指标评分雷达图

可以看出，在海洋经济综合实力方面，广东省得分仅次于上海，远高于全国其他省市区。这表明，广东海洋经济综合实力位居全国 11 个沿海省份前列，海洋经济发展表现良好。具体来看，广东海洋经济在全国具有领先优势的是海洋经济总体规模、海洋产业结构变化指数、地区单位 GDP 能耗三项指标。其中，2013 年广东海洋 GDP 为 11 283 亿元，位居全国第一，高出列第二位的山东 16.4 个百分点，具有明显优势；海洋产业结构变化指数为 37.7，显示广东海洋经济的产业结构发生了较大的变化，具体是因为广东近年来大力发展资源型和制造型海洋产业，使得第二产业发展迅速，比例上升较快，这也是符合一般经济规律的；另外，地区单位 GDP 能耗，广东仅为 0.508 吨标准煤/万元，远低于其他 10 个沿海省市区，表明广东经济发展中对资源能耗的消耗比较小，广东经济发展方式转变步伐领先其他省市区。值得注意的是，在海洋 GDP 增速、海洋 GDP 占地区 GDP 比重、海洋 GDP 对地区 GDP 的贡献、海洋就业人员人均 GDP 等几个方面，广东面临来自天津的有力竞争，几项指标都位于天津之后，存在一定劣势。

在海洋科技创新能力方面，各省市区情况差异较大。综合来看，天津和山东发展表现优异，广东的海洋科技力量和上海相差不多，科技兴海的力度还有待进一步加强。具体来看，广东省发表的海洋科技论文数量较多，但在万人拥有科研机构数量、万人拥有海洋科技人员数量、海洋科技经费占地区生产总值比重、海洋科技成果转化率等几大指标上，并无优势可言，这是进一步发展海洋科技的一个不利因素，应该值得引起注意。

在海洋资源可持续发展方面，广东省海洋资源禀赋好，可持续发展能力强，以较大幅度领先其他沿海省市区，处于第一位的水平。特别是广东在海域面积、海岸线长度、海洋捕捞产量、原油产量、天然气产量、亿元海洋产业产值入海废水量都位于全国前列。与此同时也发现，支撑广东海洋资源可持续发展较高水平的主要是广东自然海洋资源的丰裕度，而在自然保护区面积、风能发电能力、工业废水排放达标率、固体废弃物综合利用量等方面并无优势，甚至存在一定劣势。

在海洋文化发展水平方面，广东与山东得分较接近，无论是博物馆数量、图书馆数量还是文化馆数量，均大幅领先其他省市区，显示两省在海洋文化的培养宣传和投入建设方面都达到了较高的水平，但是目前广东还没有海洋自然历史遗迹保护区，落后于上海、天津和河北，这一方面应该充分发掘具有广东地方特色的海洋文化资源，争取早日设立广东海洋自然或人文遗迹保护区。

在海洋公共服务能力方面，广东省的验潮站、气象台站、地震站、雷达站数量均远高于其他省市区，仅有海洋站数量略低于山东和浙江。从这些基础设施建设来看，广东在海洋公共服务方面的建设投入较大，为广东海洋经济的发展提供了有力的服务和支持。

在海洋综合管理能力方面，广东仅次于辽宁，列全国11个沿海省份的第二位。近年来，随着《广东海洋经济综合实验区发展规划》上升为国家战略以及广东省认真贯彻实施“五个用海”要求，广东在海域使用和管理方面，已具备了较好的标准化和规范化的综合管理能力和水准。

综上所述，广东在以上各大类指标中，基本初步表现出海洋强省所应具备的能力和水平，在全国各沿海省市区中可以初步评定为各方面表现较均衡的海洋大省。

使用主成分分析方法，对海洋强省指标进行预处理与方差最大化正交旋转，计算综合评分。结合海洋强省的综合指标体系，针对2010年全国11个沿海省市区的各类海洋发展指标，可以计算得到各省市区的海洋强省综合实力得分，具体见表2.26。

表2.26 全国沿海各省市区综合得分情况

省市区	综合得分
广东	0.725 2
山东	0.503 0
上海	0.270 6
福建	0.112 6
浙江	0.083 1
海南	0.045 3
辽宁	-0.165 4
天津	-0.180 1
江苏	-0.307 8

续表

省市区	综合得分
河 北	-0.506 1
广 西	-0.580 5

从表中可知，广东省在海洋强省综合实力方面得分最高，位列全国各沿海省市区海洋强省综合实力第一位，其次为山东和上海。结合上节分析，从一级评价指标来看，广东省在海洋经济综合实力、海洋可持续发展能力、海洋文化发展水平、海洋公共服务能力以及海洋综合管理能力这几个方面与全国其他11个沿海省市区相比，具有较强的竞争力优势，只有在海洋科技创新能力方面优势不突出，这一点与广东省海洋强省身份不符。在未来的发展中，广东应该全面发展其他方面的同时，努力提高在海洋科技创新方面的投入，争取早日实现各方面全方位发展的名副其实的海洋强省这一目标。

（二）聚类分析结果

运用SPSS19.0软件对全国11个沿海省市区各方面的海洋得分数据进行系统聚类分析并结合实际情况，可将全国11个沿海省市区海洋发展分成四类，其中第一类为海洋发展领先省市区，包括广东、山东、浙江、福建；第二类为海洋发展发达省市区，包括天津、上海；第三类为海洋发展较发达省市区，主要是辽宁省；第四类为海洋发展后进省市区，主要是江苏、河北、广西、海南。

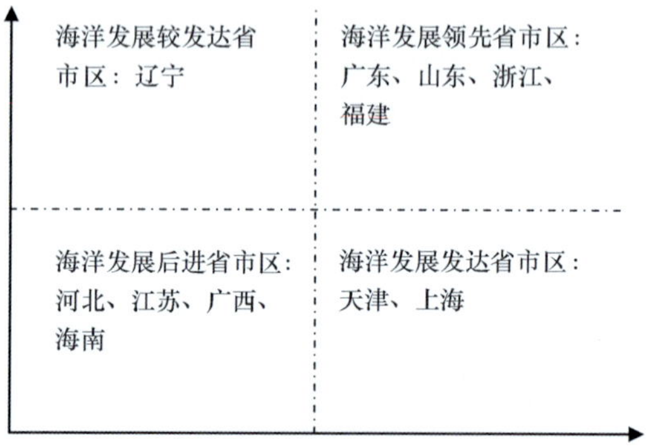

图2.14　全国11个沿海省市区海洋发展类别分布图

“领先省市”：具有较高的海洋强省指标综合得分和较均衡海洋发展结构的省市区；“发达省市区”：具有较高的海洋强省综合指标得分但海洋发展结构有待改善的省市区；“较发达省市区”：具有较低的海洋强省综合指标得分但海洋发展某方面特别突出的省市区；“后进省市区”：具有较低的海洋强省综合指标得分且海洋发展尚无突出之处，结构有待改进的省市区

在各省市区中，广东、山东、浙江、福建在海洋强省综合指标中得分较高且海洋发展结构类似，在海洋强省各类指标中实力表现较均衡，故此列为海洋发展领先省市；而天津、上海虽然在海洋强省综合指标得分较高、表现良好，但其发展结构较不均衡，离海洋强省这一

目标尚有一定差距；辽宁省在海洋综合管理能力方面名列全国第一，但其他方面的表现存在不足，海洋发展结构较不合理，存在较大的改进空间，为海洋发展较发达省市区；河北、江苏、广西、海南四省区在海洋强省综合指标中得分较低且各方面发展并无突出之处，是为海洋发展落后省市区。可以发现，聚类分析的结果从另一个角度验证了前节主成分分析法所得到的各省海洋发展综合实力评价的结论。

第三节　广东海洋发展中的问题

随着广东沿海地区经济社会高速发展，海洋开发不断向广度、深度推进，以开发近岸海域资源为主的模式受到资源、环境的制约日渐凸现，海洋经济发展中一些矛盾和问题逐步显现，如海洋产业结构不够合理，海洋开发和海洋经济发展不平衡问题比较突出，海洋资源和区位优势尚未得到较好发挥；海洋开发总体上以近岸和资源性开发为主，开发利用水平总体偏低，整体竞争力不高；海洋科技水平不高，自主创新能力不足，海洋资源开发能力有待进一步提升；海洋环境污染问题较突出，海洋生态环境保护和修复任务艰巨。

一、海洋发展面临资环双重压力

目前广东省的海洋经济发展面临海洋资源约束趋紧、海洋环境污染控制不足、海洋生态系统退化、海洋灾害频发等发展压力。随着海洋开发建设的大力推进，广东省近岸海洋环境形势十分严峻，各种累积性环境矛盾尚未完全解决，新的环境压力依然较大，所排放出的污染物超过了海洋环境承载力，海洋生态系统遭到一定程度的破坏，如滨海湿地减少、海洋生物群落退化、生物多样性下降、渔业资源衰退，生态系统所承受的压力不断加大，环境调控和修复的速度滞后等，近岸海洋环境约束日益趋紧，海洋环境保护长效机制尚未完全构建。

近年来，广东省近海和滩涂的渔业资源逐步衰退，许多传统渔场（如涠洲）基本消失，已经没有明显渔汛期，落后的海水养殖方式与布局导致养殖水体严重污染问题以及海洋滩涂大面积的围垦，使沿海滩涂湿地迅速缩减；短期内的大规模围填海工程降低了海域的生态环境质量，导致潮滩湿地生境退化，严重影响纳潮量和海水自净能力，使海洋生物多样性受到严重威胁，造成海洋生态系统的自我修复能力降低；由于近岸海洋开发和大量的海洋工程建设，海洋生物资源不断衰退，部分海湾已处于不健康、亚健康状态；海洋物流运输业及海洋油气业的遍地开花导致海上溢油风险大大增加，剧毒污染物泄漏、海洋外来物种入侵风险增加，进一步加剧海洋生态环境的恶化趋势，海洋生态环境已成为海洋经济发展的硬性约束因素。

此外广东省海域、岸线等资源集约化利用程度也不高，大量岸线资源的粗放式使用，自然岸线被截弯取直，不仅生物多样性迅速下降，污染物加速在海底积聚，使得大部分海岸生态、景观价值已经严重损耗，也减弱了抵御风暴潮等海洋灾害的能力，大量采挖珊瑚礁、滨海砂矿业的盲目发展等导致了海岸侵蚀、咸潮入侵等灾害。海岛资源的保护和开发也缺乏全面的统筹规划，也缺乏有效的市场机制引导资源配置，在有限的环境约束下以资源消耗型的近岸海洋开发模式呈疲软状态，这些严重制约着广东海洋经济的可持续发

二、海洋科技自主创新能力较弱

广东省的海洋科技创新驱动能力不足，自主创新能力有待加强，特别是海洋科技对战略性新兴海洋产业的发展支撑能力不足，关键核心技术自给率低海洋科技成果也不能有效地向现实生产力转化，海洋科技对海洋经济的贡献率整体较低，深层次结构性矛盾不断凸显，与目前海洋经济大省的地位极不相称。由上一节分析可知，2013 年全国海洋机构科技活动人员为 38 754 人，但广东海洋机构科技人员仅为 3 250 人，不到全国的 1/10。沿海各省市中，广东海洋机构科技活动人员数位居第四，处于中等水平，虽然近年来广东的海洋科研机构经费收入总额增长较快，2013 年达到 196 亿元，但与此同时全国海洋科研机构经费收入体现了整体上升的趋势，其中北京、上海、江苏、山东的经费收入均高于广东省。由于广东人口基数大，相对而言广东的科技人才数量、人均科技投入、万人拥有科研机构数量、万人拥有海洋科技人员数量、海洋科技经费占地区生产总值比重不占相对优势，说明广东海洋科技创新能力存在不足。从 2012 年的海洋科技人才数量及结构上可见，广东也不及山东，尤其在高级、中级人才数量方面也落后于山东，表明海洋领域专业人才多云集于山东，这与海洋综合性大学（如中国海洋大学）、研究机构集中在山东有关且海洋专业院士也多集中于山东，另一方面也表明了广东缺乏较高规格的海洋综合性高等学府，对中、高级人才培养能力不足，缺乏高层次人才，使海洋科技人才对广东省的海洋科研创新能力后备支撑不足。

长期以来，由于广东省对海洋科研经费投入的相对不足，缺乏高附加值的海洋经济产品，尤其是海洋装备制造业、海洋生物制药业、海洋能利用业等战略性新兴产业领域，相关海洋技术集成、自主创新能力较弱。在许多关键领域的核心产品和关键零部件主要依靠进口，如海洋高端工程装备制造技术、深海技术和装备等仍处于起步阶段；与国内外领先水平的差距还较明显，广东在海洋工程装备的设计、制造、集成、改装等方面远远不能适应国内外发展的需求且其产业化自主发展能力较弱，配套行业发展严重滞后；此外在海洋能利用、海洋生物制药方面基础研究薄弱，特别是海洋医药产品的开发仍停留在较低水平，科技支撑能力弱，海洋科技成果转化率较低，许多成果仍停留在实验室阶段或小批量生产阶段，距离产业化目标尚远，另外缺乏海洋高新技术创新平台，海洋高新技术成果中试、转化成本过高，成果转化能力与示范规模普遍不足，海洋高新技术对海洋产业的贡献明显不足，严重制约了这些战略性海洋新兴产业的技术成果推广与应用，影响海洋技术成果产业化进程，从而缺乏大型的拥有自主知识产权的大型科技龙头企业和产业园区，制约着广东海洋经济的发展。

三、海洋经济综合发展水平不高

（一）海洋经济发展缺乏宏观统筹协调

广东海洋产业的发展长期以来缺乏系统的规划，缺少统一的协调管理机构对海洋经济发展进行宏观指导，区域海洋经济布局和产业结构雷同问题比较突出，产业关联度较低。近年来，虽然广东重点对沿海海洋经济进行了规划，但对沿海港口、城镇、产业发展仍缺乏统一规划布局，沿海资源没有得到有效利用，各地重复建设增速快、效益高的石化、港口码头与海洋运输项目，区域之间产业结构趋同产业分工不明显，不利于广东现代海洋产业体系的构建，也不利于广东海洋经济的可持续发展。

（二）区域海洋经济发展不平衡

广东省的区域海洋经济发展差距明显，主要体现在海洋经济发展在珠三角与粤东、粤西间的不平衡，珠三角海洋经济区经济发展基础雄厚，海洋生产总值占广东海洋经济生产总值比重大，而粤东、粤西海洋经济发展基础薄弱，整体竞争力较弱。但随着珠三角的开发利用逐步加大，区域经济发展受空间、资源和环境的制约日益明显。与此相对的是，粤东、粤西两翼海域尽管拥有丰富海洋资源，但由于种种原因却长期处于闲置状态，开发利用不足，基础设施还不完善，海洋资源优势未转化为海洋经济优势。从区域产业布局来看，珠三角地区海洋产业发展迅速，粤东、粤西海洋产业发展相对缓慢，产业单一，门类也不齐全，发展基础较弱，仍以海洋渔业等为主，特别是海洋第二、第三产业发展缓慢，产业配套也不够完善。海洋经济区域发展的失衡将会严重影响整体海洋经济的发展，不利于广东陆海统筹战略的实施。

（三）海洋产业结构有待优化

广东省的海洋产业以由传统产业为主，逐渐向传统产业与新兴产业相结合的方向发展，以高端海洋科技引领的战略性新兴海洋产业占整个海洋经济的比重较低，海洋产业结构有待进一步优化。目前广东海洋产业面临传统海洋产业需要升级改造、海洋战略性新兴产业需要大力发展的形势，海洋战略性新兴产业发展基础较为薄弱，如海洋工程装备制造业、海洋生物医药产业是综合性较强产业，需要众多基础配套产业，而当前广东省的海洋战略性海洋新兴产业未能形成完整的产业链，区域集聚效应不明显，也缺乏具有广泛国际影响力的知名品牌，使得海洋新兴产业在海洋经济系统中比重不高。

从产业结构上看，广东省的三次产业结构虽然逐年优化，但与世界发达国家与地区相比，产业结构还存在有较大差距，尽管近年来广东海洋产业结构发展已呈较为合理的“三二一”模式了，三次产业结构已从2006年的4.4∶28.2∶65.8调整到2013年的1.7∶47.7∶50.9，但并非产业成熟后“三二一”阶段，海洋产业结构正在深度调整，高级化进程缓慢，其中第二产业内部发展不平衡，大部分产业发展滞后，不利建设海洋强省的建设。从产业关联度上看，在广东海洋产业中贡献较大的海洋渔业、海洋交通运输业、海洋化工业、海洋油气业及滨海旅游业等产业，没有形成优势突出、相互关联的格局，产业集群程度不高，优势海洋产业关联度不高，占海洋生产总值中比重最大的滨海旅游业与其他海洋产业关联度较低，难以成为带动海洋产业结构优化的主导产业，在这种无明显优化基础的产业发展格局下，未来将制约广东海洋经济的增长速度。

从三次产业来看，广东省的海洋第一产业即海洋渔业仍是优势主导产业，占较大比重，随着养殖、捕捞相结合的现代海洋渔业体系的构建，广东的海洋渔业产值也位于国内领先，但随着近岸水域污染及海洋生物资源的衰竭，该产业面临着发展远洋渔业、休闲垂钓渔业等的转型提档；作为广东海洋第二产业的主力海洋油气业、海洋化工业足，资源配套能力有限以及海洋环境污染的制约，总体附加值不高；而海洋电力业、海洋盐业、海洋生物医药业等一直在广东海洋产业中比重较低，由于长期受自然及技术条件制约，产业发展动力不足，未能在海洋经济转型中起引导作用；广东海洋第三产业以滨海旅游业和海洋交通运输业为主，尽管滨海旅游资源丰富，但经济效益未能充分发挥，资源开发力度也不足，也尚未形成整体规模优势；海洋交通运输业主要体现在大型集装箱运输港口不多，港区自动化、专业化程度不高等。

四、海洋综合管理服务能力不足

海洋综合管理服务涉及海洋规划、海洋经济、海域使用、海岛保护、海洋环境、海洋科技、海洋执法和海洋公益等八大领域的管理，涉及的问题越来越多，难度越来越大，因此亟待积极落实完善海洋保护开发政策，建立健全海洋综合管理体制机制，但是广东省目前缺乏海洋综合管理专项资金及配套管理办法，以致在具体的海洋综合管理工作中，“心有余而金不足”。国内目前已有个别沿海省份出台了相应的政策，如江苏省出台的《江苏省省级海洋综合管理与产业发展资金管理暂行办法》、浙江省出台了《浙江省海洋经济发展专项资金管理办法》等，而广东省还未出台过类似的政策，以至于海洋综合管理专项配套资金无法落实，未能通过强有力的海洋宏观调控，实现对海洋经济与社会效益、生态环境效益有效统一，实现社会、经济、生态、环境的和谐发展。

海洋综合管理政策性强、管理技术要求高，由于长期的经费投入不足、人员编制缺乏，广东省的海洋综合管理服务能力建设已严重滞后于高速的海洋经济发展的需求，主要体现海洋防灾减灾保障能力和应急处理有待提升，海洋环境立体监测观测能力不高以及监测设备落后、人员不足等问题，已无法有效应对日趋繁忙的海上交通、屡见不鲜的海上溢油以及赤潮、风暴潮等频发的海洋灾害。此外广东省的海洋管理技术体系也尚未形成，目前海域使用动态监测、海域权属登记管理、海籍测量管理、海洋事业发展战略与规划研究等方面的建设水平不高，已经制约着广东海洋经济的健康发展。

长期“重陆轻海”思想导致广东省的海洋发展战略滞后，广东的海洋事业也一直缺乏统一的规划和管理体系，随着海洋经济迅速发展，海域开发和利用规模不断加大，海洋经济发展加速也导致了各行业用海矛盾的出现，某些海洋产业存在海域使用空间分布不均衡、交叉用海等现象，港区港口虽多却没有形成规模效益。由于缺乏具有高度权威的综合管理机构对海洋事业发展进行有效的规划、监督及服务，相关涉海部门职能交叉，有待理顺，用海项目许多仍出现多头管理问题，严重制约着海洋经济的发展效率。

五、参与次区域合作圈力度不足

长久以来，广东省政府在区域发展策略上，重视珠三角地区，而对粤东、粤西、粤北地区发展不够重视，导致广东省对泛北部湾经济合作不足、不仅使粤西地区错失发展良机，也给广东参与东盟次区域合作机制形成一道无形壁垒，阻碍广东对相关次区域合作的深度参与。

与广西、云南相比，自中国—东盟自贸区协议签署以来，广东参与中国—东盟自贸区及相关次区域合作的力度不足，尤其是参与相关次区域合作机制方面，广东参与得较少，有关东盟的信息传播不充分，对东盟的研究也较缺乏。近年来，云桂两省积极借助地缘优势，争取中国—东盟博览会承办权、承办大湄公河次区域经济合作第二次领导会议，云桂等周边省份积极与相邻的东盟国家签订各类经贸协议，出台大量有利于东盟经贸交流合作的政策，加强两边密切合作。但广东省政府相关针对性政策比较缺乏，政府层面对东盟区域合作热情不足，力度及层次也不够，这与广东与东盟彼此的经贸份额、地位较不相称。

六、海陆联动有待推进

广东海洋经济发展缺乏海陆经济布局总体规划决策机制，导致缺乏对同一空间内的海岸产业布局系统的协调和规划，不利于海洋产业链的延伸，区域之间可能重复布局建设相同相似产业，阻碍陆海统筹发展，鉴于广东目前第二产业对海洋经济的引领作用尚未充分体现出来，因而今后结合海陆经济发展，统筹海陆资源促进海洋经济发展仍是亟待解决、迫切的一大任务。例如，改善目前港港口基础设施条件，发挥港口工业的辐射带动能力，以点带面，利用“湾区”推动城镇化建设，统筹海陆范围内的生产要素，带动海洋经济及至国民经济结构调整、转型升级才能提高地区综合竞争力，实现海陆经济的共赢发展。

第三章

临海洋

——机遇与挑战并存

第一节　海洋带来重要挑战

一、广东遭受巨大海洋灾害

（一）海洋灾害损失的影响因素

根据已掌握的文献资料，许启望和谭树东（1998）通过分析我国风暴潮灾害若干年的历史资料，在国内较早地对我国主要海洋灾害——风暴潮所造成的经济损失进行了评估方法方面的研究。他们研究成果表明：影响风暴潮直接经济损失的因素包括受灾地区的地形地势、经济发展水平和防灾能力。之后的学者对海洋灾害带来的经济损失进行了逐步深入的研究，但这几个影响因素则为大家普遍公认。

一般认为，在同等强度风暴潮的条件下，地势较平坦且海拔较低的海岸带地区，风暴潮的影响范围较大，能造成的直接经济损失也较大；经济越发达的地区，风暴潮带来的直接经济损失也越大；而防灾能力越强，则同等风暴潮灾害造成的直接经济损失则越小。

仅就前两个自然因素而言，广东的不利之处相对于全国其他沿海省份较为明显。从地理位置来看，如前所述，广东地处我国大陆最南端，东、北、西三面分别与福建、江西、湖南、广西相邻，南临南海，与海南相隔琼州海峡而望，珠江口东西两侧分别于香港和澳门特别行政区接壤。全省位于20°09′—25°31′N，109°45′—117°20′E 之间，陆地面积 17.98 万平方千米，约占全国陆地面积的 1.85%；其中岛屿面积 1 592.7 平方千米，约占全省陆地面积的 0.9%。广东的大陆海岸线总长 3 368 千米，位居全国第一。广东山脉大多以东北—西南走向为主，如西北部的罗平山脉和东部的莲花山脉，而粤北的山脉则多为向南拱出的弧形山脉。但总体来看，广东仍然以平原居多，最大的是珠江三角洲平原，其次是潮汕平原，此外还有清远、惠阳等冲积平原。这样的山脉走势和平原分布条件，使得广东面临台风风暴潮来袭时，海岸带地区没有山脉地形的天然阻挡，易造成较大的直接经济损失。

从更大的地理范围来看，广东位于欧亚大陆东南部，东临广袤的太平洋，受世界面积最大的陆地和面积最大的海洋的双重影响，菲律宾以东洋面经常是登陆广东的台风、热带气旋等致灾性天气的发源地，南北冷暖气流交换非常活跃，导致台风、热带气旋等以及由此带来的风暴潮、海浪等海洋灾害时常发生。

从经济社会发展的视角来看，广东自改革开放以来，经济发展迅速，外向型特征明显，就海洋产业而论，海上交通、沿海油气开发、海洋渔业捕捞和养殖等产业位居全国前列。从经济总量来看，2013 年全省 GDP 达 62 163.97 亿元，占大陆经济总量的 10.9%，已连续 20 多年名列大陆地区各省份领头羊。珠江三角洲地区也已经成为我国改革开放的先行地区，是我国重要的经济中心区域，在全国经济社会发展和改革开放大局中具有突出的带动作用和举足轻重的战略地位。而如果考虑到广东省陆地面积为 17.98 万平方千米，占全国陆地面积的比例仅为 1.9%，所以广东单位面积的经济产值大约是全国的 5.7 倍。

（二）广东遭受海洋灾害情况

由于上述原因，广东历来是受海洋灾害影响较重的省份之一。根据近10年来的《中国海洋灾害公报》《广东省防灾减灾年鉴》的统计数据①，在我国大陆11个沿海省级行政区域中（不含港澳台，下同），以海洋灾害造成的直接经济损失或死亡和失踪的人数等最重要的指标衡量，广东均位于遭受海洋灾害损失较严重的省份之前列，详见表3.1②。

表3.1 近几年广东海洋灾害损失在全国沿海地区的排位

时间	直接经济损失（亿元）	全国排名	死亡（含失踪）人数	全国排名
2008	154.29	1	73	1
2009	40.01	1	23	1
2010	30.67	2	21	3
2011	12.68	2	13	2
2012	17.47	5	21	2
2013	74.41	1	65	1

1. 损失概况

2004至2013年，广东遭受海洋灾害造成的直接经济损失一共约444.6亿元，年均44.5亿元。10年间，海洋灾害共造成广东省死亡（含失踪）人数为320人，年均32人。从受灾类型来看，海洋灾害类型主要包括：风暴潮、海浪、赤潮、海水入侵和咸潮入侵等。其中，造成直接经济损失最为严重的是风暴潮灾害，10年来共计损失442.83亿元，占所有海洋灾害损失的99.6%。造成死亡（含失踪）人数最严重的是海浪灾害，10年来共计造成死亡（含失踪）人口220人，占所有海洋灾害损失的69%。从每年受灾的情况来看，广东省海洋灾害损失情况相差比较大，2006年、2008年和2013年的受灾情况较为严重，其他年份则相对轻一些。详细情况见图3.1。

2. 风暴潮灾害

风暴潮灾害是广东省面临的主要海洋灾害类型，其造成的直接经济损失占当年全部海洋灾害损失的比例在近10年中都高达95%以上。广东省的风暴潮灾害主要是由登陆及影响广东省的台风所引起。从地区分布来看，风暴潮灾害较为严重的地区是粤东和粤西。根据统计资料，近10年来较大规模的风暴潮灾害共有12次，详见表3.2。

其中造成直接经济损失最严重的是2008年9月登陆茂名电白县的强台风“黑格比”。它于2008年9月19日晚在菲律宾以东洋面生成，24日早晨6时45分在茂名电白县陈村镇沿海

---

① 2013年部分缺失数据来源于当年《广东省海洋灾害公报》。

② 2008年及之后年份的《中国海洋灾害公报》，给出了大陆地区沿海11个省区每年的直接经济损失和死亡（含失踪）人数，故方可进行对比分析。

图 3.1　近 10 年广东海洋灾害损失概况

登陆，登陆时中心气压 945 百帕，登陆前后 38 个小时内一直保持强台风量级，中心附近最大风力 15 级（48 米/秒），最大阵风 65 米/秒（相当于 17 级）。“黑格比”是近 10 年来登陆广东省强度最强、移速最快的台风，“黑格比”强盛期，7 级风半径达 500 千米，10 级风半径为 200 千米，风圈半径之大、影响范围之广为近年罕见。受其影响，广东近海出现狂涛巨浪，珠江口及西部沿海地区出现 9 ~ 12 级大风，阵风 14 ~ 16 级。沿海地区普降暴雨、局部大暴雨。暴雨中心主要集中在湛江、茂名、阳江、江门 4 市。“黑格比”登陆时正逢当天高潮位，引发严重风暴潮。24 日凌晨至白天，深圳至茂名一带沿海出现 0.97 ~ 2.62 米风暴增水，各主要潮位站均出现超警戒水位风暴高潮位。珠江口 7 个潮位站潮位达到或超过 100 年一遇，其中横门、灯笼山站分别超 200 年和 300 年一遇标准，均为历史最高潮位。最高潮位为北津港站 3.5 米。珠江口及其以西沿海掀起狂涛，实测最大浪高达 13.7 米（珠江口大浮标站），实属历史罕见。“黑格比”造成全省 971 艘渔船沉没、3 093 艘渔船损坏，粤西地区养殖鱼排损毁殆尽，渔业损失惨重。全省海堤决口共 524 处、52 千米，损坏 744 千米。茂名、阳江、湛江、珠海、中山、江门、云浮共 7 个市、38 个县（市、区）、372 个乡镇、737 万人受灾，转移群众 25.7 万人，死亡 22 人，失踪 4 人，倒塌房屋 29 211 间，农作物受灾面积 40.975 万公顷，直接经济总损失 118.3 亿元。

表 3.2　近 10 年来广东风暴潮灾害损失情况

时间	风暴潮名称	登陆地区	受灾人数（万人）	受灾农田（万公顷）	直接经济损失（亿元）
2006 - 06	珍珠	潮汕	778	21.2	12.3
2006 - 08	派比安	阳西、茂名	473	30.6	70.02
2007 - 08	帕布	中山	111	40.6	23
2008 - 06	风神	深圳葵涌	88.8	—	17.6
2008 - 09	黑格比	茂名电白	737	41.0	118.3
2009 - 08	天鹅	台山	88.8	11.4	10.41
2009 - 09	巨爵	台山	167.8	11.7	23.9
2010 - 07	灿都	吴川	236	19.2	30.6
2011 - 09	纳沙	徐闻	122.9	10.6	17.1
2012 - 08	启德	湛江麻章区	165.6	104.4	13.6
2013 - 08	尤特	阳西	—	—	13.32
2013 - 09	天兔	汕尾	579.3	10.56	58.57

注：表中仅统计直接经济损失超过 10 亿元的风暴潮灾害情况，“—” 表示未有统计数据。

3. 海浪灾害

海浪灾害也是广东海洋灾害比较常见的类型。广东的海浪灾害主要是由台风分包差、冷空气浪和气旋浪等原因引起的。据不完全统计，近 10 年来广东沿海海域因海浪灾害造成直接经济损失 2.14 亿元、死亡和失踪 220 人。海浪常常来势凶猛，一旦防范措施不到位，对海上作业和经济活动往往会造成较大损失。较为严重的海浪灾害损失情况详情见表 3.3。

表 3.3　近 10 年来广东海浪灾害损失情况

时间	海域	原因	沉船	死亡失踪人数（人）	直接经济损失（万元）
2004 - 02	惠来	冷空气浪	“粤潮阳 12096” 轮	7	500
2004 - 02	汕尾	冷空气浪	“松茂 8” 号	9	1 500
2004 - 07	南澎	热带风暴海浪	“粤南澳 33090” 轮	22	1 000
2005 - 04	珠海牛头岛	气旋浪	“协航 99” 轮	6	2 000
2006 - 02	汕头	冷空气浪	“双宁 658” 货船	1	500
2009 - 06	惠东	“浪卡” 台风浪	—	—	4 603
2009 - 07	深圳大鹏湾	“莫拉菲” 台风浪	—	—	3 670
2013 - 09	西沙珊瑚岛	1321 “蝴蝶” 台风浪	3	62	2 005

注：表中仅统计直接经济损失超过 500 万元或死亡失踪人数超过 10 人以上的海浪灾害情况，“—” 表示未有统计数据。

4. 赤潮灾害

赤潮灾害对海洋生态、海洋环境会造成严重影响。近 10 年来，广东沿海共发生较大规模赤潮 15 次。赤潮发生地点主要位于湛江和珠海海域，直接经济损失来自赤潮生物大面积爆发诱发的近海鱼苗和半成品鱼死亡。较为严重的赤潮事件见表 3. 4。

表 3. 4　近 10 年来广东赤潮灾害损失情况

时间	海域	面积（平方千米）	赤潮生物种类
2004 - 01	南澎列岛—南澳岛南岸海域	150	棕囊藻
2004 - 02	湛江硇洲岛附近	300	红色中缢虫
2004 - 04	湛江硇洲岛附近	200	红色中缢虫
2004 - 06	惠东港海龟保护区、大亚湾大辣甲岛附近	120	红海束毛藻
2004 - 11	汕头海域	900	棕囊藻
2005 - 03	湛江海域	270	球形棕囊藻
2005 - 05	雷州半岛东南海域	570	裸甲藻
2005 - 11	徐闻角尾	200	球形棕囊藻
2005 - 12	汕头近岸	100	球形棕囊藻
2006 - 02	珠江口澳门机场到淇澳岛北部沿岸海区及深圳后海湾	300	球形棕囊藻
2006 - 05	湛江港网箱养殖区	300	中肋骨条藻
2006 - 10	珠海内伶仃附近海域、香洲公务码头外至香炉湾一带海域	300	多环旋沟藻、红色中缢虫
2007 - 02	南澳近岸湾内、汕头湾内	308	球形棕囊藻
2009 - 10	珠海淇澳岛	280	多环旋沟藻、红色裸甲藻
2013 - 08	湛江港调顺岛	113	中肋骨条藻

注：表中仅统计直接经济损失超过 100 万元或受灾面积超过 100 平方千米的赤潮灾害情况。

5. 海水入侵

就全国范围来分析，渤海滨海平原如辽宁盘锦地区，河北秦皇岛、唐山和沧州地区，山东滨州和潍坊地区，海水入侵问题比较严重，海水入侵距离一般距岸可达 10 ~ 30 千米，而广东并不是海水入侵的重点灾害地区。就省内各地区来看，广东沿海受海水入侵较严重的地区主要位于湛江、茂名一带，值得关注的是：广东茂名和湛江的部分站位氯度呈增加趋势。具体情况详见表 3. 5。

表 3.5　近 10 年来广东海水入侵灾害情况统计

时间	监测断面位置	入侵距离（千米）
2009	潮州、阳江	—
2010	茂名、阳江、湛江、揭阳	—
2012	茂名电白县	1.98
2012	湛江世桥	1.78
2013	湛江湖光镇世桥村	1.4

注：表中仅统计海水入侵距离超过 1 千米的海水入侵灾害情况，“—”表示未有统计数据。

6. 咸潮入侵

综合历年资料来看，即使在全国范围内，珠江口地区遭受的咸潮入侵灾害也是较为严重的，具体详见表 3.6。

2011 年，珠江口咸潮入侵的主要特点是：下半年发生时间较常年偏早（8 月 4 日开始），强度大，持续时间长。9 月，中山市横门口有 22 天出现咸潮入侵；11 月，大涌口水闸处全天为咸潮水控制；12 月 3 日以后，磨刀门斗门大桥以下河口全天为咸潮水控制。中山市南镇水厂全年共监测到 7 次咸潮入侵过程，其中上半年（冬春季）3 次，下半年（秋冬季）4 次。其中 12 月 3 日至 27 日咸潮入侵持续 25 天，为有观测资料以来的最长持续时间。

2012 年，珠江口全年共监测到咸潮入侵过程 4 次，集中出现在 1—3 月份，随着时间的推移，强度逐渐减小，持续时间逐渐缩短。广东省中山市南镇水厂监测显示，影响最严重、持续时间最长的咸潮入侵过程开始于 1 月 1 日，持续时间长达 14 天，过程最高盐度达 17.98（氯度 9 960 毫克/升）。

2013 年，珠江口全年共监测到咸潮入侵过程 4 次，前 3 次集中出现在 1—2 月，第 4 次出现在 12 月。广东省中山市南镇水厂监测显示，影响最严重、持续时间最长的咸潮入侵过程开始于 2 月 19 日，持续时间 8 天，过程最高盐度为 9.72（氯度 5 380 毫克/升）。

表 3.6　近 10 年来广东咸潮入侵灾害情况统计

年份	次数	出现时间	出现位置
2004	4	2 月、9 月、10 月、12 月	番禺、珠海、中山
2005	4	9 月、11 月、12 月	珠海、中山、番禺
2007	2	11 月、12 月	珠海
2009	多次	9 月、10 月	中山、珠海、东莞
2011	—	8 月—12 月	珠江口
2013	4	1 月、2 月、12 月	中山、珠海

注：表中统计数据来源于《2013 年广东省海洋灾害公报》、历年的《中国海洋灾害公报》和《广东省防灾减灾年鉴》。

（三）海洋灾害的不利影响

广东属于典型海洋气候影响区域，受灾类型多，受灾影响周期长，是各类海洋灾害多发省份。特别是每年的夏秋时节，以台风、风暴潮为代表的海洋灾害集中发生，致使广东每年都要遭受较大的直接经济损失。从全国范围来看，广东因海洋灾害造成的直接经济损失和死亡失踪人数常年位于全国前列，是海洋灾害损失大省。而且，随着广东省社会经济的发展和社会财富的增加，自然灾害造成的经济损失有增大的趋势。

从各地区主要遭受的海洋灾害类型来分析，粤东地区则主要受风暴潮影响，而粤西地区遭受风暴潮、海水入侵、赤潮这三种类型的海洋灾害影响较大，珠江口地区相对来说受到海洋灾害的损失较轻。广东海洋灾害的重灾区是粤东和粤西地区。

因此，广东的防灾减灾任务十分紧迫而繁重，是一项长期的、艰巨的任务。未来，广东在建设海洋强省的全过程中，必须要认真贯彻党的十八大精神，把防灾减灾工作与海洋经济建设、海洋环境保护、滨海区域规划等工作有机结合起来，与实现广东海洋事业的全面发展、协调发展、可持续发展结合起来。广东要对海洋防灾减灾工作给予相匹配的重视，加强海洋灾害的防御管理体系建设，进一步在海洋灾害的监测环节、预警环节、应急环节、救援环节等各个环节上做好工作，同时做好公众宣传，提高全社会忧患意识和防灾减灾意识，将各类海洋灾害在未来可能造成的损失降到最低点，避免在建设海洋强省的征途中这只“拦路虎”的非正常破坏。

二、南海开发面临复杂争端

（一）南海基本情况

南海，位于我国大陆南方，被我国大陆南部地区、台湾地区、菲律宾群岛、大巽他群岛及中南半岛所环绕。从洲际和大洋区划上看，南海属于西太平洋的边缘海。南海东面经巴士海峡、巴林塘海峡等众多的海峡和水道与太平洋相沟通；南面是加里曼丹岛和苏门答腊岛，经卡里马塔海峡及加斯帕海峡与爪哇海相邻；西面经马六甲海峡与印度洋相通，东南经民都洛海峡、巴拉巴克海峡与苏禄海相接。南海海域非常广阔，南北长约 3 000 千米，东西长约 1 600千米，总面积达 350 万平方千米，几乎是渤海、黄海和东海面积总和的 3 倍，其中位于我国九段线之内的海域有约 210 万平方千米。

南海大体呈东北—西南向延伸的菱形形状，海域内分布着数百个由珊瑚礁构成的岛、礁、滩、沙和暗沙，根据位置不同可分为 4 个群岛：东沙群岛、西沙群岛、中沙群岛和南沙群岛。南海的海底地形，大陆架、大陆坡和深海盆地等形态较为齐全，呈现由岸边向海盆中心阶梯状下降的基本特征，其中南北两端坡度较缓而东西坡度较陡。南海北部的大陆坡由西北向东南逐级下降，东沙群岛、西沙群岛和中沙群岛就分布在不同深度的台阶上。东沙群岛由东沙岛和附近几个珊瑚暗礁组成；西沙群岛由 30 多个沙岛、礁岛、沙洲组成，分为宣德群岛和永乐群岛；中沙群岛是一个巨大的水下环礁，主要有暗沙和暗滩组成，大多数未露出水面；南沙群岛由 200 多座沙岛、礁岛、沙洲等组成，我国领土最南端的曾母暗沙就属于南沙群南海具有明显的热带亚热带海洋特征，海洋水温环境相对稳定，浮游生物繁殖快，鱼虾种类繁多，数量丰富，是我国传统的热带海洋渔场。此外，南海的矿产资源、生物资源、旅游资源以及其他类型新能源如波浪能、风能、太阳能和温差能，储量丰富，具有极高的经济价值。另一方面，南海是国际海运航线上非常重要的一环，世界重要的海峡中就有马六甲海峡、台湾海峡、巴士海峡等，在海上交通和军事战略方面，具有十分重要的意义。特殊的重要经济价值和战略位置，决定了南海对周边各国的重要性（图 3.2）。

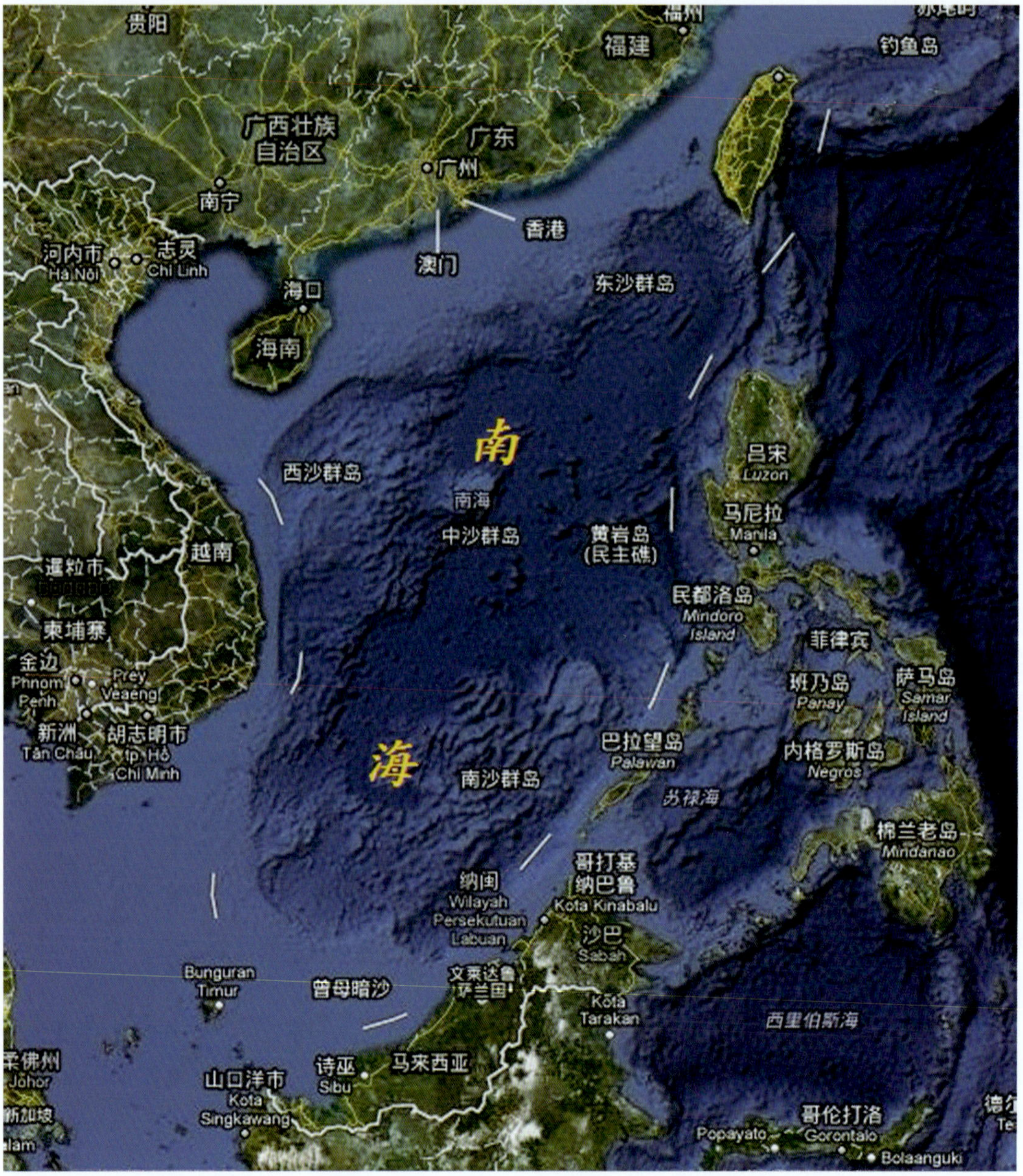

图 3.2　南海地理位置图

（二）南海争端概要

南海自古以来就是我国实际管控的领土。一直到20世纪60年代之前，南海周边各国以及当时世界主要强国均未对此提出任何异议。但在20世纪60年代末和70年代，联合国亚洲和远东经济委员会的埃默里考察报告指出，南海海底蕴藏着大量的石油资源，仅在南部的曾母暗沙、沙巴等5个盆地总计面积35万平方千米的海域内，石油储量和天然气储量分别高达200亿吨和20万亿立方米。根据现有相关资料，目前已探知的曾母暗沙、沙巴、巴拉望等南北两端大陆架油气聚集区共24个油气盆地，其中位于我国传统九段线内的油气盆地16个，面积80万平方千米，石油储量450多亿吨，天然气储量8万亿立方米。鉴于如此巨大经济利益的诱惑，越南、菲律宾、印度尼西亚、马来西亚、文莱等周边国家分别对西沙群岛、中沙群岛和南沙群岛的部分岛屿甚至是全部岛屿提出了主权要求。

越南从1974年开始对我国的西沙、南沙群岛提出主权要求，先后占领了南沙群岛中的南威岛等28个岛屿并在南威岛建有机场。1997年越南宣布其所属大陆架和200海里专属经济区时表示，越南对包括整个西沙群岛和南沙群岛在内的117万平方千米的南海海域拥有主权。

菲律宾于1972年声称将南沙群岛的大部分岛屿划入其巴拉望省并占领北子岛等7个岛屿，在中业岛建有机场驻扎军队。菲律宾声索范围从最初的大概22万平方千米的所谓“自由地”增加到其单方面宣布的将我国南沙群岛东部41万平方千米海域划归其领海。

印度尼西亚虽然没有侵占我国南沙岛礁，但1966年以来其在海上划分的“协议开发区”，分割掉我国南沙海域5万平方千米。后来，印度尼西亚单方面宣布建立200海里专属经济区，企图进一步占据南沙海域，掠夺油气资源。

马来西亚于1978年宣称对南沙群岛南部的若干岛屿享有主权。1979年马来西亚将上述岛礁和南沙27万平方千米的海域划入其版图。1983年到1986年，马来西亚先后侵占了弹丸礁、南海礁和光星仔礁并在其上树立了“主权碑”。

文莱对南沙问题所持的立场，主要是基于马来西亚的主权要求而展开。1981年，文莱对马来西亚1979年新版地图的两国大陆架分界提出抗议，认为应该采取“中线原则”。文莱于1988年通过立法宣布了200海里专属经济区制度，声称对南通礁提出主权要求并分割南沙海域3 000平方千米。

图3.3和图3.4分别显示了南海周边各国对南海海域的主权要求范围和侵占我国南海岛礁的形势。

1982年生效的《联合国海洋法公约》，使得南海主权斗争更加错综复杂，除了南海周边国家对南海提出各自的主权声索之外，更有个别国家试图借助区域外大国的力量牵制我国，将南海问题国际化，达到浑水摸鱼的目的。

为了保护既得利益，越南、菲律宾、马来西亚、印度尼西亚等国，不惜在经济上作出巨大让步，吸引美国、日本、英国、法国、澳大利亚等国家参与南海油气资源开发。而近年来随着世界政治经济形势的变化，以美国为首的西方国家，也有意利用南海问题牵制我国的发展势头。因此，美国20世纪90年代之前奉行的“不偏袒不介入”的策略发生了明显转向，奥巴马上台之后多次高调宣布“重返亚太”，大力推行“亚太再平衡战略”

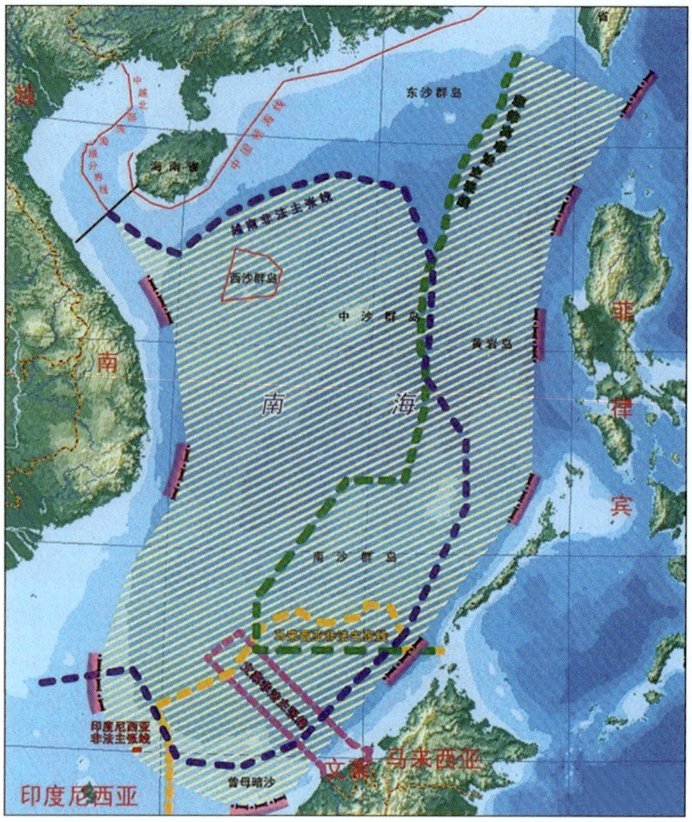

图 3.3　南海周边各国对南海海域的主权要求范围图

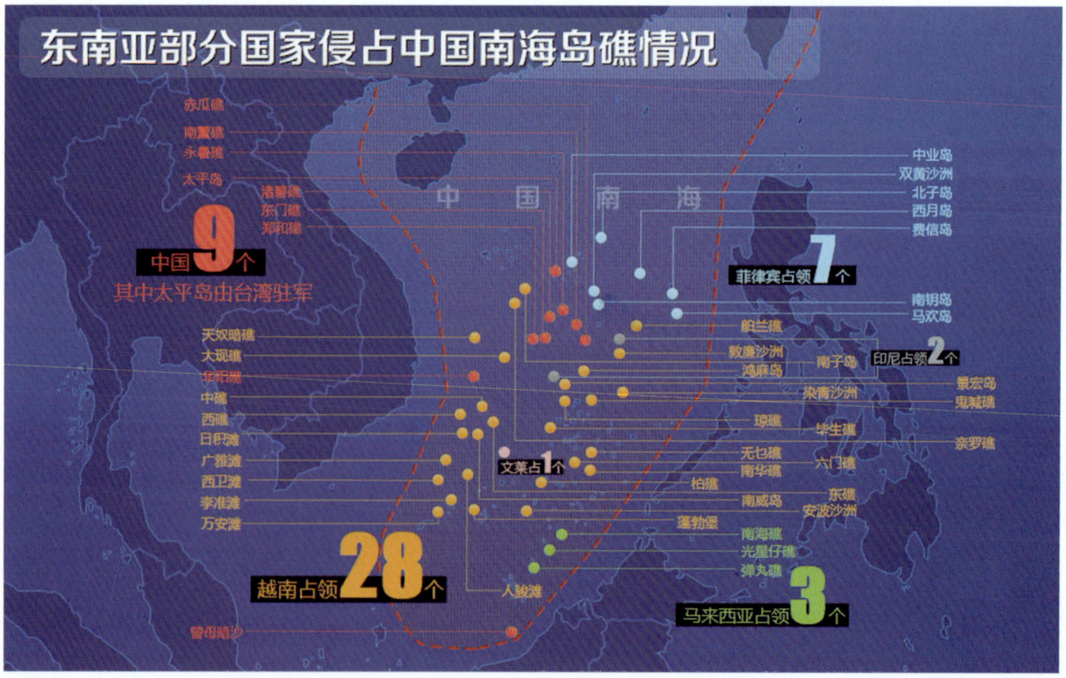

图 3.4　南海周边各国侵占我国南海岛礁情况图

极显示其在亚洲地区特别是南海的军事存在；经济上，美国主推 TPP 战略，力图撇开中国主导亚太经济合作趋势；外交上，美国以亚太、东盟为重点积极开展了密集外交攻势。总体而言，美国的“亚太再平衡”战略阻碍我国发展的意图较为明显，对我国海洋事业发展和海洋权益维护的影响尤为突出。

日本认为，南海是其海上航线上的重要区域。途径南海的海上航线，运载了其 90% 的进口石油以及大部分的出口商品，因此这条航线是一条具有重要政治、经济、军事意义的航线，被誉为“日本经济的生命线”。日本以“维护南海自由航行全”为契机，对南海区域发生的各种事件密切关注。近年来，日本从各种非敏感、非传统安全领域入手，以打击海盗、毒品走私和非法移民等跨国犯罪为理由，频繁派遣海上力量进出南海，借机实现日本力量常驻南海地区的目标。日本还积极促进日本与东盟首脑会晤机制及东盟地区论坛的机制化建设，主张扩大论坛在预防和解决地区冲突中的功能，从而努力通过论坛活动扩大其发言权，尤其是在南海问题上取得影响力和发言权。

此外，印度为了提高自身作为印度洋大国的地位，近年来提出了“东进政策”，大幅调整了与其有利害关系的海上活动区域，将触角向东扩大到了南海海域。除了加强与南海地区国家加强军事合作，印度还有意与越南联手在南海开采油气资源。印度“东进政策”的制定与实施，必然对南海整体形势产生一定影响。在美、日、印等国的不断介入下，南海问题的国际化趋势将对南海问题的解决产生非常不利的影响。新加坡《联合早报》就曾撰文指出，“最近人们惊讶地发现，随着中国的崛起，在南海问题上却在‘节节败退’。”

（三）对广东的挑战

广东未来要建设海洋强省，除了自身苦练内功发展好本省沿海地区的海洋事业，势必要向海洋要资源、要空间、求发展，南海是广东最方便也是最合适的自然选择。但是，在南海目前错综复杂的国际形势下，广东走向南海却又面临着诸多困难。

1. 南海周边其他国家的掠夺性开发既成事实

经过半个多世纪的经营和运作，南海周边其他国家对南海资源特别是油气资源的开发，已经从探索性勘察阶段进入商业性开发阶段，并且其开发区域逐渐由该国周边海域向我国传统九段线内逐步推进。

以南海最受关注的油气资源为例，据有关资料显示，越南、菲律宾、马来西亚、印度尼西亚和文莱等国已经在南海建立起上百个钻井平台，探明几十个油气田，各国的油气开采量也在快速增长。20 世纪 80 年代以后，越南逐步加快了出台优惠政策吸引包括壳牌、美孚、BHP 等西方油气业巨头竞标加入南海油气资源的勘探和开采，位于南海西部的白虎、大熊和青龙等大型油田相继投产。据不完全统计，先后与越南达成联合勘探或开采的有来自美国、英国、荷兰、法国、澳大利亚、加拿大、日本、俄罗斯等 30 多个国家的上百家石油公司。马来西亚也于基本同时期宣布放宽对外国石油公司的一些条件限制，在我国传统九段线内打了一百多口油气井并且与越南达成了共同勘探双边争议海域的合作计划。菲律宾在巴拉望海域、印度尼西亚在南海南部海域、文莱在其附近海域均打出了相当数量的国家在南海开采油气资源，已经进入商业化运作阶段，油气产业成为相关各国国民经济的重要支撑部门。这反过来更加引起各国高层的重视，不断加大对海上油气产业的投资。

另一方面，随着时间的推移，越来越多的南海周边国家的资源开发范围向我国传统九段线以内扩展。在南海西部，越南的油气开发已由其海岸线近岸海域逐步向东延伸到300海里以上的南海纵深海域，而且其对外招标油气勘探和开采的地点则包括整个南沙海域。在南海东部、南部，菲律宾、马来西亚、印度尼西亚、文莱等国的油气开采区也已经分别向西、北推进到我国传统九段线内，部分国家甚至推进到九段线以内上百海里的海域。

2. 广东在南海资源开发格局中处于被动局面

从地理条件来说，南海诸岛特别是南沙群岛远离我国本土而靠近越南、菲律宾、马来西亚等国并且我国实际控制的岛礁数量少、位置分散、自然条件差、辐射海域范围小、难以为深远海的海洋资源开发提供稳固的支撑基地。从经济活动来说，我国在南海的资源开发和利用还主要限于广东、海南等省的民间渔业捕捞层次，对油气资源的开发仅处于科考和试钻探的初级阶段，远远落后于越南等国。而且，我国在南海的作业渔船和科考勘探船经常遭到周边国家的驱赶、抓捕和骚扰，而我国的反制措施主要是通过外交行动，在政府执法层面的实际动作较少，这对我国特别是广东在南海开展各类海洋资源开发是较为不利的。

所以，广东在南海资源开发格局中的被动局面，受国家在南海的宏观形势所影响颇大。南海周边国家近年来还试图抓住东盟组织来巩固和扩大其非法开发南海资源的既得利益。尽管越南、菲律宾、马来西亚、印度尼西亚、文莱等国家之间也存在一定的主权权益和资源开发分歧，然而一旦出现其与我国的南海争端，他们就迅速协调立场以组成联盟对抗我国。我国在南海资源开发问题的整体格局上已经形成了“谈不拢、打不得、拖不起”的尴尬局面。特别是《联合国海洋法公约》生效以后，这些国家企图利用其中的有利条款，通过各种手段制造所谓的“法理依据”和“历史依据”，以便在与我国的谈判中将其实际控制的部分南海海域作为有利砝码。

反观我国，尽管基于和平友好的外交理念，提出了“主权属我，搁置争议，共同开发”的策略，但实际上却是周边国家可以开发、可以彼此联合开发、可以联合区域外国家开发，唯独不允许我国参与南海开发。随着各种矛盾的发展和外部势力的干预，南海问题国际化和部分国家联合对我的形势有可能进一步加强，我国解决南海问题的难度会增大，特别是南海一旦出现不利于某区域外大国的局势导致其认为的国家利益受到损害时，它们就有可能直接介入南海争端。

正因为这些主观客观的原因，尽管在我国南海三省区中，广东的海洋油气业实力最为雄厚，技术最为精湛，产业链最为完整，但是却往往望南海而却步。以中国海洋石油南海东部公司、中国石化集团深圳石油分公司、广东阿莫科东方石油有限公司为代表的原油与天然气勘探开采公司，甚至远赴万里到非洲、南美洲拓展石油来源，却对近在咫尺的南海无能为力。

3. 南海形势将对广东进军南海产生长久影响

由于其他国家的强硬立场并片面的主张维持南海现状，可以预见，在未来一段时间内，南海形势不会发生显著变化，这对广东开发南海资源将产生长期性的不利影响。南海问题涉及南海周边国家甚至是区域外大国的根本利益，在彼此力量消长无根本变化的情况下，任何一方都不会轻易作出让步，特别是南海周边国家随着其军事实力不断增强，在南海问题上的立场和态度将更加强硬并将更加注重以军事手段来维护其在南海地区的既得利益。同时，如果区域外大国的介入程度加深，解决南海问题的困难就更大。

从另外一个方面来看，广东作为我国的一个省级行政区域，可以以民间的、市场的、低敏感度的方式来扩大与周边国家的经贸合作。在一定程度上可以避免周边国家对我国这个“巨人”任何动作的忧虑。为了顺利建设海洋强省，广东应该要使相关国家积极参与“海上丝绸之路”建设，使其相信广东方面的诚意并从中受益，但广东又不能一概越俎代庖，应当注重在当前的南海形势下，适时适度在建立政府间、市场间的合作机制、重点领域和关键环节上做好工作，在法律政策机制、信息协调机制、金融合作机制、财政税收机制及其他保障机制上进行探索和实践，推进广东与南海周边国家和地区在经济、科技、教育、文化、环保、防灾减灾等各领域的支援项目与互补合作项目。

第二节　海洋助推广东发展

一、广东发展的简要回顾

新中国成立以后，全国百废待兴。经过三年经济恢复，国家于1953年制定并推动实施了第一个五年计划，以苏联援助我国建设的156个项目为重点，以重工业发展为主。但这156个建设项目主要分布在以北京为中心的东北、华北地区，而广东在国家“一五”等若干重要的发展规划中，并没有得到扶持。当时的广东，在全国只是一个南方边陲省份而已，经济落后，资本匮乏，人民生活水平较低。后来由于国际局势日益紧张，中央提出的“三线建设”[①]更是以战备思想为指导，将我国的工业、科技、基础设施建设等重点转移到远离东南沿海的中西部13个省、自治区，同样忽视了包括广东在内的广大沿海地区的发展。这种情况基本持续到改革开放之前。根据经济数据，广东1953—1978年工业总产值年均增长率、工农业生产总值年均增长率、国民收入年均增长率等若干重要经济指标均比全国同期的平均水平低了5到8个百分点。

广东真正获得新生是在党的十一届三中全会以后。随着中央确定将工作重点转移到社会主义现代化建设上来的战略决策以及“改革开放”国策的逐步推进，广东原有的沿海劣势，一跃成为助推广东发展的最大优势。作为改革开放试验田，广东敢为天下先，经过30多年的发展，取得了举世瞩目的辉煌成就。

从国民经济和社会发展的角度来看，自改革开放起广东经济就开始呈现快速增长势头。

① 三线地区指长城以南 、广东韶关以北、甘肃乌鞘岭以东、京广铁路以西，粗略从行政区划看：三线地区：四川（含重庆）、贵州、云南、陕西、甘肃、宁夏、青海7个省区及山西、河北、河南、湖南、湖北、广西等省区的腹地部分，共涉及13个省区。

1978 年，广东 GDP 仅为 185.85 亿元；1988 年首次突破 1 000 亿元大关并超过山东跃居大陆省份第二位，并在第二年再次超越江苏，首次位居第一。在世纪之交的 2000 年，广东 GDP 更是首次突破万亿元大关，成为大陆地区第一个迈入万亿元俱乐部的省份；2010 年广东 GDP 首次达到 4 万亿元，超过中国台湾地区；至 2013 年广东 GDP 已达到 62 164 亿元，按照当年人民币兑美元的汇率折算，又首次超越万亿美元大关。35 年的历史进程中，去除物价上涨因素，改革开放以来广东经济总量已经增长了 74 倍，年均增速 13.1%，远远超过 9.75% 的全国平均水平。同时，在交通运输、人民生活、社会保障等诸多领域也取得了长足进步。表 3.7 简明列举了改革开放之后广东发展的显著成就。

表 3.7 广东经济和社会发展所取得的历史成就①

领域	2013 年成就
农业	粮食产量 1 315.90 万吨，蔬菜产量 3 144.47 万吨，猪肉产量 277.77 万吨，水产品产量 815.37 万吨
工业	全部工业完成增加值 27 426.26 亿元，发电量 3 796 亿千瓦小时，原油加工量 4 707 万吨，钢材 3 384.5万吨，汽车 254 万辆，民用钢质船舶 283 万载重吨
固定资产投资	全社会固定资产投资 22 858.5 亿元，第一产业投资 354.14 亿元，第二产业投资 7 446.06 亿元，第三产业投资 15 058.32 亿元
国内贸易	社会消费品零售总额 25 453.93 亿元，其中城镇消费品零售额 22 282.42 亿元，农村消费品零售额 3 171.51 亿元
对外经济	全年进出口总额 10 915.70 亿美元，其中出口 6 364.04 亿美元，进口 4 551.66 亿美元。全年新签外商直接投资项目 5 520 个，合同外资金额 363.13 亿美元，实际使用外商直接投资金额 249.52 亿美元
交通	铁路、公路、水路、民航和管道货运量分别为 12 048 万吨、217 643 万吨、68 340 万吨、131 万吨和 7 668 万吨；铁路、公路、水路和民航完成旅客运输量分别为 20 049 万人、604 938 万吨、2 423万吨、8 699 万吨。港口完成吞吐量 156 373 万吨，其中外贸货物吞吐量 50 554 万吨，内贸货物吞吐量 105 819 万吨。港口集装箱吞吐量 4 951 万标准箱
金融	年末全省银行业金融机构本外币各项存款余额 119 685.15 亿元，各项贷款余额 75 664.16 亿元。全省证券市场共有上市公司 366 家，市价总值 3.22 万亿元
人民生活	农村居民人均纯收入 11 669.31 元，农村居民家庭恩格尔系数为 49.0%；城镇居民人均可支配收入 33 090.05 元，城镇居民家庭恩格尔系数为 36.7%
教育和科技	全年各级各类教育（不含非学历培训，不含技工学校）招生 652.85 万人，在校学生 2 173.35 万人。年末县及县级以上国有研究与开发机构、科技情报和文献机构 382 个。规模以上工业企业拥有技术开发机构 2 511 个。全省科学研究与试验发展（R&D）人员 63 万人年（折合全时当量）。全省 R&D 经费支出约 1 400 亿元
人口资源和环境	年末常住人口 10 644 万人，自然增长率 6.02‰。全年规模以上工业综合能源消费量 14 665.13 万吨标准煤，全社会用电量 4 830.13 亿千瓦时。全省省级水质监控断面中，Ⅰ ~ Ⅱ类水质的断面比例 54.0%，全省平均灰霾天气日数 43 天

① 数据来源：《2013 年广东国民经济和社会发展统计公报》，广东省统计局。

二、广东一系列改革措施

改革开放30多年的经济社会发展过程充分表明，广东的经济发展奇迹绝不是偶然的。对内来说，国家和广东的一系列体制机制的改革措施为广东高速发展奠定了坚实的制度保障，广东人自古以来就有的开放、包容、进取、探索的岭南精神也是广东发展奇迹的重要人文基础。对外来说，则是广东从国门再次打开的转变中吸取了世界范围内的先进经验和发展模式，拉开了全国又一次“睁眼看世界”的大潮。

广东在计划经济时代封闭条件下僻处岭南、远离北京政治中心的地理劣势演变为在市场经济时代开放条件下濒临南海、面朝海洋的地理优势。以海洋为媒介，通过与世界先进国家和地区的经贸合作、人员交流、思想碰撞，重新激发了广东人近代以来敢为天下先、尚新图变、勇于开拓、敢于冒险的“敢喝头啖汤”精神。海洋与内陆的重要区别就是具有天然的开放性和探索性特征，开放交流也是广东岭南文化生机勃勃的重要基础。海洋充满了未知和诱惑，引发人们的好奇之心，于是人们去探险、去发现。在此过程中，浩渺的海洋锻炼了人们的胆识和智慧，养成了坚韧不拔的性格。广东自从汉唐时期就通过古代海上丝绸之路与外界进行平等友好的经贸往来，即便明清海禁之时，广州也是作为唯一通商口岸而傲然屹立全国。通过与世界其他国家和地区长达2 000多年的经济文化交流，广东形成了善于吸收外来文明优点并提升自身人文素养的开放品格，广东人能灵敏地感受到世界的变化，感知时代的潮流，不断更新观念，较少保守思想与自闭心态。

从制度经济学的研究视角来看，作为改革开放的试验田，广东经历了从传统计划经济到现代市场经济的剧烈制度变迁，而制度变迁的驱动主体是政府机构、企业家和个体创业者。正是凭借着毗邻南海这一优越的地理条件下，经过三者共同努力，在不断借鉴吸收外来先进经济管理发展模式的过程中，促进了广东的制度创新，实现了广东的跨越式发展。梳理历史，可以发现广东的制度改革主要集中在权利结构调整、所有制改革、农村改革、产业结构调整、外贸体制改革和财政金融体制改革。通过这些重要的改革，广东有效减少了经济运行中的交易成本，极大地释放了经济活力。

2012年底，习近平总书记第一次离开北京到地方调研指导工作，就来到了广东、来到了深圳，在考察过程中，习近平总书记向全党全国发出了全面深化改革的新号令并赋予广东“三个定位、两个率先”的新使命，要求继续大胆往前走、敢于“吃螃蟹”，做到改革不停顿、开放不止步，而且要有新开拓、上新水平。国务院总理李克强在近年来国务院会议及国内外其他重要会议上屡屡强调要紧紧抓住“改革”这个最大的发展红利，为我国经济社会持续健康发展注入不竭动力。因此简要回顾广东在前30多年改革开放中所做的重要改革措施，对未来广东如何建设海洋强省具有重要的借鉴意义。

（一）特区制度与外贸体制改革

如果说以上举措主要是属于“对内改革”的范畴，那么当年中央决定在广东和福建设立经济特区以及广东率先进行外贸体制改革，则属于“对外开放”的范围。这两项重要制度的创新，为广东加速适应全球一体化进程奠定了重要基础开放的前沿，为广东的发展做出了重大贡献。

1. 经济特区制度

1980 年，中央决定设立经济特区，初衷是为了让这些地区采取减免关税等特殊优惠政策和灵活措施创造良好的投资环境，吸引外部资金特别是外国资金，引进先进技术和科学管理方法，进行开发建设，通过一定时间的发展，使经济特区成为我国改革开放和现代化建设的窗口、排头兵和试验场。众所周知，当时设立的经济特区一共四个，除了福建厦门，其余的三个深圳、汕头和珠海均在广东境内，由此可以看出当时中央对广东的殷切期望。1984 年，邓小平同志考察了深圳、珠海和厦门三个经济特区并分别题词肯定了经济特区的工作。他指出，建立特区的指导思想是“放”，鼓励广东对于制度、政策的创新，并且对于当时已有的创新进行了充分的肯定，同时也希望创新的政策具有操作层面的连续性。

广东的经济特区在许多方面都进行了创造性的尝试：例如在招工就业方面，提出了企业自主招聘、工人自主择业并利用劳动合同明确双方权利。在土地使用方面，率先实行土地有偿使用制度并逐步形成了土地使用权转让为基础的土地交易市场。在外汇管理体制方面，1985 年广东在深圳成立了外汇调剂中心，实现了可自由兑换的外汇管理制度。在特区对外贸易方面，以特区独享的特殊政策，运用进出口服务公司的形式解决外贸产品市场供给问题。诸如此类的突破存在于市场经济运行的各个方面。总之，广东省在诸多方面进行的“试验”，被实践证明促进了经济绩效。特区的经济体制解决了很多在当时所存在的体制束缚，极大地提升了经济发展的水平。特区的设立，让地方政府拥有了更大的自主权，为特区在筹集资金、吸引人才、调动各种要素的使用效率上具有充分的自由。特别是深圳、珠海两个特区分别毗邻港澳这两个经济发达的地区，政策上也鼓励特区与港澳扩大合作规模与内容取得了更加明显的发展成果。特区在获得成功后，广东利用先天的“地利”优势，最先得到特区发展的扩散效应，使得广东省，尤其是珠三角地区与特区经济增长呈现增长趋同的态势。并且进一步带动广东省内其他地区的经济增长。

2. 外贸体制改革

对外贸易一直被认为是经济增长的重要引擎之一。改革开放之初，广东的外贸体制比较自主，广东对本地生产的出口品可以自行定价。同时，广东还获准在香港、澳门设立分支机构，为广东的商品出口赢得了更多的机会。广东省实行对外贸易包干后进行了一系列的改革，如下放对外贸易业务，允许产地自行经营，减少流通环节，合理增设口岸，提高货物运输能力等并利用广交会平台吸引更大规模的国际商贸往来，扩大外贸企业的盈利能力。

广东在发展过程中，逐步规范对外贸易的审批权力，逐步由审批制过渡到备案制，改变外贸企业“政企不分”的混乱局面，理顺了广东省对外贸易的市场秩序并出台政策将获得外资引导到高科技、外向型企业，带动广东的外贸领域越来越具有活力。

总之，广东通过一系列的改革开放措施，显著地促进了经济发展。对外开放会使得本地企业的生产效率提高，也带动了技术进步，这必然要求提高要素的使用效率，同时也需要借鉴国内外先进地区的生产技术、企业的经营理念以及政府的服务理念，进而扩大各类产品和服务的市场容量，最终促进经济增长和社会综合发展。可以说，广东的发展充分表明：对内改革与对外开放，两者相辅相成，缺一不可。改革是开放的基础，开放又必然促进进一步的改革。

（二）权利结构调整

自党的十一届三中全会之后，中央决定通过放权，将部分权力下放至地方，以此来扩大地方的权力空间，提高地方发展积极性。因此，部分研究成果就认为，改革开放之后广东大发展的起始点就是中央的放权，将全力下放到市级政府、县区政府，形成政府主导的地方开放发展体系。而且广东还根据自身特点确定了“对内更放宽、对外更开放、对下更放权”的政策。这种自上而下的权力下放过程，使得广东的基层政府可以更有效地利用自主权结合本地实际情况制定各类政策措施，使当地有了更广阔的发展空间和发展机会并且在各级地方政府之间形成了竞争机制，促进了政府在经济活动中不断适应市场经济的发展要求。

政府效率也因此得到了有效提高。以行政审批制度为例，广东省政府在1999年开始进行改革，大幅减少不必要的行政审批项目，或者将某些行政审批权下放到下一级政府机关，减少了政府不必要的行政干预，为市场经济微观主体的正常经济活动减少了不必要的限制条件，有利于微观主体能动性的充分发挥。

（三）所有制改革

所有制改革，给非国有经济的发展放开了手脚，也给国民经济的整体发展增添了强大的民间活力。按照现代制度经济学的观点，非国有企业由于受到较强的市场机制约束，对经营目标、生产工艺、人力资源管理、生产要素和产品价格等市场外部信号和企业内部信号等各类因素的变动较为敏感，其运作效率要比在一定程度上受国家行政干预影响的国有企业更高，从宏观层面也有利于解决劳动者就业等诸多问题。因此，可以说，所有制改革是广东改革开放以来的各项改革的重中之重。

广东国企改革的进程几经周折。1978年，广东就开始对国有企业进行扩大企业自主经营权试点，但中间曾因企业利润分成制度受挫的影响而一度陷入困境。到1986年，国务院鉴于国企普遍出现亏损的现实，提出在各类国企实行承包制，以进一步扩大国有企业自主权。但这一系列的改革并没有从本质上解决国有企业的经营效率问题，特别是缺乏对于企业领导者的规范与约束。党的十四大以后，广东对国有企业的改革开始以建立现代化企业制度为明确目标，实施对大型国企进行股份制改造，对中小型国企采用更加灵活广泛的方式进行企业制度的改革。随着改革的不断推进，在21世纪之初，广东国企改革初见成效，一些不适合市场的弱势国企逐渐退出市场竞争，全省大部分国有中小企业实现了企业转制。虽然国有企业依然存在着很多问题，仍需进一步加大对国有企业的改革力度，但所有制改革让大部分在市场中“存活”下来的企业，其生产效率相对以前大大提高，员工工作积极性也得到提升，盈利能力逐步增强。

广东对国有企业进行的自上而下的改革，如同政府放权一样，国企改革也包含了获取自主权、留存利润，激发国企积极性等重要内容。目前广东正着手对国有企业布局进行调整，注重培育较大规模的国企，由于经济上的规模效应，这些大型甚至超大型的[illegible]

大利润的同时，将有效防范宏观经济运行风险，扩大大型优质国有企业对广东经济增长的促进作用。

（四）农村体制改革

广东地区的农村制度改革相对全国其他地区农村家庭联产承包责任制的施行较晚，但从1978年起也逐步展开了农村制度的创新，到1983年广东省几乎所有生产队都已实施了包产到户。联产承包责任制在农村形成了“多劳多得”的分配形式，农村居民的生产积极性得到保护并被广泛调动。除了联产承包制的改革，广东省针对农村地区的制度改革还包括了关于农产品流通体制的改革，逐步地放开农产品市场，使农产品在更广阔的范围充分地交易，同样刺激了农民种植农作物的积极性，也让农民对农产品耕种的选择更符合市场规律，减少了风险、提高了生产效率。农业社会化、专业化、产业化的转变，提高了农村居民的收入，增加社会总体的福利水平。乡镇企业的相关制度调整依然是重点问题，各级政府大力支持乡镇企业的发展，出台了扶持性的政策，乡镇企业的发展让农村地区增加了收入的同时也丰富了经济发展的形式。农村地区的改革不仅改善了农民的生活、生产环境，同时也给城市改革提供了借鉴和示范效应。

广东地区农村制度创新增强了农民的积极性，为农民增收打开了渠道，改善农村居民生活条件，改变农村贫穷落后的面貌。农业原本就是产业结构中的重要环节，制度创新推动了农业产值的增长，也提高了农业生产水平，满足了广大人民的基本生活，为非农产业发展提供了充足的原材料。作为拥有大量人口的农村地区，存在强大的潜在购买力，制度创新使农民创收，能够有效地扩大内需，促进消费，长期以来的政策措施改善了农民生活条件，对稳定社会，保护经济增长做出了重要的贡献。此外，通过电器下乡、农机具下乡、汽车下乡政策让农村地区也具备了较高的生产水平，为产业升级、产业转移提供了空间；广东地区的农村制度改革，除了经济上的措施让农民创收，还加大力度保证农村地区的教育水平稳步提高，让农村居民受教育程度提高，为生产储备了大量的人力资本，最终也将转化为经济的增长。

（五）产业结构调整

对产业结构进行重新安排，能更为有效地优化资源配置。广东省产业结构政策逐步倾向于发展第三产业、高新技术产业，使本地产业供给符合需求且适应生产技术水平并引导这些产业的技术进步进一步辐射到其他各行各业，共同促进经济增长。广东的产业政策还直接指明了主导产业发展路线，有利于对经济增长有重大贡献的主导产业采用更先进的技术，获得更充足的资金，主导产业的发展提升了拉动经济的力度。另一方面，广东的产业政策丰富了广东地区产业门类，通过细化分工以及专业化，扩大了中间产品市场，推动了经济增长的效率。

广东地区改革开放后产业结构的调整可以分为以下几个阶段：1979年至1984年，主要以日用消费品为发展对象，以期解决生产生活的基本问题，大力发展食品加工业、服装纺织业的生产水平。这一时期。广东充分利用劳动力与外资优势，不但生产出了满足当地人民生活所需的基本物资，也创造出了广阔的日用消费品国内市场，拉动了地区经济的增长。1985

年至1990年，广东引入大量先进生产设备，进一步提高生产水平，开始扶持家电制造行业，彩电、冰箱、洗衣机等白色家电行业的生产规模迅速提升，带动了工业的高速发展。20世纪最后10年，广东开始调整轻工业为主、重工业发展较低的局面，机电、通讯、能源等产业成为产业结构中的重点发展领域。21世纪以来，在原有发展基础上，广东在稳固传统工业发展的同时，开始了进一步的产业结构升级，着重发展新兴行业，一批具有市场潜力、高附加值、高科技含量的产业被列为重点发展对象。

改革开放初期，“三来一补”等初级贸易形式给广东带来了大量外汇收入，但广东并没有因此而将自己的发展定位在低端产业制造，而是根据经济和科技水平的发展，从宏观层面适时提出适合当地特色的产业发展引导政策，高科技、高附加值的产业逐渐受到政策的倾斜支持，相关企业规模不断扩大，生产力大幅度提高，部分产品具有较强竞争力，第二、第三产业的共同发展支撑了广东经济的发展。产业结构调整让经济增长方式不断朝着更为高效、更为健康的方向发展，使经济增长具备可持续性的特征。

（六）财政金融体制改革

1979年以前，中央实行统收统支的财政制度，下级政府的财政必须全部上缴给广东省财政。1980年开始实施将收支进行划分并由下级政府包干的财政政策，形成了地方政府促进经济发展的财政激励机制。之后，通过国企向财政上缴“利改税”、出口退税、行政行为所得缴纳财政、实施分税分差、实施预算制度、加强财政监督政策、改革国企财权等一系列措施，对传统财政制度进行了有效改革。经过一系列的财政制度改革，地方政府、国企、行政事业单位都提高了效率，公共管理服务水平得以强化，为各地经济发展提升了支撑水平。在财政支出方面，不断调整支出结构，在基础设施建设、科教文卫事业以及关系国计民生的其他方面等领域的建设发展提供了较为坚实的财政支持。

与之配套的是金融领域的改革。广东率先形成了央行领导下多种金融机构共同发展的局面，农业银行、中国银行、建设银行、工商银行、交通银行成为主要金融机构，同时，招商银行、深发展银行、广州农商银行等各种类型的新型金融机构逐渐发展壮大。广东省各级金融机构加强领导，加快改革速度，对储蓄工作实行专业化管理，将领导、业务、财务集中化管理并对金融机构的费用实行包干、单独核算，通过适当提高存款利率吸引大量的存款，还通过开放金融市场业务，发行股票、债券等方式，让筹集资金的方式多样化。这一切改革措施都让金融机构资金供给能力大大提高。与此同时，金融业的信贷相关政策倾斜到基础工业、农业、对外贸易等领域，给当时的广东经济增长提供了重要的资金支持。

相比其他省份，广东在金融领域具有更大的金融独立权。政府层面，广东可以无需向中央申请批准动用外汇，只需向中国人民银行备案即可。银行层面，广东的各大银行可以自行决定投资决策。广东还被允许建立独立的省级信托投资公司，直接与海外的商业或金融机构沟通、交易。金融领域的自主权使广东的货币流通渠道更为顺畅和自由，有利于资本的流动，因此，许多大型项目可以迅速融资，企业也可以快捷的获得资金帮助，为当地企业扩大规模，提高生产效率，提高产品研发能力以及服务质量提供了物质保障，促进了广东地区货币市场的繁荣和实体经济的顺利发展。

广东的金融制度创新减少了交易成本，让信息更畅通，提高了生产率且促进了资本积累，相关的信贷政策又让资本大量流向到经济效益好、规模大、创利水平高的企业，促进了经济的长期增长。此外，广东大部分金融机构都提供了涉及人民生活方方面面的贷款产品，如车贷、房贷、信用卡业务都促进了消费增长，扩大了内需，拉动了经济增长。

三、海洋因素逐渐凸显

1960 年，法国总统戴高乐率先提出“向海洋进军”的口号并于 1967 年成立了法国国家海洋开发中心，是世界上较早明确提出开发海洋战略的国家。紧接着，1961 年美国总统肯尼迪也正式提出“美国必须开发海洋”。随后，前苏联、日本、英国等国家纷纷提出加大开发海洋力度并出台了各种规划、白皮书等文件。而世界性的海洋开发热潮，则随着《联合国海洋法公约》等国际法文件的生效逐渐升温。

在我国海洋的基本法律制度层面，我国于 1992 年 2 月颁布了《中华人民共和国领海及毗连区法》，但该法的主要目的在于明确我国的领海范围、我国政府对出入领海的国外船只的管理要求等涉及国家主权的政府管制权，从而维护国家安全和海洋权益，但对加快对海洋的开发和利用并没有做出法律性界定。其后，1998 年 6 月通过的《中华人民共和国专属经济区和大陆架法》，其主要目标也是在于规定管辖区域范围、勘探开发自然资源和科学研究的主权权利和义务以及专属经济区和大陆架划界的问题。

真正标志着我国开始关注海洋开发，则还是进入 21 世纪之后。进入新世纪以来，我国东部沿海各地高度重视海洋经济发展，从辽宁的“五点一线”沿海经济带、天津滨海新区、山东半岛蓝色经济区，到江苏的沿海开发战略、浙江的海洋经济发展示范区，再到福建的海西经济区、广东的海洋经济综合试验区等，各地纷纷推出相关发展规划，中共十七届五中全会上，把“发展海洋经济”写入中国共产党中央委员会全体会议的公报。近几年通过的《国家海洋事业发展规划纲要》《国民经济和社会发展“十二五”规划纲要》《全国海洋经济发展“十二五”规划》等一系列国家战略规划，均明确提出要推进海洋经济发展，制定和实施海洋发展战略，提高海洋开发、控制、综合管理能力并将其作为转型升级、提高产业核心竞争力的重要内容。特别是党的十八大报告中，正式提出了“提高海洋资源开发能力，发展海洋经济，保护海洋生态环境，坚决维护国家海洋权益，建设海洋强国”的国家发展战略。这是新时期党在深刻剖析当前国际国内经济社会发展情况，洞悉未来世界经济发展潮流，而做出的伟大战略决策。从海洋经济发展的情况来看，新世纪以来，我国海洋经济已经逐渐进入快速发展步伐，表现为：海洋经济总量不断扩大；发展速度快速提高；海洋经济对国民经济的拉动作用逐渐明显；海洋产业上下游链条不断丰富。

（一）“十一五”以来发展概要

“十一五”以来，广东省海洋 GDP 逐年递增，由 2006 年的 4 085 亿元迅速增加到 2013 年的 11 284 亿元，年均名义增幅约 15.6%，超过同期广东 GDP 的年均增速约 2.3 个百分点。因此，广东省海洋 GDP 占全省 GDP 的比重主要呈上升趋势。2013 年海洋 GDP 占全省 GDP 比重为 18.2%，奠定了广东省经济增长“蓝色引擎”的坚实基础。

从产业层面来分析“十一五”期间广东的海洋产业结构。绝对值方面，一、二、三产业的增加值均逐年增加。其中，第二产业增加值增速最快，带动了该产业占海洋 GDP 的比重从 2006 年的 28.6% 快速增加至 2012 年的 48.9%，弥补了“十一五”初期海洋第二产业比重过小的不合理的产业结构，夯实了海洋经济发展的内在基础。另一方面，第一产业的比重呈缓慢减小，而第三产业所占比重也在回归正常范围，这符合经济发展过程中的一般产业结构变动规律。

从重点产业来看，作为历史最悠久的海洋渔业，2013 年广东的海洋捕捞总产量为 149.1 万吨，远洋捕捞产量 6.3 万吨，两者均低于浙江、山东和福建三省。海水养殖产量为 287 万吨，低于山东、福建两省。海水养殖面积为 19.7 万吨，低于山东和辽宁两省。总体而言，广东海洋渔业发展水平低于山东、浙江和福建三省，位居全国第二集团之列。广东的优势在于渔业资源丰富，近海渔业开发较充分，但远洋捕捞和海水养殖效能有待进一步提高。海洋油气业方面，2013 年广东原油产量为 1 345 万吨，仅次于天津位居全国第二。天然气产量为 75.4 亿立方米，占全国沿海地区天然气产量的 60% 以上。总体来看，广东海洋油气业在全国处于领先地位，随着海洋油气开采技术和作业装备水平的不断提升，进一步发展的潜力依然巨大。海洋交通运输业方面，广东落后于上海，与山东、浙江、福建、江苏等省一并处于第二集团。但是我们也注意到，在沿海各省的远洋旅客数量、远洋旅客周转量、港口货物吞吐量、港口国际标准集装箱吞吐量及集装箱吞吐总重量等若干指标，广东位居全国第一，显示了广东在远洋旅客运输和货物运输以及港口集装箱物流方面的独特优势。滨海旅游业方面，广东接待国内游客数量低于浙江、山东、上海，处于中游水平；但接待海外入境游客数量和国际旅游外汇收入均大幅超越其他省份，位列全国第一。这一现象完全体现了广东经济的典型外向型特征。

（二）广东海洋发展的一些规划

国务院批复的国家级海洋规划文件中，2012 年 9 月的《全国海洋经济发展“十二五”规划》指出，建设“南部海洋经济圈”，对珠江口及其两翼沿岸和海域的发展做出了明确的功能定位，认为该区域是提升我国海洋经济国际竞争力的核心区、促进海洋科技创新和成果高效转化的集聚区、加强海洋生态文明建设的示范区、推进海洋综合管理的先行区。2013 年 1 月的《国家海洋事业发展“十二五”规划》在指导海洋资源管理时指出，重点完成黄海南部、南海北部陆坡深水区等海域油气资源普查。加大南海、东海油气勘探，加强南海深水区油气资源潜力的科学研究。积极创建国家级海水淡化与综合利用示范城市，继续支持天津、大连、青岛、上海、深圳、厦门、宁波等城市因地制宜地实施海水淡化工程。以辽宁长海、山东长岛、浙江舟山、福建平潭、广东南澳、广西涠洲和海南西沙群岛等海岛为重点，大力发展海水淡化事业，满足海岛居民生活用水。在提出加强海洋经济宏观调控时指出，支持山东、浙江、广东、福建和天津开展海洋经济发展试点工作，在深化改革、优化海洋经济结构、加强海洋生态文明建设、创新综合管理体制机制等方面先行先试，加强对试点地区海洋经济发展情况的跟踪指导、督促检查、经验总结等工作，为全国海洋经济科学发展提供示范。

而 2011 年 8 月国务院批复的《广东海洋经济综合试验区发展规划》则明确指出

好广东海洋经济综合试验区，是深入贯彻落实党的十七届五中全会精神的重大举措，关系到我国海洋经济发展战略和区域发展总体战略的全面实施”。这是继《珠江三角洲地区改革发展规划纲要》之后，广东又一个上升到国家级战略的区域性规划。作为全国三大海洋经济发展的试点省之一，广东打造“海洋经济强省”的“蓝色引擎”就此正式启动。

在国务院批复的具有全国示范意义的地方发展规划中，也屡屡出现促进海洋经济发展的举措建议。2008 年 12 月的《珠江三角洲地区改革发展规划纲要（2008—2020 年）》在“构建现代产业体系”中强调，“加快发展先进制造业，打造产能千万吨级的世界级大型修造船基地和具有现代化技术水平的海洋工程装备制造基地”“重点发展海洋生物、海洋资源综合利用”，“加快建设南方深海海洋科技创新基地”。2010 年 8 月的《前海深港现代服务业合作区总体发展规划》提出，“发展现代物流业，打造区域生产组织中枢和国际供应链管理中心，积极发展港口航运配套服务。支持深圳港成为商品整车进出口码头，发展汽车滚装物流服务。鼓励区内企业承接采购、销售等相关外包服务，搭建国际采购、国际配送和全球集拼分拨管理平台。”2011 年 7 月，《国务院关于横琴开发有关政策的批复》给予了横琴更加特殊的区域管理、财税、港澳合作产业园等方面的政策优惠，特别是对横琴与澳门之间的口岸实施分线管理，对进出横琴的有关货物给予减税免税的政策，将极大促进横琴的进一步开发，支撑珠海港口经济的发展。2012 年 9 月的《广州南沙新区发展规划》提出，“推进中船龙穴造船基地和广州重大装备制造基地建设”“建设世界级大型修造船基地”“提升港口综合服务功能，强化高端航运服务，建设国际物流枢纽，共建我国华南、中南和西南地区的国际出海大通道，提升南沙港区的重要枢纽作用和华南地区门户功能。”

除了国务院批复的这些规划，广东省人民政府也出台了一系列的规划文件，进一步落实了国务院对广东海洋经济发展的纲领性文件的指导精神。2011 年 4 月出台的《广东省国民经济和社会发展第十二个五年规划纲要》从广东整体经济和社会发展的宏观视野聚焦了推进广东海洋经济发展应采取的措施。该纲要在增强农业综合生产能力、水平、推动重点产业做大做强、提高出口产品竞争力、促进东西两翼沿海经济带、建设海洋经济综合开发试验区、深化海洋综合开发、加强海洋保护推进生态建设、扩大海洋新兴产业投资、挖掘广东海洋文化等若干方面，提出了宏观层面的指导意见。2012 年 4 月发布的《广东省海洋经济发展“十二五”规划》则又进一步对全省海洋经济发展提出了更加细化的工作安排和保障措施。该规划从优化海洋经济空间布局、构建现代海洋产业体系、提升海洋科技和教育的支撑能力、推进海岛保护与开发、推动海洋经济区域合作、加强海洋生态修复与资源保护等几个方面提出了“十二五”期间广东建设海洋经济强省的具体建议。该规划中对广东海洋经济发展的空间布局是：一核两极三带。具体就是，一核指的是逐渐三角洲海洋经济优化发展区，两极指的是粤西和粤东海洋经济重点发展区，三带指的是临海产业带、滨海城镇带和蓝色景观带。

2011 年 12 月广东省人民政府印发的《粤东地区经济社会发展规划纲要（2011—2015 年）》和《粤西地区经济社会发展规划纲要（2011—2015 年）》，均提出了要在两地区建立全省海洋经济发展示范区的总体要求。

国家给予了广东很大的政策支持和优惠措施，同时也出台了一系列促进粤港澳之间的经济合作的举措。2008 年《汕头市东部城市经济带区域建设用海总体规划》获得国家海洋局批复，该项目规划用海总面积1 885.4公顷，包括新津、新溪、塔岗围三个片区。规划实施后，规划区内填海成陆面积1 479.00公顷，区内水域面积406.40公顷。据悉，作为汕头市经济社会发展的龙头工程，80亿元的贷款额度已顺利通过国家开发银行总行的审批。连接香港、澳门和珠海的港珠澳大桥的开工建设，对于促进港珠澳地区经济上的进一步发展具有重要战略意义。大桥全长接近50千米，主体工程长度约35千米，包括离岸人工岛及海底隧道。大桥主体建造工程于2009年12月开工，预期2015年至2016年完成，建设投资超700亿元。大桥建成后，将创造多个桥梁史上的世界之最，促使三地间形成“三小时生活圈”，促进彼此间的经贸往来。

横琴新区也是国务院批准的国家级新区，开发建设上升到国家层面。横琴区域建设用海方式为建设天海造地用海和跨海桥梁用海，规划用海总面积为3 046公顷（含水域面积），其中建设天海造地用海面积2 451.5公顷，跨海桥梁用海面积13.2公顷。项目规划期为2013年至2017年。

此外，中央政府也给予香港和澳门大量的政策支持，比如大家耳熟能详的CEPA，即2003年中央政府分别与香港特区政府和澳门特区政府签署的《内地与香港关于建立更紧密经贸关系的安排》和《内地与澳门关于建立更紧密经贸关系的安排》。之后，2004年至2008年又分别签署了一系列的补充协议。以上各类政策文件的出台，减少了内地与港澳在经贸交流中的体制障碍，加快了彼此之间的资本、货物、人员等要素的便捷流动，提升了内地与港澳的经济合作水平，特别是对广东与港澳的经贸合作促进作用极大，体现了中央政府对港澳发展的关心和支持。

第三节　海洋决定广东未来

一、世界经济政治形势新变化

（一）美国次贷危机引发全球金融海啸

始于美国金融信贷市场的次贷危机自2008年爆发以来，在“蝴蝶效应”的作用下，在范围上迅速从美国的虚拟经济部门蔓延至实体经济领域，在空间上从美国蔓延到欧美发达国家，进而蔓延至发展中国家，深度冲击了世界经济格局，成为席卷全球的金融海啸。根据世界银行和国际货币基金组织的研究报告，这次危机影响深远。时至今日，世界经济依然没有从危机的影响中完全走出来。

这场近几十年来罕见的次贷危机，在2007年就已经在美国的抵押贷款领域浮出水面，汇丰控股、房地美、房利美等公司接连遭遇按揭业务危机。2008年9月美国第四大投资机构雷曼兄弟的破产，将美国次贷危机推向一个小高峰并且次贷危机开始向实体经济领域和其他国家蔓延。在欧亚大陆，英国、法国、德国、日本、韩国等国家的股票市场出现全面持续性暴跌。我国的股票市场也概莫能外，而且珠三角地区受次贷危机影响大量中小企业出现订单下滑甚至倒闭的现象。

这里暂且不分析美国次贷危机爆发的经济、政治等具体方面的原因，仅关注这次危机对国际经济、政治格局带来的深刻影响。作为危机的发源地，美国经济自然受到重创，其虚拟经济跌至低谷。金融领域，五大投行的产业形态不复存在，遭遇到了20世纪30年代以来最大规模的业务重组，雷曼兄弟破产、贝尔斯登、美林证券被收购，高盛和摩根斯坦利被迫转型。普通商业银行也受到巨大牵连，花旗银行、美国银行、美国国际集团等大型金融机构不得不接受政府注资以躲避这场危机。另一方面，美国实体经济也受到前所未有的震动。随着美国三大股指全面跌入“熊市”，美国制造业的标志——汽车业陷入前所未有的困境，福特、通用和克莱斯勒三大汽车巨头的汽车销量锐减，造成了数百亿美元的巨额亏损。美国零售业也遭受巨大打击，著名的购物超市、精品店等大型零售商，均不同程度地出现了营业额下降的情况。作为宏观经济重要变量的失业率指标也支持了美国实体经济的变化趋势，2008年和2009年美国的失业率分别跃升至7.2%和10%，达到了近年来的历史新高。

当今，美元仍然是世界第一结算和储备货币，所以美国次贷危机必然会通过各国间的经贸往来传播到世界其他国家和地区，受灾最严重的非欧洲莫属。英国、比利时、法国、冰岛、德国等国家由于购买了美国的大量次级金融产品，直接导致相关金融机构陷入困境，而后更是引发了欧洲主权债务危机。同样的，日本、俄罗斯、中国等世界主要经济体均不同程度受到了这场金融海啸的波及。亚洲开发银行的研究报告认为，次贷危机爆发之后，全球金融资产缩水达50万亿美元，世界经济自第二次世界大战之后首次出现负增长。即便是现在，世界经济复苏的基础仍然不稳固，二次探底的风险让各国不敢轻易忽视。在金融海啸的冲击下，各国的国家实力对比发生了变化，简而言之就是：欧美发达国家的整体实力相对下降，发展中国家和新兴经济体的整体实力上升。2009年9月，20国集团会议发表联合声明，宣布20国集团取代传统的G8集团成为国际经济合作协调的首要全球性论坛。以标志性的国际货币基金组织和世界银行的投票权为例，与会各国同意将新兴经济体和发展中国家的投票权提高3%到5%。虽然比例不高，但是这种投票权调整的现实意义却相当重大。这次事件已经表明了西方主导的全球体系逐渐向东西方共同组织的全球性体系过渡，意味着新兴大国可以在更大程度上参与国际体系调整的决策过程当中。

（二）金融海啸对广东发展的影响

金融海啸席卷全球，从美国传导到我国，广东受其影响特别大。改革开放以后，广东逐渐成为全国经济外向型特征最为典型的省份之一，加工贸易更是成为广东对外贸易的主要形式。但突如其来的金融海啸使得广东的加工贸易行业面临重大挑战，一时间，大部分企业的订单直线下降、对外出口市场急剧萎缩，又加上近几年来以石油、黄金为代表的国际大宗物资和重要原材料价格快速上涨、人民币汇率单边升值、国内劳动力成本提高等诸多不利影响，大量加工贸易企业纷纷陷入困境，以形势最为严峻的2008年为例，当时的广东外经贸厅统计数据显示大约2 450家企业被迫关停转、工人纷纷失业、大量农民工返乡、欠薪事件时有发生、外资也大有转移国外的趋势。

作为领跑全国的广东，以加工贸易为主的外贸发展模式在金融海啸的冲击面前如此脆弱，不由得促使社会各界进行思考。广东的加工贸易主要体现为“三来一补”方式，外商提供设备（包括由外商投资建厂房）、原材料、来样并负责全部产品的外销，由广东企业提供土地、厂房、劳力。2013 年广东进出口分别为4 554.6 亿美元和6 463.6 亿美元，对外贸易伙伴前五位分别是：中国香港、美国、东盟、欧盟和中国台湾，其中香港也绝大部分是转口贸易到美国与欧盟地区。按贸易方式和经济类型来看，而来料加工、进料加工两类的进出口额合计分别为2 033 亿美元和3 234.2 亿美元，分别占比44.6% 和50%，虽然与2000 年的63.1% 和78% 相比有所下滑，但可以看出这两类仍然在广东进出口贸易中举足轻重的份额。因此，以加工贸易为标志的广东外贸，虽然经历改革开放30 多年的发展，但实质上仍然没有摆脱20 世纪80 年代早期“两头在外”的以商品为载体的劳务输出型贸易活动的特征。

1978 年8 月，珠海诞生了我国第一家加工贸易企业，揭开了广东乃至全国开展加工贸易为代表的对外经贸合作的序幕，出口的产品是几种简单加工的纺织品。改革开放初期由于当时的资金、技术等诸方面的限制，从低起步无可厚非，但经过30 多年的发展，时至今日广东出口的产品构成中，普通的金属、机械、电气、运输工具等产品仍占据将近70% 的份额，而高新技术产品仅占40%。出口产品结构的低端化，导致了广东的外贸出口必然是劳动密集型为主，在全球价值链条上仍然处于加工组装环节，其生产方式必然是大进大出、两头在外，大量的加工企业仍然从事贴牌生产，被锁定在低端产业链条上。这种外贸方式以及相关联的经济增长方式在金融海啸的冲击下，出现问题也就不足为奇。

首先，广东的加工出口贸易并没有给广东的企业带来显著的技术水平提升，也没有带动相关联产业的发展。处于产业链上游的国外设计部门和处于产业链下游的其他服务部门赚取了整条产业链上的绝大部分利润，而加工贸易企业的收益仅仅是微量的加工费，整体而言处于著名的“微笑曲线”的最下方。其次，过度的外向型特征存在经济风险。面对突如其来的订单下降、原材料价格上涨、人民币升值等多重打击，企业的自身调整和适应能力较为欠缺，企业生产立刻陷入经营困境甚至关门倒闭。同时，金融海啸也倒逼广东单纯依靠资源、劳动力投入的粗放式发展模式不得不进入深层次调整。一直以来，广东乃至全国主要是依靠廉价劳动力、土地资源、财税优惠等政策来吸引外商投资，产生了耗费资源较多、环境污染严重、利润赚取微薄等问题，劳动者收入却长期被压低，扭曲了国民收入分配机制，进一步带来了人力资本投入不足、内需难以扩大等经济发展后续乏力的问题。严峻的形势逼迫广东不得不在产业结构调整、企业升级转型、自主创新能力建设等方面做出积极应对。

二、国内其他省市步步紧逼

改革开放30 多年来，广东经济发展速度非常快，扣除物价因素年均增速为13.1%。自从1988 年和1989 年广东分别超越山东、江苏两省，跃居全国大陆地区第一经济大省之后，时至今日已经连续24 年独占领头羊的位置。但由于2008 年全球金融危机的严重影响，使得江苏与广东的相对差距逐渐缩小，一时间关于广东能否保住第一经济大省位置的讨论在神州大地成为热门话题。同时，由于广东和江苏分别代表着珠三角和长三角，两省之间的争雄实际上也代表着我国经济总量最大的珠三角和长三角的激烈竞争。

数据显示，2013 年江苏和山东的地区生产总值分别为59 162 亿元和54 684 亿元，距离广东的62 164 亿元并不遥远，特别是江苏只有3 000 亿元的微小差距山东两省均为9.6%，比广东的8.5%整整高了1.1个百分点。如果按照这个增速发展下去，未来几年之内很可能广东将要被江苏所超越。从图3.5来看，这个趋势更加明显。广东的GDP增速基本上低于江苏，特别是2008年和2009年，由于全球金融海啸的强势波及，广东的GDP增速甚至比江苏低2个百分点，两者的GDP的绝对差距在逐渐缩小。广东、江苏和山东的经济发展情况详见图3.5。

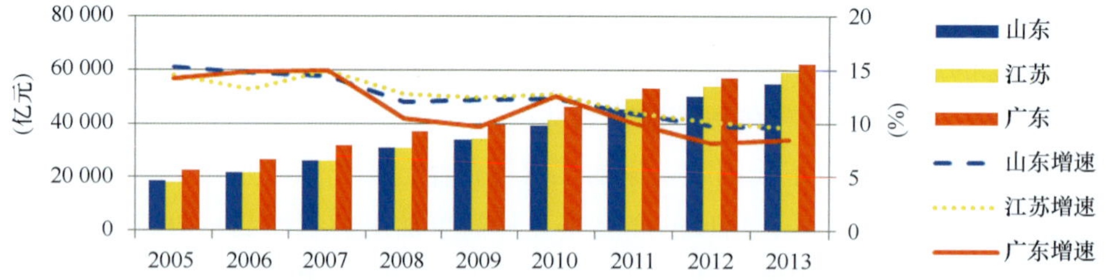

图3.5　广东、江苏和山东的经济发展情况

另一方面，从具有代表性的重要城市来看，近几年广州也面临着天津的急速赶超。广州2009年GDP为9 138亿元，2013年增长到1.52万亿元，年均可比增速为11.6%；而天津2009年和2013年的GDP分别为7 500亿元、1.43万亿元，年均可比增速为15%，增速之快国内罕见。两座城市的经济增速快慢差异非常明显。如果考虑到近几年的国内国际经济形势，天津的逆势而上更是在全国范围内让人刮目相看。因此，广州这座大陆地区"第三城"的地位能否保住，也成了广州市政府、学界、实业界热烈探讨的一个焦点。广州和天津的经济发展情况详见图3.6。

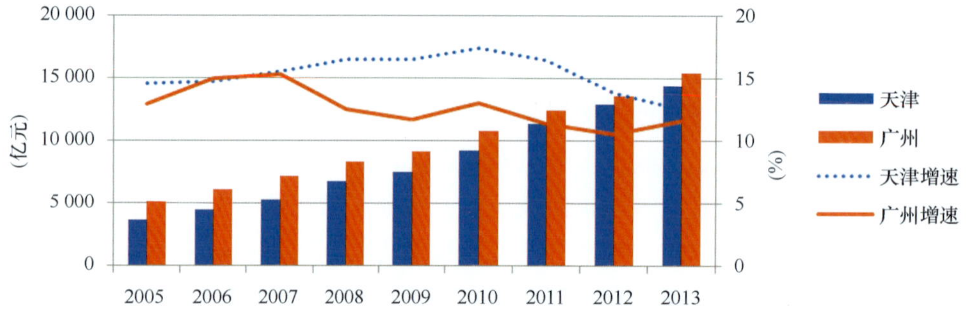

图3.6　广州和天津的经济发展情况

但根据近几年中国社科院发布的《中国城市竞争力报告》，2009年广州和天津在最具竞争力的前十名城市中分别排位第六和第七；2013年综合经济竞争力指数排名前十的城市中，广州和天津分别位居第五和第八。所以，从城市综合竞争力来看，广州的形势稍微乐观。

从国家级新区的布局来分析，天津滨海新区和广州南沙新区，一北一南，分别承载着国家发展战略。津滨海新区面积约2 270平方千米，自2006年获批国家综合配套改革试验区之后，带动了天津发展的整体飞跃。其产业以航空制造、石油化工、装备制造、电子信息、生物医药、新能源新材料、海洋产业为主。根据滨海新区总体规划，滨海新区的功能定位为：依托京津冀、服务环渤海、辐射"三北"、面向东北亚，努力建设成为中国北方对外开放的门户、高水平的现代制造业和研发转化基地、北方国际航运中心和国际物流中心，逐步成为经济繁荣、社会和谐、环境优美的宜居生态型新城区。广州南沙新区规划面积803平方千米，2012年国务院批准成为国家级新区，《广州南沙新区发展规划》将其功能定位为“共建粤港澳优质生活圈的示范区、探索新型城市化模式的先行区、创新社会管理的试验区、率先形成与港澳营商环境接轨的融合区、建设珠三角城市群综合服务的共享区”。南沙新区的一大特点是充分发挥自身优势，多领域、全方位拓展粤港澳合作领域，在开放型经济、商贸旅游、航运物流、会展等诸多领域，成为广州国际交往的新平台，成为中国南方对外开放的重要海上门户，成为推动新时期对外开放的重要窗口。因此，两城市之间未来的较量很大程度上也是两个国家级新区的较量。

三、广东未来发展的新机遇

2012年12月，习近平总书记考察广东。从深圳、珠海、佛山顺德到广州，他一路强调推进改革开放，表明了新一届中央领导集体坚持改革开放的坚强决心，也向全党全国发出了凝聚力量、攻坚克难的动员令。广东是改革开放的前沿阵地，未来应紧紧抓住国家支持东部地区率先发展的机遇，努力成为发展中国特色社会主义的排头兵、深化改革开放的先行地、探索科学发展的试验区，为率先全面建成小康社会、率先基本实现社会主义现代化而奋斗。

国家发展战略层面的新要求以及习近平总书记考察广东的重要讲话，对广东未来发展提出了新的努力方向。历史地看，世界发达国家如美国、日本和欧盟都是滨海国家，当今世界城市带也基本沿着海岸线发展。现实地看，我国发达地区基本集中在沿海地带，“珠三角”“长三角”和“环渤海”经济社会发展的巨大成功足以说明海洋对一个地区发展的重要作用。

党的十八大报告提到，“坚持走中国特色新型工业化、信息化、城镇化、农业现代化道路，推动信息化和工业化深度融合、工业化和城镇化良心互动、城镇化和农业现代化相互协调，促进工业化、信息化、城镇化、农业现代化同步发展。”李克强总理指出，我国已进入中等收入国家行列，但发展还很不平衡，尤其是城乡差距量大面广，差距另一个视角来看就是潜力，未来几十年最大的发展潜力在城镇化。这种情况在广东地区体现得尤为明显。时任广东省委书记汪洋曾鲜明提出：“广东过去的发展离不开海洋，现在的发展离不开海洋，将来的发展更离不开海洋。要努力在国家的海洋开发战略中赢得先机。”

因此，如何利用国家关注南海权益维护、建设海洋强国的历史机遇，积极探索并充分利用广东未来经济社会发展的战略机遇，对于贯彻落实省委十一届三次全会和省政府工作报告的部署，紧紧围绕保障“三个定位、两个率先”的总目标，扎实推动广东经济和社会发展水平再上新台阶无疑具有重要意义。

（一）国家战略机遇

党的十八大以来，随着党和国家新一届领导层正式施政，其在国家战略层面出台了一系列影响深远的发展战略，如建设海洋强国、建设“一带一路”、国家自贸区等。这些战略要么直接是广东建设海洋强省的重要依托，要么与广东建设海洋强省密切相关。同时，经过改革开放多年来的积累，我国制造业实力显著增强，市场已经显现，为将来的产业升级和经济发展方式转变提供了坚实的发展基础和持续的改革动力，客观上也对我国海洋产业的优化升级提出了更高的要求。

业已胜利闭幕的党的十八届三中全会，明确开启了改革开放的新航程，提出了全面深化改革的蓝图，在新的历史起点上为进入新时代的改革果敢抉择、指引方向。广东作为30多年来改革开放的先行地区，未来继续当好改革开放排头兵的历史重任责无旁贷。省委书记胡春华强调，广东要切实增强机遇意识、进取意识、责任意识，在全面深化改革中奋发有为。因此，从国内形势来看，广东建设海洋强省具有独特的战略优势。

从国际经济、政治形势来看，自从2008年国际金融海啸爆发之后，欧美国家至今仍然处于恢复自身经济的漫长过程中。在新兴经济体快速发展的对比下，传统发达国家和新兴国家的力量对比发生了一定的变动。美国为了维护自己世界超级大国的绝对优势，积极倡导跨太平洋战略经济伙伴关系协议（TPP），开放领域由货物贸易向服务贸易延伸。虽然不排除有将我国排斥在协议之外的目的，但客观上也推动了我国与部分经贸往来较密切的国家加速双边自贸谈判的进程，客观上加快了我国海洋经济“走出去”战略和向世界经济拓展的步伐。

（二）新型城镇机遇

从区域经济的视角来看，当前广东经济发展在地区选择、产业布局、政策倾斜、资金投向等各方面大都体现了非均衡发展的战略思想。改革开放以来，为了用好紧缺资源，国家和广东通过不断制定和深化局部非均衡政策优惠措施，渐进地挖掘、培育和提高各类资本的边际收益幅度，重点打造了珠三角增长极，力图通过辐射和示范带动效应，推动广东省经济可持续发展。根据统计资料，2013年珠三角地区年末常住人口、地区生产总值、固定资产投资、社会消费品零售总额、出口总额、实际外商直接投资、地方公共财政预算收入等诸多重要经济指标均占全省的一半甚至是80%以上。珠三角确已成为全省经济发展的龙头区域，但粤东粤西地区的发展相比之下，呈现明显的滞后局面。

现在广东在大力推进粤东、粤西地区的发展，其中城镇化是一个非常重要的措施和手段。但是现在这些地区发展时，不仅遇到了投资、政策、土地等方面的瓶颈问题，还面临买方市场的市场发展阶段，工业发展缓慢、创造就业不足，也最终导致了城镇化发展的缓慢。

正因为如此，海洋战略的提出为下一步广东城市布局特别是粤西地区的城镇化发展提供了新的发展路径。在当前区域经济从非均衡战略逐步向均衡发展的过程中，未来的城镇化应该有更高的着眼点。在做城镇化发展顶层设计时，需要因地制宜，推进城镇化发展与促进区域化发展相适应。比如广州、深圳这样的区域特大城市，周边沿海地带就应该结合各自的社会经济基础、海洋条件特色和应执行的国家海洋任务，重点发展各具特色的小城镇；而在粤西地区，应该重点发展以湛江为重点的特色滨海大中城市。在发展这些地区的城镇化时，特别要注意加强基础设施建设、项目投资配套以及相关的软件建设，尤其是大型国有央企和当地金融机构的投融资机制建设。

（三）产业带动机遇

一个地区的发展，最根本的还是离不开各类经济产业的发展。由于海洋强省战略的提出和实施，广东滨海地区的海洋产业发展也迎来了前所未有的机遇。海洋渔业、海洋化工业、海洋交通运输业、滨海旅游业等产业历来是海洋产业发展的重要组成部分，其产值之和常年占到海洋产业的60%以上。这些产业的发展也是广东实施海洋强省建设时的一个主要动力。海洋强省战略为解决这些产业当前存在的基础设施落后、公共服务不健全以及资金不足、信息匮乏等突出问题带来了新的机遇。

海洋强省战略对海洋矿业、船舶工业、设备制造业、电力业等产业的发展，也有明显的促进作用。对这些产业来说，如何提高科技水平、提高科技对产业发展的贡献率都是亟待解决的问题，更加牵涉到经济社会发展方式转型以及国家海洋局维护南海权益等重大问题。

海洋生物医药、海洋新能源等行业作为海洋新兴产业的代表，随着南海战略的实施，必将迎来新的发展机遇。南海由于热带海洋生物资源丰富，给海洋生物医药业的发展带来了容量巨大的试验场。南海地区风能、潮汐能等能源丰富，也为新能源产业的发展带来了不可复制的独特优势。

（四）蓝色环保机遇

30多年的发展，广东取得了举世瞩目的历史成就。但是由于生产方式粗放，造成了很多地方的发展以牺牲珍贵的自然环境为代价。水污染、大气污染、固体废物污染、土壤污染等各方面的问题时有发生。如果继续这种发展模式，那么在不久的将来，将会彻底透支生态环境的“信用额度”。根据广东省海洋与渔业局的资料，2012年广东省部分近岸海域污染依然严重，水质劣于《海水水质标准》第四类的海域面积约占广东近岸海域面积的6.5%，主要集中在珠江口等河口海域，主要污染物依然是无机氮和活性磷酸盐。

而海洋强省战略的提出，也为探索基于蓝色环保理想的可持续发展提供了有益借鉴。因为海洋强省的定义中，本身就存在“保护海洋生态环境”的内涵。以努力打造蓝色经济为指引，可以利用后发优势，积极借鉴北欧国家、新加坡等发达地区的先进经验，在城镇和沿海地带加大森林覆盖率，结合城乡一体化建设，引导沿海生态景观通道；在海洋中实时监测环境质量，努力打造“陆美海蓝”的新型发展模式。科学制定节能减排，大力推广使用清洁能源，减少交通、办公和生活等消费领域的能耗和碳排放，努力打造低碳蓝色经济。

（五）行政管理机遇

广东勇于探索、积极推进改革开放，但仍然不可避免地存在这样那样的问题。以最典型的“人口城镇化”落后于“土地城镇化”的现象为例，这已经成为阻碍广东进一步健康发展的制约条件。相当一部分地区存在着农业转移人口“离开农村，却又难以融入城市”的状态，无法享受与工作所在地的城镇居民同等的医疗、教育、社保等基本公共服务。广东拥有众多的城镇外来人口，据统计部门估计，2013年约为2千万人，其中绝大多数是家在农村的大学毕业生和各行各业的农民工。他们几十年来为所在城镇的发展做出了巨大的贡献，而且已经长期生活在城镇中，但依然没有资格拥有城镇户口。究其原因，在于中心城市和大城市没有带头接纳农民工和大学生，因此需要坚决改革户籍管理制度。

随着海洋强省战略的逐步推进，广东沿海地区的社会管理服务模式将探寻有时式的新路子。海洋事业的发展面向的是整个南海区域，不再也不应该仅仅是城镇面积向四周扩张、城镇建设呈“摊大饼”似的发展，而将注意力集中于滨海海岸带地区的高效利用，并随着时代和形势的发展，创新户籍管理制度、土地利用制度、企业管理制度等在内的新型行政管理体制。

（六）海外华人机遇

海洋强省战略的逐步推进，势必要与周边国家和地区进行经济和贸易上的相互往来。据有关研究结果显示，南海周边东盟10个国家的人口大约有5亿，居住着将近5 000万和我国有血脉联系的华侨华人，新加坡华人占总人口76%以上，马来西亚占34%、印度尼西亚、越南、泰国、香港、澳门等都是世界上华人的集聚地。他们受中华文化的传承，说普通话、广东话、潮汕话、客家话，在居住国里事业有成的更愿意出钱出力建设家乡的教育和公益事业，这是华侨、华人与祖国关系的紧密根基和源动力。

改革开放以来，广东省作为著名的侨乡和历史上进军南洋的前沿基地，积极联系海外华商，经贸合作不断发展，对广东经济发展起到了非常大的促进作用。未来广东开发南海、探索新型发展道路，也必须利用好这个资源。海外华人是南海经济圈和“21世纪海上丝绸之路”沿线各国、各地区间经济联系的天然纽带和桥梁，需高度重视与海外华商的经贸合作，充分发挥华商的桥梁纽带作用。这种合作以市场为导向，以共同的利益为基础，以文化认同为纽带，以民间合作为主要方式，自力带动，自我发展，多向多元联合，是广东独特的人文商业资源优势。

第四章

摸经验

——他山之石建设海洋强省

自从法国总统戴高乐20世纪60年代首先提出“向海洋进军”的口号以来，西方发达国家在发展战略层面上已经充分意识到海洋的重要性，这些国家及其部分沿海次级行政区在探索建设海洋强国的过程中率先起航，至今已经走过了半个世纪的征程。21世纪以来，伴随着我国海洋意识的觉醒，国内部分沿海地区在结合自身优势探索海洋强省（区）的过程中，业已积累了一定的丰富经验。他山之石，可以为我所用。根据广东在我国乃至世界格局中的位置，本章分别选取了国内外部分国家和地区，选择有借鉴意义的领域进行分析和研究，以希望对当今广东建设海洋强省提供有益的理论指导意义。

第一节　国内海洋发展优势地区经验

一、台湾地区：教育

台湾是我国第一大岛，地理位置十分重要。台湾由于孤立于太平洋西岸，在发展海洋经济时，客观上不得不更加注重吸收不同的海外文化。随着历史上几次大规模的外来移民迁入，他们带来的先进生产技术、管理方法促进了台湾的经济社会极大的发展，也同时给台湾带来了各类型的海洋文化并最终融合成了台湾自己的海洋文化。16世纪之后的两三百年间，大量来自闽南和粤东地区的移民，通过一水之隔的台湾海峡来到了宝岛。他们带去了祖籍地以海为生的海洋传统、开拓进取的海洋精神和兼容并包的海洋信仰，在很大程度上改变了台湾以原住民为主的文化生态环境。同时，由于台湾扼守西太平洋地区岛链的枢纽位置，近代以来台湾的命运就与海洋息息相关。无论是荷兰、西班牙、日本还是美国，无论是军事斗争还是经贸往来，这些外来文化纷纷漂流过海影响着台湾。所以，今天的台湾文化，可以说是融合了以上所有地区文化的多元性海洋文化。台湾地区公民海洋意识的培养以及当地社会海洋文化的教育，已经具备较为完善的体系和运作模式，值得广东省吸收借鉴。

从海洋政策层面来看，台湾地区从20世纪70年代开始就已经看到了西方发达国家向海洋进军的战略转向，提出岛内的经济和产业发展要与国际接轨，从此开始有计划有步骤地发展海洋专业教育。2004年，为了有效配合台湾的“海洋立国”发展策略，当地教育管理部门积极推动海洋人才的培养体制改革。在拟定未来四年教育施政纲领时，教育部门特别将海洋教育纳入行动方案。依据其《海洋政策纲领》及《海洋政策白皮书》所倡导的“国家生存发展依赖海洋”的政策理念，教育部门规划了所需的优质海洋人才培育政策并于2007年正式制定《海洋教育政策白皮书》，在原先已有的海洋教育的基础上，确立台湾地区海洋教育未来发展的目标、方向及策略等重要议题。

《海洋教育政策白皮书》的政策主旨在于立足强化各级学校学生的海洋素质基础上，以培育产业界所需的优质人才。白皮书共分五个部分，包括国际与台湾地区的海洋政策及发展趋势、海洋教育的环境与现状、当前推展海洋教育的问题、整合台湾海洋教育的政策理念及政策目标、海洋教育策略目标及规划具体策略等内容。白皮书制定的主要目标就是完成对台湾地区海洋教育蓝图的整合性布局；培育产业界所需优质海洋人才，提升地区海洋产业竞争力，在未来，发挥台湾地区的海洋环境特色，塑造具海洋风味的台湾文化，发展海洋思维的全民教育，让台湾成为独特地方特色的现代海洋发展发达地区。

从海洋教育课程来看，在台湾地区基础教育中，共有七大学习领域。其中，与海洋教育有关的内容分散到各学习领域。有关海洋的基本知识与所涉及的内涵，以自然及应用科学为主要范畴，教材主要内容涵盖自然界的组成与特性、自然界的作用、生活与环境及永续发展四个主要课题。在高级中等以上学校中，已将海洋议题纳入相关必修科目内容。如基础地球科学中的大气与海洋观测、大气与海洋的成分与结构、大气与海水的变动等海洋相关主题；在地球与环境课程中有地球环境探索和地球环境与特征两个主题；地理课程中，设有地形、气候与水文等单元；在基础生物、基础化学课程中有生物与环境和自然界的物质等单元。除了必修科目，学校也要视需要开设海洋教育相关的选修科目。

在非海事类职业学校的课程暂行纲要中，一般及专业必修科目并未列有海洋相关科目，但学校要视学校特色发展开设海洋相关必选科目。在化学、地理、生物、环境等课程中，均有不同节数的课程安排。

大学课程方面，各大学视需要自行开设与海洋教育有关的专业科目或通识科目。即使在非海事类大专院校，也鼓励立足于台湾还有其环境特色，通过海洋通识教育的学习，深化各学科专长领域的未来运用与发展。

从教育机构设置来看，台湾地区除了学校外，还有各种以海事大学为依靠的专业教育网站、安全和高质量的海洋体验场所、与海洋有关的科研院所等。它们形成策略联盟，建立产学研合作机制，鼓励各层次教育相互结合举办海洋教育相关活动，或联合民间社团、文教基金会、学术机构等民间企业团体，提供学校额外的海洋教育资源，以形成更多更大的社会推动力量。

二、香港地区：航运

香港仅靠弹丸之地，而能屹立于世界东方，其发展轨迹令人赞叹。从产业层面来看，可以说如果没有香港航运业的崛起，就不可能有后来香港经济的高度发达。香港航运业最初来源于鸦片贸易并一直持续到 19 世纪六七十年代。现代船舶技术的升级、苏伊士运河的开通及轮船的大量使用，从技术条件、国际政治条件等各方面极大地推动了香港航运业，大幅提升了香港航运的客货吞吐量。在客观条件的推动下，香港逐步建立起较为完善的港口管理制度。19 世纪末开始，香港的转口贸易进入高速增长阶段。

随着我国国内市场的迅速扩大及世界经济的全球化浪潮逐步推进，香港转口贸易稳步发展，因此作为转口贸易支柱的航运业更趋繁荣。特别是香港实行的自由港政策，航运企业在经营上完全自由，船舶自由通航、自由登记、货物免税免检，这些政策适应了当时的社会需求，加上香港良好的深水港口条件，使其成为了远东地区的航运中心。20 世纪 80 年代末，香港崛起成为世界上最大的集装箱枢纽港和亚洲地区乃至全球重要的航运中心。1997 年香港回归以来，除去 1997 年亚洲金融危机、2003 年“非典”及 2008 年全球金融海啸等偶然因素冲击的影响，其港口集装箱吞吐量始终平稳增长。

航运业对香港经济的贡献及在香港经济结构中的地位可以说是举足轻重。航运业作为香港最主要的核心优势产业之一，带动并刺激了香港其他相关产业的形成及发展。根据部分学者的研究，包括贸易、金融、保险等服务在内的整个与航运业有关的经济收入和吸纳的就业人数分别占到全香港对应经济指标的1/5左右。

据统计，作为全球贸易、金融、投资链条上的主要枢纽之一，香港每周提供450班集装箱船班次，往返全球500多个目的地。至今，很多国际著名的船东都在香港经营业务，使香港跻身世界十大航运中心之列。香港还是亚洲区域内船舶融资、保险、法律、仲裁、管理和经纪服务中心。香港航运业发展的成功经验主要包括如下几点。

（一）良好的营商环境

为了推进香港的航运发展，2003年6月香港特区政府将原来的港口及航运发展局一分为二，成立了香港航运发展局和港口发展局。香港船东会的许多资深船东都出任了航运发展局及港口发展局的成员，负责向政府提出发展香港航运服务的措施及计划，协助政府推广香港的航运服务，为发展和巩固香港航运中心地位出谋划策。多年的自由港政策为香港积累了理想的航运业发展环境。

作为世界十大船舶注册地之一，香港的船舶注册服务极具竞争力，能够简单快捷的注册、撤销注册且对注册船舶船员的国籍无限制，符合资格及富有经验的专业人士可随时提供技术上的支持，船舶吨税税率低。各国港口当局出于对香港海事监督的信任，对挂香港区旗的船舶没有歧视性政策。良好的税制使得航运公司在世界各地的收入全部免税，无需缴纳任何营业税及所得税且船东可以选择在港注册成立船公司或光船租赁公司，实际在港营业，也可不在香港设立任何形式的公司，只悬挂香港旗，聘请香港代理代付有关费用。

（二）升级的错位发展

广东的广州港、深圳港和珠海港，都是国家重点建设的枢纽港且地理位置毗邻香港，近几年发展十分迅速。其低廉的货运成本，分流了原来珠三角经香港转口的货物，对香港的港口货运业产生了一定的直接冲击。在严峻的形势下，香港提出了错位竞争的发展方针，对其未来的发展提出了更高的能略定位。除了继续拓展传统航运业务，延续以往吸引外资仲裁和融资等机构进驻政策，香港开始完善服务网络，提升航运产业水平，推进船舶融资、海事仲裁、运费期货交易及高素质人才培训等高端服务。

（三）完备的金融法律支持

香港作为国际金融中心，其金融产品多样化，投融资环境优良，外汇可以在市场上自由买卖。近年来，香港致力于实现金融产品的多样化，不断推动金融产品创新。2009年6月香港商品交易所正式成立，拓展了香港金融市场的国际影响力。较为完备的金融支撑体系及金融产品创新为航运产业的高端化发展提供了支持。香港金融机构还为高风险的航运企业提供优质的风险管理服务，设立了一套有效的航运保险制度。

香港法律制度完善，拥有一个具有世界地位的仲裁中心，由于受到《纽约条文》的认可，仲裁结果可以在世界各地生效。这对于很看重合约，需要有效法律仲裁制度的航运业而言，是必不可少的。世界上最著名的船舶买卖经纪、海运货物经纪及保险经纪均在香港设有公司，一批专业律师专门处理航运纠纷，这是香港发展海事仲裁、海事诉讼、海事法律咨询等航运业务的重要基础和保障。

三、山东：产业

山东是我国北方传统海洋大省，海岸线较长，地理区位优势明显，与辽东半岛一起扼守渤海门户，海洋资源丰富。山东分别于1991年、2007年和2009年提出“海上山东”重大发展战略、“一体两翼”经济发展思路和“打造山东半岛蓝色经济区”战略构想之后，开始积聚合力发展海洋经济，将此前重视东、中、西横向发展转变为侧重北、中、南纵向发展，努力构建遍布全省的蓝色海洋经济带。特别是2011年1月，国务院批复《山东半岛蓝色经济区发展规划》，标志着山东半岛蓝色经济区建设作为省级海洋发展规划首次上升为国家战略，也标志着山东在起航蓝色经济的征程中拔得头筹。据报道，2012年蓝色经济区实现地区生产总值2.36万亿元，同比增长10.7%，高于山东平均增幅0.9个百分点，占山东地区生产总值的比重达到47.3%，为山东经济发展发挥了重要引擎作用。① 山东以海洋经济发展为战略契机，积极促进本省产业转型升级，实现可持续发展方面，有许多值得广东吸收和借鉴的珍贵经验。

2006年和2007年，山东省分别印发了《山东省海洋经济“十一五”发展规划》和《关于大力发展海洋经济建设海洋强省的决定》，提出了山东发展海洋经济的总体思路，其中的工作重点是围绕“一个目标”，突出“六大主导产业”，强化“五项工作措施”。其中，突出的“六大主导产业”，指的是海洋渔业、石油和海洋化工业、船舶工业、海洋高新技术产业、海滨旅游业和海洋运输业这六大支柱产业。山东将在以上产业的发展中，着力培育一些具有较强核心竞争力的大企业和企业集团，创立一些具有较高知名度的产业品牌。

2013年2月，我国首个海洋产业发展指导目录——《山东省海洋产业发展指导目录（试行)》发布。该目录由山东省发改委主持制定，将各类海洋产业分为鼓励、限制、淘汰三种类型。这份指导目录填补了国内海洋产业发展指导性政策的空白，对于指导山东省海洋产业结构调整与优化升级以及重点产品与技术发展方向具有重要指导价值。该目录涵盖海洋渔业、海洋生物、海洋装备制造、海洋化工、海洋运输、海洋文化等10个产业类别，共183项产业内容。其中，通过积极支持项目研发和投资建设，鼓励海洋生物等10类产业项目发展。

目前，我国发展海洋产业的主要依据是海洋经济发展规划和相关区域性发展战略，国家和沿海各省市尚未出台系统的海洋产业发展指导目录。山东制定的该目录是全国第一个海洋领域的产业发展指导目录，也是培育海洋优势产业集群，推进规划实施的一大创新。山东沿海各地区、各部门可根据该目录的指导性意见，依据本地海洋产业发展实际，合理引导投资方向，鼓励和支持发展海洋先进生产能力，限制和淘汰落后生产能力，防止海洋产业盲目投资和低水平重复建设。

---

① 引自山东省常务副省长在2013中国·青岛蓝色经济发展国际高峰论坛上的致辞。http：//qd.ifeng.com/xinwenzaobanche/detail_ 2013_ 11/06/1425700 0.shtml.

四、浙江：生态文明

生态，是指一切生物的生存状态，体现着各种生物之间以及生物与环境之间的相互作用关系，其中最具决定意义的是人与自然环境之间的关系。生态文明是人们在对传统工业文明进行反思的基础上，努力探索建立在可持续发展理念上的基础理论创新和实践成果，是继原始社会文明、农业社会文明、工业社会文明之后的一种崭新文明形态，生态文明是文明的延读，又是文明的创新；即是历史发展的必然选择，也是人的主观能动性的伟大创造。

建设生态文明，不论是对自然的保护，还是对人类的发展和进步，都要具有十分重大的现实意义，党的十七大首次提出了建设生态文明的治国要求，党的十八大更是把生态文明建设提示到了“实现中华民族永续发展”的战略高度，海洋生态文明作为生态文明不可或缺的重要组成部分，不仅是推动海洋经济发展的重要支撑条件，也是实现人海和谐、永续发展的根本保障。

我国通过海洋功能区划制度、海洋生态文明示范区、典型区域生态整治修复、生态保护规划等方面，有条不紊地开展了海洋生态文明的一系列工作，取得了一些阶段性的显著效果，从国内各地区来看，浙江省是国内较早关注到推进生态文明建设的地区。

2010 年 6 月，《中共浙江省委关于推进生态文明建设的决定》（以下简称《决定》）颁布实施，标志着浙江省海洋生态文明建设加快发展。浙江省将致力于建立以海洋资源环境承载力为基础、以自然规律为准则、以可持续发展为目标的海洋开发、利用、保护等理念和活动方式，实现人与海洋和谐相处。

2011 年 1 月，浙江省发布《关于加快构建环境安全保障体系的意见》，将 2010 年 6 月发布的《决定》进行了工作细化，提出了具体的工作任务，包括构建环境监测监控保障、环保基础设施工程、生态保护和修复工程、环境执法与应急保障、环境信息保障、环境科技支撑等六大体系。省政府要求各级政府、有关部门高度重视环境安全保障体系建设并将环境安全保障工作纳入目标责任考核内容。

以上这些政策和措施表明浙江省要省政府深刻认识到了生态文明建设的重要性。随着《浙江海洋经济发展示范区规划》获批，浙江在发展海洋经济的同时，注意海洋生态文明建设的同步推进。2011 年 12 月，浙江省发改委、浙江省海洋与渔业局发布《浙江省海洋事业发展“十二五”规划》。该规划提出，浙江省海洋事业发展将遵循可持续发展的基本原则，按照国家生态文明建设要求，深入实施海洋功能区划、海洋环境等各类涉海区划和规划，强化以生态系统为基础的海洋区域管理，规范海洋资源利用秩序，创新资源节约和环境友好发展模式，加大海洋生态文明建设和环境保护力度，确保海洋资源开发利用与资源环境承载力相适应，实现海洋可持续发展。浙江省将建立基本覆盖浙江海域典型生态系统、海洋功能区、污染源及生态灾害多发区的生态环境监控与预警体系，促进海洋环境保护与生态修复技术得到广泛应用，努力使典型海域生态系统的生态健康指数逐步提高。

浙江省在发展海洋经济之时对海洋生态文明建设给予了相当的重视，也取得了较好的成果，在 2013 年 2 月国家海洋局公示的首批国家级海洋生态文明示范区名单中，浙江省的象山县、玉环县、洞头县位列其中，表明浙江省已经走在了全国各沿海地区的前列。

五、江苏：防灾宣传

江苏省位于我国东部沿海地区中部，长江、淮河下游是长三角的重要组成部分。江苏省由河道交错，平原较多，地势低平。因此，江苏省是海洋灾害多发的省份之一。江苏沿海主要受到海洋地质灾害（包括海平面上升、海岸侵蚀、海岸坍塌）、海洋气候灾害（主要包括台风风暴潮）和海洋生物灾害（主要包括赤潮）3 种海洋灾害的危害。这些灾害的发生对江苏海洋资源开发、海洋经济及沿海社会的发展有严重危害，从而使得加强海洋防灾宣传教育在江苏省来说，显得尤为重要。在这方面，博物馆作为各地一种普遍的文化教育设施，形式多样、生动易懂的教育方式，是博物馆相对其他教育方式所独具有的特点。

江苏的海洋防灾减灾博物馆教育具有重要意义。作为海洋防灾减灾教育方式的重要补充，博物馆的教育方式生动形象，有着其他教育方式无法代替的优势。它一方面运用大量的海洋生物标本、海洋仪器设备、模型等实物资料，作用于公众的感官；另一方面利用各种灾害影像、仿真演示、场景复原、历史录音重播、历史新闻纪实、各种灾害讲座和画册宣传等，多感官、多渠道地向公众传播信息。这种教育方式无论从人的生理机制或者认知过程来说，都会使公众感到亲切，易于接受和理解，使公众树立起防灾、抗灾、减灾的意识，认识到江苏海洋灾害的严重性和治理的必要性，全面提高江苏海洋减灾教育的综合能力。

因此，博物馆教育能推动海洋防灾减灾教育的社会化，更好地为江苏社会发展服务。江苏海洋防灾减灾教育是一项系统工程，教育的对象包括政府各管理部门（海洋、水利、气象、交通等）、沿海企事业单位、社会团体、民众等。而在海洋防灾减灾方面，博物馆不再是传统意义上的简单的收藏、陈列和科研，而是多元化、多功能的文化设施。博物馆教育的触角深入到社会的各个领域、各个行业和各个阶层，使公众深刻地意识到海洋灾害在现代社会中所造成危害的综合性、广泛性和严重性。如今，博物馆正增强责任感和自觉性，努力完善其教育职能，推动海洋防灾减灾教育的社会化，更好地为江苏社会发展服务。

六、三大试点地区海洋相关政策比较

海洋经济已涉及国民经济的 20 个门类，海洋生产总值占国内生产总值比重近 10%，海洋经济已经成为国民经济新的增长点和重要组成部分。沿海省市相继出台相关规划和政策，促进海洋经济的健康可持续发展，主要政策包括财政税收政策、金融政策、产业政策、海域使用政策、海岛政策、土地政策、对外开放政策等，多种政策措施联合使用。浙江、广东、山东三个试点地区发展海洋经济的政策，参见表 4. 1 至表 4. 3。

表 4.1 浙江省海洋经济发展政策情况表

政策类别（条数）	政策条目内容	主管部门
财政税收政策（5）	增加对战略性新兴产业的科研投入	财政部
	加大对远洋渔业和国内海洋捕捞业转型升级扶持力度	财政部
	浙江省建立海洋经济专项资金，加大对海洋产业、海岛基础设施、海洋生态和资源保护等项目的支持	浙江省财政厅
	中央财政通过中央集中的海域使用金，加大支持浙江省海岸带与无居民海岛整治与修复、海洋管理和海洋生态保护的力度	财政部
	支持海岛市县基础设施建设、生态环境保护和社会事业发展，增加安排专项补助，适当降低地方配套资金比例，按国家统一规定享受相关税收优惠政策	国家税务总局
金融政策（12）	积极运用金融租赁方式提供信用支持，拓宽船舶制造和航运企业融资渠道	国家发改委、中国银监会、中国人民银行
	支持综合运用银团贷款等形式，满足海洋产业重大项目信贷资金需求	国家发改委、中国银监会、中国人民银行
	推进完善海域使用权抵押贷款业务	国家发改委、中国银监会、中国人民银行
	支持金融租赁公司进入银行间市场拆借资金和发行债券	国家发改委、中国银监会、中国人民银行
	支持符合条件的非金融企业发行短期融资债券和中期票据等债务融资工具	国家发改委、中国银监会、中国人民银行
	引导国内外金融机构在浙分支机构积极发展船舶融资、航运融资、物流金融、海上保险、航运保险与再保险、航运资金汇兑与结算等航运金融服务	国家发改委、中国银监会、中国人民银行
	支持当地区域性银行开发航运金融产品。高水平建设宁波航运金融集聚区，吸引金融机构入驻，形成航运金融特色品牌	国家发改委、中国银监会、中国人民银行

续表

政策类别（条数）	政策条目内容	主管部门
金融政策（12）	引导政府创业投资引导基金重点用于航运等相关产业项目	国家发改委、中国银监会、中国人民银行
	支持区内国家级高新技术产业开发区非上市股份有限公司股份进入证券公司代办股份转让系统进行公开转让。引导社会力量参与港口航运开发事业	国家发改委、中国银监会、中国人民银行
	支持符合条件的金融机构、船舶制造企业设立金融租赁公司，从事船舶租赁融资业务；大力发展航运保险，积极开展国际航运保险业务。条件成熟时可考虑根据需要对现有银行业金融机构进行改造，加大对海洋经济发展的支持力度	国家发改委、中国银监会、中国人民银行
	允许保税监管区域企业经外汇管理部门批准，在依法取得相应业务经营资格的境内中资银行开立离岸外汇账户；	发改委、中国银监会、中国人民银行
	在两岸金融业监管合作机制下，优先批准台资银行、保险、证券等金融机构在浙设立分支机构或参股浙江金融企业，支持设立双方合资的投资基金，扩大两岸货币双向兑换范围，逐步建立两岸货币清算机制	国家发改委、中国银监会、中国人民银行
产业政策（6）	设立浙江省海洋生物相关产业引导基金，用于支持产业基础研发、临床试验和标准制定，加强海洋生物科技机构、企业和人才的引进。规划建设宁波、舟山、台州等海洋生物工程产业基地，加快温州中德生命科技园建设，积极形成较强研发和产业转化能力	浙江省发改委、财政厅
	把海水淡化项目纳入市政饮用水工程范畴，加快建设一批海水淡化及综合利用示范城市	浙江省发改委
	扶持发展船舶交易、船舶管理、航运经纪、航运咨询、船舶技术、海事仲裁等航运服务业，拓展产业链和服务功能，建设宁波、舟山、温州等航运服务集聚区；建设宁波、舟山远洋船员服务基地	浙江省发改委、交通厅
	优先发展高效生态海水养殖，建设一批生态型水产养殖园区；规划建设一批海洋生物资源精深加工区	浙江省发改委、农业厅
	支持符合条件的货主码头改建为公共码头，提高泊位利用效率	浙江省发改委、交通厅
	支持在浙高校加强涉海学科建设，强化与国内外优秀高校、科研机构的学科建设合作，扩大研究生联合培养规模，增强研究生教育实力	浙江省发改委、教育部

续表

政策类别（条数）	政策条目内容	主管部门
海域使用政策（5）	中央财政通过中央集中的海域使用金，加大支持浙江省海岸带与无居民海岛整治与修复、海洋管理和海洋生态保护的力度	国家财政部
	对列入国家和省重点的涉海工程、和海洋生态保护项目、海洋生态等项目，优先安排围填海计划指标	国家发改委、国家海洋局
	适当增加建设用围填海年度计划指标	国家发改委、国家海洋局
	开展凭海域使用权证书按程序办理项目建设手续试点	国家发改委、国家海洋局
	完善渔业水域、滩涂占用补偿制度，规范征占用程序，严格保护渔业生产与渔民权益	国家发改委、国家海洋局
海岛政策（3）	对国家和省重点海岛保护与开发项目，优先安排用地指标	国家发改委、国土资源部、国家海洋局
	将重要海岛海陆集疏运体系建设纳入国家交通和港口规划，加大对桥隧、航道、锚地、防波堤等基础设施建设支持力度	国家发改委、交通部
	开展无居民海岛普查，加大资金投入，加强海岛资源的分类管理与有效保护。强化无居民海岛使用权管理，合理利用海岛资源。建立海岛巡查、修复和利用评估制度，禁止开发未经批准利用的无居民海岛	国家发改委、国家海洋局
土地政策（2）	统筹安排全省用地指标，合理确定舟山市新增建设用地规模、耕地保有量和基本农田保护面积，依据海洋功能区划，在严格论证基础上，适当扩大围填海规模	国土资源部
	保障生态和重点产业项目用地	国土资源部
对外开放政策（6）	引导国内外金融机构在浙分支机构积极发展船舶融资、航运融资、物流金融、海上保险、航运保险与再保险、航运资金汇兑与结算等航运金融服务	中国银监会、中国人民银行
	将六横、金塘等港区开辟为一级航运开放口岸，支持符合条件的地区按程序申请设立海关特殊监管区域	海关总署
	支持有条件的企业并购境内外相关企业、研发机构和营销网络	
	允许境外邮轮公司在宁波、舟山设立经营性机构	海关总署
	研究在有条件地区设立台商投资区，研究在促进两岸贸易投资便利化、台湾服务业在大陆市场准入等方面先行先试；在具备条件地区设立对台农业合作区域	国家发改委、海关总署
	探索实行更加开放、便利的出入境政策	海关总署

表 4.2 山东省海洋经济发展政策情况表

政策类别（条数）	政策条目内容	主管部门
财政税收政策（9）	研究制定国家引导和扶持海洋战略性新兴产业发展的优惠政策，对蓝色经济区建设给予支持	国家发改委
	落实国家关于远洋捕捞等税收优惠政策	国家税务总局、农业部
	加大对海洋资源勘探的投入力度，国家现有海洋资源勘探专项向山东倾斜	财政部
	落实国家风力发电增值税优惠政策，研究制定支持太阳能、潮汐能等新能源产业发展的财税优惠政策	国家税务总局
	研究对区内符合中国服务外包示范城市条件的城市给予税收优惠政策	国家税务总局
	对区内符合条件的项目，在安排中央文化产业发展专项资金时给予适当倾斜	财政部
	围绕落实国家重点扶持政策，2011 年山东省级财政安排 10 亿元专项资金、区内 7 市共安排 10 亿元专项资金，以后每年省、市两级财政专项资金都要有所增加，用于支持蓝色经济区建设	山东省财政厅
	整合省级现有专项资金，重点支持列入规划的交通、能源、水利等重大基础设施项目建设和海洋产业发展	山东省财政厅
	适时启动资源税改革	国家税务总局
投资融资政策（16）	对区内重大基础设施建设、重大产业布局、项目审核等方面给予支持	国家发改委
	制定海洋产业发展指导目录，引导各类资金投向海洋优势产业和战略性新兴产业	国家发改委
	国家在安排重大技术改造项目和资金方面给予支持	国家发改委、财政部
	通过市场化运作，设立蓝色经济区产业投资基金	国家发改委、中国人民银行
	支持城市商业银行等地方金融机构发展壮大，条件成熟时可根据需要对现有金融机构进行改造，做出特色，支持蓝色经济区建设	国家发改委、中国人民银行
	引导银行业金融机构加大信贷支持力度	中国人民银行
	积极推进金融体系、金融业务、金融市场、金融开放等领域的改革创新，积极开展船舶、海域使用权等抵押贷款	中国人民银行
	支持国内外金融企业依法在区内设立机构	国家发改委
	合理规划布局新型农村金融机构和小额贷款公司，健全完善农户小额信用贷款和农户联保贷款制度	国家发改委、中国人民银行
	支持符合条件的企业发行企业债券和上市融资，积极引进全国性证券公司，支持区内证券公司做大做强	国家发改委
	支持区内国家高新技术产业开发区内非上市股份有限公司股份进入证券公司代办股份转让系统进行公开转让，打造非上市高科技企业资本运作平台	山东省发改委
	规范和健全各类担保和再担保机构，积极服务海洋经济发展	国家发改委
	促进海域使用权依法有序流转，创设海洋产权交易中心	国家发改委
	建设海洋商品国际交易中心，积极开展电子商务	商务部
	研究设立国际碳排放交易所，重点支持海洋减碳经济发展	国家发改委
	规范发展各类保险企业，开发服务海洋经济发展的保险产品	国家发改委

续表

政策类别（条数）	政策条目内容	主管部门
海域和海岛政策（3）	依照海洋功能区划和土地利用总体规划，统筹协调各行业用海用岛，合理利用海岛和海域资源，在围填海指标上给予倾斜，优先用于发展海洋优势产业、耕地占补平衡和生态保护与建设	国家海洋局
	大力推行集中集约用海，对在同一区域集中建设的用海项目、推行优化平面设计的围填海造地和海上飞地项目，实行整体规划论证，提速审批；对列入中央投资计划和省重点的建设项目，开辟用海审批绿色通道	国家海洋局
	国家在海域使用金分配使用上对山东予以适当倾斜，养殖用海依法减免海域使用金	国家发改委、财政部、国家海洋局
土地政策（5）	支持山东开展用海管理与用地管理衔接的试点，积极推动填海海域使用权证与土地使用权证的换发试点工作以及凭人工岛海域使用权证书按程序办理项目建设手续试点	国家发改委、国土资源部、国家海洋局
	实行土地利用计划差别化管理，对重大建设项目特别是使用未利用地的建设项目，国家在安排用地计划时予以倾斜	国土资源部
	鼓励对宜农土地后备资源进行开发	国土资源部
	区内逐步建立市级土地指标统筹使用和跨市域土地指标统筹使用制度	国土资源部
	组织实施国家级重大土地整治工程，支持开展未利用地开发管理改革试点	国土资源部
对外开放政策（9）	严格执行国家城乡建设用地增减挂钩有关管理政策，通过农村建设用地整治安排区内的建设项目用地	国土资源部
	加大对区内企业在进出口和开展境外投资合作等方面的扶持力度，建立便捷高效的境内支撑和境外服务体系	国家发改委、商务部
	适当加大对区内出口退税负担较重地区的财政支持力度	财政部
	推进口岸大通关建设和通关便利化，实施分类通关、区域通关改革，逐步推行通关全程电子化，进一步提高通关效率	海关总署
	促进海关特殊监管区域和保税监管场所科学发展，支持符合条件的地区按程序申请设立海关特殊监管区域	海关总署
	允许青岛前湾、烟台保税港区在海关监管、外汇金融、检验检疫等方面先行先试	国家发改委、海关总署、中国人民银行、国家质量监督检验检疫总局
	支持外国籍干线船舶在青岛前湾、烟台保税港区发展中转业务	国家发改委、商务部
	支持青岛口岸发展国际过境集装箱运输	国家发改委、商务部
	在标准化体系和可追溯体系建设以及检验检疫、市场开拓等方面给予政策和资金扶持，支持设立国家级出口农产品质量安全示范区	国家质量监督检验检疫总局

表 4.3 广东省海洋经济发展政策情况表

政策类别（条数）	政策条目内容	主管部门
财政政策（5）	加大对海洋事业发展、公共基础设施、重大科技专项投入力度，国家在安排中央预算内基本建设投资时对广东涉海项目给予必要支持	财政部
	中央财政在安排海域使用金、无居民海岛使用金支出项目时，对广东给予倾斜支持	财政部
	在全面落实现行促进科技投入和科技成果转化、支持高技术产业发展等方面税收政策的基础上，研究完善相关税收政策，进一步促进海洋战略性新兴产业发展	国家税务总局、科技部
	无居民海岛开发收取的使用金，除用于生态环境保护外，对海岛基础设施建设给予一定支持	财政部、国家海洋局
	各级政府加大对渔港防波堤、护岸、码头、航道等公益设施建设的投入力度	各级政府
金融政策（6）	引导金融资源和社会资金投向海洋经济发展领域	国家发改委、中国银监会、中国人民银行
	鼓励和支持金融机构在有效防范风险的基础上，积极开展船舶、海域使用权抵（质）押贷款业务	国家发改委、中国银监会、中国人民银行
	支持符合条件的涉海企业发行企业债、公司债、短期融资券和中期票据等债务融资工具，推动符合条件的涉海企业在境内发行股票融资。推进粤港澳海洋开发金融合作，探索在境内外发行海洋开发债券	国家发改委、中国证监会
	鼓励产业（股权）投资基金投资海洋综合开发企业和项目	国家发改委、中国证监会
	探索设立航运交易所，搭建航运价格指数发布平台和航运金融综合服务平台	交通部、中国银监会、国家发改委
	大力开展保险业务，推动针对海洋弱势产业的保险产品创新	国家发改委
海域使用政策（5）	适度增加建设用围填海年度计划指标，优先用于发展海洋优势产业和生态保护与建设，国家重点项目用海，由国家安排专项用海指标	国家发改委、国家海洋局
	大力推进集中集约用海，对规划确定集中集约用海区域的建设用海项目实行整体规划、统一论证，凡区域建设用海规划经整体论证评审的，规划区域内的单宗用海项目的论证评审程序可以适当简化	国家海洋局
	根据《物权法》确定的海域使用权物权属性，探索开展用海项目凭海域使用权证书按程序办理项目建设手续试点	国家海洋局
	推进建立海域使用并联审核机制，实施项目用海的海域使用论证、环境影响评价等同时进行，提高海域使用审批效率	国家海洋局
	严格保护基本养殖水域滩涂，稳定渔民水域滩涂养殖使用权	国家海洋局、渔业局

续表

政策类别（条数）	政策条目内容	主管部门
海岛开发政策（3）	贯彻实施《海岛保护法》，促进海岛保护与合理开发利用，加强无居民海岛使用权管理，严格按照规划实施无居民海岛开发利用，采取严格的生态保护措施，避免造成海岛及其周边海域生态系统破坏	人民代表大会、国家海洋局
	建立健全无居民海岛资源市场化配置机制	国家海洋局
	选择一批适宜的无居民海岛作为全国海岛开发试点，积极探索以旅游度假为主体功能的无居民海岛整岛开发方式	国家海洋局
区域合作政策（4）	探索建立游艇出入境管理新模式，会同香港、澳门特区政府研究粤港澳地区游艇出入境便捷管理措施，为游艇出入境提供通关便利	国家发改委
	加强口岸基础设施建设，优化监管和服务，提高口岸通行效率	国家发改委、交通部
	合作开展大珠江三角洲地区海洋生态环境保护、大气污染防治等工作，全面构建环珠江口宜居湾区	国家发改委、国家海洋局
	完善区域发展政策，积极推动主体区和联动区的协调发展	国家发改委

第二节　世界其他国家和地区经验

一、北欧：资源开发

（一）冰岛：渔业

冰岛是大西洋北部一个岛国，位于北大西洋和北冰洋的交汇处。冰岛土地面积仅为10.3万平方千米，占广东省土地面积的1/2强。冰岛全国总人口约为32.3万，但2013年人均GDP①达到4.5万美元，居世界前列，其经济发展模式引人注目。冰岛经济主要建立在对自然资源和沿海渔场、水力、地热资源以及草地的利用上。尽管冰岛人口不多，但冰岛是世界海产品的重要供应国之一，年出口货值超过20亿美元，极具竞争力并将触角延伸到了其他国家。冰岛的国民经济产业结构中，海洋渔业每年为冰岛赚取超过一半以上的外汇收入，与渔业资源相关产业的产值约占GDP的1/4，主要出口品种是鳕鱼、红鱼、毛鳞鱼、鲱鱼等，产品类型包括腌制及冷冻与保鲜的整鱼、鱼片和鱼油等。

尽管20世纪90年代以来，冰岛逐步加大经济多元化改革的力度，根据自身资源匮乏但能源充足的现状，充分发挥能源优势发展相关产业，促进产业的多元化。但海洋渔业仍旧是冰岛经济结构中举足轻重的一个支柱产业。冰岛十分清楚海洋渔业资源的作用及对他们的重要性，也清楚20世纪60年代以来，周边各国对鳕鱼的过度捕捞带来的渔业资源毁灭性破坏。

① 现价美元，数据来源自世界银行。

为此在20世纪不惜与英国进行三次著名的“鳕鱼战争”，重新夺回专属经济区的控制权。之后，冰岛政府为保护以鳕鱼为代表的珍贵海洋渔业资源，陆续出台了各种形式的渔业管理政策，极大地加强了对海洋渔业资源的保护、开发和利用。

1. 现有管理体制

冰岛周围海域，受墨西哥暖流的影响，是海洋生物大量繁殖的极佳场所。但是，1973至1983年已实施10年的限渔措施经实践证明鳕鱼资源总量依然在下降，这项措施没有达到预期效果。所以，1983年冰岛议会决定：每艘渔船实行配额分配管理体制，配额量以其近三年的捕捞量为基础计算。同时，议会还配套出台了其他几项辅助性措施，比如限定捕捞作业时的网眼大小以及一些时节的临时性禁海作业规定，防止对产卵期的小鱼造成毁灭性打击。

2. 捕捞配额制

冰岛渔业部根据海洋研究所的研究结果和政策建议确定年度许可捕捞量，然后进行分配。根据年度许可捕捞量，捕捞船被授予某一种鱼的捕捞配额，所有商业捕捞作业以配额为限。每艘渔船根据授予的单鱼种配额进行捕捞作业，这就是捕捞配额制。

与此相配套，冰岛还建立了配额的可转让制度，形成了配额交易管理体制。每艘渔船持有的固定配额和年度捕捞配额在交纳转让费的基础上，可分割并可转让给其他渔船。单独的捕捞企业持有的配额不会超过全部鱼种配额价值和单个鱼种配额价值的比例分别为12%和35%。

2004年，渔业管理系统成为统一的配额制系统。根据各自的捕捞许可，所有大小渔船均被授予捕捞配额。海上捕捞作业天数制系统和配额制系统的融合产生了一个综合系统，确保捕捞符合渔业部的决定，以促进海洋渔业资源的保护和可持续有效利用，保持渔业经济的稳定发展和渔民、渔业企业的稳定繁荣。该项管理有三项主要部分，一是单个配额可转让制；二是小型渔船配额可转让制，对捕捞工具和配额转让有所限制；三是地区政策调节制，将数量有限的配额分配给以渔业为生并不断遭受经济波动或其他负面冲击影响的社区渔船。同时，持有捕捞权配额的船主还要按照相应的管理规定缴纳每年度的捕费，上缴国家财政，捕捞费的计算以每年捕捞收入和捕捞配额为基础。

3. 注重经济效益

冰岛渔业管理重视渔业经济效益的提升。渔业捕捞企业根据配额量、市场情况等因素进行投资决策，避免了整体渔业的投资过量或不足。捕捞配额由那些经济效益好的公司获得，允许不同鱼种配额的转让也促使公司更加专业化。

将配额授给个体渔船而不是公司并且允许配额的可转让性，使得冰岛及其各地区的捕捞量分布趋势发生了很大变化，成功获得配额的企业相应获得更多的渔业捕捞和加工量。

4. 有效监控

在冰岛，对捕捞产品的称重和登记的地点是码头上。每次称重后，相关数据输入渔业管理局信息管理中心数据库，任何人皆可通过互联网进行查询。这种管理模式加大了渔业捕捞监控的透明度，确保了冰岛大小渔船的捕捞作业及捕捞量等信息的动态管理。

冰岛利用配额机制有效地将捕捞量控制在合理限定范围内，再加上行之有效的高度透明的监控管理手段，使得冰岛的捕捞业运作有章可循。虽然全部捕捞量在冰岛码头上登记输入数据库，但其绝大部分捕捞量都出口到国外。

5. 保护资源和渔场

冰岛全部渔场面积共 75.8 万平方千米，具有世界最丰富的鱼类资源。其中，鳕鱼资源在冬季最丰富的海域位于冰岛的西南海岸，全年最丰富的海域位于冰岛西北 Fjords 海域的西部。红鱼大多在冰岛南部、西部和东南海域。鲱鱼大多限于 Fjords 东部海域和冰岛东南海岸，毛鳞鱼位于冰岛北部，深水虾位于冰岛西部和南部海域。格陵兰鳙鲽鱼常在 Fjords 西部深水海域，或冰岛北部、西部及东部海岸水域。深水红鱼常沿雷克郡海脊聚集在冰岛西南 200 海里内外。其他海产，如浅水虾、扇贝、挪威龙虾以及深水虾等只限于部分区域。

冰岛海岸警卫队负责这些渔场的捕捞监视。起源于 1859 年的冰岛海岸警卫队，负有维护冰岛领海主权和专属经济区的权益的重要职责，还肩负巡视国际水域作业的渔船是否存在违法捕捞等任务。一旦发现存在此类行为，这些渔船将禁止享受东北大西洋渔业协会成员的各种服务，从而有效抑制了盗捕的存在。冰岛海岸警卫队在 1972 到 1975 年的“鳕鱼战争”中，不惜与英国皇家海军对峙并最终取得了斗争的胜利，也赢得了其自身的威望。

6. 渔业管理的预防措施

对渔业可实行不同的预防措施。冰岛在制定了鲱鱼和毛鳞鱼捕捞规定之后，于 1995 年又制定了鳕鱼捕捞规定，2000 年进行了修订。该规定限定每年鲱鱼捕捞配额不得超过可捕捞总量的 25%。跨年度的捕捞总量不得超过 3 万吨。该规定的出台是海洋生物学家和经济学家为保持渔业资源的稳定做出巨大努力的结果，也为鳕鱼、毛鳞鱼和虾之间保持最佳数量及有效增长关系提供了依据。鳕鱼捕捞规定的实施确保了鳕鱼资源不会枯竭，每年捕捞量不超过资源总量的 1% 并引起人们的重视，采取措施保护海洋生态环境和原有生物。

针对人类海洋活动的有效管理，须对相关海洋生态系统、膳食组成、食物链、种群杂交、猎物与被猎物关系、生物的作用以及生态因素、自然因素、海洋因素对生态系统稳定和恢复的影响等诸多方面的结构、成分和作用进行通盘考虑。

海洋生态系统复杂多变。冰岛人清醒地认识到保持生物多样性和生态链平衡不被破坏的重要性。为了保证海产资源的可持续性收获，需要采取措施确保单个种群不被过度捕捞，而其他种群又不会因过度庞大而造成生态失衡。保持可持续性收获和维护生物多样性的重要措施就是对生物种群的综合性管理。

冰岛已对生物种群之间的诸多动态关系进行了详细研究并优化了维护生态系统的科学手段并最有效地在实际中加以应用。对于实施生态保护措施，冰岛在国际论坛上作了很多努力并发起了以此题目为会议主题的 FAO 国际性会议，从而催生了 2001 年生态保护国际会议上的《渔业管理雷克雅未克宣言》，为 2002 年约翰内斯堡世界峰会探讨可持续发展做出了贡献，为渔业可持续发展和保护原有生态环境确立了新的目标。

7. 体系完整的渔业管理及支撑机构

（1）渔业部

冰岛渔业部负责冰岛渔业的管理和执法工作，颁布有关条文规定。渔业部的职责是综合管理、长期规划以及与国际上其他渔业组织和部门建立合作关系。渔业部部长负责作出年度许可捕捞量的决定。在管理工作上，渔业部有三个辅助部门：渔业管理局、海洋研究所和渔业实验室。

（2）渔业管理局

负责冰岛渔业的日常管理和执法工作，负责收集和发布渔业信息和其他相关统计数据，负责向渔船发放捕捞许可证和分配捕捞配额，对非法捕捞实施处罚。负责捕捞船之间配额转让和分配，监控个体渔船陆上数据的报告和捕捞量的秤重，在船上和码头陆地上监督捕捞活动，包括捕捞的海产品的种类、捕捞设备、捕捞方法等。负责向加工厂发放营业执照并监督其生产。加工厂必须满足卫生、设备、质量控制等方面的要求。批准设立的检验机构负责检验陆地工厂和船上加工的卫生条件、设施状况等并实施现场监督。检验机构需要履行正式的授权手续。在履行工作职责时，渔业管理局需要同其他政府部门，如冰岛海岸警卫队、海关、运输管理局等，进行合作。与港务局和地方管理部门的合作与协调确保了全国范围内日常捕捞量的纪录造册。

（3）海洋研究所

该研究所始建于1965年，致力于海洋气候、环境监测、海洋地质、海底地形、浮游生物分布和繁殖、生物再生和繁衍、鱼类种群鉴定、杂交、海洋哺乳动物、渔具、捕捞对生态系统的影响、潜力鱼种的挖掘等方面的研究，就冰岛周围海洋环境和生存资源，向政府提供捕捞量和保护措施等方面的建议，及时向政府、渔业行业和公众通报海洋环境和生存资源信息。该研究所主要由两个研究部门海洋环境部和海洋资源部组成。海洋环境部主要对环境条件、地质、海藻生态、浮游生物、幼鱼、海底动植物群等进行研究。海洋资源部主要对确定的鱼类种群、甲壳类动物、软体动物、海洋哺乳动物进行研究。该研究所的渔业顾问部负责审查鱼类种群评估报告，为政府准备有关年度许可捕捞量和可持续捕捞战略方面的正式建议。上述三个部密切合作，同时还借助渔业部规范电子司和图书馆的帮助进行工作。该研究所在全国有5个分所和1个海洋生物养殖试验站，2艘远洋考察船。

该研究所与冰岛诸所大学及学生合作，进行实用项目培训和研究项目开发。而且，联合国大学的渔业培训项目一直由该研究所负责实施。同时，该研究所同许多国外研究机构和国际组织有合作关系，多年来一直参与海洋科学领域的国际项目研发。

（4）渔业实验室

始建于1934年，从事渔业包括加工业的研究和分析工作。冰岛渔业实验室的目标旨在通过研究、开发和传授知识及咨询促进海产品的增值。通过与冰岛及国外的渔业行业和大学密切合作，扩大知识面，增进研究人员和行业之间的相互交流与合作。该实验室与邻近国家及欧盟成员国相关机构进行广泛的合作研究，与国内大学联系紧密，为食品学科和渔业学科提供研究和教学力量并参与行业人员的培训等。该实验室分析部可以提供对海产品进行化学、微生物学、传感和物理等特性的鉴定服务。使用的主要分析方法符合 EN ISO/IEC 17025: 2000 标准。该实验室的专业领域包括加工技术和生物技术研发、食品化学和物理特性分析、海产品质量和安全认证、海产养殖饲料与饲料技术研发、环境研究等。

（二）芬兰：环保

芬兰位于欧洲大陆北部，是欧洲最富裕的国家之一，也是世界海洋强国之一，在海洋环境保护方面位居全球前列。从 20 世纪到今天，在“世界经济论坛”年会举行的多次评比中屡屡被评为世界最注重环保的国家。因此，芬兰在环保领域特别是海洋环保方面积累的珍贵经验，对广东完善海洋环保和海洋管理具有重要的指导意义。总体来看，芬兰的海洋环境保护和管理措施主要包括以下几方面。

1. 通过立法保护海洋环境

芬兰是世界上最早制定环保法的国家。2000 年 3 月，芬兰开始实施的新《环境保护法》，将防止空气污染、消除噪音和环保许可证制度等有关法规汇总在一起，加强了对环境的预防性保护并明确规定了公民在环保方面应承担的义务。

在水资源的立法保护方面，芬兰于 1962 年颁布了第一部《水法》，重点对严重污染水源和空气的造纸、化工和金属工业企业进行综合治理，规定相关企业必须限期建立污水和废液处理系统，逾期没有达标的企业被处以巨额罚款、停产甚至关闭。并且，芬兰还针对分散区域生活污水防治有专门性立法《关于非下水道管网服务区域生活污水处理政府法令》。在减少海水富营养化方面，芬兰设置了《2005 年水保护目标条例》，明确要求 2005 年营养物的排放量将减少到 20 世纪 90 年代初排放量的一半。

2002 年 4 月，芬兰政府决定起草并实施国际合作，以保护波罗的海的生态环境。2007 年底，波罗的海沿岸国家环境部长通过了《保护波罗的海行动计划》，要求相关国家减少将氮、磷等化学物质排放进波罗的海。该行动计划是一个较为完善的计划体系，包括若干国际协议、国家行动计划和其他条例。与原有条例相比，这项计划在更多的细节上作了规定并进行了补充，设置了波罗的海的保护目标，形成了一个全面的波罗的海保护计划。波罗的海保护计划的主要对象是芬兰海湾、多岛海、奥兰群岛、北部波罗的海本身以及波的尼亚海湾水域内的水质及海洋植物群落和动物群落。这个计划的影响范围是芬兰以及毗邻的一些国家。计划的主要目标是减少波罗的海海水富营养化，改善波罗的海的海洋植物群落和动物群落的生态环境。通过财政的投入、双边合作以及通过国际组织和协议，这些国家共同以以下 6 个方面采取措施来修复波罗的海的生态环境：降低海水的富营养化、减少有害物质的泄漏风险、减少波罗的海自然资源使用中的不利后果、保护并增加生物物种的多样化、提高对生态环境的了解和对波罗的海的生态环境进行研究及监控。

与法规相辅相成的还有一套行之有效的监督管理机制。芬兰在中央、区域及地方层面均为全面水质管理设立广泛的制度架构。在中央层面上，环境部负责水资源保护及环境政策，而农林部则负责管理水资源，两个部门亦监督芬兰环境协会的工作。该协会属全国性的咨询机构，目的是提供资讯及解决方案，以协助芬兰推行生态上的可持续发展。同时，成立由专家组成的芬兰国家环保中心，负责监测全国环境状况，提供环保信息，进行环保科研、宣传和咨询。在区域层面上，芬兰环境部自1995年组成了13个地区环保中心，负责规管及监察提供用水及污水处理服务的公用事业机构，亦负责在各自管辖区域内就水资源问题进行区域性规划、监察及提供指引，加强了地区环保机构的综合管理权力。在地方层面上，各地方当局根据相关法例，负责在各自的行政区内提供用水及污水处理服务。

2. 发展溢油和化学品泄漏的响应技术和措施

芬兰有15艘政府拥有的舰船，都装载着永久性的石油回收系统。舰船沿海岸线合理调配，理论上保证能够在6小时内到达绝大部分地区。芬兰积极发展不利天气条件下的溢油回收技术，旨在拥有多功能的溢油回收、泄露化学品响应，灭火能力的响应船只。

苏兰的海洋科技人员将清理石油和化学品的技术方法进行了研究和推进。为了在实践中，有效应对重油泄露等极端情况条件下的作业要求，技术人员发明了“刷子技术”，在低温和重油时，是一个较好的清理方法。通过旋转的刷子时，油被刷子拂去，浮油和焦油球被吸附在刷子上，随后将刷子上的油清理干净，泵入船内的回收箱里，这种方法的一个重要优点就是收集的水分较少，回收能力较强。

3. 积极发展国际合作

早在20世纪50年代，芬兰就已经与当时的苏联在科技领域开展国际合作。20世纪60年代来开始，芬兰参与了关于芬兰湾污染和科学调查的有关工作，随着环保意识的增强，芬兰于1983年成立了环境部，其中的一个重要职能就是加强国际间特别是相关地区间的环境合作事宜。20世纪以来，芬兰与爱沙民业、俄罗斯加强了三边的环境合作并将合作在支持环境管理与保护的政策可操作性上面提高了要求。2008年在俄罗斯圣彼得堡召开的世界环境论坛“波罗的潮日”，提出了进一步加强三边环境合作的倡议。

在俄罗斯的圣彼得堡西南新建污水处理厂使该地区废水纳入处理系统，增加这一地区国际合作的投资，逐步将社区废水纳入有效的处理程序并改进城市下水道网络，是改善芬兰海湾海水富营养化的重要措施。这也是芬兰附近地区环境保护的国际合作的工作重点。有赖于污水处理技术的升级，圣彼得堡的污水处理厂提高了废水处理的能力。芬兰为所有水处理厂配备了高质量的除磷设备并对需要限制喜氮藻类植物生长的地区配备高质量的除氮设备。水处理厂对除氮要求也做出了规定。特别是在对氮敏感的海域，比如Quark南部和芬兰海湾东端地区，提高社区水处理厂的除氮能力。水厂处理通过更新下水道系统等修理和维护措施提高处理效率。通过技术升级，芬兰拥有了世界一流的废水处理技术和设备，净化后的水质均达到了普通用水标志。

4. 加强有害物质排放的管理

芬兰政府通过制度建设和经济手段等多种措施来限制有害物质的使用和排放。除欧盟对有害化学品按危害程度排序的统一清单外，芬兰拟定了一份需要密切关注有害物质的优先顺序的清单。从1992年9月起，芬兰政府实行环保许可证制度、任何可导致空气、水源或土壤被污染的活动均须获得许可证方可进行。芬兰对工厂企业的排放物进行严格限制，促使企业选择最有效的措施控制排污并在生产过程中随时监测废水、废料和废气中的有害物质含量。

工厂企业在设计规划、改造扩建及采用新原料时，必须首先申请并获得有关当局颁发的环保许可证，得到批准后才能投产，芬兰环保部门有权随时获得工业企业废水或废气排放的有关资料，以便对企业进行监督。环境许可证程序还要求收集监视数据作为环境保护立法的依据。通过监测进一步收集有关有害物质在芬兰的使用情况以及有害物质排放的状况，实现对有害物质进入水环境的过程及水平进行更有效的监控。

这项制度效果明显，目前芬兰的工业污水和城市污水的净化处理率得到了非常大的提高，空气和水源中的污染物大幅度减少，全国97%的湖泊状况良好。

采取经济手段进行调控是芬兰环保工作的又一特色。一方面，政府在投入大量资金用于环保技术研发和对企业控制污染进行补贴；另一方面，以征收环保税的方式约束生产者和消费者，将各种有害物质对环境造成的危害减到最低限度。芬兰自20世纪90年代初开始征收二氧化碳税，是世界上第一个根据矿物燃料中的碳含量征收能源税的国家。政府利用所征收的环保税进一步开展节能、环保等项工作。合理的税收不仅有效地限制了排放物对环境造成的污染，同时也有力地推动了环保计划的实施。

5. 重视公众环境意识的提升

芬兰公民有着很强的环保意识，这在很大程度上应归功于芬兰注重对公民环保意识的培养，坚持在学校教育中长期推动环保课程的开设。在芬兰，环保教育已被列入基础教育、高中教育和相关的职业教育和高等教育。在芬兰，各政府部门均参与推动环境可持续发展的教育及培训工作。芬兰各地还建立起了许多环保志愿者协会和各种非政府组织。政府提供了足够的充分信息，以帮助其公民志愿者保护波罗的海的生态环境；鼓励非政府组织提供环境保护教育，传播环境保护意识。

芬兰非常重视非政府组织在海洋环境保护中的作用，提出了参与主体多元化、危机应对网络化和合作协调区域化的措施。在芬兰湾的海洋环境保护工作中，作为非政府组织的John Nurminen基金会发挥了重要的作用。2004年，该基金会开展了一系列显著改善波罗的海海洋环境的行动。基金会咨询了波罗的海海洋科学方面一些专家的建议，决定把其主要努力方向集中在圣彼得堡污水处理工厂除隣能力的提高。基金会在2010年完成既定工作任务以后，防止超过1 000吨的磷排入波罗的海。这是该地区实施的最大的减少磷热电厂海量的环境项目。该基金会、通过现有开展的环境工作，与波罗的海科学社团有了紧密的联系。他们将继续依靠这些科学社团的建议和经验，为波罗的海的海洋环境保护工作贡献更大的力量。

（三）挪威：金融

经过多单的持续发展，挪威海洋经济具有较完整的产业链，同时也成为全球海洋经济产业链中最为重要的一环。特别是21世纪以来的十几年的飞速发展，挪威在首都奥斯陆形成了以海洋油气为核心、以海洋金融为支撑、以其他配套服务为扩充的新兴海洋产业集群。挪威在西部海岸形成的全球性的海洋经济与金融知识创新中心尤其令人瞩目。

为了配套传统海洋产业，（如渔业、航运、造船等）以及战略性新兴海洋产业（如海洋工程、油气开发等）的发展，海洋金融在挪威蓬勃发展起来，特别是最近十多年来，海洋工程、油气业及其相关的金融服务业发展更为迅速。目前，奥斯陆已经成为全球海洋金融中心之一，绝大部分与海洋经济相关的金融服务机构在奥斯陆都设有总部机构或分支机构，同时挪威银行、北欧联合银行、奥斯陆证券交易所等挪威金融机构成为海洋金融领域的国际性金融机构。

专业性是奥斯陆海洋金融中心的最突出特征，尤其在航运、海工、油气设备和开发等领域的金融服务具有很强的国际竞争力。同时，由于政府的透明度高、运作效率高和产业呵护度高，加上奥斯陆的法律、会计、设计、验证、咨询等相关专业性工商服务的可得性、专业性、便利性等优势，使得奥斯陆海洋金融服务的竞争力十分强大，在全球范围都享有盛誉。

挪威海洋金融产业发展势头良好，离不开诸多因素的共同作用。

第一，政府支持是挪威海洋金融发展的政策基础。挪威政府认为，一个具有较长产业链和较高附加值的产业的积极发展，对于促进挪威的经济增长将具有重要意义。作为一个全球性的优势领域及其配套服务，挪威的海洋金融发展具有长期的历史支持、广泛的客户积淀和合理的业务流程。挪威在海洋经济和海洋金融的优势主要在于形成了一个海洋产业的社会化，是历史固化型、知识驱动型和市场导向性的结合，同时政府非常开放非常支持这个行业的发展。挪威政府积极引导，在符合透明度原则和国际规则的条件下，加强与行业的沟通，支持企业的研发活动，加强产业发展指导，采用市场化运作手段积极促进海洋金融的发展。挪威政府公开、透明、开放的扶持态度以及产业市场化促进手段，是挪威海洋金融发展的基础要件。

第二，产业集群的完善是挪威海洋金融发展的产业基础。挪威传统的海洋经济优势领域集中在渔业、造船、航运等，但是近十多年来，挪威积极引导发展油气产业和配套服务业，使得产业链得以延长、产业链附加值得以提升、产业链的国际化程度得以深化，从而夯实了海洋经济的金融服务需求。由于海洋经济天然的全球性开放的特点，其金融服务的发展也天然具有同样的特征，促进了挪威的海洋金融领域的强劲的竞争力。

第三，挪威海洋金融服务业具有较完善的金融创新产品体系。挪威海洋金融部门可以提供传统银行信贷、出口信贷及担保、债券、股权融资、PE 以及 MLP（有限合作基金）等金融服务。在其金融机构体系中，形成了以银行机构为主、保险与再保险、证券、投资银行等共同发展的格局。比如，最大银行挪威银行（DNB）是挪威最大的金融服务集团，其船舶融资、海洋能源融资等业务居世界前列并在渔业、航运、物流等领域也具有一定优势。

第四，市场化运作是挪威海洋金融业发展的内在动力。挪威主要的金融机构，多有国有企业背景。但是，他们都遵循市场化、专业化运作原则，以真实需求作为业务的基础。同时，在机构业务安排上，注重差异化发展路线，比如 DNB 主要给大型出口企业提供信贷支持，而挪威出口信贷银行则相对更多关注于中小企业。

第五，风险管理是挪威海洋金融发展的有力保障。挪威的涉海金融机构都非常关注海洋金融服务的相关风险并通过诸多措施来防范风险。比强市场化的金融服务及产品的定价机制、公开透明的信息交换机制、信用评级体系、业务的担保制度及金融业监管机构的及时动态管控等，都是保证挪威海洋金融业良好发展的秘密法宝。

第六，宏观审慎与微观监管是挪威海洋金融发展的基础制度框架。挪威金融管理局对一些可能的重大风险给予了特别关注，包括：①海洋经济的全球性特征导致的其资产负债风险管理对立度较大，特别是航运业更加明显；②海洋经济各个子领域，其经济、政策、金融环境，差异较大；③金融机构对经济运行的理性预测难度较高以及其他一些重大风险。

为此，挪威金融管理局对此进行了有针对性的监管：包括对银行在航运、海工领域的信贷策略和信贷政策进行评估；对市场环境进行分析并纳入压力测试程序之中；资产组合的发展评估；要求提供信贷担保；对信贷的定价进行评估，特别是防范过度的风险承担（Risk - taking）；以及要求银行有严格充分的内部审计和外部审计。

二、美国加利福尼亚州：科教

加利福尼亚州（California，以下简称“加州”）位于美国西部太平洋沿岸，是美国国土开发较晚而后来居上的州之一。加州面积相当于1.5个日本，2个英国，3.5个中国广东省，在全美仅次于阿拉斯加和德克萨斯而居第三大面积的州。加利福尼亚州拥有美国最大规模的海洋与海岸经济以及劳动力。2011年，加州海洋与海岸经济共创造GDP达2 069亿美元，工资收入819亿美元，提供1 500万余工作岗位。2013年，其海岸经济创造的GDP较2011年增长了7.82%，工资收入增长8.77%，工作岗位数增长5.28%。因此，美国加州做为其沿海的一个地区，与广东具有一定的可比性，其发展海洋科技教育的一些有益经验可供广东参考。

在1963年的美国渔业协会第93届会议上，明尼苏达大学的斯皮豪斯博士（Dr. Athelstan Spilhaus）提出了建立海洋赠地学院的提议。1965年，在罗得岛大学和南部新英格兰海洋科学协会举办的会议上，与会人员普遍接受了建立海洋赠地学院的倡议。同年，议员派尔（Sen. Claiborne Pell）向国会递交了建立海洋赠地学院的议案。认识到丰富的海洋资源能为国家带来的持久经济增长，联邦政府迅速接受了派尔议员的议案。《1966年海洋资源和工程法》的附加法案《1966年海洋赠地学院和研究项目法案》（National Sea - Grant College and Program Act of 1966）使美国海洋赠地学院由倡议变为现实。

半个世纪以来，美国海洋赠地学院以教育、科研和服务活动为依托，在增进人们对海洋事业的理解，极大地促进了海洋、沿海和大湖资源的评估、开发、使用等方面的工作。海洋赠地学院的经济功能在这个过程中也得到了较好的发挥。

海洋赠地学院通过正式与非正式的教育活动，为海洋经济的发展营造理解和支持性的社会环境，储备高技能海洋科技人才。在正式教育方面，海洋赠地学院主要借助于中小学和大学课堂来实施。比如，海洋赠地学院为各州教师设计海洋知识培训和专业发展项目，为学生提供参与海洋科学研究的机会，帮助各级学校设计海洋知识研究课程等。这些工作实施以来，海洋赠地学院不仅培育了112万名与海洋科学相关的各学科大学毕业生，同时还尝试为研究生提供直接参与科学研究和政府决策的机会，让研究生在国家海洋与大气管理局、国会、州和地方海洋政策决策机构以及海洋工业中获得锻炼的机会。在非正式教育方面，海洋赠地学院主要借助于出版物或网络等手段，向人们提供港口安全、渔民安全培训等服务，为没有机会学习海洋科技知识的群体提供充分接触此类知识的平台。

海洋赠地学院借助科学研究活动，为海洋经济提供智力支持。海洋赠地学院在实质上是以海洋资源开发利用为核心的多学科多层次的项目实体，其60%的资金用于科学研究。在研究项目的选择上，海洋赠地学院从直接和间接为经济服务的角度选择一些具有重大现实意义与区域研究价值的项目。海洋赠地学院直接服务于海洋经济的研究项目主要包括：用于海洋产品生产加工的分子遗传学、生物化学、细胞组织培养技术等；用于海洋环境保护的污染防治技术、环境监测和评估技术等；用于水产业可持续发展、水产品废料处理和副产品加工的商业渔业管理技术；用于沿海经济和社区发展的沿海旅游、海洋商业、港口管理等技术。从间接为经济服务的角度来说，海洋赠地学院主要从保障沿海生态健康和公众安全的角度来促进海洋经济的发展。比如，服务于沿海生态保护的项目主要有海洋与大湖水质监测与研究、物种调查和保护等，致力于减轻海洋自然灾害的项目有海洋地震、海啸、暴风雨预防、沿海建筑物规划设计等。

海洋赠地学院还以有关科研成果直接面向海洋产业的生产实际，服务于海洋经济的发展。海洋赠地学院的科学家们率先开展了海洋药物的研制，目前已经发现和研制了1 000多种新的合成药物，对治疗癌症、炎症和细菌感染均有特殊疗效。为了帮助海洋食品工业满足新的国家食品和药品管理标准，涵盖5 000多家食品加工和6 000多家食品进出口企业的“海洋食品HACCP联盟”成立后，海洋赠地学院直接为其提供了智力支持，每年能减少6万人次的与海洋食品相关的疾病发作，节约各项医疗费用1.15亿美元。

三、日本：战略

日本作为亚洲东部的海岛国家，其发展离不开海洋因素。在很长一段时期内，海洋给日本带来了恩惠、安全、财富和文化。第二次世界大战之后，日本依靠美国的“安全庇佑”，在和平宪法的根本原则指导下发展国家经济，以科技立国和海洋贸易立国等战略为指向，成为世界第二经济大国。这一时期日本的海洋战略以经济发展为中心，相对单纯。但是冷战以后，随着国际和地区形势的变化和世界海洋形势的发展，日本对自己的国家战略进行了重新调整和抉择，把成为“正常国家”乃至妄图成为“安理会常任理事国”作为21世纪日本的国家战略目标。

自1994年《联合国海洋法公约》生效后，以争夺海洋资源为核心的新一轮“蓝色圈地运动”和海洋权益竞争兴起，日本作为世界上一支重要的海上力量，察觉到国际海洋竞争对其带来的机遇和挑战。因此，日本采取了通过立法形式加快推进其“海洋国家战略”的步伐。2007年4月，日本国会众、参两院分别以特别程序高票通过了《海洋基本法》，以加强海洋综合管理、制定和调整海洋战略，强化海洋工作。紧接着，日本对于2008年3月通过了《海洋基本计划》并于2013年4月进行了修订，2009年3月，日本又出台了《海洋能源和矿物资源开发计划》。这些法律和规划，构成了日本海洋战略的主要基石。同时，随着这些法律和规划的实施，也带动了日本海洋管理体制的变革。

日本是一个陆地资源比较匮乏的国家，如何科学有效地利用海洋资源谋发展是日本的重要课题。在《海洋能源和矿物资源开发计划》的指导下，日本在开发传统海洋资源的同时，加大了对海洋新能源和新技术的开发利用，例如利用海洋资源发电（浪力及潮流发电、海洋温差发电、海风发电）、从海水中提取铀和锂等核原料为原子能能源、核聚变能源和电子工业提供资源。日本开发利用海洋矿产，还包括海底锰结核矿床、海底热液矿床和海底富钴壳矿床等。

为构筑新型产业体系，近年日本的海洋开发正在向经济社会的各领域全方位推进。日本以海洋技术进步和海洋产业高度化为先导，以大型港口城市为依托，不断拓宽经济腹地；同时，日本以产业集群和知识集群带动地区集群的发展并构筑起各地区连锁的技术创新体制，进而形成多层次的海洋经济区域梯队。

海洋科技对于日本海洋经济的重要性显而易见。实现海洋经济的可持续发展，必须从以往单纯依靠海洋资源开发的外延型扩张，转为依靠技术进步和管理创新的内涵型引领，带动并改造传统海洋产业的模式上来。日本的海洋科技开发涉及海洋环境探测技术、海洋再生能源实验研究、海洋生物资源开发工程技术、海水资源利用技术和海洋矿产资源勘探开发技术等。

第三节　对广东建设海洋强省的启示

海洋强省是一个综合性的概念，内涵十分丰富，包含了海洋经济、海洋科技、海洋教育、海洋文化、海洋环保、海洋防灾减灾、海洋管理等一系列内容。未来，海洋强省战略是广东未来发展的一个重要支撑点，前面所述国内外的先进经验和做法，值得广东在指导未来发展实践中吸收和借鉴。

一、金融和产业

挪威的金融支持海洋发展已经走在了世界前列，其很多做法值得广东参考。山东在引导海洋产业发展方面也有广东可以参考的地方。

第一，挪威的经验证明：政府在产业发展中起到了前瞻性和引导性的重要作用，因此，找准产业链的位置是政府的任务。广东未来在海洋经济和金融发展的全球化链条中，应发挥能动性，通过公平、透明和开放的原则，积极参与全球分工并努力攀登产业链的高端位置，形成政府与产业良好的互动和反馈机制。

第二，产业集群是海洋金融发展的关键。需求创造供给，新兴的深海油气、海工等领域在挪威蓬勃发展起来，形成了知识—技术—资本—人才—市场的大集中、大融合，形成了一个高端的产业循环系统，带动了金融服务业的发展。对于广东而言，不能想发展一个行业就盲目出台一个促进政策，需要考虑产业发展所需要的各种要素及配置机制，关键在于能否形成一个完善的产业链。这方面，山东的做法需要广东积极借鉴，应该经过仔细研究，立足海洋强省建设、立足南海资源开发、立足“21 世纪海上丝绸之路”建设，海洋部门应会同发改部门共同制定具有广东特色的海洋产业发展指导目录以及其他相关配套政策，为广东海洋产业的发展扫除各种阻碍因素。

第三，研究开发和教育培训。挪威的研究开发投入和教育培训全面、多元且专业。奥斯陆形成了政府、协会、企业、大学和学术研究机构互动的研究开发和教育培训体系。目前广东在这一方面还需要加强。

第四，海洋产业特别是海洋油气产业，是一个高度资本密集和技术知识密集型产业，广东要发展高端海洋设备制造业和服务业，必须要培养一支实力雄厚的海洋研发团队和一支技术精良、经验丰富海洋技术工人队伍。如何形成从技术工人到高端硕士博士科研人员的海洋技术人才体系，值得广东为之不懈努力。我国台湾省、美国的做法为广东提供了有益的借鉴。

第五，应该进行产业促进、风险管理与金融监管的统一。相对于香港、新加坡和伦敦的金融监管而言，挪威的监管框架和监管标准更加严格，其资本金标准在2015年之后可能是全球最严格的标准，这说明其金融风险和金融监管的能力是极强的。政府在促进海洋金融发展的同时，又关切其风险管理机制是否健全，同时又通过主动监管来防范金融风险。二者的平衡艺术值得广东学习。

二、基础教育

台湾地区的海洋意识培养模式，对广东就具有相当的借鉴意义。海洋意识的培养不是一朝一夕的事情，而是需要全社会持之以恒的努力。台湾从小学开始，将海洋教育置入课堂之中，从娃娃抓起海洋意识的培养并贯穿于通识教育的全过程，培养公民亲近海洋、欣赏海洋、尊重海洋、利用海洋的海洋观念。在海洋通识教育中贯彻海陆平衡的教育思想，改变传统文化中由陆看海、重陆轻海的思想观念。台湾通过建立从学龄前直到大学毕业的海洋通识教育必修体系，将海洋意识融入其中，这种一贯制的教育的目的就是将海洋文化如雨丝一般慢慢渗透到人们的思维中去。

因此，未来广东应借鉴其做法，联合海洋管理部门和科技、教育等相关政府职能部门，将海洋教育列入广东教育法律法规，有必要时在政府高层中成立专门委员会，协调各方面的利益关系，联合制定有效可行的工作方案，切实指导实际工作实践，将海洋意识的培养从基础教育做起，在广东各地市树立海陆兼备的形象，使全体广东人民热爱海洋、认识海洋、开发海洋、珍惜海洋，改变当前广东的海洋意识教育相对于其应有职能显得有些落后，仅限于海洋日等节日性宣传活动，仅停留于海洋有关部门、海洋相关院校和相关领域的学者研究范围，远未深入到社会各阶层之中的尴尬局面。

广东可以通过制定教育各阶段适用的海洋教育教材，将趣味游戏和海洋知识结合起来，利用丰富多样的知识传递和思维探索教育模式，向中小学生传递符合其年龄特征和接受能力的海洋知识和海洋思维。广东还应加强海洋教育方面的教师选择。年轻教师，尤其是较高学历毕业、刚参加工作不久的年轻教师，在这方面有一定优势。他们懂得电脑操作和网络应用，思想活跃，适应时代变化，可以利用先进的多媒体教学方式和开放发散的教育理念，跟学生进行交流互动式的教学。广东还应该注重工作的实施路径，可以先在珠三角沿海地市开展海洋教育，等收到学生、家长和社会各界的意见反馈之后，总结出合适的教育方法和成熟经验，对其他地区进行了海洋教育改革的论证和可行性分析之后再进行推广。

三、科技支撑

美国海洋赠地学院推动加州海洋经济发展的过程，实际上也代表了现代海洋产业发展高度依赖高新技术和高端科技、高端管理人才的发展特征。广东在未来推动海洋强省建设时，非常有必要进行借鉴。

广东海洋经济的发展必须高度重视高等教育机构、科研团体的力量。就与海洋相关的产业发展来说，无论是海上石油开采、海洋工程装备制造、海水养殖、海产品深加工等传统产业，还是海洋生态环境保护、海洋水质监测、海洋减灾防灾等新兴产业，离开高等教育和科研团体的智力支持都将是难以想象的。目前，广东在海洋科技领域的发展现状并不突出，特别是与其海洋经济第一大省的位置明显不匹配，与山东相比，海洋高等教育机构和科研团体力量较为薄弱。因此，未来广东应加大投入，重视海洋高等教育和科研团体在海洋经济发展中的作用。

广东地方高校在办学思想与办学力量上应该向海洋教育、科研和服务倾斜。借鉴美国海洋赠地学院的经验，广东各类与海洋相关的大学和科研院所在办学理念、专业设置、教学科研、服务社会等方面应密切结合广东大力进行海洋强省的战略规划，充分发挥高等教育研究的基础性作用，最终推动海洋经济的快速发展。

广东应参考美国海洋赠地学院的运作方式，增强广东的海洋高教机构和科研团体的力量。与传统高等教育机构和科研团体不同，美国海洋赠地学院并不是独立的办学机构，其基本运作模式可以归纳为：联邦资金引导、高等海洋教育机构和科研团体获得海洋赠地学院资格、获得拨款并参与海洋教育、科研和服务项目，推动美国海洋经济的发展。美国海洋赠地学院的运作方式，既避免了专门创建高等教育机构等所必需的人力、物力投资，使最好的海洋教育科研人才集中于麾下；另一方面，政府在项目设置和管理中也可处于主动地位。这种运作方式，在节约办学成本、提高管理效率等方面，对广东具有参考价值。

四、防灾宣传

江苏的海洋防灾减灾博物馆建设令人印象深刻，在利用新式宣传方法方面，江苏走在了前面。广东同样也是海洋灾害损失大省，如何进行防灾减灾宣传，应该向江苏取经。

首先，广东应注重博物馆自身的宣传，融入社会，服务社会，增进广大公众与博物馆之间的相互了解和广泛互动，这是提高他们接受海洋防灾减灾博物馆这种教育形式的先决条件。博物馆应加强与广东各地各级宣传、教育、海洋部门及新闻媒体的联系，联手建立长期的海洋防灾减灾教育基地，形成对公众进行灾害教育的有效纽带，将海洋防灾减灾博物馆打造成广东海洋防灾减灾社教中心。

其次，以实体博物馆、体验式展览馆为基础平台，以新技术、新媒体为工具，打造多空间、多方式的知识传播架构。随着广东社会经济和通讯技术的快速发展，广东已经进入到信息化、数字化、网络化的时代。海洋防灾减灾博物馆也应与时俱进，走上现代化的探寻之路，在展览内容、陈列方式、信息技术上积极进行创新和发展，满足公众多元化文化的需求，提升海洋防灾减灾知识传播能力，实现博物馆教育的目标。

广东应该通过海洋防灾减灾博物馆建设，让海洋生物标本、仪器设备、灾害新闻纪实等海洋实物资料“自己发声”，以其原始特征和真实感官，表达文字所不能表达的感染力，引起公众共鸣，传播防灾减灾知识。海洋防灾减灾博物馆的体验式展览打破了墨守成规的传统展览模式，以更加开放、更具活力、更加新颖的陈展方式来体现博物馆的参与性，实现与公众互动交流的教育平台。如以历史上某个台风风暴潮灾害为例，将其产生、路径走向、登陆到灾害影响整个过程量身订制，让当时的台风灾害实景还原，使公众产生身临其境的体验感和融入感，更加深入人心。又如借助模型、影像等现场模拟演练学习海洋灾害发生过程及如何逃生自救，养成在发生海洋灾害时不害怕的心理素质，培养安全应对能力。通过这种体验式的展览方式，让博物馆与公众产生互动。公众不仅可以眼看、耳听，而且可以触摸、亲自操作和演练，通过数字影像、互动点播、数字化录音导览机、光碟自动浏览系统、多媒体电视等多媒体辅助系统，更能形成生动的参观记忆，强化海洋防灾减灾意识，达到海洋防灾减灾教育的目的。

五、环境保护

芬兰的海洋环保措施，可以为广东所借鉴。芬兰目前主要的环境问题是以富营养化为特点的水污染问题。芬兰是世界上环境管理和环境标准最为严格的国家之一，也是在国际环境领域最为积极和活跃的国家之一。

芬兰的环境法制建设有以下特点：首先，环境立法体系完整。芬兰的环境立法涉及了污染控制和自然资源保护的各个方面。从 20 世纪 60 年代开始，荷兰陆续制定了大量的环境法律法规。针对各种环境媒体和环境问题的法律，如《地表水污染防治法》《地下水法》《海域污染控制法》《空气污染防治法》《土壤污染治理法》《危险物质法》《化学废料法》《噪声治理法》《废弃物污染防治法》等构成了芬兰环境法比较完整的体系。其次，重视各项法律制度的协调。在环境立法的早期，芬兰在不同的环境法律法规中确定了一系列环境法律制度，如许可证制度、环境影响评价制度、公民诉讼制度、信息公开制度等。这些制度在各个单项环境法律法规中的具体要求不尽相同，给政府执法和公民守法带来了不便。为了解决这一问题，芬兰逐渐重视立法程序和技术的协调，做到各项法律要求的统一。2000 年 3 月，芬兰颁布了新的《环境保护法》，对各项法律制度在基本法的层面上进行了统一。《环境保护法》出台后，受到国际社会的很大关注，成为很多国家环境立法的重要借鉴。该法规定了芬兰有关机构的环境管理职能、环境规划和计划的制订、环境功能区划、环境质量标准、环境影响评价制度、许可证的颁发与更新、废弃物的回收处理、化学品的使用和管理、环境保护项目的财政支持、环境行政法庭的设立和运行、污染损害的赔偿、环境污染破坏的法律责任等重要内容。

第五章

增优势

——创造海洋发展新动力

第一节 增创海洋地缘优势

一、海洋地缘优势分析

广东南面南海，毗邻港澳；东临福建，眺望太平洋；西接广西，与海南相望，临近东盟各国，具有独特的海洋地缘优势。审视广东省内及周边地区，就能发现广东拥有全国独一无二的地缘优势。位于珠江口两侧的香港、澳门与深圳、珠海分别两两接壤，四城隔水相望，在地理空间上彼此相距仅五六十千米。而从经济地理的角度来看，整个珠江三角洲与香港、澳门的经济关系都十分密切。近年来，内地与香港、澳门特区政府分别签署了内地与香港、澳门《关于建立更紧密经贸关系的安排》及以后的一系列补充协议，是内地第一个全面实施的自由贸易协议，为加强粤港、粤澳合作提供了充足的动力。现今，粤港澳逐步走向经济一体化的发展进程，合作逐步深入，形成了持续的良性互动。

广东省与东盟各国地理位置相近，其中雷州半岛西临海南和广西，北接西南、华南、中南市场，与东盟地区的距离恰到好处，地理位置极佳，是广东与东盟开展合作的最佳区域。此外，由于特殊的地理区位和历史原因，广东省海上贸易发展最早，移民出洋最多，近代以后广东逐渐发展成为中国最大的侨乡。华侨、华人众多，归侨、侨眷人数也居全国首位。在世界100多个国家和地区分布了约2 000万广东籍侨胞，占全国华侨华人的2/3。广东省内约有10.3万归侨、2 000多万侨眷，主要集中在珠江三角洲、潮汕平原和梅州地区。改革开放以来，大量华侨华人返回国内做贡献，在文化教育、医疗卫生、社会福利等方面投入大量资金。在地方企业发展上，他们也积极发挥作用，帮助地方企业引进资金、设备等。广东的华侨华裔和港澳同胞在广东乃至全国的对外开放中起到了不可低估的作用。现今，在“海上丝绸之路”、广东省海洋强省建设中，他们也将继续发挥作用，成为重要的力量。

二、海洋地缘优势的创新发挥

广东的海洋地理区位及其衍生出来的侨乡文化，共同构成了一直以来促进广东省快速发展的地缘优势。《广东海洋经济综合试验区发展规划》的批复以及建设“21世纪海上丝绸之路”这一国家重大战略的提出，对广东省的发展方向与定位提出了新要求，加强区域合作、形成全方位开放新格局，成为广东省下一步的战略重点。全方位开放新格局的战略为广东省发挥、增创海洋地缘优势创造了条件，广东省也迎来了从“海洋大省”迈向“海洋强省”的重大历史机遇期。在新的时代背景与政策环境下，广东海洋强省建设要抓住机遇增创海洋地缘优势，为广东海洋强省建设增添新活力。

（一）把握国家海洋战略，构建多区域层次合作

国家“十二五”规划将海洋经济提到了国家战略高度，“21世纪海上丝绸之路”战略更将“海洋”和“扩大对外开放”结合在一起。建设“21世纪海上丝绸之路”，是习近平总书记在2013年10月访问东盟国家时首次提出来的。2013年11月，中共十八届三中全会明确提

出了推进“21 世纪海上丝绸之路”建设的战略构想。广东是古代海上丝绸之路最早也是最重要的策源地之一。要抓住机遇，增创广东海洋地缘优势，推动广东海洋强省建设。

“21 世纪海上丝绸之路”的共建推进将大大拓展广东经济发展的新空间，为广东建设海洋经济强省，实现转型升级提供战略支点。“21 世纪海上丝绸之路”，将连通东盟、南亚、西亚、北非、欧洲等各大经济板块，共建面向南海、太平洋和印度洋的战略合作经济带，推进亚欧非经济贸易一体化。在地理区位上，与“海上丝绸之路”其他港口相比，广东具有无与伦比的优势：通过南海，进入印度洋，到达南亚次大陆和中亚、中东、非洲国家的航线最短、最便捷。同时，东盟地处海上丝绸之路的十字路口和必经之地，将是新海丝战略的首要发展目标。近年来广东在东盟国家组织丰富多彩的文化交流活动，举办了多场广东文化周活动并与东盟建立了广东省对外合作交流联席会议。广东和东盟有着紧密的经贸合作关系和文化上的共通性，这就为以东盟为起点带动新海丝沿线，以新海丝沿线带动亚欧非战略合作经济带，增进广东同沿边国家和地区的对外开放和合作交流奠定了基础。广东是中国对外贸易的重要窗口，“广交会”则是我国对外经贸联系的重要平台。在“海上丝绸之路”建设中，“广交会”也将成为广东通往海上丝路天然的贸易桥梁和友谊纽带。

2015 年粤港澳自贸区挂牌成立，试验区将在制度创新、营造法制化国际化营商环境、推进投资贸易便利化等方面进行先行先试。港澳是广东对外贸易合作的重要节点，在“21 世纪海上丝绸之路”建设中，广东要继续利用港澳的特殊优势，深化粤港澳合作，将粤港澳自贸区打造成为海上丝绸之路的资本通道。依托粤港澳自贸区，提升广东的国际影响力，将珠三角地区打造成国际化的港口城市群，形成创新驱动、智慧发展、开发合作的经济增长极。

（二）发挥国内地缘优势，加强同周边区域合作

2011 年 7 月，国务院批复了《广东海洋经济综合试验区发展规划》，提出了构建粤港澳、粤闽、粤桂琼三大海洋经济合作圈，三大海洋经济合作圈成为新时期广东海洋强省建设的国内重点战略；中共十八届三中全会提出的“21 世纪海上丝绸之路”建设战略，为广东全面深化改革、扩大对外开放提供了难得的历史机遇和重要平台。广东海洋强省建设要抓住这一历史机遇，充分释放广东省地缘优势，加强同周边省份、地区的合作，加快粤港澳、粤闽、粤桂琼三大海洋经济合作圈的构建，因地制宜，注重发挥各合作圈的优势，实现双赢。

1. 粤港澳合作

粤港澳海洋经济合作圈以珠江三角洲海洋经济优化发展区为支撑，以广州南沙、深圳前海、深港边界、珠海横琴、万山群岛等区域作为重要节点，加强粤港澳在海洋运输、物流仓储、海洋工程装备制造、海岛开发、旅游装备、邮轮旅游等方面的合作，共同打造国际高端的现代海洋产业基地，建设优质生活湾区。

粤港澳经济合作历史久远，领域广泛，层次深入，机制相对成熟。然而，在海洋经济方面的合作还略显薄弱。海洋经济是未来全球经济竞争中不可或缺的战略领域。粤港澳三地海洋经济发展各具特色并已经形成了一定基础和规模。因此，充分发挥粤港澳各自在海洋经济领域的比较优势，优化配置资源，通过区域合作将大大提升三地海洋经济的国际竞争力。在

这一战略合作中，广东省要努力以港澳为跳板，走向世界，积极开展与世界国家和地区的海洋发展合作。

纵观香港发展历史，虽然香港地域狭小，海洋资源相对不足，但海洋在其繁荣过程中发挥着巨大作用。依靠优良的港口条件和背靠大陆、连接世界的区位优势，香港的对外经济贸易日益兴旺发达，航运业得到充分发展。航运业不仅为香港源源不断地提供工业物资，也将香港工业产品送到了海外市场。旅游业是香港最大的服务业之一，也是香港的支柱产业之一。海洋旅游则为香港旅游业的发展提供了重要保障。香港拥有 80 千米的海岸线，200 多个海岛，分布着许多奇异景观和海滩胜景，可以开发、建设旅游的景区或景点。各种海洋公园、水上乐园及海滨公园成为香港旅游的主要内容。目前，香港已经发展成为世界主要贸易中心、航运中心和金融中心之一，具有资金实力雄厚、管理经验先进等诸多优势。

比较而言，澳门地域更为狭小，经济结构相对单一。但由于特殊的历史原因，澳门与欧洲、拉美等国家和地区联系较为密切，在开拓相关国家和地区市场方面具有不可比拟的优势。在经济发展方面，自澳门回归以来，特区政府不断推动经济多元化发展，相关海洋经济产业发展迅速。目前，澳门会展业已步入较快发展轨道并已初具基础。

广东是海洋大省，海洋资源丰富，具有发展海洋经济的资源优势。近年来，广东海洋经济快速发展，但海洋科技实力依然不强。不仅海洋科技队伍相对薄弱，而且海洋科技对海洋经济的贡献率不高，海洋高新技术产业在海洋经济中的比重明显偏低。世界上发达国家，海洋科技进步对海洋经济的贡献率已超过 50%，而广东新兴海洋产业产值只占海洋产业总产值的 1/4。近年来，虽然在海洋生物制药、海水产品精深加工、海水淡化利用等方面都有所提高，但在总量中所占的比重较小，技术不够成熟，发展相对缓慢。

粤港澳三地只有通过资源互补、科技互助、市场共拓等方面的合作，才能加速发展，提升地区整体竞争力。一方面利用港澳雄厚的资金实力，解决海洋开发的资金难题，另一方面丰富区域合作内涵，完善海洋经济的格局，平衡地区发展，稳步提升广东的海洋竞争能力，提升整体科学发展的能力。广东香港两地海洋科技人才的合作将有助于海洋新兴战略产业的发展。

在具体产业方面，粤港澳海洋经济合作重在三大领域。海洋交通运输和海上贸易是战略重点，海洋环保合作是基本保障，海洋战略产业是未来着力重点。在未来海洋开发中，海上交通运输和航运贸易仍是其重要组成部分，具有强大的发展潜力。粤港澳要力争做全球海洋交通运输与航运贸易的中心枢纽，就要加强合作，整合资源，优势互补。在基础设施方面，要建设三地畅通的陆路通道，优化组合资金、人员等要素，增强三地物流能力。在会展方面，要通过整合粤港澳各种优势资源，如客户、资金等，提高整体的竞争力，打造国际商品集散中心、采购中心，从而解决三地展会泛滥、低水平重复问题。

做好海洋环境保护工作是海洋经济发展的基本保障。目前，粤港澳三地海洋生态环境现状都不容乐观。广东省海域污染整体形势严峻，乱填海、乱围垦、乱采砂、乱倾废现象严重。受陆源污染影响，近岸局部海域水质差，污染重，主要污染物为无机氮、活性磷酸盐和石油类。其中，受污染较为严重区域主要是珠江口海域、汕头近岸及湛江港近岸海域。香港经济高速发展也导致其海洋环境受到污染，排入海洋的污染物不断增加，造成了海洋环境的破坏。

在海洋环境污染治理方面，香港政府积极与企业合作，探索和积累了许多先进经验，也因此香港的海洋环保产业发展相对成熟。随着 CEPA 的实施，粤港、粤澳联席会议等机制得以启动，粤港澳在各方面的合作进一步深入。香港与广东在环保行业的合作起步较早，在严峻的海洋生态环境问题面前，粤港澳三地要加以重视，创新合作机制和形式，加深和拓展粤港澳在海洋环保方面的合作。

海洋战略产业是未来海洋经济发展的重要着力点。随着海洋科技因素的引入，传统海洋产业的基础地位将进一步打牢。海洋战略新兴产业是在这些基础上对海洋资源的深入开发，将扩大对海洋资源的利用，这是未来海洋经济竞争的主战场。在海洋科技人才方面，粤港澳都有各具优势的高校和机构，如广东的海洋大学。粤港澳三地优化组合海洋科技力量，通过加大投入，共同开发，能够形成竞争力强大的海洋战略新兴产业。根据科技人才结构和实力，粤港澳海洋战略新兴产业的发展应以海洋生物制药、海洋工程装备、海洋化工业等为主。

2. 粤闽海洋经济合作

无论是陆域还是空域，广东与福建皆为近邻，尤其是粤东地区——潮州、汕头、揭阳、普宁、梅州——更与福建习俗相近，是海峡西岸经济区的重要组成部分。近年来，粤闽两省通过“泛珠”及“环珠”区域合作的平台，在基础设施、能源环境、商贸流通及产业转型等领域开展了一系列合作。2010 年，粤闽两省签署了技工教育合作协议，探索推进人力资源市场信息网络的共建共享，这标志着两省合作的不断深入。2013 年 9 月，广东、福建两省在第九届泛珠三角区域合作与发展论坛上共同商定，拟建立闽粤经济合作区。

闽粤经济合作区，拟建在漳州诏安与潮州饶平两地交界处，以饶平县和诏安县县域交界为中轴，两地各划出 150 平方千米作为规划范围，首期建设各划 10 ~ 20 平方千米作为合作启动区。目前，闽粤经济合作区的推进工作已经启动，合作区规划建设的前期调研工作已经展开。闽粤经济合作区将充分利用双方得天独厚的港口、海洋、生态和文化等资源，深化粤闽合作和对台合作开发机制，着力打造苏区产业转移园区、闽粤台商投资区、闽粤物流中枢、海洋经济合作实验区、闽粤现代农业区等功能区。作为海峡西岸地区乃至东部沿海第一个跨省合作的经济合作区。闽粤经济合作区的建设对推动东部地区转型合作、推进闽粤经济一体化、打造海西重要经济增长极，将起到积极的作用。

在区域经济发展方面，两省积极鼓励企业开展多种形式的合作。如共同建立销售网络，拓展国内市场；充分利用各自区位优势，加大对台湾省和欧美日韩国际市场的开拓力度，共同开拓东盟等新兴国际市场。在重点领域两省也开展了分工协作。根据产业结构调整的需要，粤闽两省组织区域间的产业对接，鼓励和支持两省优势企业品牌转移及新兴产业和高新技术产业上的强强联合。厦深铁路的建设推进，对于加强两省在文化产业、旅游、农业等方面的合作起到了巨大作用。

在海洋经济发展方面，粤东是广东省海洋经济的重点发展区，凭借优越的地理位置优势，粤东要积极探索与海峡西岸经济区发展的融合途径，着力打造粤闽海洋经济合作圈。根据《广东海洋经济综合试验区发展规划》，要“以汕头、汕尾、潮州、揭阳为依托，进一步扩大与福建在现代海洋渔业、滨海旅游、海洋文化等领域的合作，重点开展海洋装备制造、海洋生物医药、海水综合利用等海洋新兴产业的合作”。粤闽两省要加强在基础设施、海洋环保、海洋文化等领域的合作，特别是在两省邻接海域的综合管理、生态环保及海洋战略性新兴产业等方面开展深入合作。

粤东北地区是海峡西岸经济区的重要组成部分，建设粤闽台海洋经济合作圈有利于扩大与福建、台湾地区的海洋经济合作，共同开拓欧美、日韩和东盟等国际市场。在基础设施方面，2013 年厦深铁路建成通车，厦门、汕头和深圳 3 个经济特区之间交通更为便捷。这大大促进了粤闽台的旅游合作，为打造“一程多站”的海西精品旅游线路提供了保障。汕头港、潮州港是首批对台直航的港口，广东可以利用这一优势开展与台湾的海洋交通运输与物流合作，推进粤台经贸合作试验区及台商投资工业园的建设。

3. 粤桂琼海洋经济合作

广东与广西山水相连，语言相通，习俗相同，具有很强的融合度。在经济上，两省区各具特色、优势各异，是互补性强、联系紧密的合作伙伴。广西为广东提供各种原材料、能源资源、劳动力及广阔的市场，也是广东重要的农副产品供应地和承接产业转移地，为广东经济社会发展提供了有力的支撑。1996 年 7 月，国务院确定广东省与广西对口帮扶广西，两省区经贸合作步伐明显加快。2004 年泛珠合作启动之后两广合作进一步加速发展。2010 年，广东与广西签订《关于建立粤桂更紧密合作关系的框架协议》，双方约定从共同开发北部湾经济区、打造西江经济带、建立两省区对话机制等七个方面展开合作。在建设中国—东盟自由贸易区、构建泛珠三角经济圈和举办中国—东盟博览会等一系列历史机遇下，粤桂两省区充分各自优势，进一步加深合作。广西拥有资源丰富及各种政策优势，广东在产业、外贸、资金、技术等方面具有相对优势，能够在更高的平台上谋求新的合作发展。目前，广东已成为在广西投资最多的省份，广西也成为广东最重要的合作伙伴之一。特别是近年来，以泛珠和中国—东盟自由贸易区以及环珠区域合作为平台，两省区在交通、能源、投资、旅游、环保、劳务以及内贸等领域的合作日益加强，合作不断深化。

北部湾经济区的建设是粤桂两省区合作的重点之一。粤西的湛江、茂名等地市是北部湾经济区的重要组成部分。在北部湾经济区的建设中，要发挥广西的辐射带动作用，促进粤西地区的发展，实现互利共赢。随着基础设施的建设，粤桂之间的联系更加密切。目前，两省（区）利用国家实施的先行先试政策，积极谋划在两省交界处建设“粤桂合作特别试验区”。该试验区拟由粤桂两个沿西江城市——广东肇庆和广西梧州——各划 50 平方千米共 100 平方千米建设，由两省（区）直管，实现在财税、金融、投资等方面的利益共享，将其打造成为中国东西部区域合作的典范。

粤桂琼以海结缘，隔海相望。三省（区）经济互补性强，在产业、市场、基础设施和对外开放等领域的合作前景十分广阔。建设海南国际旅游岛、实施海洋强国战略、建设“21 世纪海上丝绸之路”这三大战略，为三省（区）扩大现代服务业合作提供了机遇。2010 年，广东与海南签署《广东・海南战略合作框架协议》，这为粤琼在旅游业、海洋经济等方面深化合作提供了保障。

在广东海洋强省建设中，与粤东一样，粤西也是海洋经济的重点发展区域。广东要做好与北部湾地区和海南国际旅游岛的对接合作，打造粤桂琼海洋经济合作圈。要以粤西的湛江、茂名、阳江为依托，加强粤桂琼在滨海旅游业、现代海洋渔业、海洋交通运输业发展和涉海基础设施建设等方面的合作。发挥湛江港作为西南地区出海大通道的作用，增强对北部湾地区的服务功能。促进滨海旅游资源开发合作，共同打造粤桂琼滨海旅游“金三角”，将其建设成为具有国际影响的休闲度假旅游目的地。

按照《关于建立桂粤更紧密合作关系的框架协议》和《广东·海南战略合作框架协议》的要求，加强与广西和海南的海洋经济合作，推进粤桂琼海洋经济合作圈建设。联手加强与东盟国家在矿产、能源、海洋等资源开发利用、农业综合开发和基础设施建设等方面的合作，构建与东盟合作的新高地。重点加强海洋资源开发、海洋交通运输业、滨海旅游、海洋基础设施建设等方面的合作。粤琼共同推动琼州海峡跨海通道及配套交通基础设施项目建设，加大海洋资源合作开发力度，共建南海蓝色经济区域。鼓励广东企业参与南海油气资源勘探开发服务基地建设。粤桂共同开发建设北部湾经济区，打造面向东盟的物流基地、商贸基地、加工制造基地和信息交流中心。发挥湛江东南亚水产品集散地作用，共同促进南海渔业资源开发。以海南建设国际旅游岛为契机，整合环北部湾旅游资源，共同打造滨海旅游“金三角”。加强海域环境治理协作，合作制订北部湾、琼州海峡等海区海洋环境保护共同行动计划，建立应急响应机制。

（三）发挥临近区域优势，推进与东盟国家合作

广东与东盟各国在地理位置上相近，血脉人缘上相通，经济合作上具有巨大的发展前景。2004 年，中国与东盟签订了自由贸易区框架协议，广东与东盟的合作不断加深，双方贸易额持续增长。诸多广东企业到东盟开展各种产品服务与资源方面的合作，如广东省内的大型企业美的、格力等均在印度尼西亚和越南设立了公司。广东湛江还利用区位优势探索与东盟合作新渠道，首届由广东省政府主办的中国（广东）—东盟合作华商交流会于 2013 年在广东湛江举行，这是湛江招商引资，扩大粤西与东盟合作的重要平台①。

粤西是广东与东盟合作的重要前沿，但其竞争力及在与东盟合作中的作用，与广西、海南还有较大差距。一方面粤西地区没有国家赋予广西、海南的特殊优惠政策，贸易自由化程度低，影响了投资的吸引力。如湛江与北海相隔不到百里，税率却相差很大。湛江港的贸易政策仍停留在油品保税库、保税仓水平，远低于钦州和洋浦的保税港区、海口和凭祥的综合保税区以及南宁的保税物流中心的政策水平，只能主要依靠内地货源同境外港口竞争。二是交通基础设施建设滞后。粤西远离珠三角和港澳地区，承接珠三角地区经济辐射力弱，经济发展相对缓慢，在基础设施建设上缺乏统一协调，区域竞争力不强。

扩大与东盟的合作，广东还有巨大的潜力。需提高认识，推进体制机制的建设。

1. 提高认识，战略统筹，深化广东与东盟的经贸合作

在广东对外开放全球布局中，“东盟因素”是十分重要的组成部分。要制定做大东盟市

① 去年广东对东盟进出口贸易总额为 923 亿元［EB/OL］. http：//www.chinanews.com/df/2013/03－25/4673161.shtml，2014－10－17.

场、拓展资源腹地的具体战略，积极深化与东盟的货物贸易、服务贸易和投资合作。深入研究东盟各国的要素结构、产业结构、贸易结构，做好与东盟在重点领域和重大项目上的对接与合作。制定“走出去”“请进来”政策措施，促进双方贸易和投资，在财政、金融、信保等方面提供政策支持，推动企业“走出去”赴东盟投资。开展与处于不同发展阶段的东盟国家的差异性合作，一方面，推进广东与东盟国家的产业转移，实现国际化发展。另一方面，要逐步扩大开放领域，加强对东盟各国的招商引资、投资推广，吸引发达的东盟成员国来粤投资。

建立服务中国—东盟自贸区的机构，推进广东利用自贸区优惠政策提高经济发展水平。建立专门机构，加大对中国—东盟自由贸易区各项协议与规则的研究和宣传，帮助企业了解和掌握自贸区众多协定、政策并为企业提供原产地证书申领、投资咨询、培训等相关服务。建设与东盟对话交流及经贸合作的机制和平台，创造更多的机会深化与东盟的合作，如搭建电子网络信息平台、投资贸易平台及人员互访交流平台。

2. 探索创新，优势整合，打造广东与东盟合作的“桥头堡”

广东作为中国与东盟合作的新高地，要以粤西为重点区域打造广东与东盟合作的“桥头堡”，推进粤西在区域经济一体化中获得新发展。使粤西地区融入环北部湾区域发展大潮，连接琼、桂两地，起到辐射中南、华南、西南地区具有极为重要的作用。

要加大政策支持力度。一方面，争取中央政策支持，推进粤西纳入北部湾经济区发展规划，享受国家统一的优惠政策。另一方面，在《珠江三角洲地区改革发展规划纲要》实施过程中，对粤西三市实施政策倾斜。探索建设广东—东盟经贸合作区，面向东盟市场，针对东盟市场制造产品，整合广东省资源、产业发展优势，成片开发。支持湛江设立保税港区和中国—东盟（湛江）自由贸易区加工区，支持茂名和阳江建设保税物流中心，形成粤西保税物流集散体系，以自由贸易区政策促进粤西经济向高层次发展。加快粤西地区一体化进程，统筹交通等基础设施，提高区域竞争力，推进粤西面向东盟的现代化国际交通通道建设。完善粤西陆路交通基础设施，加快修建连接珠三角与广西、海南的沿海高速铁路和沿海高速公路，建成广东通向周边省区和东盟的快速运输通道。建设以湛江港为中心的粤西大港口，并在湛江与茂名之间选址建设粤西国际机场，切实发挥湛江作为珠三角地区乃至广东连通北部湾地区和东盟国家桥头堡的区位优势。为广东在中国—东盟经贸合作区的龙头地位打下坚实的基础。

（四）发挥国际地缘优势，探索和发达国家合作

自国际金融危机以来，广东的国际贸易面临巨大的压力，相对生产能力来说，市场成了新一轮发展的瓶颈。广东正处在一个急需调整产业结构，实现转型升级的关键时刻。广东与发达国家和地区的合作应努力寻求以经济为导向的全方位和长期的合作。以开辟国际市场、吸引外资为主，充分利用国际市场上的资源。一方面，随着广东企业的对外投资，劳动密集型产业向越南、印度尼西亚、菲律宾等国家转移。另一方面，积极引入来自美国、韩国、日本、新加坡等发达国家的先进管理经验、技术、资金，实现广东省产业结构的转型升级。

近年来，广东省高层领导多次率领由广东企业家组成的广东经贸代表团，对东盟（印度尼西亚、马来西亚、新加坡、越南和泰国）以及韩国、日本进行成功访问，推进广东在亚太区域经济合作中的战略布局。一方面拓展了广东与东盟、东亚国家的合作，推进广东与东盟、东亚在经贸、文化、旅游和环保等领域的合作以及广东与东盟合作的“转型升级”。另一方面，吸引了美、日、韩等国家到广东各地投资，投资项目规模、技术含量、产业链等都有不断优化的良好势头，为广东现代服务业和先进制造业的发展注入了活力。在政策方面，广东积极争取国家支持，认真落实“同等优先、适当放宽”的政策，为美、日、韩企业来广东投资创造更多机会和良好条件。在对外交流上，粤港联合与发达国家开展经贸合作交流活动有利于提升两地整体实力。2003 年，粤港—日韩经贸合作交流会，两地就成功向日韩联合推介了广东、香港以及“大珠三角”的良好发展前景。

（五）创新发挥人缘优势，发展华人华侨经济圈

广东作为经商口岸有着悠久的历史，早在西汉时期，“海上丝绸之路”就成为广东与海外开展经贸往来的重要通道。在海禁最严的明清时期，广东依然与海外有着经贸联系，正是这种海上的交通与贸易使广东与海外有了地缘与人缘联系。近代以来，西方列强通过海上争霸和海上贸易扩张海外殖民地，香港、澳门也是在那一时期被割让给西方列强。1978 年，中国实行改革开放，广东成为改革开放的排头兵，毗邻香港、澳门的地缘优势使改革开放取得了突破性进展，长期的海外联系也转化为强大的华侨力量、人缘优势。

由于特殊的历史原因，历史上广东沿海众多民众为了寻求生活之路，选择背井离乡，出洋谋生。在抗战时期和 20 世纪 50 年代，大量大陆移民迁入香港，成为香港人口的一部分。许多人也从这里继续迁移到世界各地建立家园。随着中国的发展，华侨华人的商业投资回流至或流经香港，香港成为广大华人华侨联系中国内地的首选之地。在中国改革开放之后，华人华侨为广东乃至中国的经济发展发挥了重要作用。葡萄牙人在澳门 400 多年的经营使澳门建立了基于葡萄牙语言及文化因素的社会体系，形成了连接欧亚的人文桥梁。1992 年，澳门成立了亚洲唯一的欧洲资讯中心，同年，又与欧共体签订了贸易及合作协定。澳门与人口超过 2 亿的葡语国家共同体（由葡萄牙、巴西等 9 个官方语言为葡萄牙语的国家组成）建立了正常联系，这些都成为澳门回归后，中国对外交往上的人缘优势。

亚太地区被认为是世界上文化差异性最强的地区之一，迫切需要更频繁、更深入的文化交流以推动共同的认同感。广东作为一个经济规模较大的实体，有深远的华侨文化基础，在亚太区域经济合作中具有无与伦比的优势。一方面通过打造一个张力突出的亚太文化交流平台，促进亚太经济合作的推进。搭建海外华侨华人文化交流平台，深化与有关国家（地区）的人文合作。拓展文化传播渠道，不断扩大中华文化的影响力。要以合作、创新和服务为主题，构建面向海外华侨华人的聚集发展创新平台，建设跨境金融服务、国际采购商贸物流、旅游休闲中心和华侨文化交流、对外传播基地。另一方面，构建中国华侨经济文化合作试验

区。2014 年，国务院正式批复同意在汕头经济特区设立华侨经济文化合作试验区①。在当今和平与发展的大背景下，广东是亚太地区新的经济增长极，也是国际产业特别是东亚产业大循环的重要结合部。发挥广东的人缘优势，不仅能拓展广东在亚太地区的市场，更能进一步推进广东通过海洋走向世界。

第二节　增创海洋资源优势

一、海洋资源优势分析

广东是我国的海洋大省，拥有广阔的海域空间和独特的海洋自然资源，包括丰富的油气资源、海洋生物资源、滨海旅游资源等。广东大陆海岸漫长曲折，港口资源丰富。广东的海域面积与海岸线长度均居沿海各省之首，所辖海域海岛众多，所辖大陆架蕴含的高额油气储量，常年不冻的若干国家级重要港口，多种多样各具特色的滨海旅游地，悠久的海洋文化传承，都是广东海洋资源丰富的缩影，也是未来广东建设海洋强省不可多得的先天优势。本书第二章已经有较多篇幅进行了相关论述，本节不再赘述。在新的时代背景与政策环境下，广东未来如何更加有效地增创海洋资源优势，为广东海洋强省建设增添新动力，是非常值得深刻思考的，也是本节重点关注的问题。

二、创新发挥广东海洋资源潜力的途径

（一）集约开发，提高海洋资源利用效率

海岸带地区是广东改革开放以来经济社会快速发展的重要依托。但近年来，一些地区出现了围填海规模增长过快、海岸和近岸海域资源利用粗放、局部海域生态环境破坏严重、防灾减灾能力明显降低等问题，给海洋环境和海洋生态系统造成了不可逆转的影响。党的十八大报告提出“加强生态文明制度建设”，将“资源消耗”纳入“经济社会发展评价体系”“建立国土空间开发保护制度”“深化资源型产品价格和税费改革”。2010 年以来，国家海洋局加强了围填海规划计划管理，实施围填海年度计划管理，取得了明显成效。在经济发展和环境保护的双重压力下，建立严格的海洋资源开发和保护管理制度，推动海洋主体功能区战略实施，广东应完善海洋资源管理制度，通过宏观调控和市场机制规范海洋资源开发秩序，引导海洋资源利用产业健康发展，促进海洋资源利用走向科学、合理、永续发展的道路。围绕加快转变海洋经济发展方式，着力提升海洋空间资源开发利用水平，推进集中集约用海，引导海洋产业集聚发展。重点发展海洋交通运输业、滨海旅游业、海洋油气业、海洋船舶工业、现代海洋渔业等优势海洋产业，加快发展临海现代工业，培育海洋新兴产业。加强岸线利用和保护，科学规划工业与城镇建设、港口建设、滨海旅游、生态环境保护等岸段类型，

---

① 国务院同意在广东汕头设立华侨经济文化合作试验区［EB/OL］. http：//gd. people. com. cn/n/ 2014/ 0919/ c123932 - 2237 0822. html，2014 - 10 - 17.

明确各类岸段利用方向、开发强度和保护要求，科学调控海岸开发利用活动，着重加强沿海防护林体系建设和保护，全面规范海洋开发利用秩序。加强海岛规划，优化开发有居民海岛，保护性开发无居民海岛，严格保护特殊用途海岛。

近海海域拥有丰富的海洋渔业、油气矿产和海洋可再生能源等资源，海洋开发潜力巨大，仍然是广东短时期内实施海洋经济综合开发的重要区域，可重点发展现代海洋渔业、滨海旅游、海洋油气、海洋运输等产业，大力开发海洋可再生能源。而深海海域空间辽阔，海洋生物、海洋矿产资源丰富，开发前景广阔，是未来广东实施海洋经济综合开发的重要区域。可大力发展深海技术，积极发展深水渔业，加大深海油气资源勘探开发力度，拓展深海产业。

丰富的海洋资源是广东省实施海洋强省战略、推进产业升级转型、实现经济跨越式发展的宝贵资源和重要竞争优势。推进传统渔业转型升级，努力构建稳定的捕捞业、集约的养殖业，从传统渔业向以休闲观光渔业为主转变，加快推进海洋资源开发利用从粗放型向集约型的转变。科学利用岸线资源，合理布局产业项目，充分发挥沿海土地价值。统筹协调港口岸线开发管理与项目布局方面的重大事项和问题。大力推动产业集聚发展。围绕培植海洋优势产业，优化涉海生产力布局，引导产业向重点区域、优势地带集聚。在海洋资源开发过程中，逐步推行海域资源有偿使用制度，严格控制围填海工程，建立海洋生态保护区。全面推进节约集约用地，实行工业项目投资强度与用地指标控制制度，引导工业向园区集中。

粤东、粤西作为沿海后发地区，面对发展海洋经济的大好形势以及当地弥足珍贵的岸线资源，更要坚持科学发展理念，不断提高海洋综合开发水平。在海洋开发初期，依法规范用海行为。注重发挥规划对发展海洋经济的科学引领作用，逐步配套完善各项涉海规划。开展近岸海域环境功能区划调整和生态分级控制区调整，做好海域勘界工作。通过规划提高统筹调控水平，依法行政，加强监管，促进海洋资源集约开发与合理利用。其服务涉海重大项目作为海洋工作的突破口，严格按照“海洋功能区划”组织协调做好海域使用论证和海域使用许可申报工作，有效地推动重点企业对接“海港经济”引擎。加大海洋渔业资源增殖力度，重建和修复海洋渔业生态系统。开展海岸线及近海海域生态环境整治，制订并启动近海海域及榕江口海域生态环境整治计划，做好岸线生态修复及红树林保护工作。加大对破坏海洋环境违法案件的查处力度，为构建蓝色海洋提供有力保障。

（二）创新管理，强化海域生态环境保护

早在20世纪80年代，“可持续发展（Sustainable Development）”的理念就已经提出，但在实际工作中，尤其是海洋开发保护中，这一理念尚未得到充分运用。广东海洋经济发展已经达到一定的高度，也已进入海洋生态环境保护的关键时期，在海洋强省建设中，创新管理理念，强化海域生态环境保护尤为重要。在区域污染防治协调上，要统一强化海洋污染防治观念，逐步建立完善的区域性海洋环境保障体系。做好海域使用动态监管，加快海域动态监管中心建设，努力实现全省沿海地区动态监管系统联网。对于海洋经济较为发达、海洋开发强度较高的珠三角地区，要重点做好污染治理和海洋生态环境修复工作；对于海域开发相对较弱的粤东和粤西地区，要以防为主，在海洋开发前做好统一规划，建设好滨海绿色屏障，做到生态用海。

按照海陆统筹、河海兼顾的要求，重点开展海洋和海岸带生态系统建设，加强近岸海域污染防治。坚持陆源和海源污染防治并进，加大陆源入海排污口的监测力度，推动海洋生态文明建设。推进环珠江口宜居湾区建设重点行动，逐步实施珠江口、大亚湾、湛江港等重点海域入海污染物排放总量控制制度。实施珠江口、大亚湾、柘林湾、水东湾等海洋环境综合整治修复示范工程，在珠江口、汕头港、湛江港等重点海域实施氮、磷减排试点。加快滨海城市生活污水、垃圾处理和工业废水处理设施建设，提高污水、垃圾集中处理率。积极倡导海洋绿色运输，逐步推行更严格的船舶燃料与排放标准。加强海上污染源和倾倒区规范管理，严格控制在珠江口及邻近海域和海湾内新设倾倒区。加强海洋环境污染事故应急处置能力建设，完善海洋环境污染事故应急响应机制，建立海上溢油及有毒化学品泄漏等污染事故的快速反应机制。完善排污许可证制度，鼓励开展区域内排污权交易，探索建立排污权交易中心。将海洋环境保护纳入沿海各级政府环境保护责任考核范围。加大海洋环境监测力度，重点加强海洋环境敏感区、赤潮灾害频发海域、陆源入海排污和临海重大项目监视监测。依托不同海域的自然条件、资源禀赋和开发潜力，由近及远、梯次开发，统筹开发海岸带、近海海域（含海岛地区）和深海海域，形成三条各具特色的海洋保护开发带，对优化海洋开发格局、拓展海洋经济发展空间、提升海洋资源保护开发水平、促进海陆统筹发展具有重要意义。

加强海洋生物多样性和重要海洋生态环境保护，开展人工鱼礁建设，推动大亚湾、湛江、阳江、江门、茂名等海洋牧场建设，探索建立蓝色碳汇生态功能区。加强重要海洋生物繁殖场、索饵场、越冬场、洄游通道和栖息地保护，完善伏季休渔和禁渔期、禁渔区制度。实施海洋生物资源养护增殖行动，规划建设一批海洋生物增殖放流基地。大力实施海岛生态整治修复，有效保护和修复海岛及周边海域生态系统。加强沿海防护林、红树林、珊瑚礁、海草床和滨海湿地等生态系统修复与建设，逐步构建结构合理、分布均匀、生态功能稳定的海洋生态保护体系。积极引导社会力量特别是用海企业主动参与海洋生态保护和修复。引导采用透水式和高桩式用海方式，鼓励生态式围填海。

以提升海洋生态系统保护水平为目标，加强海洋自然保护区和海洋特别保护区建设，抢救性保护一批典型自然生态系统、濒危物种以及具有保护价值的历史遗迹、自然遗迹和自然景观。提升海洋保护区建设和管理水平，将珠江口中华白海豚、惠东港口海龟、徐闻珊瑚礁等国家级自然保护区打造成具有国际水平的保护区。逐步建立以国家级保护区为龙头、省级保护区为骨干、市县级保护区为基础，布局合理、特色突出的保护区网络。到2015年，新建一批海洋保护区，保护区面积达到管辖海域面积的3%以上。

（三）综合规划，打造特色海洋多样旅游

广东省海洋资源丰富，具有发展滨海旅游的自然资源条件。然而，广东目前尚未形成自己的滨海旅游特色，在与周边省份和地区滨海旅游业的竞争中处于不利地位。广东省具有特色鲜明的南海海洋文化，在旅游产品开发中缺乏综合规划及对海洋文化品牌的打造。打造海洋文化品牌，培育海洋文化事业，能够为滨海旅游业的发展提供强劲的精神动力和良好的人文环境。

传承南海海洋文化，深入挖掘和系统整理南海海洋文化资源，开展涉及海洋渔业文化、民俗文化、饮食文化、海上移民文化以及水下文化遗产等方面的资源普查，建立系统规范的海洋文化资源普查档案。加大对重点物质和非物质文化遗产项目及其生态环境的整体性保护，建立若干水下文化遗产保护区和海洋文化生态保护区。加强海洋文化研究，推进海洋考古、海洋文化遗产、海上丝绸之路等方面的研究。加强海洋文化宣传，办好“海洋宣传日”“蓝色文化课堂”等活动，充分利用广东特色组织出版海洋文化方面的图书、动画、电影等艺术产品，提高全民海洋意识，为加快海洋强省建设创造良好的文化氛围。

打造海洋文化品牌，引导形成一批各具特色的海洋文化区，在珠海、粤东、粤西地区分别以广东文化、潮汕文化、疍家文化为主体打造各具特色的海洋文化区。围绕打造海上丝绸之路品牌，推动申报联合国“世界文化遗产”，把“南海Ⅰ号”① 和“南澳Ⅰ号”② 打造成“海上敦煌”，扩大广东甚至是我国海洋文化的国际影响力。

培育海洋文化产业依托海洋特色文化、自然遗产地、历史遗迹，大力发展海洋文化产业，打造一批具有浓郁南海特色的海洋精品文化景区和文化产品。大力开发海洋生态文化旅游、海洋民俗文化特色旅游，建设一批海洋文化旅游目的地。以大型涉海展会、重要海洋文化活动为载体，打造海洋文化产业发展平台。办好南海开渔节、休渔放生节、航海日、海洋经济博览会和海上国际龙舟邀请赛。积极开发具有海洋文化特色的旅游产品和民间工艺品。

（四）面向海外，深挖各类海洋资源潜能

进入21世纪，随着海洋时代的到来，各国在海洋国际合作上逐步形成共识，海洋国际合作迎来了重要发展的机遇期。广东是海洋资源丰富，海洋经济发展迅速，是我国的海洋大省。但同时，在海洋资源的综合开发利用方面仍有较大的提升空间，诸如海洋资源利用不够集约，港口资源与腹地经济脱节等。在国际海洋合作日益发展的背景下，广东省要充分利用“21世纪海上丝绸之路”建设契机，面向海外，积极探索国际海洋合作的新模式，进一步挖掘海洋资源开发的潜能，推动广东海洋强省建设。

港口是建设海上丝绸之路经济带的核心战略要素，广东省港口资源优越，已建成较为强大的港口群。为对接“21世纪海上丝绸之路”的建设，广东要统一规划，促进各港口临港工业区的合理布局，配套完善金融、保险、信息、维修、保障等各种相关服务，以巩固和发挥我国西南出海主通道作用，带动区域经济发展。尤其是作为古“海上丝绸之路”最早始发港的粤西湛江，要结合海东新区的建设，形成沿海产业带和增长极，带动城市及粤西地区的发展。

在具体海洋产业方面，广东也要积极拓展与新海丝沿线国家海洋合作。以海水养殖、渔

---

① “南海Ⅰ号”是迄今发现最大的宋代沉船。船长30.4米，宽9.8米，高3.5米。船载文物有瓷器及金、银、铜器等8万余件，其中瓷器包括了福建德化窑、磁灶窑、景德镇窑系及龙泉窑系等高质量精品。“南海Ⅰ号”的发掘、保护，为复原我国“海上丝绸之路”的历史、航海史、贸易史、造船史、陶瓷史提供了极为难得的实物资料，具有重要的研究价值。

② “南澳Ⅰ号”是我国发现的第一艘明代沉船。船长约25.5米，宽度约7米。船载文物主要为明代粤东或闽南及江西一带民间瓷窑生产的青花瓷器。“南澳Ⅰ号”的发现和水下考古发掘，为研究我国航海史、贸易史、造船史、陶瓷史提供了实物依据，目前正在规划建设“南澳Ⅰ号”古沉船专题博物馆。

业加工、海洋科技等为重点，推动建立一批合作园区。联合开展渔业增养殖、增殖放流、建设人工渔礁，开展海洋观测预报、防灾减灾、海上搜救合作，实现装备、技术的互助和信息的共享。在相关国家合作建立集补给、仓储、加工、销售于一体的远洋渔业基地，吸引周边渔业资源，建立水产品加工、交易聚集区。同时，共同探讨海洋生态环境保护领域的合作路径。

"海上丝绸之路"也是文化交流融合的重要渠道。要以"海上丝绸之路"城市联盟为基础，深化广东与相关城市在教育、文化、体育、医疗等领域的互补合作。以各种形式推动人文密切交流，如继续办好并扩大"南粤文化海外行""广东文化周"等品牌活动的影响，开展青少年文化交流夏（冬）令营。通过对海上丝绸之路文化及旅游线路的宣传推介，提高广东的知名度，打造"广州—潮州—阳江—徐闻""海上丝绸之路"文化旅游品牌。

第三节　增创经济潜能优势

改革开放以来，尤其是20世纪90年代以来，广东海洋资源开发不断深入，海洋经济规模不断扩大，海洋总产值多年来一直处于我国沿海地区首位。以珠江三角洲经济区为龙头的广东海洋经济在全国海洋经济和在广东沿海城市国民经济中均占有重要地位。海洋经济具有巨大的发展潜力，有望成为广东省国民经济新的增长点。海洋经济的持续、快速、健康发展，将会进一步优化广东省产业结构，调整产业布局，带动广东东西两翼和粤北经济得到快速发展。2011年7月，国务院批复了《广东海洋经济综合试验区发展规划》。

一、海洋经济潜能分析

（一）区域协调潜能

改革开放以来，广东省经济得到了迅猛发展，但与此同时，区域经济发展差距也逐渐扩大。2013年，珠三角人均生产总值为93 114元，分别为粤东（27 002元）、粤西（33 712元）和粤北（25 513元）的3.45倍、2.76倍和3.65倍。地区经济发展总体水平的差异也影响了粤东、粤西地区对海洋的开发和利用，导致海洋经济区域发展的不平衡。在空间分布上，珠三角地区以全省1/4的岸线承载了80%以上的海洋生产总值。而拥有丰富海洋资源的粤东、粤西两翼海域尚未得到有效的开发利用，这也导致广东海洋资源整体产出率偏低。粤东、粤西地区海洋资源优势进一步开发潜能巨大。2011年7月国务院批复的《广东海洋经济综合试验区发展规划》不仅体现了广东对海洋经济发展的重视，更明显的作用是拉动粤东、粤西两翼的经济发展。但同时，也要注意到让粤北地区搭载全省建设海洋强省和21世纪海上丝绸之路的顺风车，不能留下区域协调发展的空白地。

长期以来，广东省海洋经济发展主要是以项目带开发的模式，开发组织程度不高，海洋产业布局同构现象严重，不同行业在分配使用岸线、滩涂和浅海方面的矛盾已经日益加剧。在海洋产业发展中，广东省沿海各市缺乏有效地协调统一。例如，在港口体系上，各港口存在同质竞争，港口腹地重合的现象。广东省拥有良好的港口资源和深水岸线，适宜建港的海湾200多个。2010年，全省初步形成了以广州港、深圳港、珠海港、汕头港、湛江港等为全国性主要港口，潮州、揭阳、汕尾、惠州、虎门、中山、江门、阳江、茂名港其他沿海地区性重要港口和一般港口为补充的发展格局。（广东海洋经济地图）但是，省内各港口均以珠三角地区为直接腹地，忽视了与内地乃至其他内陆城市的联系。广东省港口通过强化“港口群”概念，依托香港的港口运输业和物流网络，加强港口之间、港口内部的联营，进一步做大做强的潜力巨大。

（二）产业结构潜能

作为全国首批海洋经济发展试点省份之一，广东省海洋经济实力巨大，但在海洋产业发展上还存在海洋经济大而不强、产业结构单一、新兴产业发展乏力、第三产业发展薄弱等种种问题。

海洋强省建设中，海洋经济是广东省未来经济转型的重要增长极，广东海洋产业结构进一步升级转型的空间较大，从传统海洋产业到海洋服务业再到海洋战略性新兴产业都还有较大的潜能。目前，广东海洋开发利用水平低，经济发展方式比较粗放。2013年单位岸线长度所创造的海洋生产总值仅为3.35亿元/千米。传统海洋渔业产量低，广东省浅海可养殖区面积一直居全国第一，然而，海洋渔业的产量却位居山东、福建之后。滨海旅游业方面，广东虽然拥有众多优质的海岛海滩资源，像在国际上宝贵的自然资源——阳江海陵岛的“十里银滩”，却没有开发出像海南三亚亚龙湾这样具有代表性、标示性的国际滨海旅游地。港口方面，广东省内优良港口密集，整个珠江口区域有香港，深圳蛇口、盐田，广州南沙等几大枢纽港，呈高密度布局。与长三角地区，和渤海湾的枢纽港分工明确不同。珠江口地区的各港口之间存在较为严重的恶性竞争、“一城一港”现象。各港口主要业务都围绕装卸、搬运、仓储、运输开展，而产业链下端的货物的加工、包装、配送服务却少有涉及。海洋战略性新兴产业是以科技含量大、技术水平高、环境友好为特征，处于海洋产业链高端，引领海洋经济发展方向，具有全局性、长远性和导向性作用的海洋新兴产业。海洋战略性新兴产业有待发展，突破关键核心技术，提升海洋产业核心竞争力。

（三）科技创新潜能

未来海洋经济的发展不能仅仅依靠传统海洋产业来支撑，更多是要在科技创新方面寻找新动力，以科技进步抵消粗放经营带来的负的外部性。在科技创新方面，广东省还有较大的实力和提升空间。广东海洋科学技术总体水平相对低下，海洋科技高层次的人才呈现出较为短缺的态势。据统计，截至2013年底，沿海的12个省市区中，广东省的海洋科研机构活动人员数量占全国比重仅为8.6%，大专以上学历的海洋科研人员占海洋科研机构活动人员数量比重在沿海12个省市区中排倒数第二。海洋科技成果与其他沿海省市相比存在较大差距。根据统计，2010—2013年间，国家科技进步奖的涉海获奖名单中，没有广东牵头或者参与的项目。

海洋科技力量对发展战略性新兴产业支撑不够。南海海域被认为是中国海洋开发中最有潜力的海域，据中国国家海洋局统计，南海至少蕴藏有367.8亿吨石油，7.5万亿立方米天然气，可与波斯湾媲美。2012 年 5 月投入使用的“981”钻井平台代表着国内海洋工程装备制造最高水平，也标志着中国“走向海洋”的大跨越。但遗憾的是，广东省海洋工程装备制造业并没有在这一跨越中走在前列。并且，目前在南海上运转的钻井平台，主要零部件国内的厂家也是直接购买国外的技术，鲜有人能做到真正自主生产研发。因此，对于广东企业来讲，海洋工程装备产业发展优势明显，前景巨大。海洋战略性新兴产业的发展需要海洋高技术创新和产业化的支撑，加快构建政产学研相结合的海洋高技术产业创新体系，加强海洋科技重点攻关，才是未来广东海洋经济发展充分发挥潜力的关键，也是抢占海洋高新技术至高点的关键。

（四）海陆统筹潜能

“海洋经济的发展离不开陆域经济的辐射和带动。同样，陆域经济的发展也需要海洋经济的拓展和提升，两者之间，互为依托，相互促进。”这是时任国家海洋局长刘赐贵在 2011 年 12 月 26 日召开的全国海洋工作会议上作的题为《凝心聚力，攻坚克难，奋力夺取海洋事业发展的新胜利》的工作报告中强调的。他还强调，“必须坚持陆海统筹，努力在海域与陆域开发上做到定位、规划、布局、资源、环境、防灾等六个方面相衔接。”

在产业的空间布局上，陆域产业与海洋产业相交叉、融合的区域集中于海岸带，海岸带地区是海洋与陆地的交接带和过渡带，具有复合性、边缘性和活跃性等特征。因此，海陆产业空间布局是相互交融的，海陆两类经济活动同时存在于海岸带地区，海陆产业相互依托，共同发展。如海洋捕捞、海上运输、海洋矿产开发等产业，在陆地和海域都有生产和加工的环节，需要海陆条件的衔接和配合。在产业链上，海洋产业是“高风险、高投入、高回报”的技术密集型产业，其上下游及相关横向产业链比较长，对陆地产业有很强的依赖性。如海洋石油工业的发展需要冶金、造船、运输、化工、机械、仪表、电子、探海工程、海洋调查勘探、海洋环境保护、海上救捞、海洋预报、海上建筑等一系列相关产业的发展。从广东省海洋经济的发展来看，在经济发展，生产要素集聚的过程中，海域和陆域在发展定位、产业布局、资源环境等方面还存在衔接和协调不够、海洋与陆地各项产业布局相隔离的问题。海陆统筹发展将为沿海地区经济的发展提供更多的发展机会，海洋经济的发展也是带动陆地经济产业转型升级的强大力量。

二、实现由潜能优势向现实实力转变的途径

（一）推动海洋经济区域均衡，提升全省海洋经济整体实力

长期以来，粤东、粤西地区海洋资源开发相对不足。在海洋强省建设中，要注重发挥沿海地市各自的区位和资源优势。做到合理分工、错位发展、协作共赢，推动海洋经济区域均衡发展，进一步提升广东省海洋经济整体实力。在空间布局上，以珠江三角洲为核心，同时培育粤东、粤西两个海洋经济新增长极。按照海洋主体功能区布局要求，优化发展海洋经济发展相对较快的核心区域——珠江三角洲地区，推进深圳前海、珠海横琴、广州南沙等粤港澳重点合作区建设。重点开发建设粤东、粤西海洋经济区，构建“三心三带”的空间结构，

即以广州、深圳、珠海为三大海洋经济增长中心，形成珠江口东岸的现代服务业型产业带、珠江口西岸的先进制造业型产业带、珠江三角洲沿海的生态环保型重化产业带。

提升广东省整体海洋竞争力，不仅空间上要协调发展，在产业布局上三地也要优势互补、合理分工。珠江三角洲海洋经济区要以资源整合、优化开发为导向，努力提高海洋自主创新能力和海洋产业发展质量。在海洋产业上，重点发展高端制造业、海洋新兴产业、海洋交通运输和现代海洋服务业，建设一批专业、具有国际竞争力的海洋产业基地。同时，珠江三角洲海洋经济区内部各城市之间也要分工协作，在基础设施建设、产业布局、环境保护等方面推进区域一体化发展。

作为开发相对缓慢的粤东、粤西海洋经济区，要以加快海洋资源开发为导向，粤东重点发展临海现代制造业、滨海旅游、现代海洋渔业、临海能源产业等产业，加快以海上风电为主的海洋能开发，积极培育海水综合利用、海洋生物医药等海洋战略性新兴产业。重点推进柘林湾、广澳湾、海门湾、惠来海岸、红海湾和南澳岛等区域的开发。加快建设以汕头为中心的粤东沿海城镇群，推进基础设施、产业和环境治理等一体化。粤西重点发展临海钢铁、石化、能源工业和港口物流业，做强滨海旅游业，加快发展现代海洋渔业，培育海水综合利用、海上风电、海洋生物医药等海洋战略性新兴产业。发挥大西南出海口的优势，以湛江港为中心，构建粤西沿海港口群，加快建设临港重化产业集聚区。重点推进湛江湾、雷州湾、水东湾、博贺湾、海陵湾和东海岛、海陵岛等重点区域的开发与保护。推动以湛江为中心的粤西沿海城镇群建设。

作为内陆的粤北地区，也要加快对接沿海地区的海洋经济发展，在原有承接珠三角产业转移的过程中，未来应注重通过依托内河港口、高速铁路、高速公路等多种形式加强与沿海地区港口物流的高效对接，破解多年来粤北地方发展相对缓慢的困境。实施以重点地市为节点，以统筹发展北江经济带为抓手，以点带线带面，形成陆地丝绸之路与海上丝绸之路两大战略的连接区域，构建广东与福建、江西、湖南和广西等省区交界地带的次区域性增长点，提高其向省内经济社会发展第四极迈进的能力。

（二）加快海洋产业转型升级，助燃全省海洋经济发展引擎

广东产业结构转型升级已经进入关键时期，海洋经济是广东经济发展的重要组成部分。现代海洋产业体系的构建将极大推动全省经济的发展。要做到以海洋产业发展引领海洋资源开发，以产业链的延伸带动海洋经济结构优化，以海洋产业转型升级促进海洋经济发展方式转变。

1. 传统海洋产业的提升

渔业是海洋经济的重要组成部分，但传统渔业的发展方式已不可为继。提高渔业综合竞争力，打造现代海洋渔业迫在眉睫。在海洋开发上，要积极扶持远洋渔业发展，推进建设深水网箱产业园。在产业上，要积极发展休闲渔业，推进传统渔业从“生产”向“服务”转型。在品牌建设上，要提高水产品深加工能力，完善产品流通环节，打造一批广东知名水产品。同时，在海洋生态环境保护方面，要积极发展碳汇渔业、蓝色低碳经济，既丰富海水养

殖业水产品品种，又为水体净化作用做出贡献。

滨海旅游是广东海洋经济发展中潜力巨大的产业之一。广东要整合滨海旅游资源，完善滨海旅游产品体系，提高滨海旅游品质，建设国际高端滨海旅游地。一方面，要大力发展滨海休闲运动、海水温泉等滨海旅游相关产品，完善以滨海度假、会议酒店为主的特色产品。另一方面，要整合广东深厚的历史文化和海洋文化，开展特色海洋自然—文化游。以爱国主义为主，打造东莞虎门威远岛、中山翠亨新区等具有专业化特色的重点滨海旅游基地。对条件优越的岛群，如海陵岛、南海岛，要精心规划、综合开发，建设2～3个具有国际知名度的滨海旅游度假区。

在港口建设上，要充分利用广东优良的港口资源，使珠江三角洲、粤东、粤西沿海港口形成优势互补、分工协作，建设具有整体竞争力的沿海港口体系。一是，要建设大型专业化泊位，完善广州、深圳、珠海港等港口的现代化功能，提升港口专业化运输能力。二是，要完善沿海主要港口陆域的集散运输系统，增强资源调配、运输能力。最后，还要积极拓展港口的服务功能，如信息、物流、金融等，推进临海工业港城一体化建设，打造现代化多功能港口群。

油气业方面，要抓住国家推进南海深海油气资源开发的契机，提升广东油气资源勘探、开发、储备和综合加工利用能力。不仅对近海的石油勘探开发技术体系进行完善，更要加大深海油气资源开发技术研发力度，依托全国深海研究力量，解决南海深水油气开发中的技术难题，推进广东油气业发展迈上新台阶。在油气开采产业发展上，要在油气加工、运输、储备等各个环节科学布局，形成油气资源综合利用完整的产业链。

2. 海洋战略性新兴产业的培育

对于南海油气的开发利用，先进的海洋工程装备是不可缺少的。广东要以此为契机，要加大在深海勘察和开发设备、海洋新能源开发设备等领域的科技投入力度，抢占海洋工程装备制造业的制高点。大力发展高科技、高附加值的海洋生物医药，做好以海洋药物、海洋生物功能制品、海洋生化制品为重点的海洋生物医药的产学研布局，创新海洋科技成果转化机制，推进产业化发展。对南海海洋生物建设种质资源库，强化对南海海洋生物基因资源的保护、研究与开发利用。努力打造国家海洋生物医药产业创新基地、品牌基地，形成具有国际竞争力的生物医药产业集群。

推进海水综合利用技术、工艺和装备的研发与应用，加快海水综合利用关键技术的产业化发展。拓展海水利用领域，努力形成工业海水、生活海水、淡化海水三大产业群，完善和新建以海水冷却为主的工业用海水示范工程。结合沿海和海岛地区滨海居住区建设，将海水直接应用于生活用水，积极开发海水化学资源及其深加工产品，重点发展钙盐、镁盐、钾盐、溴和溴系列加工产品。

做好海洋能资源详查工作，制订海洋能开发规划，确定优先开发区域。加强海上风电、波浪能、潮汐和潮流能发电等海洋能关键技术的研究应用。在条件适宜的海岛和滨海地区，建设海洋可再生能源开发利用技术实验基地和示范工程。

3. 海洋现代服务业的推动

高端产业是优化海洋产业结构的要素，是广东加快海洋经济发展方式转变，推进海洋强省建设的重要战略选择。

技术服务、金融保险、海洋会展、港口物流等是海洋现代服务业的重要组成部分。培育现代海洋服务业，有利于实现广东海洋产业结构由“资源开发型”向“海洋服务型”转变。依托南海综合开发，推动海洋油气勘探、油气储运和海洋资源利用等技术服务业的发展。加快涉海金融、保险，如航运金融保险服务业的发展，拓宽企业融资渠道，为海洋产业发展提供资金保障。建立和完善海洋保险和再保险市场，探索海洋灾害保险新模式。推进海洋信息体系建设，提供海上通信、海上定位、海洋资料及情报管理等公共服务。依托主要港口和临港工业基地，规划建设港口物流枢纽和物流园区，建设一批枢纽型现代物流园区，发展各类物流和配送分拨中心。推进海洋服务业标准化、品牌化建设，重点培育和发展一批规模大、实力强的服务业企业，提升海洋服务业现代化水平和竞争力。

（三）加大海洋科技创新力度，筑牢未来海洋经济发展基础

海洋科技创新能力，是培育海洋战略新兴产业的前提，也是未来推动海洋经济发展的重要基础。实施科教兴海战略，加大人才培养力度，完善海洋科技创新体系，提高自主创新能力，为广东海洋强省建设提供不竭的动力。

创新政产学研合作方式，优化海洋科技资源配置，推动海洋科技创新平台的建设。充分利用国家和省涉海科技基础条件，贯彻落实一系列鼓励大众创新的政策措施，加快推进广州南沙“国家科技兴海产业示范基地”各方面工作，建立海洋产业技术创新战略联盟。大力推动在广东的国家级和省部级涉海重点实验室、工程技术（研究）中心、成果转化与推广平台、信息服务平台等创新平台的建设，形成技术集成度高、带动作用强、各级统筹、产学研结合的科技创新体系。

加强重要的海洋科技攻关工作，完善国际科技交流合作机制。努力在现代海洋渔业、海洋生物制药、海洋工程装备制造、海洋新能源勘探开发等领域取得更多具有自主知识产权的科技成果，掌握重大关键技术。同时，加强与欧美和日韩在高端海洋技术领域的交流和合作，加强与东盟、南太平洋岛国及其他21世纪海洋沿岸国家和地区在应用海洋技术层面的交流与合作，推动广东海洋科技发展。

推进海洋科技成果向现实生产力转化。给予海洋科技成果转化在财政、税收上的政策扶持，加快建设国家级、省级等不同层次的科技成果转化基地。加快海洋科技成果孵化和产业化，组织实施一批高新技术产业化示范工程，着力建设一批海洋科技产业示范基地，推进以企业为主体的科技成果转化体系建设。推进海洋科技推广服务体系建设，鼓励社会团体、科研院所、高校、企业和中介组织参与海洋科技创新成果推广应用，支持海洋科技成果推广中介机构、培训机构、技术推广站发展。以企业、科研院所为载体，依托示范基地和信息服务平台，打造一批高端海洋品牌。

紧密结合海洋经济发展的需要，优化整合海洋教育资源，提高海洋高等教育和职业技术教育水平。加强海洋学科和专业学院建设，构建门类齐全、富有特色、优势互补的海洋学科体系。引导省内高等院校立足现有基础，科学定位，发挥优势，有针对性地发展海洋学科。加大海洋教育设施和研究设备的投入。支持中山大学、广东海洋大学和中科院南海海洋研究

所等高等院校和研究机构进一步加强海洋重点学科建设，支持华南理工大学、暨南大学和广东工业大学等院校的重点涉海学科和专业的发展，优化专业设置，增设一批涉海专业博士后流动站、博士点、硕士点和国家级重点学科，力争在现代海洋渔业、海洋地质和矿产、海洋工程、海洋生态环保和海洋生物等自然科学领域以及海洋经济、海洋管理和海洋文化旅游等社会科学领域形成学科专业优势。加强海洋科普宣传教育和职业技能培训，建设海洋职业技术教育基地。依托高校、科研院所和企业等载体，加强学科建设，在海洋科技、产品研发和行业管理等领域培养一批顶尖人才。

（四）引入“湾区”发展理念，打造沿海宜居宜业海岸带

根据资源禀赋和产业基础，联动开发海陆资源，合理配置海陆产业，推动海陆协调发展，提高海洋经济和陆域经济的综合效益。以陆域高新技术改造海洋传统产业，推动陆海产业经济结构的调整与产业升级，延长产业链条，促进新兴产业发展。

在区域规划中，“湾区”一词多用于描绘围绕同一海域连绵分布，由众多海港和城镇组成的具有较强功能协作关系的城市化区域。广东沿海省市的城镇化发展，应引入“湾区”发展理念，积极发展湾区经济，建设宜居城市。湾区经济强调多地联动，打造一个完整、紧密的海洋经济系统，非常适合广东统筹未来海洋经济发展的需要。在发展海洋经济过程中，要改变陆域空间各自为政的现状，积极推进珠三角一体化、汕潮揭同城化、湛茂阳临港经济圈等跨行政区域沿海经济带建设。湾区建设不仅是广东未来产业升级的主要载体，也是一种新型生活模式载体，在生产、生活、生态等多个方面进行提升，打造一个高度融合、相互支持的综合性城市发展区。同时，还要充分发挥“湾区”的规模经济效应，辐射带动周边城市和地区的发展，实现广东省整体经济水平的提高。

《广东海洋经济地图》提出了“六湾区一半岛”的“湾区计划”，广东沿海区域被划分为“六湾区一半岛”：大汕头湾区、大红海湾区、环大亚湾湾区、环珠江口湾区、大广海湾区、大海陵湾区以及雷州半岛。广东要根据不同湾区的自然地理特征、海洋开发强度及功能定位，做好产业发展的总体规划与协调，为各个湾区制定因地制宜的发展思路。在湾区的建设中，要改变由传统海洋产业带动经济发展的观念，引入教育、科技和文化事业，在实现规模效应的同时，实现错位发展。湾区建设，不仅仅是推动城镇化的发展，更为重要的是实现产业的转型升级，而产业的成功转型将带动城市结构的转变及整个社会生活质量的优化。环珠江口湾区经济实力雄厚，城市发展基础好，要在湾区建设中先行先试，实现经济、社会、环境、资源等各方面的优化发展，努力建成具有国际影响力的世界级城市群和宜居海岸带。

（五）借力“海上丝绸之路”，加强多级地区海洋经贸合作

广东外向型、开放型特色明显，在“海上丝绸之路”建设中，广东要以开放促改革、促发展，将开放型经济体系建设提升到一个新台阶。广东是领先全国的工业大省，已形成了电子信息、电器机械、汽车、石化、轻纺等为主体，各具特色、优势明显的产业发展格局。沿线各国尤其是东南亚国家经济发展程度不一，产业跨度很大，与广东具有很强的互补性，为

广东产业转型升级提供了广阔的市场和空间。

要加强广东与相关国家在港口码头、物流园区、集散基地和配送中心等方面的合作，创新口岸通关机制，促进货物流通和人员往来便利化，为深化贸易往来打好基础。依托“海上丝绸之路”商贸物流大通道，发展临海先进制造业，同时大力发展海洋石油、海洋化工、海洋旅游等产业，形成区域特色鲜明的海洋产业集群，保持广东在海洋经济发展中排头兵的地位。要着力做好“东盟”和“海洋”两篇大文章，深化城市、区域及国家之间的经贸合作，支持和推动中国—东盟自贸区升级版建设，把东盟作为广东参与建设“21 世纪海上丝绸之路”的重要地区。要优化贸易结构，大力开拓东盟、南亚、西亚、非洲东海岸等印度洋沿岸地区新兴市场，发展跨境电子商务，创建中国（广东）—东盟电子商务平台。通过设立广交会“海上丝绸之路”专馆，举办“中国（广东）21 世纪海上丝绸之路博览会”，建设“南海海洋产业国际集聚区”等各种措施为广东与沿线国家经贸交流搭建平台。发展海洋经济，突出海洋特色，深化与沿线国家的蓝色经济产业合作，加强港口码头、物流园区、集散基地和配送中心等建设管理方面的合作。

企业是经贸交流最重要载体，要通过发挥产业互补优势，坚持“引进来”与“走出去”相结合。广东拥有格力、美的等众多充满活力和发展潜力的企业，这些企业已成为“走出去”的生力军。要紧抓“21 世纪海上丝绸之路”的发展机遇开展境外投资，鼓励企业在境外投资设厂、建立营销网络，或收购国外资产，开拓海外市场空间。扩大广东与东南亚、中东、中亚等国家和地区的投资和劳务、技术等领域合作。政府需牵头组织、引导企业与当地有实力的商协会、重点企业对接，助力粤企“走出去”，为企业“走出去”保驾护航。组织企业出国参加多场推介活动，出台相关鼓励政策，对企业从事境外投资和对外承包工程贷款以及投资前期费用、资源回运运保费、外派劳务人员适应性培训等给予补贴。要建立企业对外贸易和投资信息平台，完善贸易摩擦预警和应诉机制、知识产权争端解决机制，加强同驻外使领馆和相关部门联系，加强重大合作事项的对话磋商，统筹平衡各方利益，不断拓展深化海上丝绸之路合作。

第四节　增创生态环境优势

建设海洋强省，势必会向海洋索要资源。近几十年来，海洋资源被迅速开发利用，海洋污染日益严重，污染范围越来越大，持续时间越来越长，不仅破坏生态环境，危害到人类健康，也造成了巨大经济损失，严重制约了海洋产业的可持续发展，这些都警惕我们用海的同时更要护海，促使我们开辟“生态用海”的道路。“生态用海”，指的是在向海洋要资源的同时，还要坚持海洋开发和保护并重，守住海洋生态环保底线。本章节分析了广东省目前海洋生态环境状况，阐述了广东省近年来生态环保的成果并针对海洋强省建设中广东省如何增创生态环境优势提出了几点建议。

一、广东省近年来的海洋环境保护工作

（一）制度建设及规划管理工作

2006 年 6 月广东省海洋与渔业局实施《广东省海洋环境保护规划（2006—2015）》（以下简称《规划》），《规划》坚持海洋经济发展与环境保护并重的原则，提出的“截源、修复、强基”三大保护战略和优先领域符合广东海域环境保护的实际，对保护广东海域生态环境，促进全省海洋经济的可持续发展，实现建设海洋强省的目标具有重要的指导意义。2009 年颁布实施《广东省实施〈中华人民共和国海洋环境保护法〉办法》（以下简称《办法》），《办法》是广东贯彻实施《中华人民共和国海洋环境保护法》的具体细化和补充创新，加大了海洋环境污染防治力度，加强了海洋环境监管，加快了海洋生态保护修复进度。2011 年，广东省环境保护厅与广东海洋与渔业局签署了《广东省环境保护厅、广东省海洋与渔业局建立完善海洋环境保护沟通合作工作机制的协议》（以下简称《协议》）。根据《协议》，提出强海洋环境保护的工作，共涉及 9 个方面，分别为：加强海洋环境保护区划和规划的沟通协调；加强重点海域污染控制；加强海洋环境保护监督管理；加强海洋生态保护；加强海洋突发环境事件应急管理；实现海洋环境保护数据和技术共享；促进相关领域对外合作；开展海洋环境保护联合执法监督检查；建立领导协商和日常联系工作机制。

2012 年，广东省启动实施《广东海洋经济综合试验区发展规划》，编制完成了《海洋生态保护实施方案》作为其配套方案，提出了到 2015 年的目标任务、谋划了“海洋污染防治、海洋生态保护、海洋生态修复、海洋蓝色碳汇、海洋环保能力建设、海洋生态文明示范区”六方面重点工程，提出了“建立海洋环境保护责任考核制度、海洋生态补偿机制、海洋环境保护联动机制、海洋环境保护经费多渠道投入机制”四项机制创新。2012 年底，《广东省海洋功能区划（2011—2020 年）》获国务院批复。在此基础上，结合《广东省海洋环境保护十二五规划》的组织实施，广东省将在今后几年逐步落实海洋生态环境保护的新机制。

（二）海洋环境保护进展

1. 海洋环境质量监测与海域污染监管

2002 年广东省海洋与渔业局编制并发布了广东省历史上第一个海洋环境质量公报，之后十几年持续进行近岸海域水质质量监测、海洋生物质量监测、海洋功能区监测、重点海水浴场监测、人工鱼礁试验区海洋环境调查监测、赤潮监控区监测、重点港口和排污口的监测等，每年发布广东省海洋环境质量公报（图 5.1）。

2005 年 8 月 22 日—27 日省环保局等 11 个部门组成 7 个检查小组，对广东开展环保专项执法行动的情况进行联合检查。检查直接影响海洋环境的重点环境污染事件和近两年群众反映强烈的海洋环境污染和生态破坏问题，对直排入海污染源状况、入海河流监测工作、港口和船舶污水垃圾处理情况、重点渔业增养殖区生态环境质量状况、海洋生态系统保护以及海上倾废污染防治等工作等进行了重点检查。2010 年 8 月省环保厅、省海洋与渔业局等 8 个厅

图 5.1　2012 年广东省海洋环境状况公报发布现场

局再次开展了海洋环保联合执法检查行动，对广东省海洋环境污染重点控制项目和海洋生态保护重点项目进行现场检查，同年还开展了近岸海域海洋垃圾调查。2010 年广东省海洋与渔业局召开了海上溢油应急管理座谈会，组织编制《海上溢油应急管理专题报告》等教材。

2. 海洋生态建设成果

生态修复方面，2010 年中山大学、中科院南海海洋研究所、中国水产科学研究院南海水产研究所、国家海洋局南海海洋环境监测中心编制了《珠江口及邻近海域环境生态修复规划》，同期广东省海洋与渔业局成立了“中国典型河口生物多样性保护与保护区网络建设示范项目广东省地方项目办公室”，开展相关生态建设工作。

2006 年—2010 年，广东省共建成人工鱼礁 24 座，空方量达 2 033 万立方米，礁区核心面积 19 422 公顷，至 2013 年，基本完成了广东省人大人工鱼礁议案办理任务，已建成人工鱼礁 42 座，在建 8 座，礁区空方量达 4 003 万立方米，礁区核心区面积 28 679 公顷，对礁区开展的跟踪调查显示投礁后各礁区海洋生态环境质量保持良好，饵料生物种类、密度和生物量都比投礁前有了显著增加；这期间广东省各地共放流海水鱼苗 2 805 万尾，海水虾苗 41 749 万尾，鲍鱼苗 140 万粒，巴非蛤 3 485 万粒，扇贝 1 000 万粒，濒危野生动物中华鲟 2 082 万尾，海龟 1 515 只，大鲵 1 220 尾，大珠母贝苗 5 万多粒，唐鱼 100 万多尾，增殖放流优化了渔业资源种群结构，增值了资源量；我国 2005 年启动的“中国南部沿海生物多样性管理项目”，广东省已经完成了南澳示范区内区域生物多样性与威胁因子的基线调查，开展了生物多样性保护实践。

2005 年广东省为了打造海洋强省，提出计划 10 年内建成 150 个海洋与渔业自然保护区，2006—2010 年广东省新建海洋与渔业保护区 26 个，含有 11 个水产种质资源保护区和 2 个海洋特别保护区，晋升国家级自然保护区 2 个，省级自然保护区 7 个，截止 2010 年底，全省海洋与渔业自然保护区已达到 100 个，国家级自然保护区 4 个（徐闻珊瑚礁国家级自然保护区、雷州珍稀海洋生物国家级自然保护区、珠江口中华白海豚国家级自然保护区和惠东港口海龟国家级自然保护区）和国家级水产种质资源保护区（新丰江水产种质资源保护区和鉴江口尖紫蛤水产种质资源保护区），另外还有 9 个省级自然保护区，广东还将积极推进海洋保护区和海洋公园建设，开展海洋生态旅游试点；强化海洋环境风险监视监测与环境事故应急处置能力；探索建立海洋环境责任考核机制，积极推进开展海洋环境保护责任考核试点等。

2012 年广东省创建全国海洋生态文明示范区启动仪式在珠海市举行（图 5.2），将以珠海横琴新区作为试点，开展海洋生态修复，积极探索海洋产业和生态环境相协调、陆地与海洋相统筹的发展道路，建设惠及粤港澳三地民众的国家级海洋生态文明建设示范区，为全国海洋经济科学发展探路示范。同年，广东省将以率先在全国开展海洋蓝色碳汇试点等方式继续推进海洋生态文明示范区建设。国家海洋局于 2013 年 2 月公布首批 12 个国家级海洋生态文明示范区，广东省的横琴新区、徐闻县和南澳县成为首批建设的海洋生态文明示范区。按照广东省海洋与渔业局的总体部署，前期将先行启动上述 3 个示范区将进行海洋生态红线的划定工作。在生态文明示范区生态红线划定和管理经验的基础上，逐步在广东全省推广，形成省级生态红线区划和管控体系。2014 年广东省环保厅和顺德区人民政府日前签署协议，合作共建顺德生态文明建设示范区，这是广东省启动的首个生态文明建设示范区创建工作。

图 5.2　广东省举行创建全国海洋生态文明示范区启动仪式

（三）海洋监控能力建设

1. 海洋监测网络体系建设

近年来，广东省稳步推进海洋环境监测工作，不断完善监测网络，已初步形成了以省海洋与渔业监测中心为核心，覆盖14个沿海地级市和9个重点县（区）监测站，初步形成省、市、县三级海洋监测网络系统。截至2010年，全省监测网络业务人员近300名，本科以上学历占80%以上；监测网络实验室总面积约12 000平方米，监测仪器设备1 359台（套），监测车30余部，监测船3艘。广东省在全国居第一的4 114千米漫长的海岸线开展近岸海域海洋环境质量状况与趋势监测、入海污染源监测、重要海洋功能区环境监测等7大项19小项的监测工作任务。2010年，在全省近岸共设立各类监测站位590个，监测项目覆盖水文气象、水环境、沉积环境和海洋生态共96项，累计出海2 000多个航次，共获得各类监测数据25万余个。同时，及时有效开展海洋环境灾害和突发事件应急监测，在日本核事故后在大亚湾和台湾浅滩海域开展了海洋生物放射性监测。广东省率先在全国建立了地方海洋环境监测体系，海洋监测网络已步入全面发展阶段。

广东省海洋环境监测网络体系的监测技术手段得到长足发展，已逐步建立了由临海监测站、船舶走航、在线监测、航空和卫星遥感等观测手段组成的立体监测网络并依托地理信息系统和数据库技术管理和分析海洋环境监测数据资料，实现了无人自动海洋监测及海上生态实时监测系统的建设。“十一五”期间，广东省已建立了赤潮灾害预警信息系统并以“广东省赤潮研究中心”和“广东省赤潮防治专家组”的技术力量和在粤高校与科研院所为依托，建立了全省赤潮应急监测管理人员的培训机制，定期或不定期对全省赤潮灾害应急监测管理人员进行培训。

2. 海洋执法监督

2007年，广东省海洋与渔业局根据《中华人民共和国行政处罚法》等法律法规在全国率先出台了《广东省海洋与渔业执法督察暂行规定（试行）》，进一步规范了该省海洋与渔业执法人员的行为，强化了海洋与渔业执法队伍依法行政、文明执法作风。

“十一五”期间，中国海监广东省总队开展海盾专项执法行动查办重大违法用海案件46宗，收缴罚款3.9亿元，其中2010年检查海域使用项目3 865个，收缴罚款8 845万元。实施“碧海专项行动”，加强海砂开采、海洋倾废、海洋生态保护、重点排污口的执法监管，保护海洋环境。整顿珠江口海域海砂开采秩序，2010年查获60宗违法采砂案件，对多个采砂开采单位及多艘违法作业采砂船进行了罚款处理，遏制了违法海砂开采死灰复燃的现象。

目前，广东省渔政队伍建设逐步增强，增设粤东、粤中、粤西3个维权巡航执法基地，通过码头、大吨位执法船、飞机等建设，逐渐由执法船艇单项建设向海、陆、空全方位建设转变。

（四）存在的问题

近年来，广东省的海洋环境保护工作取得了较大成效，但仍存在一些需要改进和改善的地方，主要表现在以下几个方面：① 海洋环境保护政策法规体系有待完善。例如，海洋自然保护区投入主体和投入标准不明确，缺乏协调与开发的有效管理机制和生态补偿机制。② 近岸海域总体污染形势异常严峻，严重威胁海洋生态环境保护与可持续发展，缺乏新的管理模式和先进的生态修复技术，海洋环境保护能力有待提高。③ 海上执法与行政管理部门之间联动不足。海上事务的管理范围较大，涉及部门较多，缺乏整体意识和合作观念，处理突发事件的效率较低，未形成有效的协调机制。

二、推进海洋强省建设，增创生态环境优势

（一）完善海洋开发保护制度与规划

2010年4月，国家发展和改革委员会报经国务院同意，将广东等省列为全国海洋经济发展试点地区，2014年广东省海洋生产总值达1.35万亿元，同比增长13.8%，连续20年居全国首位，按照规划，广东海洋经济规模要在2015年达到1.5万亿元，占GDP总量近1/4，基本建成海洋经济强省并且到2020年实现建设海洋经济强省的战略目标。随着新的一轮海洋强省战略实施和一批沿海重工业项目的开展，海域空间利用以及生态迫害的问题将更加紧迫，广东海洋经济发展势必受到影响，海洋生态补偿机制的实行必须尽快建立。针对广东省目前海洋生态补偿面临的困境，例如海洋生态补偿机制不健全，补偿的领域不全面，补偿的方式过于单一，补偿的资金来源不稳定，海洋生态价值评估体系尚未完善等，有几点建议是：第一，建立健全海洋生态补偿机制，探索多样化的生态补偿方式，夯实生态补偿的法律基础，出台生态补偿相关条例，对损害海洋生态环境健康的单位和个人，收取海洋生态损害赔偿和损失补偿并规范赔偿金和补偿金的使用管理；第二，建立海洋生态评估办法，尽快对海洋生态价值评估制度进行完善，同时开展海洋生态补偿价值评估审核制度；第三，对海洋生态环境信息进行公开化，调动涉海企业及公众大力推动海洋生态补偿机制的实施。

同时，各级海洋管理部门需要研读和梳理现有的海洋生态保护政策法规，以优先保护海域为导向，制定和完善与国家法律相配套的地方法规，使海洋管理切实做到有法可依，有章可循。加强海洋技术标准建设，制定海洋生态修复效果评价标准和海洋生态示范区的标准体系，通过对海洋生态示范区的推广与示范，进一步促进海洋生态保护和海洋经济发展协调可持续发展。

（二）先试先行升级海洋环境保护能力

目前，海洋环境保护诸多方面，广东省一直践行先行先试的原则。广东从2008年开始，率先在全国推行将生态环境纳入到官员的评价考核指标体系中，并且，越是经济不发达城市，生态考核的指标权重越高；2009年国家社科基金项目发布了《中国生态文明地区差异研究》，首次披露了各省区市生态文明的发展现状，广东居前三位；广东省连续多年发布《广东省海洋环境质量公报》，其中，《2009年广东省海洋环境质量公报》获全国省级一等奖，茂名、湛江市海洋环境质量公报分别获得二、三等奖，是全国海洋环境质量公报获奖最多的省份；2015年珠海市环境宜居委员会日前首次对外公布全市各区的生态环境指数，珠海也由此成为全国首个发布生态环境指数的城市；2015年，在国家环境保护部、中国法学会组织开展的生态环境法治保障制度创新事例评选活动中，广东荣获9项生态环境法治保障制度创新事例；2015年4月2日，广东省首个环境资源合议庭在珠海市中级人民法院挂牌，大到大气污染责任纠纷小到噪声污染责任纠纷都可以审。

未来，在海洋强省建设过程中当继续发扬，同时在海洋环境保护能力方面进行完善和升级，具体的几点建议如下。

1. 完善海洋生态环境监测网络体系

继续完善海洋生态环境监测网络体系，全面提升已建省级、市级和地方级海洋监测站生态监测能力。提高海洋生态环境监测信息化水平，发展气候变化无线监测技术，集成无线传感技术、嵌入式计算技术、现代IOT技术、无线通信技术和分布式智能信息处理技术，将功能相同或不同的在线监测传感器节点构成网络化、智能化的多元网络，实现“多点分布、集中获取、集中上传，同一地理位置条件采集多组数据”的监测网络体系。开发大面积海域海洋生态环境及其水文气象等背景参数实施快速连续跟踪监测、数据实时处理及传输、信息制作与分发的地面支持系统，提升海洋生态环境动态监测能力（图5.3）。

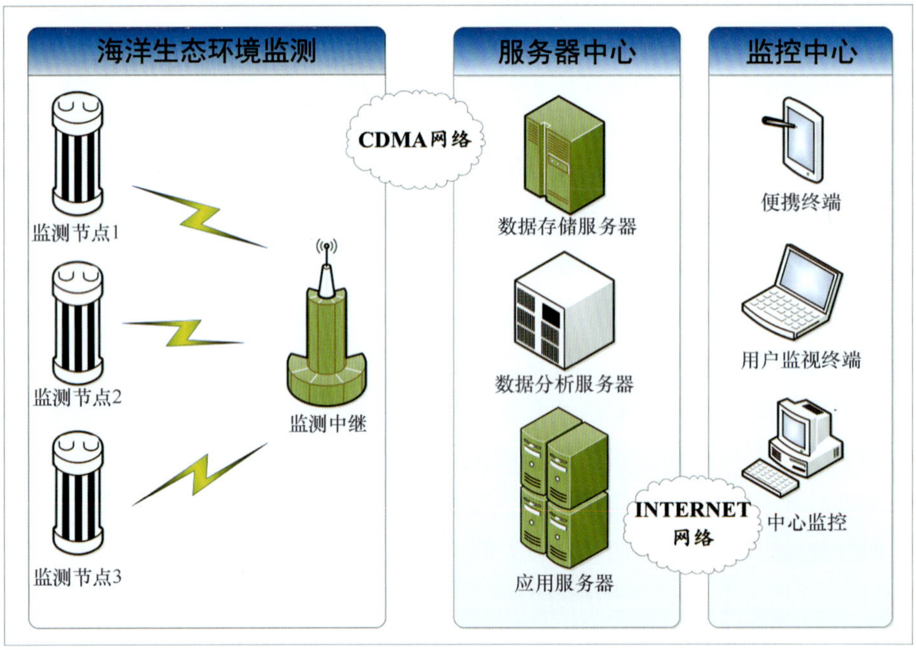

图5.3 海洋生态环境监测网络体系

2. 推进海洋生态环境保护

划定生态红线，建设绿色广东。生态红线是保护海洋生态资源环境的重要保障，是为了维护海洋生态健康与生态安全，将重要海洋生态功能区、生态敏感区和生态脆弱区划定为重点管控区域并实施严格分类管控的管理制度。结合广东省海洋生态保护和环境管理需求，研究基于海洋生态适宜性评价的海洋生态红线管理技术，形成“理论—方法—管理管理—应用示范”的生态管控体系，保障全省海洋资源的有效保护和可持续利用。开展生态红线区划的区域管控评估和绩效考核体系研究，从行政体制的角度加强海洋生态管控力度，考核各沿海行政区建立和落实相关生态管控制度的实际效果，结合海洋经济发展需求和产业发展趋势，研究划定不同性质的海洋生态管理红线，包括围填海红线、海洋生态保护红线等并研究相关的配套管控措施。

加快生态文明示范区建设。为深入落实科学发展观，2012 年 3 月国家海洋局启动沿海地区海洋生态文明示范区建设，广东省目前已有三个国家级海洋生态文明示范区，但是目前生态文明示范区建设中存在许多困难和问题，整体影响了示范区的建设过程。例如海洋资源环境有偿使用的制度尚不健全、生态补偿机制仍在探索之中、海洋科技研究支撑不足、海洋环保产业政策和相关配套制度有待完善、海洋环境责任追究制度、企业环保社会责任制度、社会公众的监督机制还相当欠缺，因此应该增加科技投入，完善体制的研究与建立，推进示范区建设。同时，生态文明示范区应进行海洋生态红线的划定，在生态文明示范区生态红线划定和管理经验的基础上，逐步在广东全省推广，形成省级生态红线区划和管控体系。

建设海洋保护区生态监控体系。目前自然保护区的技术力量总体比较薄弱，相关的监测、数据分析处理等环节的工作需要技术支撑，如广东省特色生态系统移动式的监测、数据分析，无人机对自然保护区的固定航拍等相关工作在自然保护区监管平台的层面无法完成，需要加大设备购入和科研投入，切实加强南海海区海洋自然保护区生态环境监控，提升广东省对海区自然保护区的监管能力和水平。

（三）加强广东省海洋行政管理与执法

2013 年国务院将国家海洋局及其中国海监、公安部边防海警、农业部中国渔政、海关总署海上缉私警察的队伍和职责整合，重新组建国家海洋局，由国土资源部管理，重组后的海洋局，南海维权力度与效率将大幅提升，同时责任也变得更加重大，相应地，广东省在海洋行政管理与执法方面更需要加强。

1. 建立广东省海洋行政管理部门之间的协调机构

我国目前的海洋管理及执法体制是分散管理的，广东省现有的海洋行政管理部门有国家垂直领导的、有省内直属的、也有省政府的组成部门，无法建立一个统一的海洋综合管理机构和执法队伍，在管理时，海洋既作为一个区域由海洋部门统一管理，同时有根据行业分工服从不同的行业管理，这样对海洋的管理，垂直和横向管理部门相互交叉，各部门在海洋开发利用过程中难免强化自身利益，欠缺统筹协调，建立综合协调机制势在必行，这方面国外有很多经验可以借鉴，例如加拿大设有国家海洋与产业委员会和海洋事务机构委员会，美国建有国家海洋委员会等机构。针对广东省，可以考虑在省级层面上，建立各个涉海行政管理部门之间的协调合作机制，将市县海洋与渔业及环保、国土、建设、交通、水利和林业等部门进行整合，积极推进各部门应努力探索完善海洋管理方法和管理的模式。同时要优化机构设置，可以考虑在广东海洋工作领导小组的基础上组建与“国家海洋委员会”相衔接的“广东省海洋委员会”，使其发挥统筹规划和综合协调重大海洋事项的职责。

2. 建设统一执法队伍

目前世界上几个主要的海洋强国都建立了统一的海上执法队伍，美国设有海岸警卫队，加拿大建有海岸警备队，韩国组建海洋警察厅，统一执法队伍可以提高执法效率，降低执法成本，2013 年 3 月 14 日，第十二届全国人大第一次会议批准通过了《国务院机构改革和职能转变方案》，该方案决定重新组建国家海洋局，将中国海监、边防海警、中国渔政、海上缉私警察四支海上执法队伍的职责进行整合，以中国海警局名义开展海上维权执法，由国土资源部管理，接受公安部业务指导。广东省目前应在国家推进海洋执法体制改革的背景下，开启地方层面的海洋综合执法改革，通过整合渔政、海关缉私、海警等海上执法队伍的职责，以广东海警的名义统一执法，实现海洋执法队伍的局部统一。

（四）强化公民海洋环境保护意识

海洋事务调控管理中公众参与理论认为，在海洋资源开发利用和海洋环境保护工作中，公众具有开发利用海洋资源的权利、保护海洋环境的义务，同时也有平等参与海洋开发决策的权利，公众参与海洋管理是海洋经济发展的现实需要。为此，增强公民海洋意识，维护国家海洋权益，是一项迫在眉睫的系统工程，各级政府应在全民中广泛开展海洋教育，提高公众特别是领导干部的海洋环保意识，鼓励社会各界参与海洋生态保护与建设，设立投诉中心和举报电话，疏通投诉渠道，鼓励广大群众监督监视各种违法行为。建立公众参与机制，扩大公民的知情权、参与权和监督权，规范海洋环境普法教育和海洋环境警示教育，增强公众海洋环境法制观念和维权意识，开辟公众参与海洋生态保护的有效渠道，为公众参与重大项目决策的环境监督和咨询提供必要条件。

第五节　增创管理体制优势

诚如本书第三章第二节所回顾的那样，改革开放30多年，广东一直是前沿阵地，许多改革措施都是以这片土地作为试验田，取得成功之后再向全国推广。当前，作为国家级的海洋经济发展试点省份之一，广东应该利用原有改革积累的丰富经验，推进海洋管理体制机制的创新。

一、海洋管理的相关概念

海洋管理的概念有狭义和广义之分。一般认为，狭义上的海洋管理是指国家海洋行政机构对海洋的某一局部区域或某一行业资源开发利用实施的具体的管理活动。广义上的海洋管理是指海洋综合管理，即国家通过各级政府，运用先进的科学技术，对其所属海洋国土的空间、资源、环境和权益等进行的全面统筹协调的管理活动。具体包含以下4个方面的内容。

①海洋综合管理是海洋管理范畴内的一种类型。它不是对海洋的某一局部区域或某一方面的具体内容的管理，而是立足全部海域的根本和长远的利益，对海洋整体内容全覆盖的统筹协调性质的高层次的管理形式，它是海洋管理的新发展。

②海洋综合管理的目标，集中于国家在海洋整体上的系统功效和继续发展、海洋持续开发利用条件的创造。这是局部或行业管理难以达到的目标。

③海洋综合管理侧重于全局、整体、宏观和公用条件的建立与实践。它不涉及具体的管理活动，如行业资源开发利用活动的管理等。因此，海洋综合管理所采用的必须是战略、政策、规划、计划、区划、立法与执法、行政协调等宏观控制手段。

④国家管辖海域之外的海洋利益的维护和取得，也是海洋综合管理的基本内容。公海区

域的空间与矿产资源，是全人类的共同遗产，合理享用是各国的权利，当然也有保护和保全公海区域环境的义务。

与海洋管理密切相关的就是海洋管理体制。我国海洋管理体制实行的是综合管理与行业（部门）管理相结合，统一管理与分级管理相结合的管理体制。鹿守本先生在其著作《海洋管理通论》中将海洋管理体制界定为“是建立在国家政府行政体制之上的海洋行政管理的组织制度。它决定国家海洋行政管理机构设置、职权划分和活动方式、方法”。为了界定“海洋行政管理体制”的概念，有必要先弄清楚“体制”的概念。根据《辞海》的解释，“体制”是指：“国家机关、企业事业单位在机构设置、领导隶属关系和管理权限划分等方面的体系、制度、方法、形式等的总称。”毫无疑问，海洋行政管理体制是在海洋行政管理的基础上衍生出来的，同时，它也是行政管理体制的一个子集，是国家管理海洋事业的根本组织制度，通过一定的海洋组织结构体现出来。具体说来，海洋行政管理体制可以定义为：海洋行政管理主体为履行其职责（监督涉海行为、维护海洋权益、管理海洋事务、保护海洋环境等）而建立的涉及海洋行政管理职能的配置、机构的设置、责权的划分及其相应关系等各种制度的总称。海洋行政管理体制对海洋行政管理作用发挥的程度和广度起着决定作用，海洋行政管理体制合理与否，直接影响着海洋行政管理效果的好坏。因此，建立健全海洋行政管理体制意义重大。它是国家行政管理体制的一部分，理所当然应根据行政管理体制改革的要求，朝着国家行政管理体制改革的方向转变。

二、国际社会海洋管理的发展趋势

自《联合国海洋法公约》签署以来，联合国对国际海洋事务越来越重视。1993 年第 48 届联合国大会决议，敦促沿海国把海洋综合管理列入国家发展议程；1997 年以来，联合国秘书长每年都向联大作海洋事务报告，其中向 1999 年联合国大会提交的海洋事务报告指出，海岸带生态系统可以提供的经济价值约为 21 万亿美元，而陆地生态系统可提供的经济价值约为 12 万亿美元。由此可见，海洋对全球经济和社会发展具有巨大的潜在价值。

由此，许多沿海国家不失时机地实施了加强海洋管理的一系列重要举措。具体表现在：

重新确立海洋发展目标，调整国家海洋政策。比较典型的是美国、日本、法国和澳大利亚。1998 年，美国总统克林顿发表了“海洋宣言”。美国国会制定的 21 世纪海洋发展的战略目标是：增强对海洋的认识，推动渔业和其他海洋资源的可持续利用，增加就业机会，促进经济增长，维护国家安全和海上自由，永久保护海洋。这一目标十分注重实用性和指导性。美国在实施《海岸带管理法》之后，相继催眠术了《大陆架土地法》《海洋保护、研究和自然保护区法》，制定了《国家环境政策法》《国家海洋污染规划法》《深水港法》《渔业保护和管理法》等 9 部法律。日本提出了以公海为主开发渔业资源、保护近海生物资源、大力开发海洋能资源、建设海上复合式生活空间、有效保护海岸海域综合利用和有效防止海洋污染的政策，形成了《海岸法》《共有水面填埋法》《港湾法》《共有水面管理法》等 12 部法律。法国则提出了海洋资源开发利用活动必须有利于推动沿海地区社会经济发展的政策，制定了《海岸带整治保护及开发法》《海岸公物法》《海岸带空间计划》等 13 部法律、规划。1998 年，澳大利亚政府专门发布了《澳大利亚海洋政策》，对可持续利用海洋的原则、海洋综合规划与管理、海洋产业、科学与技术、主要行动5个部分作了详尽的规定，并颁布布了《海洋和水下土地法》《澳大利亚海洋法》《海岸带管理法》等32个涉海法律法规。此外，还有加拿大、俄罗斯、比利时、英国、荷兰、新西兰、挪威、芬兰等国也纷纷制定了符合本国海情的法律、法规。

加强海洋管理机构。美国总统布什宣称21世纪是太平洋世纪，成立了负责制定国家海洋发展战略的海洋委员会。日本成立了“综合海洋政策本部”，负责统筹协调日本海洋方面的行政事务，并负责制定日本的中长期海洋基本计划。法国在国家海洋开发中心和南特海洋渔业科学技术研究所合并基础上成立的“法国海洋开发研究院”，侧重于研究海洋开发技术和应用性海洋科学、制定协调海洋开发计划。韩国组建了海洋渔业部、成立了海岸警备队，印度尼西亚成立了海洋渔业部，越南成立了海岸警备队，菲律宾、印度、澳大利亚和巴西等沿海国家相继提升海洋管理机构层次，这些机构呈现出由分散管理趋向集中管理的特点。

加强规划和区划，制订海洋管理行动计划。美国、荷兰、斯里兰卡、菲律宾等国分别制订了海洋开发管理规划。这些规划具有长期性、系统性和约束性并对实施规划出台了强制性措施。墨西哥、法国、韩国、泰国制订了中短期海洋管理实施计划。1995年，澳大利亚实施了《联邦海岸带行动计划》。此外，美国、荷兰和澳大利亚还对海岸带进行了功能区划管理。1999年6月，日本制订了《海洋开发推进计划》。国际社会的一系列动向昭示，从战略高度重视海洋，强化海洋管理，不仅成为当今的时代潮流，而且也是沿海国在海洋世纪抢占先机的最佳选择。

三、广东海洋行政管理体制发展历程

（一）水产管理阶段

新中国成立以来，广东省地方政府对海洋行政管理事务的参与，也是随着国家海洋战略和政府管理职能的变化而逐渐深入的，这一历史过程可以从广东省具体负责海洋事务的政府职能部门的名称变化中略见一斑。

从20世纪50年代初的“有农林厅水产局”到50年代至60年代的“省水产管理局”，再到80年代的“省水产厅”和“水产局”这一时期的海洋管理偏重于水产，还没有现代意义上的海洋管理。这一时期广东的海洋管理相对简单，各部门虽然存在自成体系，各自为政，缺少制度化的信息沟通和协调机制，部门之间信息沟通不畅等问题；但是由于经济社会发展水平低，对海洋的开发与利用规模小，海洋行政管理主要局限于对传统的海洋养殖、海洋捕捞等涉海行为的管理以及其他一些涉海部门依据陆地资源管理的传统进行的分行业的管理，各涉海行业之间以及行业内部的矛盾并不突出。

（二）海洋综合管理起步阶段

从20世纪90年代中期到2000年，广东省真正意义上的海洋行政管理开始诞生。1992年党的十四大召开，为了建立社会主义市场经济体制，构筑与市场经济体制相配套的宏观调控体系，我国海洋行政管理体制着手进行改革，突出回应沿海地方政府对海洋行政管理的需求。

在这一背景下，广东进行了较大规模的政府机构改革。1994 年 5 月，为加强海洋综合开发管理工作，中共广东省委发出关于印发《广东省省级党政机构改革方案》和《广东省省级党政机构改革方案实施意见》的通知，决定撤销省水产局、省海洋局并以省水产局为基础，组建广东省海洋与水产厅。同年 11 月，省政府办公厅发出《关于印发广东省海洋与水产厅职能配置、内设机构和人员编制方案的通知》，该方案明确了省海洋与水产厅是省政府主管全省海洋综合管理与水产工作的职能部门。1995 年 5 月，广东省海洋与水产厅正式成立，为省政府组成部门。根据 1995 年出台的《改革方案》有关“将海岛海岸带及其近海海域的海洋工作下发给地方政府”的规定，广东就此获得了较为明确的海域管理范围。

（三）强化海洋综合管理阶段

21 世纪以来，广东省逐步强化海洋行政管理，努力推进海洋综合管理。2000 年，根据中共广东省委、广东省人民政府《关于印发〈广东省人民政府机构改革方案〉的通知》（粤发〔2000〕2 号），省海洋与水产厅改为省海洋与渔业局，列入省政府直属机构序列，其主要职能是：拟定和实施海洋与渔业产业政策，规划协调海洋资源的开发利用，实行海洋综合管理，监督保护海洋环境，发展外海和远洋捕捞，进行渔政海监综合执法，加强渔业行业管理。其中，新增的职能有两项：第一，200 海里专属经济区海洋与渔业资源的行政管理职能；第二，组织实施伏季休渔制度的行政管理职能。转变的职能一项：有关项目论证、技术推广、病害防治等辅助性、技术性的职能，交给事业单位承担。通过这一轮改革，更加突出了省海洋与渔业局在海洋行政管理方面的职能。

然而，此时的广东省海洋与渔业局只是省政府直属机构，非省政府组成部门，而其他众多涉海部门皆为省政府组成部门，在这种权力格局和机构设置的背景下，广东省海洋与渔业局还无法承担起统筹协调海洋综合管理的职责。2003 年 12 月，时任广东省省长黄华华在广东省第五次海洋工作会议上表示，为加强对建设“海洋经济强省”的宏观指导和管理，广东省将成立海洋工作领导小组，由主管农业的副省长担任组长。省海洋工作领导小组的成立为更好地实现海洋综合管理的统筹协调工作发挥了较大的作用，一定程度上克服了行业管理所造成的各自为政、难以协调的弊端。

2009 年，广东省再次进行政府机构改革，根据《中共广东省委、广东省人民政府关于印发〈广东省人民政府机构改革方案〉的通知》（粤发〔2009〕8 号），继续保留广东省海洋与渔业局，为省人民政府直属机构。通过职责调整，省海洋与渔业局的职责进一步扩大，更加突出了省海洋与渔业局的综合管理功能。2012 年 7 月，广东省人民政府办公厅下发《关于调整省海洋工作领导小组组成人员的通知》（粤办函〔2012〕512 号），省海洋工作领导小组的地位得到进一步加强，组长为省长，副组长为常务副省长和主管农业的副省长，成员包括了各涉海部门主管涉海行政工作的副职领导，领导小组办公室设在省海洋渔业局，办公室主任由时任广东省海洋与渔业局局长兼任。这表明，广东力求构建以省海洋与渔业局为主导的海洋综合管理体制。省海洋工作领导小组地位的加强不仅表明了省委、省政府对海洋工作的日益重视，而且实际上加强了行业管理体制基础上的海洋综合管理。至此，广东开始在各涉海部门行业管理的基础上逐步强化海洋综合管理，这也是当前世界各主要海洋强国进行海洋行政管理体制变革的趋势。经过多年的探索与实践，证明海洋综合管理是现阶段海洋行政管理的一种有效手段。

四、推进广东海洋管理体制改革的思考

广东海洋综合管理体制改革已经取得了很大的进步，取得了卓有成效的业绩。但我们也看到，目前广东的海洋管理体制中，依然存在着法制建设不完善、部门分割、职能交叉、执法队伍分散等现象。目前的海洋综合执法体制也仅限于海洋执法与渔业执法的整合，其他诸如海上治安管理、海上交通安全、海上缉私等职责仍分别由广东的边防部门、海事部门和海关部门管理。这种海洋综合管理体制的碎片化现状，与海洋管理需要的整体性、复合性和流动性等一体化特点相矛盾，难以满足未来广东建设海洋强省的基本要求。因此，广东在海洋行政管理体制改革的进程中，有必要以国家大部制改革实践为借鉴，在国家现行的体制机制框架内，采取能够有效促进各涉海部门协调合作、各执法队伍有效整合、各下级政府上下联动的改革措施。

（一）完善海洋管理法律法规

依法治海、依法管海最终达到依法振兴海洋事业的目的，是加强我国海洋综合管理的最基本手段。广东省在与国家海洋管理相关法律法规相接轨的同时，也出台了一系列的管理条例和规定，从法律层面上严格控制，科学用海。

2013 年 1 月，国家海洋局发布的《国家海洋事业发展“十二五”规划》第十六章第一节明确指出，“支持沿海地区出台地方性海洋法规与政府规章，健全上下协调的法律法规体系。”因此，广东应充分发挥地方立法的积极性，加强广东海洋法规和制度建设。根据我国相关法律的规定，广东省人大、广州市人大以及深圳市、珠海市人大可以制定地方性法规，广东省人民政府及上述市人民政府可以制定地方政府规章。因此，上述机构应在自身的职权范围内，依照法定程序制定一系列与现行海洋法律法规相配套的关于海洋行政管理的地方法规和地方政府规章等规范性文件，如结合地方实际，依法制定能够统筹本省海洋管理的《广东海洋管理条例》，为国家层面的《海洋基本法》做好地方探索；面对当前海岸带管理无法可依的局面，广东也可借鉴海南经验出台《广东海岸带管理条例》等。已经制定实施的法规规章要根据海洋行政管理中出现的新问题、新情况进行及时的修订，充分发挥广东在海洋行政管理体制创新方面的地方能动力。

（二）统一海洋管理执法队伍

紧抓国家海洋执法队伍整合的历史机遇，探索建立广东统一执法管理模式。2013 年 3 月 10 日，十二届全国人大一次会议听取关于国务院机构改革和职能转变方案的说明，其中关于重组国家海洋局和成立中国海警局的内容备受国人关注。按照方案表述，将现国家海洋局及其中国海监、公安部边防海警、农业部中国渔政、海关总署海上缉私警察的队伍和职责整合，重新组建国家海洋局，由国土资源部管理。

当前，广东实行的仍然是分散的海洋执法体制。广东省渔政总队、广东省公安边防总队、

广东海事局等机构分别涉及海洋执法管理。这种碎片化的海洋执法管理体制，缺点显而易见。但是，在目前国家海洋行政管理体制和海上执法体制未做出实质性改革步伐的条件下，这些机构和人员还无法有效的统一到广东省海上综合执法队伍当中。因此，广东省目前全面统一海洋执法队伍的条件与时机还不够成熟，但可以在国家推进海洋执法体制改革的背景下，积极创造条件，深化地方层面的海洋综合执法改革，通过整合渔政、海关缉私、海警等海上执法队伍的职责，以广东海警的名义统一执法，实现海洋执法队伍的局部统一。未来，广东还可以通过设立联席会议制度，实行“海上执法一起抓，问题处理再分家”的原则，以便推进与广东海事、南海区渔政局、中国海监南海总队等机构的联合执法工作。同时，广东应该充分利用其新时期改革开放排头兵的独特优势，向国家领导层反映寻求海洋综合行政执法改革试点的现实需要，积极探索将下属市县的海洋与渔业执法职责与公安、国土、交通、环保、水利等部门有关海洋行政执法职责统一划入到综合行政执法部门，以推进海洋执法一体化管理。

（三）探索海洋开发管理新模式

充分发挥现有部门间的沟通协调机制，利用广东业已成立的海洋工作领导小组，充分发挥其在规划实施中的组织协调作用。加强对全省海洋经济重大决策、重大工程项目的统筹协调以及政策措施的督促落实。规范各级涉海管理部门的职责划分，合理界定省、市、县（市、区）的管理范围和权限，明确有关部门的分工和责任，形成职责明确、分工合理、配合协调的管理体系。探索建立根据海洋经济发展规划和产业政策调控海域使用方向和规模的机制。根据海洋资源环境承载力、开发密度和用海需求，探索建立海洋主体功能区规划制度。坚持科学用海，探索区域性集中集约用海管理模式。研究解决海域使用权证与土地使用权证的法规政策关系等问题，力促海域使用权证书直接进入项目报建程序。健全海域使用动态监测体系，实施对海域使用、海岛保护、海岸线变迁、海湾容量等的立体、动态监视监测，为科学管理用海提供技术支撑。推进海洋环境监测和监察机构标准化建设。建立无居民海岛资产评估体系，完善无居民海岛开发利用的申请、审批、招投标制度和使用权登记制度、有偿使用制度。探索建立海域使用论证管理中心、海籍管理和海洋测绘中心、海洋权属管理和产权交易中心。

规范海洋开发秩序，认真执行海洋功能区划制度。完善海域使用管理相关法规体系，推动《广东省海岛保护条例》出台。继续清理和规范各类涉海行政审批事项，建立健全行政审批责任制和责任追究制度，严禁违规审批、变相审批和重复审批，优化审批方式，推行并联审批、网上审批，不断提高审批服务效率和水平。加强对围海填海、海砂开采和无居民海岛开发利用等活动的监管，规范海域养殖活动。维护海域使用秩序，保护合法用海行为，促进人与海洋和谐相处。加强海洋执法力量建设，加大海洋执法力度，强化对广东行政管理海域的巡航监管和对各种海洋涉外活动的监管，保障南海海上通道安全，维护我国海洋权益。

（四）加强海洋生态文明建设

加强海洋污染防治措施，保护与修复海洋生态环境，建立健全海洋防灾减灾支撑体系。

对主要河流入海口加强环保、溢油、海平面上升等问题制定综合管理计划；严格实施重点海域入海污染物排放总量控制制度，建立海洋环境容量“以海定陆”的保护模式。完善排污许可证制度和排污收费制度。加快滨海城市生活污水、生活垃圾和工业废水处理设施建设。加强重点港口和渔港环境污染治理，力争实现进入港区的船舶油类污染物基本达到“零排放”，港区污水排放全面达标。规范倾倒区。整合和完善沿海环境监测体系，建立沿海陆源污染海域环境的信息管理系统。加强海洋环境监测，推进重点入海河口和重要污染源入海口的水质自动监测。

第六节　增创公共服务优势

一、海洋公共服务的概念

（一）海洋公共服务的提出

海洋公共服务，与上一节所谈论的海洋管理，其实存在相互联系、相互依存的关系。现代管理学在20世纪初叶正式确立，至今已经发展了100多年的历史。管理的一个极端是“控制”，而另一个极端可以认为是“服务”。伴随着21世纪公共行政和政府改革的大潮流，政府为民众提供包括教育、科技、文化、卫生等在内的各项公共服务，已经成为世界主流国家的重要认知。目前，海洋公共服务在学术界还没有形成共识性定义，一般理解为：海洋管理部门为海洋经济和管理实践活动提供海洋政策法规、海洋科技发展、海洋安全救助、海洋减灾防灾等一系列服务的总称。管理部门的强制性、命令性行为以及对涉海产业的垄断行为，都不属于公共服务。在服务型政府的执政理念中，政府是与其他社会组织、经济活动主体一道参与全社会治理的平等一员，为公民做好服务工作，其角色定位是社会全局的调控者、社会政策的制定者、社会秩序的监督者。

从上面的分析可以看出，海洋公共服务所包含的内容十分广泛。其主体是政府及涉海管理机关为核心，包括社会团体及非营利组织；客体是围绕海洋活动产生的各种公共事务；目标是为更有效的开发海洋资源、发展海洋经济、保护海洋生态环境等。本节主要讨论的海洋公共服务可包括以下几个方面。

1. 组织海洋基础调查和研究

由于海洋内部的神秘性、人类技术发展的有限性，导致现今人类社会还未能对深海资源进行有效的开发利用，广东目前所利用和开发多是滩涂、海岸带等浅海区域。而现代海洋开发活动属于资本密集型、知识密集型的经济活动。一般的中小企业很难有充足的人力、财力来进行基础研究。在服务型政府的统筹安排下，通过涉海政策支持和财政投入，由国家海洋局及其下属各类研究机构、海洋大学、重点高校的涉海院系等机构集中优势智力进行基础科学研究和基础情况调查，解决海洋领域的基础技术和共性技术。充分利用可以目前开发中发现的问题，在可持续发展理念的指导下科学的、有计划的在一些重点方向进行科学研究，主要包括海洋基础信息库服务、海洋环境预报信息服务、海洋环境保护（海洋健康）信息服务、海洋工程技术产品服务、海洋经济基础调查等。

2. 提供海洋基础设施建设

基础设施是政府提供公共产品和公共服务的重要载体，涉及诸多专业部门及行政区域。但由于基础设施建设具有广泛性、投资大、经济收益低、社会效益高等特征，相当程度上决定了需要由政府承担起组织者的角色。这一点不仅适用于我国，也适用于高度崇尚自由市场的资本主义国家。当然，政府并不是基础设施建设中的唯一“主角”，而是应在引导、监管基础设施建设的基础上，引入企业及其他社会团体等其他组织，形成共同参与、优势互补的合作模式，争取以最少的投入，达到经济效益和社会收益的最大化。

针对广东而言，基础设施及配套建设必然成为海洋公共服务的关键组成部分。海洋资源的开发利用行业属于典型的技术密集型和资本密集型产业，其投资数额巨大，风险也较大，而且需要一系列的硬件配套设施保证安全和有效，例如海洋预报系统、海洋信息服务系统、海洋监测与监视系统、海洋调查系统等。没有这些保障系统的护航，就难以解决海上作业的实施与安全问题。同时，结合国家、广东的防灾减灾和科技创新需求，加强海洋基础设施和能力建设，逐渐形成一个庞大的、综合的、高效的的基础设施体系，必然成为当前广东建设海洋强省必不可少的重要选择。

3. 海洋安全救助服务

由于海洋在人们心中属于“公共产品”，其难以抑制的开发冲动和利益诉求，再加上海洋资源的稀缺性，往往会造成“公共牧地”悲剧，又发各种海洋危机。这又反过来对国民经济活动带来严重威胁和破坏。由于海洋危机产生的概率高、波及范围广、持续时间长、防治难度大等特点，一旦发生特别是重大海洋危机的发生，其影响就较为深远。广东近几十年遭受的风暴潮、海浪、赤潮等灾害，已经成为了广东海洋经济发展的严重制约因素。而另一方面，我国及广东的海洋救助系统并不完善，受灾前的信息指导、受灾时的救助安置、受灾之后的重建恢复等方面，与发达国家相比还有较大差距，需要在未来对海洋救助方面给予充分重视，加大力度进行建设。

（二）目前海洋公共服务中的问题

我国作为发展中大国，各级政府为了促进经济增长倾注了大量心血，但随着时代的不断进步、市场制度的不断完善，客观上要求政府职能更多地关注“规则”的制定和引导，只有这样才能从根本上转变经济增长模式。但目前广东在海洋公共服务过程中的职能重心及政策取向方面还存在着一定的偏颇。

相当长时间实行的计划经济体制，使得政府利用“有形的手”，在微观领域对经济发展和企业生产实行严格的控制，过多地参与企业的生产经营活动，干预企业的人事安排和内部管理，导致企业缺乏活力，生产效率低下，严重制约经济的可持续发展。政府既当裁判员，又当运动员。而在新世纪海洋经济发展过程中，涉海企业需要政府支持以求生存并发展壮大时，政府往往用力不足，而传统的行政审批、行政许可等制度的改革滞后效应在其发展道路上又用力过大，在相当程度上限制了涉海企业谋求发展的空间及动力。

观之广东，改革开放以来广东各级政府管理部门紧随时代发展要求进行了若干次重大改革，但海洋管理服务部门的传统工作方式依然存在，即在确定的行政体系之内考虑市场的决定性作用不足，借助市场力量的调节来发挥管理服务职能的理念在实际工作中仍然有待加强。典型的运作方式如行政命令、行政处分和行政裁量等仍旧存在，与时代发展有些不适合。在现今的时代背景下，随着服务型政府和新公共服务理念的推行，要求灵活运用包括法律手段、经济手段、政策与规划手段等在内的多种手段，以提高公共服务的有效性。

二、增创海洋公共服务优势的建议

增创公共服务优势，具体表现在：加强海洋调查的统筹规划与管理，加快海洋信息标准化建设，提高海洋渔业服务能力，完善海上船舶安全保障体系，加强海洋灾害应急管理，提升海洋公共服务质量和水平。

（一）加强海洋调查的统筹规划与管理

加强广东省海洋调查的总体规划和管理，对近岸海域进行勘测和测绘。动态更新广东省近岸海域资源环境的基础数据和图件，建立并完善海洋基础数据库系统。加快海洋地质保障工程的实施，加强对深海重要资源区的专项调查。加强广东省海洋地理空间信息基础设施建设，推动海洋调查设备和分析测试仪器的共享。

（二）加快海洋信息标准化建设

统筹广东海洋信息化工作，加快海洋信息标准化建设，推进信息资源的统一管理和共享。建立健全全省海洋基础数据调查、统计和信息发布制度，重点加强海洋开发基础数据、海区环境状况、区域海洋气象和海洋科技研究等信息发布和服务，为海洋保护开发、海洋经济管理和社会公众提供服务。以海域海岛管理、生态环境保护、海洋防灾减灾、海洋经济监测、基础科学研究为主题，推进海洋管理与服务信息化工作。完善近海海洋资源综合调查，开展渔业资源、海岛开发与保护等海洋专项调查，加快海岛（礁）、海岸带和近海海域基础地理信息数据库及服务平台建设。健全海洋信息发布制度，强化信息公共服务。开展推进广东海洋经济核算体系和统计制度改革，加快建立“蓝色发展指数”，建立海洋经济运行监测评估系统，健全海洋经济运行监测评估体系。建立海洋经济信息定期发布制度，为海洋保护开发、海洋经济管理和社会公众提供服务。研究建立适合广东省情的海洋经济统计监测指标体系，为科学、全面地反映广东省海洋经济发展的现状，定期观察、分析、监测海洋经济的发展，为科学决策提供支持。

（三）提高海洋渔业服务能力

加强对海洋渔业发展的指导，加强渔港建设，优化布局，升级改造一批重点沿海渔港，提高建设标准，提高通信，监控和导航设施，在台风多发的海域适当增加布局密度。加强渔水电供应以及运输和通讯等基础设施的建设，改善渔民生产生活条件，加大政策扶持力度，开展多元化的渔民就业培训。健全海洋水产良种选育、水产技术推广服务和疾病预防控制体系，加强水产品质量安全监管，加强渔业安全生产执法检查。实施海上万艘渔船安全工程，完善海上搜救应急系统和海上联动协调机制，提高海难事故救助能力。

（四）完善海上船舶安全保障体系

加大海上航运监管与服务力度，加强海上安全基础设施建设。加快建设集船位自动监控、安全通信、救助指挥、电子签证、移动执法等功能于一体的渔业安全生产通信指挥系统，优化船舶交通管理系统布局，开展沿海民用港口及航路测绘，更新重要通航水域、能源大港海图。提高渔业船舶安全生产保障能力。强海上交通安全管理，健全水上交通救助体系，完善海上搜救应急预案体系，完善海上110系统，提高公安海警装备和保障能力，加强公安海警巡逻舰艇和执法基地建设。建立健全海上交通安全应急救援指挥机构，定期开展海上联合搜救演练，推进与周边省（区）和香港、澳门特别行政区在海上交通、安全生产和海上救助等方面的合作，畅通船舶安全信息渠道，提高海上船舶安全保障能力。

（五）加强海洋灾害应急管理

海洋灾害是一种自然现象，广东沿海地区经济社会发展面临海洋灾害的严峻挑战，应对海洋灾害要适应和减缓措施并举。适应和减缓是自然或人类系统在实际或预期的灾害刺激下做出的一种调整反应，减缓可以认为是一种更积极的适应。其措施包括三类，即制度性措施、工程性措施、技术性措施。制度性措施是指通过政策、立法、行政、财政税收和监督管理等制度化建设，促进沿海地区增强适应海洋灾害的能力，如借助海洋生态补偿、灾害保险、社会保障、教育培训和科普宣传等政策激励措施，为增强适应能力提供制度保障。工程性措施是指通过大型工程建设，增加社会经济系统在物质资本方面的适应能力，包括修建海防堤坝和环境基础设施等。技术性措施是指通过科学研究、技术创新等手段，增强适应能力，例如开展海洋灾害风险评估研究，开发海洋生态系统适应技术，开发海洋灾害风险监测预警技术等。基于海洋灾害应急管理措施的分类，广东省沿海海洋灾害应急管理体系应从以下方面进行完善。

1. 制度性措施

（1）健全海洋灾害应急管理法律制度

我国宪法中已规定了紧急状态宣布权，其中应纳入包括海洋灾害应急管理在内的紧急状态条款，将包括海洋灾害在内的突发事件的应急处理上升为宪法的一项基本内容。根据工作需要，广东省有必要制定海洋灾害应急管理实施细则，以便对海洋灾害事件的应急机构、应急职责和行政管理相对应的应急法律义务做出与上位法相协调的配套规定。

（2）完善广东省海洋灾害应急预案体系

制定《广东省海洋灾害总体应急预案》，用于指导涉及跨市级行政区划的，或超出事发地市级人民政府处置能力的特别重大海洋灾害应对工作。

（3）建立巨灾损失分担机制

建立广东省财政支持的巨灾风险保险体系。制建立由政府支持、专业机构管理的广东省巨灾保险基金，由该基金对所有广东省内巨灾保险业务进行处理。建立多层次的巨灾风险分散机制，重点发展再保险市场，扩大国内再保险规模，鼓励利用国际再保险市场在更大的范围内分散巨灾风险。

2. 工程性措施

（1）加强海岸防护工程建设提高防灾标准

海岸防护工程是抵御海洋灾害的重要保障。广东沿海地区将海堤建设纳入地方经济发展规划。对处于主要灾害危险区内的城市、工矿企业、海上工程、海岸工程都必须根据其重要程度按不同的抗灾要求，作好抗灾工程建设，加强沿海千里海堤修建和加固达标工作，建设海上长城。

（2）加强沿海生态环境保护

加强沿海防护林体系的建设，以增强沿海防御海洋灾害的能力。加强海洋环境及养殖业的管理，严格控制污染物质入海量，改善海洋环境，防止赤潮等人为自然灾害。在海洋捕捞业较为发达的地区建立避风港。加固险闸和水库等设施建设。在海洋灾害多发的重点地区，健全地区性的救灾队伍，完善救灾的装备，一旦发生灾害，能有效地投抢险救灾，以减轻损失。

3. 技术性措施

建立现代化的海洋灾害预警、预报发布机制和体系。重点开展重要海洋要素的预测预报技术，包括近海岸风暴潮预报模式、远洋预报模式、厄尔尼诺监视预测技术、赤潮多发区的为分模式等。开展海洋环境预报业务客观化和自动化技术研究，包括海洋资料四维变分同化技术业务系统开发、海洋水文气象信息综合分析处理系统研制等。加强海洋灾害应急管理系统的研制，完善海洋灾害应急管理数据库建设，强化一体化网络数字信息技术在海洋灾害应急管理中的应用。开展海洋环境预报实时信息系统技术研究，包括实时信息传输技术、实时数据库系统、实时信息交换技术等。

按照国家海洋观测体系建设总体布局，加快构建具有国际先进水平的海洋灾害监测、预警和应急指挥网络。推进海洋气象与灾害天气预报开放重点实验室、省级海洋预报台和海洋气象灾害预警中心建设，提高海洋气象灾害监测预报预警和防御能力。增设验潮站、浮标、地波雷达等观测站点，开展近岸精细化预报预警，加强地震、海啸、风暴潮等重大灾害监测和预警。积极开展海洋领域应对气候变化研究，推进海洋灾害风险评估、风险区划及警戒潮位核定工作。开展粤港澳海洋灾害监测预报合作，建立共同应对海洋灾害的工作机制。

规划建设一批海洋气象灾害综合观测基地，加强海洋气象与灾害性天气预报开放实验室和广东海洋气象灾害预警中心建设，提升海洋监测预警预报水平。

第七节 增创海洋战略优势

一、推进“海上丝绸之路”建设

建设“21世纪海上丝绸之路”，是中央在新的历史条件下，总览国内外经济社会发展的新动向和新趋势而做出的战略决策，力图为我国全面深化改革创造良好机遇和外部环境。它的提出和建设，能够使国内国外在人员、资金、技术等市场要素的交流渠道得到进一步拓展，激发我国在基础研究创新、应用科技创新、商业模式创新等领域的全民创造力，从而增强我国经济发展的活力和抵御国际社会各种不利因素的能力。同时，它对我国的国家安全、全球经贸发展和全球地缘政治格局的变化也具有重要意义。

它的提出和推动经历了一个系统的过程。2013年10月，国家主席习近平在访问印度尼西亚时提出了共建“21世纪海上丝绸之路”的战略构想；当年11月，党的十八届三中全会决议提出“推进海上丝绸之路建设”；当年年底的中央经济工作会议指出，要“推进丝绸之路经济带建设，建设21世纪海上丝绸之路”；2014年3月李克强总理在政府工作报告中明确提出要抓紧“一带一路”的规划建设；2015年3月，国家发改委、外交部、商务部联合发布了《推动共建丝绸之路经济带和21世纪海上丝绸之路的愿景与行动》。至此，历经一年多的努力和酝酿，“一带一路”从提出概念，到上升为国家战略，再到制定实施计划，已经正式成为未来一段时期内指导我国新一轮对外开放和国家发展的重大战略。

纵观国内外评价，“21世纪海上丝绸之路”战略的提出，受到世界大部分国家的积极评价。美国库恩集团主席库恩在2015年泉州举行的“21世纪海上丝绸之路国际研讨会”论坛上表示，“21世纪海上丝绸之路为世界提供了更优于西方观念的地缘政治视野。”库恩强调，美国应摒弃冷战思维，与中国一道求跨越、谋发展。欧盟—亚洲中心主任、欧洲政策研究中心高级顾问弗雷泽·卡梅伦介绍，“21世纪海上丝绸之路”战略激发了欧盟的极大兴趣。他相信，这一战略对于中国国家软实力、政治影响力的意义不容小觑。“21世纪海上丝绸之路”涉及许多欧盟的合作伙伴，因此欧盟将密切关注实施这一战略构想的未来行动，为探寻欧盟与中国的互利互惠而努力。澳大利亚新闻频道股份有限公司CEO方安吉曾表示，古老的“海上丝绸之路”的故事是中国“和”文化的历史产物，它留给世界的是共享、认同与包容的记忆。作为与我国经贸、科技、人员等方面具有广泛合作基础的东盟国家，更是把建设“21世纪海上丝绸之路”作为进一步深化双边合作，在过去“黄金十年”的基础上开启未来“钻石十年”的新机遇。

而从我国的国家战略层面来看，中央提出“一带一路”是我国对外开放战略的重大突破，对深化我国与沿线周边国家的区域合作、形成我国改革开放新局面、实现“中国梦”“海洋梦”影响深远。中国社会科学院院长王伟光指出，“21世纪海上丝绸之路”具有世界意义。建设“21世纪海上丝绸之路”，涉及数十个国家和地区，合作范围极其广泛，必然要求具有全球视野和世界眼光。要吸引域外力量参与，在加强沿路各国经济、贸易合作的同时，不断拓展新渠道、新领域，以积极的姿态，将“海上丝绸之路”的建设与世界政治经济新秩序的构建联系在一起，以推动全球经济的大发展与大繁荣。北京大学国际关系学院教授翟崑表示，丝绸之路本身就是一部全球互联互通史，在后金融危机时代，“21世纪海上丝绸之路”是中国推动的全球互联互通史的新篇章。

（一）古代“海上丝绸之路”简要回顾

建设“21世纪海上丝绸之路”，是我国政府对历史的传承和发扬。众所周知，古代中国与海外的联系，除了著名的陆地上的丝绸之路之外，海上也有一条丝绸之路（图5.4）。它起始于秦汉、兴盛于唐宋、至明清而没落，历经2 000多年历史，曾经为推动亚非欧沿岸国家经济繁荣和东西方文化交流做出过重要贡献。它不是一条具体的通路或者航线，而是后世对古代中国连接东亚、南亚、波斯、欧洲以及非洲的贸易大通道的统称。特别是在宋元时代及之后的历史时期，由于中原地区战乱和自然灾害频仍以及我国古代经济重心南移等诸多原因，“海上丝绸之路”逐渐取代陆地丝绸之路成为中外贸易交流的主通道。

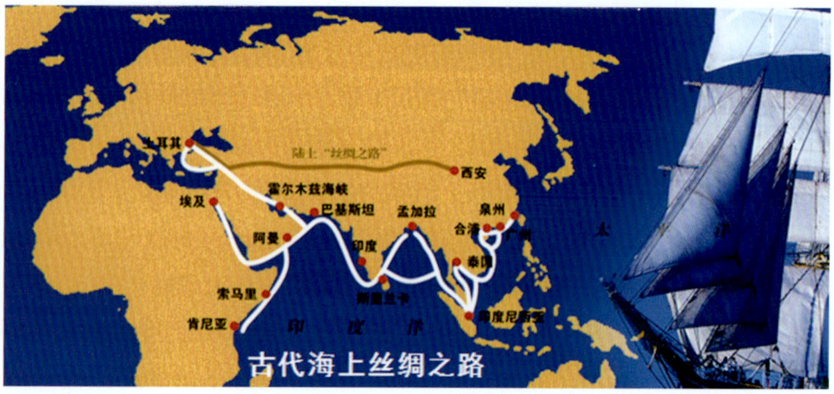

图5.4 古代陆地和海上丝绸之路示意图

从诸多史料记载来看，古代“海上丝绸之路”在先秦时代就已经有了雏形。明代学者记述《广东通志》云：“越王与魏通好，于是使隅复往南海，求犀角、象齿以献之。隅久处岭外，乃得诸琛，并吴江楼船，会稽竹箭之魏。魏乃兴师送越王往荆，栖之沅、湘。于是南武疆土，遂为越贡奉邑，称雄于交趾。”① 可见，在战国时位于今天番禺的南武城，已是颇具规模的外贸港口，为此地方中心城市。后来，楚国曾经占领此地，并在徐闻建“楚豁楼”，以征抚南海，占有外贸宝货。因此《战国策·楚策三》记载，楚王曾说“黄金、玑、犀、象出于楚，寡人无求于晋”。

据《汉书·地理志》记载，到了秦汉时期，从广东的徐闻、合浦（今属广西）港口出发，去南海进行商贸往来已经逐步兴盛起来，由徐闻、合浦至南海诸岛及东南亚各国皆有航路可达。许多华人由此漂洋过海，在南洋一带开疆辟土，休养生息。从汉代起，这条海上丝绸之路算作是较为正式的“丝绸之路”，以丝绸为主的各类商品交易开始明晰，海上航路也日渐清楚。根据有关学者研究，当时我国的海运货物，可以抵达今天的斯里兰卡，再通过印

---

① 曾昭璇等：《论中国古代以广州为起点的“海上丝绸之路”的发展》[J]，中国历史地理论丛，2003年6月。

度辗转到达欧洲和地中海沿岸。到了晋朝，我国对外贸易已经有了专业团队开展，贸易范围进一步扩大到印度西大秦国。因在海上丝绸之路中的重要港口作用，以及频繁同南洋诸国交往，广州已经成为全国知名的富庶之地。

到了唐宋，由于国家政治较为清明、经济繁荣、社会包容，特别是政府实行“任其往来通流，自为交易，不得重加率税”的开放政策，这一阶段的“海上丝绸之路”进一步发展，达到了非常兴盛的时期。唐代在广州设置全国最早的市舶司，专门负责对外贸易事宜。唐人称之为“广州通海夷道”的航线繁盛兴旺，从广州起航，经过南海抵达波斯湾和红海沿岸国家，也是当时世界上距离最长的远洋航线。唐宋时期，“海上丝绸之路”运输的主要商品还包括陶瓷和香料，获利巨大，因此也有人成为“海上陶瓷之路”“海上香料之路”。

但是，随着明清时期长达几百年的海禁国策，对海上贸易采取了越来越严厉的限制政策，中间尽管有过郑和下西洋等壮举，但于全国整体形势无补。后来为了应付西方商人不断的通商要求，清朝政府采取了有限开放广州、实行一口通商的国家决策，广州事实上形成了“古代经济特区”的独特地位，被称之为“天子南库”。这种情况一直持续到1840年中英鸦片战争爆发，我国因战事失利被迫签订《南京条约》而结束，但已经迷失海洋几百年的晚清政府随后不得不对世界各国列强全面开放门户，逐渐陷入了半封建半殖民地的悲惨遭遇。

（二）古代海上丝绸之路的启示

随着航海技术的逐步突破和经济贸易的强烈需求，古代“海上丝绸之路”从无到有、从小到大，历经2 000多年历史的发展，凝聚了我国古代劳动人民的智慧和勤劳。我国的丝绸、陶瓷、茶叶等商品由东南沿海港口出发，经中国南海、波斯湾、红海，运往阿拉伯、非洲和欧洲国家，而异域的香料、农作物、药物、象牙等物产则从海外带到我国。不仅如此，“海上丝绸之路”还加强了沿线各国科技文化层面的交流，我国的火药、指南针、造纸术、印刷术等重大技术发明以及文字艺术、礼仪文化、唐朝政治制度等中华文化传播到了日本、印度、大食以及欧洲各国，而这些国家的制糖技术、宗教文明等又通过这条道路传入我国。

实际上，“丝绸之路”的名词最早是由德国学者李希霍芬于1877年提出的，但他当时指的是陆地丝绸之路，相比较而言，“海上丝绸之路”的概念则出现较晚，直到1913年才由法国学者沙畹首次提出。但从此之后，我国及世界其他国家对海上丝绸之路的研究越来越丰富，研究领域也涉及航线的分布和扩展、贸易往来的发展变化、各国间人员文化交流、历史遗迹的考古挖掘等诸多方面。

古代“海上丝绸之路”悠久的历史和蕴含的和平发展理念，是当今我国领导人提出建设“21世纪海上丝绸之路”的重要现实基础。从2 000多年的历史来看，古代“海上丝绸之路”沿岸国家，彼此的政治制度、经济发展水平、文化习俗、宗教信仰等方面都存在巨大的差异，但是贯穿于各国间交流的主线则是平等交往、和平为贵、互利互惠等理念，这是“海上丝绸之路”能历经2 000多年发展的重要基石。

虽然古代“海上丝绸之路”已经远去，其辉煌也似乎只存在于历史文献记载当中，但是其蕴含的特殊价值仍然值得广东在建设海洋强省中借鉴吸收，善加利用。首先，它的历史文化价值是广东取之不尽的价值源泉。有据可查的历史文献已经充分证明了广东在古代“海上丝绸之路”的重要地位和作用，先辈们在广东留下了如天后宫、怀圣寺光塔、圣心大教堂大量的历史古迹，这些古迹是无价之宝，见证了广东与其他国家和地区交往的灿烂历史。因此，古代“海上丝绸之路”的历史，其实也是以广东为代表的中华文化与世界其他文化相互接触、相互影响、相互融合并不断创新发展的历史。如何保护好、挖掘好和利用好这些历史古迹，是广东在建设“21世纪海上丝绸之路”时必须面对的一个重要的“软实力”问题。其次，它的经济贸易价值是广东再次扬帆奋进的重要动力。古代“海上丝绸之路”是先辈们不断开拓贸易路线、不断扩展与世界其他国家交往的结果，从某种意义上来说，它是古代东方版的“世界地理大发现”，只不过后期由于各种原因被中断而造成了欧洲国家后来居上的局面并深刻影响了16世纪之后的世界历史进程。改革开放以后，广东与东盟国家以及沿线其他国家的经贸往来位居全国前列。例如，2013年广东与世界其他国家和地区的进出口总额分别为4 554.6亿美元、6 363.6亿美元，其中，广东与东盟的进出口额分别达到了566.0亿美元、456.2亿美元，分别占比12.4%、7.1%。如果扣除掉广东与香港之间的转口贸易，该比例将会更高，但基于中国—东盟未来深化合作的大背景，彼此之间仍然存在巨大的经济合作潜力空间。因此，建设“21世纪海上丝绸之路”，不仅意味着广东要重新恢复和加强与沿岸各国的友好往来，更是在新的时代条件下对历史的继承和发扬，而且广东作为我国改革开放的前沿地区和海洋经济强省，续写古代“海上丝绸之路”的辉煌、为国家大战略的推进实施贡献力量是义不容辞的历史责任。

（三）广东响应国家战略的宏观设想

“21世纪海上丝绸之路”建设，是国家领导层为了加强与古代“海上丝绸之路”沿线国家的经济、文化联系纽带而提出的系统性建设工程。这项工程，应该集中全社会的力量来进行，由政府牵头、各部门分工协作并充分发挥各类企事业单位以及民间社会组织的独特优势和积极性，使政、产、学、研、民等形成多位一体的合力，才能卓有成效的稳步推进。广东海洋经济总量连续18年位居全国第一，海洋产业门类较为齐全，建设“21世纪海上丝绸之路”的基础条件较为优越，但也需要从长远和宏观的战略高度，加强广东在基础理论、实力建设、推进模式等方面的理论和实践工作。

1. 全面加强理论研究

首先，“海上丝绸之路”是一个历史文化课题，而今又是一个极具现实发展特点的重大战略问题，具有范围广、深度大的理论内涵和实践意义。但广东迄今对其历史文化或者战略意义的系统性研究远远不够，仅限于讨论湛江、徐闻、广州番禺等港口在古代海上丝绸之路中曾经的历史和作用等方面，与当今广东在“21世纪海上丝绸之路”建设中应发挥的作用不相匹配。一些诸如“21世纪海上丝绸之路”的概念与性质、在国家发展战略中的意义、与古代“海上丝绸之路”的联系和区别、建设的主要内容和分阶段任务、各地区的错位发展等基础性重大课题，存在理论研究不够透彻的问题。

其次，一些与历史考古实践密切联系的重要问题也亟须加强研究。如何根据广东古今的实际情况，科学论证和客观评价古代“海上丝绸之路”的相关历史文化遗迹，对于加深人们对其认知和社会宣传，都具有极其重要的作用。梅关珠玑巷古道、广州的“十三行”等著名文化遗产，因为种种原因不符合联合国教科文组织的有关申报规定，如何解决需要长远的、系统性的理论深入研究。除此之外，还要突破政府和学术科研机构的活动层面，加强在全社会的普及宣传和教育，择机择地举办一些有较大影响力的学术研讨会、出版各种专业性和普及性的著作，利用网络和微信等自媒体的新闻传播平台加大宣传力度。

再次，古代“海上丝绸之路”与古代各国的经贸往来密切相关并且由于其贸易的主要品种如丝绸、瓷器、香料、茶叶等被命名为丝绸之路、瓷器之路、香料之路、茶叶之路等。在世界和地区间贸易高度发达的今天，广东对外经贸往来的商品结构和种类已经远远超越古代丝绸之路的概念，因此应认真研究对外贸易的变动规律并与国家宏观经济政策、外汇管理政策、地区间自贸区建设等结合起来，从而有效的指导广东外贸未来健康可持续发展，最终服务于“21 世纪海上丝绸之路”的理论建设工程。

2. 全面挖掘历史优势

广东“海上丝绸之路”的历史，具有时间久、港口多、路线长、贸易大的优势，有一些是全国第一或者唯一的地位，但是广东目前对这些历史文化优势重视不够，导致这些应有的优势没有发挥出来，甚至存在消亡的危险。

如前对古代“海上丝绸之路”的概述可以看出，广州港是世界上屈指可数的历经 2 000 多年而不衰的重要港口，雷州半岛的西汉徐闻古港是有文字记载的中国“海上丝绸之路”“第一港”。但无论是广州、湛江还是广东，对维护这种历史地位所做的工作明显不足。多年来，广东对这些历史文化古迹投入较少，以至虽有“第一”之实却无“第一”之名，学术研究和媒体宣传力度不够，应当从经济上、学术上、宣传上强化这些优势。

从各种行业的“海上丝绸之路”上说，广东各种层面上的“唯一”“第一”“之一”的优势很多。如佛教经典《六祖坛经》是中国人所写的“唯一”列入“经”的佛教著作，又经古代“海上丝绸之路”传播到日本、东南亚等国家，堪称经典的文化遗产，是广东佛教传播之路的重要优势。广东怀集县桥头镇燕岩的金丝燕，可谓“唯一”穿越海洋与内陆的独特燕种。燕岩金丝燕所产燕窝持优，远销海外；在岩洞中攀扒竹竿采集燕窝的工人，传统高超技艺，更是一绝；该地的“燕子节”也是独有习俗。这些独特的文化元素，具有海洋和“海上丝绸之路”文化性质并具有世界和中国“唯一”或“之一”的优势。东莞寮步镇是南粤传统“四市”中的“香市”，是“海上丝绸之路”别名“香料之路”的代表集市，是广东又一个“唯一”的记忆文化遗产或遗存的优势所在。广东应当从建设“21 世纪海上丝绸之路”的高度，以争取申报世界文化遗产为抓手，对这些难得的历史文化资源进行全方位强化建设。

3. 全面强化模式建设

古代“海上丝绸之路”是我国与海外相关国家和平友好、合作发展之路。合作发展是双方自觉自愿、互惠互利的，同时又是力求多方面、长远的合作。这样，就必须注意合作项目做到互通有无、取长补短、共担风险、互助共赢、从小到大、积少成多。目前，广东及各地与相关国家已开始了广泛的经贸合作，合作的项目数量快速增长，合作的领域范围越拓越宽，但在合作方式建设方面，有待全方位加强“请进来”和“走出去”的方式和途径。

加快以东莞为代表的传统制造业提升。东莞制造业为代表的进产出销一条龙方式，创造了东莞改革开放以来的辉煌发展。被称为“世界工厂”的东莞通过大量引进外资办加工厂，又将大量产品外销海外，真可谓从海上丝路进来，又从海上丝路出去，使东莞制造业产品在东盟特别是马来西亚独领风骚。时任广东省委书记胡春华出访东盟交流活动中，东莞市委书记徐建华表示要推进产业提升、扩大经贸往来、促进双向投资等三方面合作。

开拓新的专业性的线路，如特产、科技、建厂、教育之路，扩大因需交流、补缺互惠而开拓的合作领域与方式。华南农业大学亚太地区蚕桑培训中心，是 1982 年由世界银行贷款，中国政府与联合国开发计划署（UNDP）和联合国粮农组织（FAO），在我国唯一建立的负责东南亚以及太平洋地区蚕桑技术培训的特设机构，已成为华南农业大学对外合作交流的特色窗口。自中心成立 34 年来，他们积极参与世界蚕丝业界的各项活动，在协助亚太地区、非洲以及拉丁美洲等地发展蚕桑生产的过程中，发挥了十分积极的推动作用，在国际蚕丝业界具有重要影响。未来，广东有关部门应积极发现和支持更多类似的单位和运作模式，既是对已有成果和模式继承，又是从“21 世纪海上丝绸之路”建设高度进行新的领域开拓。

以国际会展、博览馆等方式综合发挥“走出去”“请进来”的优势和功能，扩大现有的工作模式建设，在广交会、高交会、文博会、海经博览会等著名会展的基础上，进一步并全方位地进行综合性、持久性的“海上丝绸之路”建设。如在“南海 1 号”存放地建设海上丝绸之路博览园，借鉴深圳世界之窗的理念，建设全国乃至世界“海上丝绸之路”的微缩遗迹或景点。这既是在“海上丝绸之路”的合作方式建设上的全方位综合性创造，又是广东“21 世纪海上丝绸之路”建设的又一光辉成果。

4. 全面建设综合实力

国家提出“21 世纪海上丝绸之路”建设战略的出发点和目的，就是要增强国家的经济实力和文化软实力，而要使海上丝路建设快速健康发展，也必须靠这两方面实力的发展。广东未来可以在以下几个方面做足功课。

（1）经济实力建设

历史上的海上丝绸之路归根到底是经济交流和文化往来，这也是“21 世纪海上丝绸之路”的基本涵义之一。这种交流和往来，都必须以若干种产品为媒介。同样，创新硬件产品和软件产品的实力建设将是“21 世纪海上丝绸之路”建设的关键点。广东及各地市在未来的规划中，要积极为“21 世纪海上丝绸之路”建设研发新的产品，如各种新型的高精尖海洋工程装备、高级海洋渔业业态、高端滨海旅游节目、高质量的文化作品、高效的经济主体合作模式等。通过科学合理的发展规划，持续性前瞻性的对重点产品和作品予以必要的各种支持；通过采取优胜劣汰的竞争机制，通过评比争先、奖优罚劣等方法，发现和扶持优秀的产品或作品。只有加强创新的主体、客体培育，通过不断创新，才能为新“丝绸之路”的建设提供源源不断的持续动力。

（2）信誉信用建设

市场经济活动的主体之间，必须要有合作的诚意和交流的信誉。双方的诚意和信誉都必然要经历一个互信互动的过程，从浅入深、积少成多地逐步确立和深化互信，这就是诚意与信誉的实力建设过程。我国作为主动提出“21世纪海上丝绸之路”建设的一方，更应特别注重这两项实力建设。必须全方位强化信誉信用建设，严禁伪劣产品和作品出口，以高质量的物质产品或艺术作品创造信誉和声誉。而且，信誉信用建设还包括严格遵守合同条款等诸多方面的服务性信誉和声誉。强化合作信誉建设，除必须加强有关方面的职业道德、业务教育和自身修养外，尚须强化市场上的国际性法律监督和服务。

古代中国作为“海上丝路”的东方起始点，从东亚开始连接起亚非欧几十个国家和地区，与陆上“丝绸之路”一起组成世界上最长、也是最具开发潜力的经济大走廊和海上运输通道。特别是“海上丝路”连接起来的亚太地区，今日更是全球经济发展速度最快、潜力最大、合作最为活跃的地区。当今中国经济增长更趋平稳，增长动力更为多元，同时中国作为一个负责任的大国在提出“一带一路”重大战略的基础上将出资400亿美元成立丝路基金。如何在新一轮全球增长面前获得更多更大的发展空间，让人民过上更加安宁、富足的生活，这需要沿线各国进行智慧对话与合作。“一带一路”重点战略的提出就是从世界和平与发展的角度，为我国与周边国家处理双边关系提出一个合作与对话的新框架，也是给亚非欧等国提供一个和平对等条件下加强交流与理解的新视角。

“21世纪海上丝绸之路”沿线各国，从东南亚到南太平洋岛国，从亚洲到非洲，目前已经是你中有我、我中有你的命运共同体。在这个宏大的发展框架下，大家可以共同建设开放包容的互信之路，相互支持、求同存异，维护地区发展稳定大局；可以共同建设互利合作的共赢之路，深化贸易投资合作，推进互联互通建设，发展好海洋合作伙伴关系；可以共同建设和谐共处的和平之路，坚持以和平方式、外交手段解决争端，共谋和平、共护和平、共享和平；可以共同建设文明互鉴的友谊之路，加强治国理政理念和实践经验交流，推进科技、教育、文化、体育等领域合作；可以共同建设对接梦想的圆梦之路，把中国梦与沿线各国人民的美好梦想对接起来，一起追逐梦想、实现梦想。

二、广东自贸试验区探新路

（一）广东自贸区的设立

2014年12月28日，十二届全国人大第十二次会议审议通过了关于授权国务院在中国（广东）自由贸易试验区、中国（天津）自由贸易试验区、中国（福建）自由贸易试验区以及中国（上海）自由贸易试验区扩展区域暂时调整有关法律规定的行政审批的决定。2015年3月24日召开的中共中央政治局会议上，广东以及天津、福建等第二批自贸区的总体方案获得通过。2015年4月20日，国家商务部联合广东、上海、天津和福建四省市在国务院新闻办举行新闻发布会，同时公布了四个自贸试验区的规划方案。中央批准在广东设立自贸试验区，充分体现了党中央、国务院对广东的高度信任和殷切希望。2015年4月21日，中国（广东）自由贸易试验区在广州南沙正式挂牌成立。它的设立，是党中央、国务院作出的重大决策，是新形势下全面深化改革、扩大开放和促进内地与港澳深度合作的重大举措，为广东未来的发展带来了新的历史性机遇。此政策东风，必将为广东在面临经济转型和国内地区间激烈竞争的新常态背景下，提供新的发展“加速度”，引燃大众创业的激情和梦想，实现地区发展的新跨越。

根据《中国（广东）自由贸易试验区总体方案》，广东自贸试验区的战略定位是：依托港澳、服务内地、面向世界，将自贸试验区建设成为粤港澳深度合作示范区、“21世纪海上丝绸之路”重要枢纽和全国新一轮改革开放先行地。广东自贸试验区将用三至五年改革试验，营造国际化、市场化、法治化营商环境，构建开放型经济新体制，实现粤港澳深度合作，形成国际经济合作竞争新优势，力争建成符合国际高标准的法制环境规范、投资贸易便利、辐射带动功能突出、监管安全高效的自由贸易园区。

广东自贸试验区的实施范围为116.2平方千米，涵盖三个片区：广州南沙新区片区60平方千米（含广州南沙保税港区7.06平方千米），深圳前海蛇口片区28.2平方千米（含深圳前海湾保税港区3.71平方千米），珠海横琴新区片区28平方千米。按区域布局划分，广州南沙新区片区重点发展航运物流、特色金融、国际商贸、高端制造等产业，建设以生产性服务业为主导的现代产业新高地和具有世界先进水平的综合服务枢纽；深圳前海蛇口片区重点发展金融、现代物流、信息服务、科技服务等战略性新兴服务业，建设我国金融业对外开放试验示范窗口、世界服务贸易重要基地和国际性枢纽港；珠海横琴新区片区重点发展旅游休闲健康、商务金融服务、文化科教和高新技术等产业，建设文化教育开放先导区和国际商务服务休闲旅游基地，打造促进澳门经济适度多元发展新载体。

（二）广东自贸区的定位

第二批三个新设立的自贸试验区，各有特色，实施差异化发展是必然选择。福建、广东和天津，三地同一天挂牌，与先行的上海自贸区一并，从国家地理版图的北部沿海到中部沿海再到南部沿海，连点成线，构筑起各具优势、各有侧重的对外开放新高地，为在全国范围内深化改革开放进一步探索途径，勾勒出了新一轮改革开放、创新发展的时代格局。作为自贸区的“准生证”，国务院也正式发布三地自贸区建设总体方案和上海自贸区深化改革方案。同时，四地统一适用的负面清单也正式亮相。

上海自贸区正式运营已一年半有余，“试验田”果实丰硕：基本建立负面清单模式，进口平均通关时间较区外减少41.3%，启动实施跨境人民币结算、双向资金池等金融新业务，将监管重心从资质审批转移到日常监管。随着自贸区进入了2.0时代，中国自贸试验区将由过去的上海一枝独秀，变成今天的四朵金花齐放的新局面。四个自贸区的定位各有不同：天津自贸区立足于推动京津冀协同发展；福建自贸区立足于深化两岸经济合作；上海自贸区将继续在推进投资贸易便利、货币兑换自由、监管高效便捷、法制环境规范等方面担当“领头羊”。而作为第二批自贸试验区重要成员的广东自贸试验区，在总体层面上可以借鉴上海自贸区的一些先进经验和管理模式，但在广东自贸区的建设过程中，要紧紧围绕“广东特色”，结合自身所具备的基础条件，特别是努力跟“一带一路”战略对接好，在构建新型开放式经济体制方面走在全国前列，引领全国新一轮改革开放的推进。

粤港澳合作是广东自贸试验区建设的重要内容之一。广东在与港澳合作方面有着非常深厚的基础和条件，而服务业和服务贸易的合作是重中之重。比如说CEPA关于在广东与香港基本实现服务贸易自由化协议的签署，还有过去很多CEPA补充协议在广东的先行先试，与港澳的营商环境和法律的对接等。在现有的基础上，把双方已经达成的协议根据广东自贸试验区的整体定位先行先试，为全国下一步改革开放和自贸试验区建设总结更多可复制、可推广的经验。现在自贸试验区总体方案已经出台，接下来如何落实是最关键的。比如中央赋予的战略定位，广东应该具体怎么做，落实到三个片区又该怎么做，怎么样落到底、找到点，把广东特色和中央定位有机结合起来？这些问题都很关键。

三大片区的定位

（1）南沙片区

据介绍，广州南沙片区总面积60平方千米，包括明珠湾起步区区块、南沙枢纽区块、蕉门河中心区区块、万顷沙保税港加工制造业区块等共7个区块。其中，面积最大的15平方千米，面积最小的3平方千米。南沙的7个区块中，相当一部分是涉及港口、交通、保税物流和加工的，所占面积比例过半。

南沙的定位是香港企业在广东的落脚点之一，可以发展加工制造业、港口物流业、对外贸易、旅游开发等领域，其中航运物流业将成为南沙发展重头。在目前香港同广东南沙、前海、横琴的几个特殊合作区域中，唯有面积最大的南沙有可能划出面积可观的土地与香港共同开发。如再能配套切实可行的双方合作开发措施，这对于目前受困于土地资源严重不足、很多产业无法发展的香港来说，无疑是最期望看到的局面。

作为面积最大的自贸区，南沙将形成独具特色的粤港澳全面合作示范区。南沙作为粤港澳合作的国家级新区，已经梳理了与香港合作的8个重点领域，包括：城市规划、金融、高端商贸、中医药和生物技术、数据服务、航运物流等。根据有关方面的工作部署，截至2017年，南沙将在制造业、港口物流、旅游等重点领域引入4 000亿元人民币进行投资建设。在南沙新区拥有生产基地或即将搬迁的上市公司如广船国际、白云山、广汽集团、广州浪奇、珠江啤酒等企业或将迎来机遇。

（2）前海片区

前海蛇口片区经过30多年的发展，已经建立了非常强大的国际贸易平台，此次28.2平方千米被纳入广东自贸区，这将与以金融为主导的前海深港现代服务合作区交相辉映，两者有望形成一个大的产业整合区域，而蛇口片区也将面临一次全面的产业升级。在广东自贸区中，前海的定位是深港现代服务业合作区，将在发展与港澳服务贸易领域大放异彩，其中包括前海已经积累了优势的金融服务、航运服务、专业服务等领域。跨境优势、成本优势和经济总量优势一直是前海称道的吸引香港现代服务业的几大优势。

前海在金融创新和人民币国际化方面肩负重任，一方面要发挥香港的国际化平台作用，推动广东丰富的金融资本“走出去”，开展绿地投资、并购投资和证券投资等多种金融服务，拓宽人民币走出去渠道，提升人民币的国际地位；另一方面要共同创新人民币投资产品，完善人民币回流机制，引导离岸人民币资源对广东经济发展提供必要支撑。2014年12月4日，深圳前海管理局对外正式发布《前海深港现代服务业合作区促进深港合作工作方案》，对推进深港金融深度合作等进行了全面部署。根据工作方案的要求，未来前海将建设成符合国际高标准要求、投资贸易便利、服务贸易自由、金融创新功能突出、监管安全高效的粤港澳深度合作示范区。具体措施包括构建亚太供应链管理中心、率先在前海开展跨境电子商务试点、探索建立深港跨境融资租赁资产交易中心，打造具有国际影响力的融资租赁产业发展基地等。

（3）横琴片区

广东自贸区成立之后，作为其中一员的横琴片区将成为一个自贸区与财税优惠政策叠加的区域。横琴片区被寄予助推澳门经济转型发展的厚望，使澳门逐步摆脱对博彩业的高度依赖。横琴建设自贸区有着得天独厚的优势。横琴与澳门一衣带水，这是珠海独特的区位优势，可以容纳多种类型的港澳企业和大批港澳居民到横琴投资、发展和生活。横琴营造了与港澳接近的税收环境，在制度建设层面层面具有其他地区不可比拟的优势，有利于吸引更多的港澳企业和投资者进驻横琴。而且随着珠海改革开放30多年来的发展，其金融业、旅游业和商务服务已经成为横琴高端服务业的“三大亮点”，是珠海发展“三高一特”产业中高端服务业的排头兵，也是珠海未来与澳门合作的产业优势所在。通过自贸区的建设，未来横琴自贸区将实现与澳门在金融、商务服务、文化教育、技术研发、旅游等领域的全方位创新合作，成为内地与澳门更紧密经贸合作关系的枢纽和桥梁。

（三）广州南沙自贸区效应

广州市发布了南沙自贸区10大创新业务，启动了南沙自贸区10大平台并为首日落户南沙自贸区的100家新设企业颁发了营业执照，南沙创新业务实现多个全国首创，凸显了“南沙速度”。

10大创新业务中，不少是全国首创的业务。比如海关快速验放新机制，是广州海关在全国海关首创并率先推进的监管模式，第一个实现船边分流验放和国际转运的船对船作业，该机制在南沙推行实施，可形成南沙自贸区可复制的海关创新制度，等实践成熟之后可向全国推广。实行新机制后，海关通关时效提高50%以上，进出口货物物流运转时间由原来的2～3天缩短为1天以内，大大降低通关成本，提高通关效率。广东出入境检验检疫局的“智检口岸”业务，是全国检验检疫首创、国际领先并率先推行的检验检疫工作模式。通过与境内外政府及检验检测认证认可机构对接，实现24小时无纸化便捷通关，推进单一窗口建设，未来也可向全国推广。目前，通过试点“智检口岸”新模式，南沙口岸货物通检时间进口缩短3.5倍，出口缩短至几近“零等候”，年累计为企业节约通关时间约500万小时，为企业直接节约各类费用6 000多万元。海事管理部门实行高效的“先通关后查验”模式，突破了现行的“先查验，再通关”的船舶进出口岸通关模式，简化了查验手续，简略前置查验和排队等待的时间，强化了事中事后监管，在全国率先实现船舶进出口岸通关零待时。

为增强自贸区辐射带动作用，南沙将设立一批突出国际化特色和强化粤港澳合作的功能性平台，其中首批10大平台于挂牌当日启动。10大重点平台项目中，金融类占据6席；总部经济类占据2席，分别是中交集团国际业务总部项目和中铁建华南总部及高铁出口基地。重大项目如中交集团国际业务金融总部项目，拟集聚其国际业务在南沙发展，包括设立股权投资基金、国际贸易中心、结算中心及“一带一路”管理中心等业务平台，可为南沙带来数百亿的GDP。由南沙开发区管委会、广州港务局、广州仲裁委员会及港澳仲裁机构共同组建的广州国际航运仲裁院，将为交易各方面提供优质的仲裁法律服务，打造符合国际航运仲裁标准的一流仲裁机构。由广州市政府牵头，广东省贵金属交易中心、广州金融控股集团、广州交易所集团和广发期货共同发起设立的广州商品清算中心股份有限公司，是国内首家专门服务商品金融的创新型金融平台，也是国内首家在自贸区注册成立的商品金融类机构。此外，南沙游艇会水上保税仓是广州首个水上保税仓并成为广东自贸区内首个游艇帆船进出口保税仓。

（四）关于广东自贸区建设的思考

建设中国（广东）自由贸易试验区，是党中央、国务院在新形势下推进改革开放和促进内地与港澳深度合作的重大战略举措，对支持广东继续先行先试、探索改革开放和创新发展的新路径新机制，服务带动广东乃至泛珠三角区域经济加快转型升级、培育广东面向全球的竞争新优势，建设“21 世纪海上丝绸之路”的重要枢纽、构建开放型经济新体制，促进内地尤其是广东与港澳经济深度合作、实现共同发展，都具有十分重要的意义。

广东自贸试验区总体方案中提出了自身的战略定位：粤港澳深度合作示范区、“21 世纪海上丝绸之路”重要枢纽和全国新一轮改革开放先行地。这三者之间具有内在的逻辑联系。加强粤港澳合作、推进“一带一路”建设，这两者在很多领域有共通点。区位优势方面，广东毗邻港澳，同时也是“海上丝绸之路”的发源地和重要节点之一，在未来“海上丝绸之路”的建设过程中，将起到枢纽型作用。而港澳地区也是“一带一路”建设的主要参与者，所以“一带一路”建设必然会促进粤港澳的进一步融合发展。

新一轮改革开放先行地的定位，则是要在过去 30 多年改革开放的基础上，在新的时代背景下，为进一步融入世界经济发展，实行一系列对内改革和对外开放 2.0 政策版本的发展战略。广东一直是我国改革开放的前沿阵地，在新一轮改革开放进程中也必然会继续起到引领作用。通过“一带一路”建设，加强与沿线周边国家和地区的多层次、全方位合作，可以为全面深化改革和进一步扩大开放探索新的路径，积累新的经验。

自贸试验区，“试验”两字意义重大。在其他地方、其他领域还没有开放的，可以在这里先试先行。这种先试先行，应该跟广东构建开放型经济新体制结合起来，和推进“一带一路”建设结合起来，和中国—东盟自贸区的建设结合起来，经过先试先行找到自己的特点，构建具有广东特色的开放型体系。

第六章

促发展

——绘制广东海洋发展新蓝图

2011 年 7 月 5 日，国务院批复《广东海洋经济综合试验区发展规划》，这是继《珠江三角洲地区改革发展规划纲要（2008—2020）》之后，推动广东经济社会发展的又一国家层面的重大区域规划，也将成为广东探索海洋资源开发新途径、海洋经济发展新路径和海洋综合管理新模式的总纲领。

按照《广东海洋经济综合试验区发展规划》提出的宏伟目标，广东省委、省政府组织编制了《广东海洋经济地图》，规划提出建设“珠江三角洲海洋经济优化发展区和粤东、粤西海洋经济重点发展区”3 大海洋经济主体区域，积极构建“粤港澳、粤闽、粤桂琼”3 大海洋经济合作圈，科学统筹“海岸带、近海海域、深海海域”3 大海洋保护开发带，推进形成“三区、三圈、三带”的海洋综合发展新格局。在海洋开发的具体空间上，开创性地提出了“湾区计划”理念，将广东沿海自东向西划分为大汕头湾区、大红海湾区、大亚湾区、环珠江口湾区、大广海湾区、大海陵湾区以及雷州半岛等“六湾一半岛”（图 6.1），以湾区为基本单元对全省沿海地区进行海洋经济发展和海洋生态保护规划，在全省建成从汕头湾到雷州半岛的串珠式湾区海洋经济科学发展和生态文明建设示范带。湾区计划的实施，将为广东海洋经济发展绘就新的蓝图。

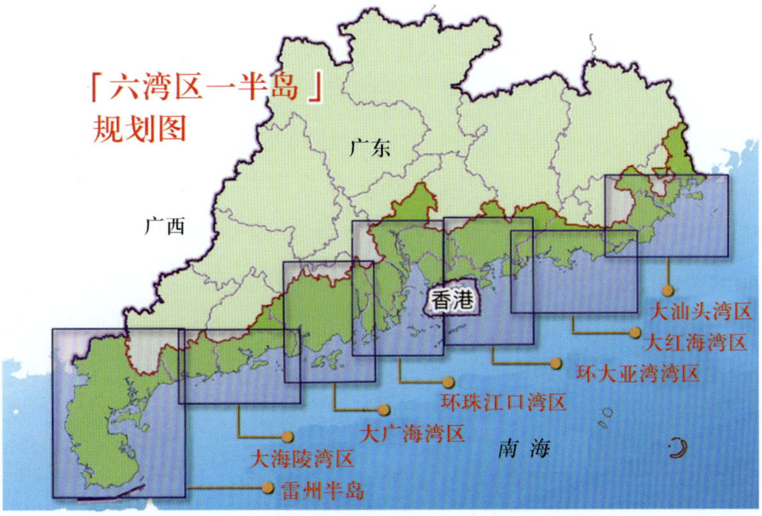

图 6.1　湾区计划规划的各湾区范围示意

引自：广东海洋经济地图

另一方面，广东建设海洋强省，不仅仅要凝聚沿海地市的发展积极性，还应该在响应“一带一路”建设、国家级自贸区等国家发展战略的基础上，将粤北地区也纳入到海洋强省建设的通盘考虑之中。粤北地区虽然不直接沿海，但是其作为“陆上丝绸之路”和“海上丝绸之路”的连接通道，其作用不可也不应受到低估。作为广东海洋强省建设的联动区和环珠三角的重要地带，如何调动这片约 7.7 万平方千米土地上的人力、物力、财力，为广东海洋强省建设贡献力量，也是一个值得认真思考的重要问题。

第一节 大汕头湾区——粤闽台海洋经济合作的桥头堡

一、大汕头湾区海洋开发概况

（一）基本概况

1. 地理区位

大汕头湾区主要由韩江和榕江出海口形成的冲积平原及外海的南澳岛共同组成，具体包括柘林湾（潮州）、海门湾（汕头）和神泉港（揭阳）三个相互连接的海（港）湾。

大汕头湾区紧邻福建省的厦漳泉三角经济区，对望台湾的高雄港，是海峡西岸经济区的重要组成部分。大汕头湾区将对粤东地区的汕头港、潮州三百门港、揭阳神泉港进行资源整合，将成为广东省粤东海洋经济圈的龙头，谋求区域性海洋经济的跨越式发展。

2. 基本自然概况

大汕头湾区包括潮州、汕头、揭阳三市相关海域、海岛、岸线等资源。

潮州市海域集中分布于南部的大埕湾、柘林湾，大陆海岸线长 75.3 千米。拥有岛屿 47 个，其中有居民海岛 3 个，无居民海岛 44 个。柘林湾水域辽阔，水深浪静，避风条件优越，素有“粤东黄金海岸”之称；大埕湾海域开阔，深水岸线长，水深条件好，后方陆域平坦，建港条件优越。潮州市滨海旅游资源有金狮湾海滨浴场、海上温泉“七夕井”、海上牧场“海水网箱养殖示范基地”、潮州新八景之一的“柘林渔火”等；海岛旅游资源有西澳岛的“白鹭天堂”、海山岛的古刹“隆福寺”、海山岛南部滨海集科研和观赏于一体的海滩岩田等。潮州市沿海滩涂矿产资源丰富，沿海岸线均分布有近代海滨沉积型石英砂矿、海滨沉积型钛矿矿砂等，储量丰富。

汕头海域辽阔，海岸线长，海岛众多，港湾、旅游、海洋可再生能源和生物资源丰富。领海基线内海域面积 2 570 平方千米；大陆海岸线长 217.7 千米；海岛 82 个，岛岸线长 176.37 千米；适宜建港的主要港湾有广澳、烟墩湾等 25 个，拥有海洋自然、人文景观旅游资源超过 30 处；海域有浮游植物 202 种，浮游动物 87 种、鱼卵和仔稚鱼 54 种，底栖生物 442 种、潮间带生物 482 种、游泳生物 298 种，拥有丰富的海洋可再生能源和生物资源。汕头港现有老港区（湾内）、广澳、珠池、堤内、马山、澳内、海门、莱芜、关埠等 9 个港区及其所属的码头、泊位，规划中有南山、后江、田心等深水港区。

揭阳市海洋自然资源得天独厚，全市海岸线长 136.9 千米，占全省的 4.06%，其中榕江岸线 27.4 千米，惠来岸线 109.5 千米，小型海岛 28 个、微型海岛 51 个，海域面积 9 300 平方千米，其中负 15 米等深线海域达 3 100 多平方千米。揭阳市海岸线相对广东其他沿海地区深水近岸，靠近国际航线，具有发展大型深水码头的优良条件，具有发展大型临港工业的有利条件。其海域环境质量良好，内陆山区自然生态环境保护良好，渔业资源品质优良，且具有丰富的滨海旅游资源。

（二）海洋开发保护及存在问题

1. 海洋开发与保护概况

（1）海洋开发利用概况

大汕头湾区海洋开发利用的主要类型有港口航运、临海工业、滨海旅游、海洋渔业等类型。

港口及临海工业的开发利用集中在潮州柘林湾和大埕湾、汕头港（广澳港区、海门港区）、揭阳惠来县海泉港，用海项目较多且较集中，为大汕头湾区岸线的用海密集区。柘林湾和大埕湾沿岸分布临港产业园区和大埕湾工业园区，主要有机械装备制造和船舶制造为主的高技术制造业，临港物流、电力能源、石化仓储和综合服务等产业。汕头港沿岸主要分布临海电力工业、临海石化工业等产业。惠来县海泉港附近主要分布有石油、电力能源、装备制造产业。

滨海旅游主要分布在潮州柘林湾、汕头南澳岛、揭阳惠来神泉镇。目前较具规模的为潮州柘林湾海山岛海滩岩田省级地质遗址保护区、柘林湾海上牧场、柘林湾汛洲—西澳岛白鹭天堂自然保护区、汕头达濠南山湾、汕头南澳岛、揭阳惠来神泉海角甘泉和海市蜃楼及海滩旅游休闲区等。

大汕头湾区的海洋渔业主要分布在潮州柘林湾和笠港等海域、汕头市牛田洋和海门湾、揭阳惠来县靖海和览表。潮州市柘林湾以浅海滩涂为主，历来以养殖渔业资源为其主要开发利用的对象，已有虾蟹养殖、贝类养殖、海水优质鱼网箱养殖，其规模和产量居全省首位，亦是寻氏肌蛤养殖的高产海域；海山岛南部以紫菜养殖为主，属省内主要紫菜养殖海域。汕头大陆岸线渔业岸段主要是牛田洋北部渔业岸段、牛田洋南部渔业岸段和海门湾渔业岸段。揭阳设立了港寮和港仔两个水产种苗科学试验区，同时建设了惠来渔业自然资源保护区、前詹人工鱼礁区、资深休闲渔业区，其渔业岸段主要是惠来靖海渔业岸段和惠来览表渔业岸段。

（2）海洋保护概况

大汕头湾区内已建自然保护区 18 个，保护对象分别为地址遗迹、红树林湿地生态系统、中华白海豚、候鸟及其生境、海洋与海岸生态系统。保护区类型属于海洋和海岸生态系统和海洋生物多样性类型。

①广东饶平海山海滩岩田省级自然保护区，位于潮州海山镇，总面积 2 875 公顷，其中较集中面积 475 公顷，裸露处长约 4 000 米，成岩时间在 5 000 年以前，其规模之大，形成时间之久远，居国内之最，堪称“中华一绝”。1997 年 7 月被饶平县政府批准为县级地质遗迹自然保护区，2001 年 1 月被潮州市批准为市级地质遗迹自然保护区，同年 12 月，经广东省人民政府批准，设立为广东饶平海山海滩岩田省级自然保护区。

②广东南澳候鸟省级自然保护区，于 1990 年 1 月经广东省人民政府批准建立，属省级自然保护区，是广东省唯一的海候鸟自然保护区。是澳大利亚、日本、俄罗斯、朝鲜等国家海候鸟进入中国的重要始点站，可为中国参加国际鸟类环志工作提供许多有利条件，具有国际性的作用和重要意义。南澳候鸟自然保护区，其范围主要分布于主岛周围的 22 个岛屿，现有

总面积2.56平方千米，海岸线长度24千米，以勒门列岛的乌屿、平屿、白涵、卉屿4个岛屿为核心区，总面积0.188平方千米。还有以南澎列岛等岛屿为主的实验区和缓冲区。

③南澎列岛海洋生态自然保护区，南澎列岛海洋生态自然保护区于2003年6月被广东省人民政府批准为省级海洋生态自然保护区。2009年6月经广东省自然保护区评审委员会实地考察和现场论证，全票通过同意推荐晋升国家级自然保护区的决议，相关程序将由省政府呈报国务院批准。保护区位于台湾海峡西南端喇叭口，粤、闽、台三省及南海和东海的交界处。地理位置紧贴北回归线，为热带向温带的过渡区，邻近大陆的河流主要有韩江、黄冈河、榕江和鳌江等。保护区区域内有南澎、中澎、顶澎、芹澎等众多岛屿和星罗棋布的礁岩。优越的地理位置和良好的气候水文条件，形成了南澎列岛海域丰富的海洋生物资源，为广东沿海最具有代表性的近海海洋生态系之一，已被划入联合国生态保护项目“中国南部沿海海洋生物多样性”（SCCBD）保护示范区核心部分。

此外还包括潮州的饶平县水产资源海洋生态县级自然保护区、饶平县西澳岛黄嘴白鹭县级自然保护区；汕头的关顺角红树林湿地保护区、义丰溪红树林湿地保护区、莱芜中国龙虾海洋自然保护区、莱芜中华白海豚自然保护区、南澳平屿西北海域中国鲎海洋自然保护区、南澳赤屿东南海域中国龙虾及锦绣龙虾海洋自然保护区、龙头湾中华白海豚市级自然保护区、宋井历史遗迹保护区；揭阳的榕江潮道生物多样性市级自然保护区、惠来海龟和鲎市级自然保护区、惠来神泉渔业自然保护区、揭阳龙虾市级自然保护区、揭阳良田蝾螈市级自然保护区等。

（3）海洋经济发展概况

2012年潮州市海洋经济生产总值122.74亿元，占全市GDP的17.4%。大唐潮州电厂、华丰造气厂、亚太通用码头、潮州港扩建货运码头、西澳港区综合建设项目等一批项目陆续落户港区。一系列大项目的落户和投产，为临港经济奠定了发展基础。据统计2012年全市临港工业产值达96.92亿元，占海洋经济总量的79%。全市海水养殖面积7 400公顷。已建成海水网箱优质鱼类养殖基地268.8万平方米（相当于9万多格），贝类养殖基地4 002公顷，虾蟹养殖基地1 527公顷，藻类养殖基地150公顷，海水种苗生产基地年育苗量超过68亿尾。近年来，依托滨海旅游资源优势，开发了独具特色的海上温泉“七夕井”、西澳岛“白鹭天堂”及三百门野水旅游度假村、柘林湾双岛旅游区等一批滨海旅游景区，大大促进了滨海旅游业的发展。

汕头市海洋经济“十一五”期间保持持续较快增长，“十一五”年均增长12.5%，海洋交通运输业、海洋旅游业、临海工业、海洋渔业等产业综合实力进一步提升。2010年，全市海洋生产总值248.28亿元，同比增长27.3%，是“十五”期末的1.7倍，占全市生产总值的20%，海洋三次产业比例为30.8:32.5:36.7。“十一五”期间汕头市海洋交通运输业发展态势良好，港口固定资产投资累计17.5亿元，与世界57个国家和地区、268个港口建立了海上经贸航运关系。到2010年，港口泊位数达到86个，其中万吨级以上深水泊位有18个；货物吞吐量3 509万吨，比“十五”期末翻了一番，“十一五”年均增长15.2%；集装箱吞吐量93.5万标准箱，比“十五”期末增长了154%，“十一五”年均增长20.7%。2010年，全市渔业经济总产值达到76亿元，水产品总产量39.9万吨，水产品出口量9万吨，出口额

5.33 亿美元。

2010 年，揭阳市以海洋电力业、海洋交通运输业、海洋渔业、滨海旅游业为主要内容的海洋生产总值 80 亿元，占揭阳市总 GDP 的 7.93%。全市重化产业增加值占全部工业比重达到 37.7%，比 2005 年提高 18 个百分点，呈现出良好发展态势。海水养殖规模不断扩大，海淡水养殖面积 10 392 公顷，创建 3 个省级无公害养殖示范区，2010 年全市养殖产量 85 062 吨，比 2005 年增长 23%。

2. 存在的问题

总的来说，大汕头湾区海域资源利用不够充分，综合开发利用水平较低。目前，大汕头湾海洋资源开发仍然局限于近岸海域和少数海岛，以粗放型为主，海洋产业发展不平衡，综合开发利用水平较低。

（1）地区产业结构不尽合理

大汕头湾区经济基础薄弱，经济总量不大、效益不高、实力不强的问题仍较突出。海洋产业功能单一，产业结构不合理。目前海域的开发利用主要是传统的海洋产业，新兴海洋产业几乎为空白。

潮州地区轻工业发达，但重化工业薄弱，高新技术产业落后，因而不能对地方经济产生强劲的带动作用，经济发展受到制约。汕头市临海工业在海洋经济总量中的比重不高，深水泊位少。揭阳市则在海洋渔业方面利用过度，其他产业相对薄弱。

无论是港口和海洋运输业，还是滨海旅游业、海水养殖业、水产品加工业和水产品流通业等行业，均存在生产规模小，分散经营的问题，良好的资源尚未得到充分合理利用，没有获得规模经济效益和整体经济实力，从而影响产品在市场上的竞争力。

（2）港口基础设施落后，岸线资源利用不合理

潮州港、汕头港、神泉港码头泊位分散、规模小，尚未按专业化、规模化的要求来布局；进港航道水深不足，缺乏高等级的疏港公路和港口铁路专用线；港口集疏运系统不完善，港口服务功能只保留在装卸搬运和堆存业务上，服务功能单一。

有关部门、单位、企业、个体占用一部分陆域、海域、岸线或滩涂，一部分资源开发利用无序、无度，有的甚至对生态资源造成破坏，还有一部分资源尚未得到合理开发利用。

（3）海洋经济竞争力不强，海洋科技水平亟待提高

大汕头湾海洋开发总体上仍然停留在初级阶段。海洋产业结构有待优化调整，新兴海洋产业还没有形成规模。科技创新能力较低，科技成果的转化应用不足，海洋高科技人才缺乏。

（4）近岸海域资源环境保护形势严峻

随着大汕头湾区社会经济的迅速发展，开发利用海域资源的单位和个人越来越多，用海面积越来越大，重开发、轻保护，无序、无度、无偿开发利用海域资源的现象均不同程度存在。

养殖布局不合理，人为的围海造成了纳潮量的减少，水流交换不畅，水体富营养化，加上港口及临海工业的发展，排海污染物总量增加，海域环境有恶化趋势。

（5）海洋综合管理力度和深度不够

大汕头湾区近岸海域局部生态系统遭到破坏，河口、海域、港湾、近岸海域受到氮、磷、石油类污染，有的江河生态环境恶劣，有的港湾面积和纳潮量减少，既影响了海域自净能力，又造成口门、港湾淤浅，港区不断缩小；由于过度捕捞和非法作业，近岸和浅海的海洋生物资源衰退，鱼群结构低龄化，生态环境保护需要加大力度。

同时大汕头湾的海域监测、监视、预报、预警、救助、救捞、应急等保障体系和海洋综合管理体系尚不完善，海洋防灾减灾能力较低，不能完全适应保护海洋和开发海洋的需求。

二、大汕头湾区海洋发展政策导向

（一）区域海洋发展政策规划

根据《全国海洋经济发展“十二五”规划》，珠江口及其两翼沿岸及海域发展功能定位是提升我国海洋经济国际竞争力的核心区、促进海洋科技创新和成果高效转化的集聚区、加强海洋生态文明建设的示范区、推进海洋综合管理的先行区。“十二五”时期建设重点是：重点建设南澳岛、惠东巽寮、红海湾等一批海洋综合旅游区，建成国际高端旅游目的地。以广州、深圳、湛江、珠海、汕头等主要港口为依托，打造世界级港口群和国际物流中心。积极发展深海勘探和开发设备、海洋新能源开发设备等海洋工程装备制造业。积极拓展深水大网箱等海洋离岸养殖，加快发展水产品加工流通业，建成一批水产品加工基地和物流中心。加强典型海洋生态系统、珍稀濒危物种和重要渔业资源的保护。

根据《广东海洋经济综合试验区发展规划》，要突出科学发展主题和加快转变经济发展方式主线，优化海洋经济发展格局，构建现代海洋产业体系，加强海洋生态文明建设。着力打造粤东海洋经济重点发展区，包括广东东部沿海的汕头、汕尾、潮州和揭阳4市海域及陆域，是广东海洋经济发展的一个重要引擎。这一区域要着力发展临海能源、临海现代工业、海洋交通运输、滨海旅游、水产品精深加工等产业，科学推进集中集约用海，重点开发海门湾、南澳西南岸、碣石湾西岸等集中集约用海区。汕头市要充分发挥经济特区优势，着力构建东部城市经济带，建设现代化滨海新城，积极推进南澳省级海洋综合开发试验县建设，全力打造以高技术产业和先进制造业为主体的新兴产业基地。潮州市着力推进西澳港区综合开发，加快建设临港产业集聚区。揭阳市重点建设惠来临海现代工业集聚区，推进专业化海洋运输体系和物流中心建设。

根据《广东省海洋经济发展“十二五”规划》，重点发展七大临港产业集聚区，包括揭阳临港产业集聚区。加快建设揭阳港惠来港区，以揭阳（惠来）大南海国际石化综合工业园为支撑，重点发展石化、能源、装备制造等重化工业为主的临港工业。加快发展港口物流和滨海旅游业。培育发展四大临港产业集聚区，潮州临港产业集聚区。加快建设三百门、西澳港区和金狮湾港区，重点发展以能源、装备制造、港口物流等为主的临港工业，大力发展水产品加工流通、滨海旅游等产业。按照海陆统筹规划、科学适度用海、维护海洋生态环境的要求，大胆创新海域使用模式，着力提升海洋空间资源优化利用和生态环境保护水平，推进建设重点突出、特色鲜明、功能明晰、优势互补的集中集约用海区，重点形成汕头东部、汕尾礁石湾西岸、潮州西澳、揭阳神泉等粤东集中集约用海区。

（二）区域海洋产业发展导向

大汕头湾区的发展方向主要是充分利用靠近海西经济区的独特区位优势，建成粤台海洋产业合作的桥头堡、广东重要的国际港、物流中心和海洋产业基地。重点建设汕头城市发展区、汕头滨海工业发展带、潮州临港工业区、揭阳能源工业基地和石化基地和南澳旅游区等海洋产业集聚区（图 6.2）。

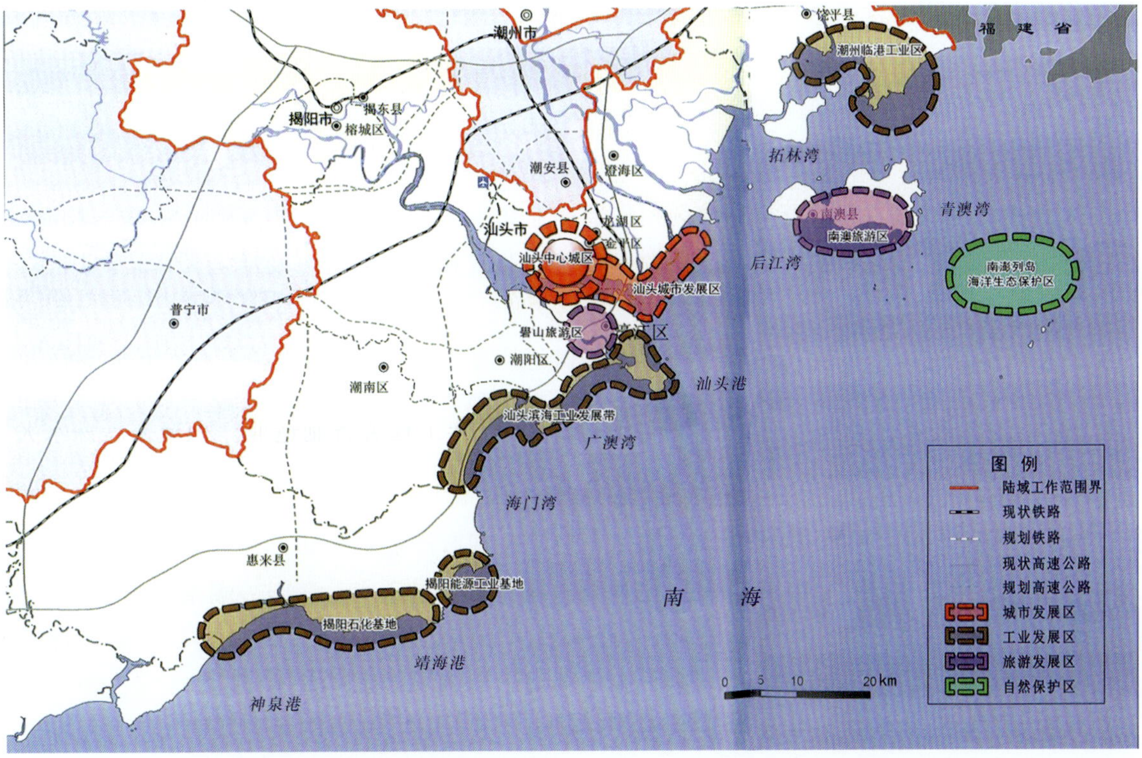

图 6.2　大汕头湾区概念规划图（引自：广东省海洋经济地图）

1. 海洋交通运输业

大汕头湾港口运输主要集中潮州港三大港区（西澳港区、金狮湾港区和三百门港区）、汕头港的广澳港区和海门港区、揭阳海泉港。

潮州三大港区壮大临港物流服务业，大力发展港口物流业，以建设海峡西岸区域性航运、物流中心为目标，明晰各港区的发展定位，进一步完善潮州港三百门港区、西澳港区和金狮湾港区的功能布局，配套完善潮州港的仓储、包装、配送等物流配套设施。推进亚太码头国际资源型物流配送基地、潮州港进港大道管网工程、厦深铁路饶平火车站进站大道、引韩济饶供水工程等项目和潮州港地方铁路、饶平陆岛交通码头及配套连接线、潮州港配煤港等港区港口基础设施建设，完善港口集疏运系统，建设粤东重要的物流配送中心。

汕头港以广澳港区为龙头，以海门港区、马山港区、南澳港区、田心港区为有机组成的现代港口体系。依托广澳港区、海门港区等重点港区建设和汕头保税区，建设粤东海运物流集散中心，做好我国北部大宗物流南下，南部大宗物流北上及进出口贸易物资的中转、运输工作，建设海上运输中转补给站，发展海上援助服务业；提升改造重大交通枢纽，重点建设大型专业化泊位、建设深水航道、内河航道以及疏港铁路、公路，加快建设广澳港区二期、三期工程，逐步形成集装箱运输系统和能源运输系统；加快融入海峡西岸和珠三角区域合作体系，加强与台湾重要港口功能对接，将汕头港打造成粤东对外开放的“海上高速公路”；大力发展港口物流，推进建设广澳港区国际物流园、广东省粤台物流园，逐步建成面向港澳台、走向东南亚的东南沿海深水大港。

揭阳海泉港充分发挥惠来县靠近海上国际航线，拥有沿海深水岸线，大型深水港口资源丰富的优势，加快石油、煤矿、天然气、矿石、粮食、集装箱等大型专业化和大型通用码头泊位的建设，完善沿海主要港口公路、铁路集疏运系统能力建设，提升港口专业化运输能力。

2. 临海工业

大汕头湾区临海工业主要分布在潮州临港产业集聚区、汕头榕江出海口以南陆域和海域的南部沿海产业带、揭阳惠来临海现代工业重化产业带和榕江河口湾及沿江海洋资源综合利用集聚区。

潮州临港产业集聚区依托潮州港西澳港区和金狮湾港区的港口优势，重点发展临港物流、电力能源、石化仓储和综合服务等功能，建设综合保税区，发展保税加工业，同时充分发挥潮州临近闽台的区位优势，加强粤闽台在临港产业方面的合作，建成服务优质的港口经济区和粤闽台产业合作示范区。

汕头依托广东省产业转移和对台合作，立足汕头现有产业带分布，加快发展临港先进制造业，推进临海电力工业、临海石化工业发展，构建濠江、广澳、海门、潮南四大临海产业集聚区。重点建设华能海门电厂一期 3、4 号机组、“上大压小”燃煤发电项目、油气管道、LNG 接收站、精细化工项目。引导临海企业将海水作为工业冷却水。

揭阳惠来临海现代工业重化产业带要充分发挥临港工业的资源优势，大力发展惠来临海现代工业重化产业带，重点发展石油化工、电力能源、装备制造、休闲旅游四大板块，打造海洋全产业链，形成产业集群，发挥集聚效应。

3. 海洋渔业

潮州大力发展深蓝渔业，加大对深水网箱产业园建设的扶持力度，提高海洋渔业发展水平。推进金航深海网箱养殖产业化建设项目，鼓励发展水产品服务业，大力发展水产品精深加工，创建区域性水产品流通中心。推进渔业良种场、标准化池塘改造、健康养殖示范基地和现代渔业标准化示范区建设，建设节地节水高效高质现代化渔业示范基地。

汕头优化发展现代海洋渔业，推动现代渔业跨越式发展。以深浅海养殖、渔业科技研究和多样化经营为主打造北部渔业区。利用南澳县及所辖勒门列岛等岛屿，建设海上渔礁和发展深海养殖；利用韩江水质较好，南澎列岛海洋生物多样化优势，发展观赏性淡水及咸水鱼类、花卉、海洋植物产业；利用澄海区藻类养殖优势，发展产品精加工和化学、医药元素提取产业；依托云澳港，发展现代渔港经济区。以水产品深加工为主打造南部渔业带。建设粤东水产品加工流通中心；依托海门渔港，发展远洋捕捞。中部牛田洋两岸地区适度发展特色产品养殖。

揭阳重点发展深蓝渔业，扶持发展外海和远洋渔业，巩固惠来县的工厂化海水养殖业，推行科技型、生态型的健康养殖方式，保护和发展健康养殖基地。加大对惠来鲍鱼育苗、养殖业的支持和扶持力度，拓展水产品加工流通环节，以惠来造船厂为依托，服务渔船改造升级；调整渔业产业结构，突出捕捞、养殖、加工一体化发展。加快国家中心渔港、一级渔港建设步伐。

4. 滨海旅游业

潮州充分发挥“海龙奇观”、“白鹭天堂”、“七夕井”海底温泉、“海上牧场”和东沙湾旅游度假村等旅游景点的龙头带动作用，进一步整合旅游资源，建设以柘林湾滨海旅游区为中心的海洋综合旅游区。进一步完善旅游服务配套设施，重点加强滨海旅游度假区、海岸带自然保护区和滨海历史文化景点等公共基础设施建设，提高服务管理水平和接待游客能力，延长滨海旅游产业链，积极开发集游、玩、吃、住、购、娱于一体的滨海旅游业。充分发挥海峡西岸经济区的平台作用，加大与周边城市的联动合作，实现滨海旅游客源共享与区域合作，积极构筑以潮州特色为突出特点的滨海旅游组团。

汕头构建以汕头湾综合整治为主体的生态型城市滨海休闲度假带、以东海岸新城为主体的高端商务休闲带、以南澳为主体的特色海岛休闲带，打造串联厦门岛、东山岛、台湾岛的闽粤特色海岛旅游链条。重点发展礐石风景名胜区、北山湾（含妈屿岛）旅游度假区、龙虎滩旅游度假区、南澳国家4A级旅游区、潮阳莲花峰—灵山寺—仙城历史文化观光带、潮南仙城半天佛—红场红色旅游—雷岭温泉旅游观光带等特色专项游，塑造特色海洋旅游品牌，打造全国闻名的海洋旅游景区。

揭阳以建设惠来滨海休闲旅游走廊为目标，以发展滨海观光、海滩娱乐、休闲度假为重点，开发海洋文化和华侨文化资源。大力发展滨海旅游业。充分挖掘南海海洋文化，发挥惠来沿海自然生态良好、人文古迹众多、滨海风光特色鲜明的资源优势，将文化与旅游产业有机结合，并可依托临海工业、海洋渔业发展休闲渔业等特色旅游。

5. 海洋战略性新兴产业

汕头推进华润潮南风电项目，加强南澳县、潮南区潮汐能、波浪能等海洋能源普查和开发工作。适度发展以清洁能源为特色的科普旅游观光项目，探索集发电、观光旅游于一体的海洋可再生能源综合利用。

汕头重点发展海洋药物、海洋生物制品、海洋生物保健品以及海洋生物育种，形成具有竞争力的海洋生物医药集群。大力发展海洋生物活性成分提取技术，促进海洋活性物质创新药和新一代海洋生物技术的产业化，打造汕头海藻产业基地和海洋生物技术开发中心；积极开发海洋保健品，支持澄海海洋生物制品和功能食品项目；积极发展海洋生物育种和健康养殖，支持潮南、潮阳建设海洋生物育种和健康养殖基地；加大海洋生物医药科技成果转化的资金投入。

揭阳榕江河口湾及沿江海洋资源综合利用集聚区大力发展战略性海洋新兴产业，依托空港经济区的区域优势，结合临海产业带的发展，重点培育海洋生物制药、海洋化工、海水综合利用等高科技产业集群。

三、大汕头湾海洋综合发展策略

（一）海洋开发利用助推海洋经济增长

根据大汕头湾区的海洋发展战略定位、现有海洋产业基础和发展导向、资源环境和区位优势，按照集约用海、生态用海、海陆统筹、开发保护并重的要求，集聚资源开发优势，促进陆海产业联动发展，优化海洋开发布局，着力打造“三港”“三带”“一区”“两岛”的海陆统筹、岛湾联动的海洋经济发展总体布局。

1. 潮州港

潮州三大港区（西澳港区、金狮湾港区、三百门港区）大力发展港口物流业。西澳港区以内外贸多用途运输、水陆中转运输为主，拓展港口物流、保税、信息、商贸、城市服务等功能，布局码头作业及服务区、临港产业物流区、海西贸易区、生产生活辅助区。金狮湾港区以服务临港产业开发为主，布局能源产业、油气仓储、物流仓储、港口作业配套产业，建设集大宗散货水陆中转运输和临港重化工业为一体的多功能工业性港区。三百门港区利用汫洲水产品贸易产业基础以及三百门港区条件，建成生态型特色水产养殖基地，推进渔业资源增殖放流和海洋牧场建设，提升海洋水产品加工和安全控制技术水平，扩大水产品国际贸易，打造全国最佳优势水产品主产区和贸易区。

2. 汕头港

汕头广澳港区以保税区为载体，以现代物流业为龙头，以出口加工、仓储物流、国际贸易和金融信息业等为主导产业，培育发展从事跨国交易的大型仓储物流企业，创建综合保税区，建设粤东物流基地。加快推进区港联动发展，建成临港工业核心功能区和辐射服务粤东的大物流中心。

汕头海门港区建设油、气、煤为主的能源港区和国家级现代渔港经济区，发展临海能源工业、装备制造业，着力加强粤东海产品交易市场、海洋生物育种和健康养殖基地的培育、发展，支持水产品加工出口，构建沿海产业新城主要节点。

3. 神泉港

揭阳神泉港重点建设石化基地，建成以原油、成品油装卸储存、中转为主的专业化危险品港区和重要的能源储运基地。加快推进中电投前詹港口作业区等专业化海洋运输体系建设。充分利用沿海深水港和榕江黄金水道港口资源、厦深高铁和广梅汕铁路及高速公路网，加快海陆交通运输业和物流产业中心的发展。建设以高铁高速为载体的商贸物流轴，连接海港经济区的海港物流枢纽和以揭阳潮汕机场为重心的空港经济区物流枢纽，形成海陆仓储物流辐射区。力争在引进国际大型航运和物流公司合作投资方面有新的突破，加速发展现代物流业，配套沿海高铁和高速公路网，推进专业化的物流中心建设。

4. 潮州柘林湾产业带

潮州柘林湾产业带大力发展能源、石化、装备制造和现代物流业等临港产业，加快建设以能源、化工产业为主的金狮湾港区及以高新技术产业、保税物流业为主的西澳港区临海工业集聚区，致力建设集临港产业、商贸展销、现代物流、高端旅游等功能于一体的滨海新城。加大招商引资力度，积极引进能源、石化等重大产业项目，推进亚太通用码头、潮州港亚太燃油公共码头、海山岛风能发电、华能饶平大北山风力发电工程、粤东水产品物流中心、西澳港区综合开发建设、大唐发电厂5、6号机组、潮州港扩建货运码头、和洋船舶配套产品基地、华丰集团油气专用码头、海峡两岸（潮州）商品交易物流中心等项目建设，促进临港产业集聚发展，打造广东重要的临港产业基地。

5. 汕头南部沿海产业带

汕头南部沿海产业带，包括榕江出海口以南陆域和海域。依托经济特区、保税区和港口优势，重点发展海洋交通运输、海洋工程装备制造、海洋生物医药、新材料、临海能源等产业。科学开发海门湾、后江湾工业与城镇建设区，推进建设深圳龙岗（汕头潮南）产业转移园、潮阳经济技术开发试验区、粤台合作南山湾科技园、汕头市产业转移园和汕头保税区，打造南部临海产业集聚区，推动濠江新城建设；推进渔港基础设施建设步伐，构建海门现代渔港经济区。

6. 惠来临海产业带

惠来临海产业带要充分发挥临港工业的资源优势，大力发展惠来临海现代工业重化产业带，重点发展石油化工、电力能源、装备制造、休闲旅游四大板块。同时必须严格遵循海洋功能区划与相关规划的内容，统筹岸线资源的合理开发与集约利用。加快推进大南海石化工业园区和粤东LNG项目建设，奋力打造全国重化工业基地。加快推进中电投前詹港口作业区等专业化海洋运输体系建设，做大做强海洋交通运输业。巩固发展海洋渔业等传统产业，积极发展滨海休闲旅游业，把揭西的山区深绿旅游与滨海深蓝旅游相结合，打造有地方特色的蓝绿旅游新理念。

7. 汕头—揭阳新兴产业区

汕头—揭阳新兴产业区在汕头区域重点发展海洋药物、海洋生物制品、海洋生物保健品以及海洋生物育种，形成具有竞争力的海洋生物医药集群，推进华润潮南风电项目，加强南澳县、潮南区潮汐能、波浪能等海洋能源普查和开发工作。在揭阳榕江河口湾及沿江海洋资源综合利用集聚区大力发展战略性海洋新兴产业，依托空港经济区的区域优势，结合临海产业带的发展，重点培育海洋生物制药、海洋化工、海水综合利用等高科技产业集群。

8. 潮州海山岛

潮州海山岛及周边柘林湾区域依托海山辟龙岩田、东沙湾、柘林湾海上牧场、七夕井、汛洲岛、西澳岛等生态旅游资源，打造潮州新区独具特色的“中华海龙”“白鹭天堂”“海水温泉”等特色旅游品牌并通过粤闽在海洋生态保护、滨海人文旅游等领域的合作，建设粤闽台文化交流示范区。

9. 汕头南澳岛

汕头南澳岛群重点发展海洋旅游业、现代海洋渔业，加快海洋能开发和深水港建设，建成国家生态旅游示范区、国家5A级旅游景区和大型中转港区。积极拓展对台海洋经济合作。完善青澳湾度假功能设施，推动会议商务发展，建设1~2家五星级会议度假酒店，打造旅游度假的综合服务功能区；维持沙滩品质及海水质量，推进青澳湾4A级滨海浴场建设；开发水上滑翔、帆板、潜水等娱乐项目，建设水上运动娱乐基地。

（二）海洋生态文明建设保障海洋经济可持续发展

坚持生态环境保护与海洋资源开发并重、海洋环境整治与陆源污染防治统筹，推进大汕头湾区海洋生态文明建设，多措并举保障海洋经济的可持续发展。

1. 加强海洋环境保护与修复

制定用海规划，强化海洋环境保护，防止海岸工程、海洋工程污染，合理排污；完善海洋资源有偿使用和生态补偿制度，开展典型海域水生生物和珍稀濒危物种的繁育与养护，推进笠港水道及柘林湾环境污染综合治理与生态修复工程、榕江口近岸海域综合整治，维护河口、海湾、海岛、滨海湿地等海洋生态系统安全。集中推进韩江、榕江、练江等重点流域的环境整治，加大对火电、化工、造纸、纺织印染、电镀、农业面源等污染源监管。推进汕头湾、海门湾、莱芜湾、田心湾、广澳湾等重要海湾海漂垃圾清理，加大海上船舶、溢油等污染防治力度，严格控制海水养殖污染。

开展海岛资源与生态调查与评估，实施海岛分类保护。限制开展损害山体、森林、沙滩自然景观的工程建设，保护海山岛海山岩田，青澳湾、竹栖肚和贼澳湾沙滩资源生态环境。维持未批准利用无居民海岛生态现状，严禁在无居民海岛沙滩采挖海砂。加强南澎湖列岛领海基点岛屿的生态保护。

2. 构建蓝色生态屏障

加强潮州海域和揭阳海域人工鱼礁建设，加强海洋自然保护区、海洋特别保护区、水产种质资源保护区建设及保护。实施海洋生物资源养护增殖行动，规划建设濠江区、潮阳区和南澳县海洋生物增殖放流基地。建设濠江、南澳人工鱼礁，开展海门、莱芜人工鱼礁区生态效果评价，建设乌屿海洋牧场，探索建立蓝色碳汇生态功能区。提高牛田洋海岸湿地国际示范区和湿地候鸟保护区建设水平。强化龙头湾、企望湾、莱芜湾、东山—南澳、乌屿、南澎列岛、赤屿、平屿等海洋自然保护区的建设和管理，重点保护中华白海豚、龙虾、中国鲎、候鸟等重要珍稀、濒危水生野生动物以及珊瑚礁生态系统。

3. 完善海洋公共服务体系

加强海洋核应急监测，推进江门海洋环境监测站辐射监测实验室建设，开展海洋核辐射监测，将海洋核辐射监测纳入省核应急工作体系。加大海洋环境监测力度，重点加强海洋环境敏感区、赤潮灾害频发海域、陆源入海排污和临海重大项目监视监测，完善海洋环境监测监视体系，促进海洋经济与生态环境的和谐发展。

（三）海洋防灾减灾建设为发展海洋经济保驾护航

按照国家海洋观测体系建设总体布局，加快在大汕头湾区构建具有国际先进水平的海洋灾害监测、预警和应急指挥网络。推进海洋气象与灾害天气预报开放重点实验室、海洋预报台和海洋气象灾害预警中心建设，提高海洋气象灾害监测预报预警和防御能力。增设验潮站、浮标、地波雷达等观测站点，开展近岸精细化预报预警，加强地震、海啸、风暴潮等重大灾害监测和预警。积极建设惠来客鸟尾海洋观测站和饶平虎屿海洋观测站。

加快实施潮州、汕头、揭阳沿海标准海堤修建工程、沿海防护林带工程。积极推进海堤防护工程的加固建设，加强对风暴潮、海平面上升带来侵害的防范力度。推进大汕头湾区海洋灾害风险评估和区划，科学、合理核定大汕头湾防潮的警戒潮位，开展海啸、风暴潮等海洋灾害避难场所建设，全面提升海洋安全环境预警报服务保障能力。

（四）建设海上丝绸之路重要门户

2014 年 9 月，国务院批准在大汕头湾区设立华侨经济文化合作试验区。这是国家为支持广东充分发挥华侨华人资源优势、促进区域经济协调发展作出的又一项重大战略部署，对推动大汕头湾区进一步深化改革开放和建设“21 世纪海上丝绸之路”重要门户、加快粤东地区振兴发展、构建广东全方位开放新格局等具有重大而深远的战略意义。大汕头湾区要大力支持试验区着力转型升级，推动海外华侨华人与祖国经济深度融合发展；支持试验区搭建海外华侨华人文化交流平台，深化与国家（地区）的人文合作；支持试验区全面深化改革，构建开放型经济新体制；加大政策支持，统筹推进试验区建设发展；加强组织协调，有力有序推动试验区发展。

大汕头湾区应积极建设“21 世纪海上丝绸之路”重要门户，要以港口资源为纽带，大力发展现代物流产业，把资源优势转化为经营优势。充分发挥广澳港、保税区现有条件和优势，在抓紧建设规划中的疏港铁路和道路的同时，要高起点规划建设以网络化、智能化以及跨境电商等现代物流系统为标志的外向型港口物流产业，建设兼具物流、商流、信息流和资金流的现代物流产业中心。

第二节　大红海湾区——珠三角串联粤东的主通道

一、大红海湾区海洋开发概况

（一）基本概况

1. 地理区位

大红海湾区主要位于汕尾市，由碣石湾和红海湾两个海（港）湾共同组成，该湾区既是珠三角和粤东地区的主要通道，也是承接珠三角产业转移的重要区域。汕尾市为大红海湾区主体区域，是环珠三角经济区五个城市之一，从行政区划面积来讲是粤东地区第一的城市，从经济发展来讲在全省属于欠发达地区。

根据广东省“六湾区一半岛”规划，大红海湾区的发展方向主要是充分对接珠三角，承接海洋产业转移，建成广东省新型能源基地、临海型先进制造业基地和海洋渔业深加工基地和海洋型产业转移示范区。该湾区将重点建设深汕特别合作区、汕尾中心城区、汕尾临海能源工业基地、马宫石化能源基地、汕尾揭石湾石油化工和船舶制造基地和太湖、揭石湾两个海洋生态旅游区。其中，深汕合作区将珠三角地区和粤东地区连为一体，扩大珠三角的发展外延，而深汕之间的互补也将进一步做大以深汕特别合作区为代表的大红海湾区，点燃广东海洋经济发展的新一轮高潮。

2. 基本自然概况

大红海湾区海岸线蜿蜒，大陆架宽广，港湾优越，岛屿众多。汕尾市为大红海湾区主体区域，海岸线长度460千米，占全省海岸线长度11%，位居粤东地区第一位，海域面积6 372平方千米。汕尾市辖内海域拥有红海湾、碣石湾2个海湾、3个海湖和13个港口，沿海200米等深线内海洋国土面积2.38万平方千米，占全省海洋国土面积的14%。

大红海湾区气候宜人，属南亚热带季风气候区，海洋性气候明显，冬不寒冷，夏不酷热，光照充足，雨热同季，雨量充沛，年平均气温为22.9摄氏度~23摄氏度之间，夏长冬短，春早秋迟，秋冬春旱，常有发生，夏涝风灾，危害较重，是广东受热带气旋影响较多的地区之一。湾区沿海为山地、冲积平原地貌特点，既有粤东沿海三大海湾之碣石湾、红海湾两个海湾，又有品清湖、白沙湖等难得一见的海上湖泊，其中红海湾北窄南宽，状似等腰三角形，海产资源及浅海滩涂资源非常丰富，碣石湾则成规则的半圆形，避风条件好、受海潮影响小，有优越的港口建设条件。大红海湾区海洋环境质量良好，近岸海域水质保持清洁或清洁水平，各项检测指标值达到国家一、二类海水水质标准。

大红海湾区海湾港湾优良，浅海滩涂面积大，海洋资源丰富，为海洋产业的繁荣提供了发展空间和资源保障。沿海岸可供建筑和造地用的沙土蕴藏量约4.88亿立方米，拥有丰富的海洋油气和海上风能、潮汐能和波浪能等海洋能源。深水岸线资源丰富，汕尾港是天然深水良港，是全国沿海开放第一类口岸，正在规划建设的汕尾新港可建成8~10个10万吨级以上泊位，发展临港工业、物流产业的资源十分优越。旅游资源得天独厚，汕尾是“最喜爱的休闲城市”，旅游资源开发前景广阔，既有历史悠久的人文景观，又有风光旖旎的自然旅游资源，蕴藏着丰富的文化遗产，有望成为现代旅游新城、珠三角东大门的休闲度假胜地。红海湾是第16届亚运会海上项目的分赛区、广东海上运动基地，适宜开展沙滩运动、海上运动、游艇旅游、温泉养生等项目。辖内海域渔业资源丰富，种类繁多，品种优良，主要品种有14类107科860多种，其中具有较高经济价值的品种达200多种。

（二）海洋开发保护及存在问题

1. 海洋开发与保护概况

（1）海洋开发利用概况

大红海湾海洋开发利用程度总体偏低，大部分岸线仍保留原有自然风光，目前占用海岸线的用海类型主要是渔港、中小型港口、滨海旅游和少量工业用海，其中旅游和港口用海所占岸线比例较大，重点发展现代海洋渔业，推进红海湾海洋综合旅游区建设，建设汕尾新港区和品清湖滨海新城，集聚发展高端临海产业。

大红海湾区内港口航运有汕尾港区、汕尾新港区（红海湾）、海丰港区和陆丰港区共4个港区，拥有300吨级以上各类生产泊位21个以及航道、锚地等。渔业资源利用和养护主要有渔港建设和海水增养殖，已建成12个渔港，空间上几乎均匀分布，另有港口13个，主要集中于红海湾和碣石湾。重大项目用海有汕尾新港、汕尾新港填海区、汕尾电厂、汕尾老港区、金厢黄金海岸旅游区、小漠石化项目。工业用海呈明显东西不平衡状态，西侧重于东侧，华城石化、汕尾电厂以及即将上马的华润电厂、陆丰核电等主要分布于红海湾和碣石湾，碣石以东工业用海相对较少，造成这种现状主要有两种原因，一方面西侧濒临珠三角，是产业东移的承接地，另一方面，东侧岸线风浪大、暗礁多，提高了工业用海项目的成本。在今后的发展中，应进行适当的合理规划和政策引导。

区内滨海文化旅游资源特色鲜明，滨海旅游用海集中在小漠、鲘门、遮浪、市区、金厢等地，有“百岛十滩九湾”之美称，比较著名的有红海湾旅游区、金厢滩旅游区、海丽国际高尔夫球会、中国大陆仅存最大的滨海泻湖——面积达23平方千米的品清湖。

（2）海洋保护概况

大红海湾区内已建自然保护区3个，保护区类型属于海洋和海岸生态系统和海洋生物多样性类型，重点保护礁盘生态系统、上升流生态系统和碣石湾海马，严格限制影响保护对象和保护区环境质量的用海活动，海洋保护区执行一类海水水质标准。

1）碣石湾海马资源自然保护区

碣石湾海马资源自然保护区为市级保护区，于2006年8月15日由汕尾市人民政府批复建立。保护区位于陆丰市碣石湾镇对开海域，面积约为500公顷。保护对象为斑海马、日本海马和克氏海马等及其栖息环境。

2）遮浪角东海洋生态自然保护区

遮浪角东海洋生态自然保护区为市级保护区，于2006年8月15日由汕尾市人民政府批复建立。保护区位于遮浪角东北部海域，面积约810公顷，水深范围在10~21米。保护对象为遮浪角东人工鱼礁礁区的海洋生物资源及其栖息环境。

3）遮浪汇聚流海洋生态系统保护区

遮浪汇聚流海洋生态系统保护区为市级保护区，位于遮浪南部海域，总面积850公顷。主要保护为珍稀濒危野生动物、重要海珍品及其栖息环境，包括海龟、玳瑁、中国鲎、紫海胆、杂色鲍、锦锈龙虾等。

（3）海洋经济发展概况

据统计，2010年汕尾市海洋经济达121.65亿元，占全市GDP的25.88%，是1992年的7.42亿元的16.8倍；2013年，汕尾市海洋生产总值达到243亿元，同比增长18%，其中渔业经济总产值82.13亿元，同比增长9%。海洋经济发展空间大，而且具有快速发展的趋势。

大红海湾区是海捕渔船的主要作业场所，渔业作为传统支柱产业得到稳步推进。汕尾市10米深等深线内浅海、滩涂6.96万公顷，其中可供海水养殖面积3.30万公顷，已开发利用的有2.11万公顷，2009年全市水产品总产量55万吨，渔业经济总产值62亿元，占全市大农业（农、林、牧、副、渔）产值的一半以上。渔港和港口标准化建设成绩显著，目前，汕尾市拥有13个港口、12个渔港，其中汕尾、甲子港是国家外贸口岸和国家一级渔港，碣石、马宫港是国家二级渔港。近年来，汕尾市为全市涉海重大项目提供全方位服务，有效转变海域使用管理方式，临港工业、港口物流业等新兴海洋产业得到快速发展，推动了华润海丰电厂、陆丰核电等4个重点项目及3个其他用海项目顺利实施，初步形成了以电力能源为主的“沿海临港工业走廊”。汕尾市滨海旅游作为特色产业发展步伐不断加快，形成了30个滨海旅游景区景点，特别是以金厢滩海滨、小漠海滨和红海湾水上运动基地等为依托的滨海观光旅游取得了较好发展，滨海旅游业已成为汕尾市一大支柱产业。

2. 存在的问题

总的来说，海洋资源利用水平偏低、海洋生态环境保护压力较大、海洋经济区域发展不平衡等深层次矛盾和问题，成为了制约大红海湾区海洋经济科学发展的瓶颈。目前，大红海湾海洋资源开发仍然局限于近岸海域和少数海岛，以粗放型为主，海洋产业发展不平衡，综合开发利用水平较低。

（1）海洋资源利用和开发水平较低

海洋产业比例不合理，海洋第一产业所占比例过高。目前的海洋养殖的用海面积占较大比例，但产值较低。同第二产业相比，第一产业的带动、辐射能力较低，如汕尾电厂首期2台机组年产值约25亿元，每年可为汕尾市带来约5亿元的利税收入，相当于全市海洋渔业总产值的45%。汕尾目前是广东省经济较为落后地区，需要大型企业的整体带动作用，所以在今后海洋产业布局方面应给予政策引导。

海洋资源开发以粗放型为主，仍以较为简单的方法用海。如海洋养殖，目前主要利用自然放养模式，技术含量、产值均较低。

（2）近岸生态环境不断恶化

随着汕尾经济的发展和人口增长，废水排放量与日俱增。由于环保设施建设滞后，部分工业废水和大量生活污水得不到有效处理，直排入海，造成近岸海域尤其是河口区污染日益加重，局部海域功能退化，赤潮时有发生，红树林、河口湿地生态系统遭受影响与破坏，近海渔业资源衰退。

（3）海洋综合管理的协调机制仍不完善

汕尾海洋综合管理起步较晚，海洋综合管理法规体系仍很不健全，海洋资源的开发利用缺乏统一规划，海洋管理仍处于多头管理的局面。随着海洋资源开发利用的广度和深度的不断加大，各行业、各部门之间用海矛盾日益突出，造成海洋资源浪费和生态环境破坏。

二、大红海湾区海洋发展政策导向

（一）区域海洋发展政策规划

广东省是古代“海上丝绸之路”的发祥地和改革开放的前沿阵地，汕尾曾是“海上丝绸之路”的重要港口，应该以当今如火如荼的“21世纪海上丝绸之路”建设为契机积极行动起来，积极响应，做好谋划，充分发挥自身区位优势，依托海洋深耕海洋，实现自身的蓝色崛起。一是做好参与丝路之程的详细可行规划，为后续的工作指明方向；二是花大力气培养本土的海洋产业企业，扶持它们先“引进来”再“走出去”；三是努力提升现有海洋产业的知名度和美誉度，树立精品理念和思维，力争创造国际名牌；四是要学会利用国内、国外两种资源和两个市场，加强与东南亚国家的经贸往来。

根据《全国海洋经济发展“十二五”规划》，珠江口及其两翼沿岸及海域发展功能定位是提升我国海洋经济国际竞争力的核心区、促进海洋科技创新和成果高效转化的集聚区、加强海洋生态文明建设的示范区、推进海洋综合管理的先行区。“十二五”时期建设重点包括大力发展船舶配套产业，积极拓展深水大网箱等海洋离岸养殖，加快发展水产品加工流通业，建成一批水产品加工基地和物流中心。

根据《珠江三角洲地区改革发展规划纲要（2008—2020年）》，要带动环珠江三角洲地区加快发展，加快建设粤东、粤西地区石化、钢铁、船舶制造、能源生产基地，形成沿海重化产业带，形成资源要素优化配置、地区优势充分发挥的协调发展新格局，促进区域协调发展。健全珠江三角洲地区对粤东、粤西、粤北地区的挂钩帮扶机制，创新帮扶方式，加快粤东、粤西、粤北地区农村人口向城镇转移，扩大区域中心城市规模，在粤东、粤西、粤北地区培育新的经济增长极。

根据《广东海洋经济综合试验区发展规划》，要着力打造三大海洋经济主体区域，其中包括广东东部沿海的汕头、汕尾、潮州和揭阳4市海域及陆域的粤东海洋经济重点发展区，是广东海洋经济发展的一个重要引擎。这一区域要着力发展临海能源、临海现代工业、海洋交通运输、滨海旅游、水产品精深加工等产业，科学推进集中集约用海，重点开发海门湾、南澳西南岸、碣石湾西岸等集中集约用海区。着力推进港湾整治和综合利用，重点建设汕尾新港区和品清湖滨海新城，促进人海和谐发展。

根据《广东省海洋经济发展“十二五”规划》，培育发展四大临港产业集聚区包括汕尾临港产业集聚区，依托汕尾港，以红海湾经济开发区、深汕特别合作区为支撑，重点发展能源、化工、电子信息、船舶修造等临港产业和港口物流、滨海旅游等服务业。按照海陆统筹规划、科学适度用海、维护海洋生态环境的要求，推行集中集约用海，重点形成汕头东部、汕尾碣石湾西岸、潮州西澳、揭阳神泉等粤东集中集约用海区。

（二）区域海洋产业发展导向

“21世纪海上丝绸之路”是一个很大的平台，也是一个很大的载体，它不仅仅蕴藏着政治和文化的基因，还承载着浓厚的海洋产业发展分量。红海湾区要以更加开放和包容的心态去顺应世界的变化，去利用好这个难得的发展平台，加强向西与珠三角的融合，拓展对外与东盟的海洋经济、海洋文化、海洋科技等领域合作关系。

大红海湾区的发展方向主要是不断深入向西“融珠”进程，加入和依托深莞惠经济圈，在涉海交通运输、产业合作、生态环保等领域，深化与深莞惠河四市共建合作，充分对接珠三角，承接海洋产业转移，建成广东省新型能源基地、临海型先进制造业基地和海洋渔业深加工基地和海洋型产业转移示范区。

红海湾将利用区位优势和海洋产业地区发展特点，构建火电、风电、核电门类齐全的能源产业集群，建成粤东重要的新型能源基地，而碣石湾将完成碣石湾岸段适度围填海，建成滨海生产和生活区。重点建设深汕特别合作区、汕尾中心城区、汕尾临海能源工业基地、马宫石化能源基地、汕尾揭石湾石油化工和船舶制造基地和太湖、揭石湾两个海洋生态旅游区。其中，深汕合作区将珠三角地区和粤东地区连为一体，扩大珠三角的发展外延，而深汕之间的互补也将进一步做大以深汕特别合作区为代表的大红海湾区，点燃广东海洋经济发展的新一轮高潮（图 6. 3）。

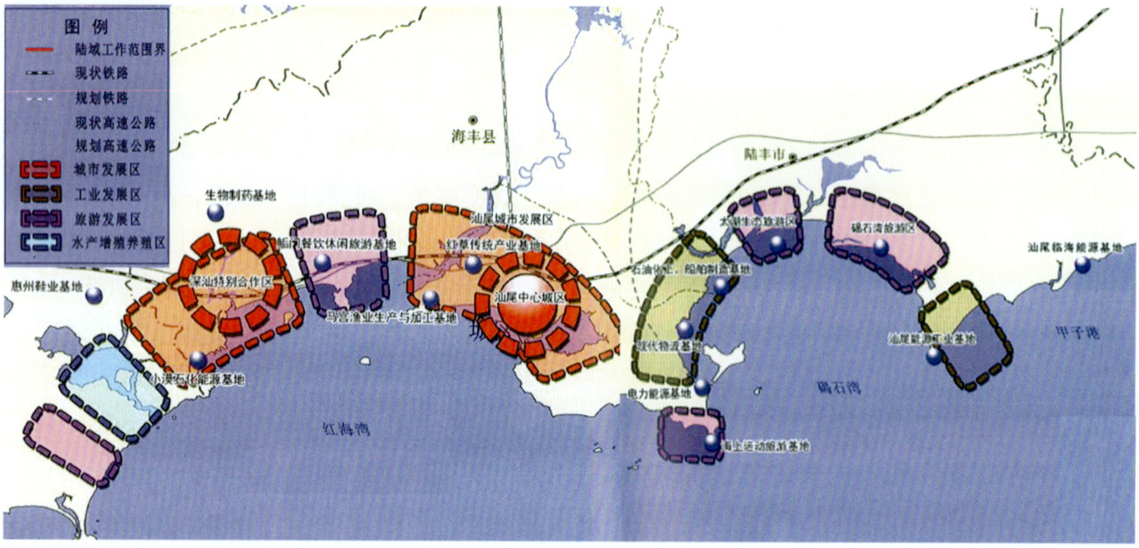

图 6. 3　大红海湾区概念规划图

引自：广东省海洋经济地图

1. 海洋交通运输业

“21 世纪海上丝绸之路”建设一个重要的内容就是加强各方的港口建设，通过重要港口城市的串联，实现经济文化的交流，从而可以互通有无，优势互补，实现共同发展、共同繁荣，最终成功形成“海上丝绸之路经济带”。

大红海湾海洋交通运输着重加快推进贯通东西、连接南北、融入珠三角、沟通沿海与内陆的交通体系基础设施建设，形成对接国内外大通道的现代交通网络，增强对内对外交流能力和国防保障能力。

加快铁路大通道建设。加快建设高标准、大容量铁路大通道，重点加快厦深铁路汕尾段、广州至汕尾铁路、龙川至汕尾铁路规划建设，谋划建设珠三角城际轨道至汕尾延长线，加快建设连接珠三角、长三角，连接京广、大京九的铁路网，实现中心城区、主要港口、重要工业基地通铁路，形成线路通畅、功能完善的铁路运输网络。

推进公路网络建设。大力推进深圳至汕尾高速公路等沿海枢纽项目建设，加快国道、省道和县、镇、村道路建设改造和农村公路养护制度改革。

合理布局港口建设，在现有港口完善和升级的基础上，有计划地推进海岸经济的发展，努力克服财政困难，积极融资加快港口的建设。政府在此过程中应 起主导作用，引导民间资本有序参与“21世纪海上丝绸之路”建设，两者有机结合，助推基础设施的 建立健全。根据《汕尾港总体规划》，至2020年，全市将新增泊位码头21个，形成以大型深水泊位码头为主，中小泊位码头为补充的港口新格局，可以满足大力发展能源和石油化工等重化工业对港口的需求。充分发挥海岸线长的优势，整合港湾资源，优化港口布局规划和开发方案，主动参与全国港口分工，启动汕尾新港区的规划建设，力争建成10万吨级以上枢纽港。加快大电厂码头的规划建设，逐步形成以通用泊位为主，兼顾专业化要求，大、中、小泊位相结合，疏运畅通，功能齐全的地区性港口群。

2. 临港工业

合理布局临港工业，加快推进沿海岸线的合理开发，将沿海港口作为临港工业项目布局的备选基地。以甲东镇、甲西镇、湖东镇、碣石镇、红海湾开发区、鲘门镇、小漠镇等沿海岸线段为依托，建设电力能源工业集中区；以甲东镇、湖东镇、小漠镇等沿海岸线段为依托，建设临港石化工业集中区；以红海湾开发区、马宫镇沿海岸线段为依托，重点建设船舶工业集中区，形成汕尾临港产业集群，带动区域经济发展新的增长极。

打造电力能源基地。充分发挥汕尾紧靠珠江三角洲地区电力负荷中心和海岸线长可建设大型电厂的地缘优势，紧紧抓住电力能源基础设施建设的有利时机，重点以红海湾为中心，加快建设汕尾电厂和风电项目，推进陆丰核电项目，优化发展火电、风电等能源项目。加快推进汕尾电厂二期、陆丰核电、华润海丰电厂、甲湖湾新能源基地、大湖风电、甲东风电、陆河风电等项目的建设。促成海丰核电列入国家专项规划。充分发挥陆河县水资源较丰富的优势，结合防洪、供水工程（水库）的建设，大力发展小水电循环经济，在陆河吉石溪等地加快开发中小型水电站，争取陆河抽水蓄能电站列入省的规划。以提供绿色电力为目标，积极发展清洁能源和其他可再生能源，完善电源结构和提高能源利用效率，不断强化汕尾市作为广东省电力生产基地的地位。

发展石化产业基地。借助毗邻惠州大亚湾和揭阳石化基地的区位优势，以中海油华城石化储运项目、粤东成品油管道（汕尾段）和天然气输气管道为起点，重点发展面向粤东、珠三角和闽东南市场的石油储运、精细化工以及中下游产品加工，为珠三角石化产业带向东延伸提供腹地和配套服务。

建成船舶修造基地。以施公寮半岛、市城区工业园区组团等为重点发展区域，重点发展船舶修造、高级游艇、玻璃钢船、钢质渔船、特种船舶等产品，合理发展大型旧船拆解业务，延伸拓展配套产业，建成粤东船舶修造生产基地。

3. 海洋渔业

全面推进海洋渔业结构的优化调整，构建养殖、捕捞、加工和休闲渔业等结构合理的产业体系，实现传统海洋渔业向资源管理型的现代渔业转变。

大力推动海洋养殖业健康发展，积极推广应用养殖新技术。以深水网箱、工厂化养殖方法为切入点，促进传统水产养殖向现代工业化水产养殖方式转变。建设一批无公害养殖基地和水产品出口原料基地。积极发展外海捕捞和远洋渔业，建设一支远洋捕捞船队，提高远洋渔业组织水平和竞争力。以建设汕尾国家级中心渔港为契机，加大甲子、碣石、马宫、遮浪、小漠、鲘门、湖东、金厢、大湖、捷胜、乌坎等11座渔港的基础设施建设力度。推动水产加工业高效发展，重点发展水产品精深加工业，提高加工增值水平。建设粤东水产物流中心，以物流中心为龙头，整合全市水产品生产、加工、销售力量，加大外向型、科技型和基地型现代渔业龙头企业建设力度，形成海岸经济支柱产业链。

4. 滨海旅游业

利用好海滨城市的丰富自然旅游资源和历史人文资源，进一步优化旅游发展空间布局，推进旅游基础设施建设，积极培育一批竞争力强、影响力大的旅游品牌，延伸旅游产业链，建设现代旅游新城。

进一步优化旅游发展空间布局，全力打造红海湾海滨旅游组团，重点发展长沙湾旅游城、金厢沙滩旅游区、品清湖游艇俱乐部、银龙湾旅游园区等旅游区的旅游总体发展格局。重视旅游地产的发展，走休闲度假旅游与房地产联合开发，两者相互促进的休闲居民、旅游人居发展路子，面向珠三角，服务珠三角，融入珠三角，以满足来自珠三角的需求为目标，积极发展生态、健康、休闲、度假、旅游地产，打造滨海休闲旅游基地。近代以来，红海湾区人漂洋过海“下南洋”，和周边国家有千丝万缕的联系，整合好红海湾沿海城市与东南亚国家的有效资源，开发海洋旅游和“海上丝绸之路”等新的旅游项目，从而实现多方资源的整合利用，不断发展壮大红海湾区滨海旅游产业。

5. 海洋新兴产业

鼓励和扶持海洋药物和保健食品、海水综合利用、海洋能源资源开发利用等新兴海洋产业的发展。培育和壮大海洋生物医药产业规模，重点发展海洋生物活性物质筛选技术，研究和开发从海洋生物体中提取抗癌、抗菌、抗病毒、抗心血管疾病、免疫促进等多种特殊药物；研制系列海洋保健与功能食品；开发鱼鳞、内脏和藻类的综合利用和深加工技术以及以水产品下脚料提取甲壳素、壳聚糖等衍生物产品。积极开发海水化学资源深加工，发展海洋化工业。

6. 海洋资源利用和保护

有效利用和保护海洋资源，加强红树林、沿海防护林建设，保护珊瑚礁、海草场等典型的近海及海岸湿地生态系统，强化海洋生态环境和生物多样性保护，遏制近海及海岸生态环境恶化和海洋生物资源衰退。加强汕尾港、红海湾海水浴场、品清湖等重点海域海洋水质、生物生态环境的保护和改善。加快海洋自然保护区和海洋生态特别保护区建设，实施汕尾港贝类及海砂自然资源增殖保护区、遮浪角东海洋生态自然保护区、遮浪汇聚流生态系统保护区、碣石湾海马自然资源保护区、九龙湾海洋特别保护区、汕尾礁盘鱼类特别保护区等海洋生态保护恢复工程，维护好海丰公平、大湖等一批生物多样性和滨海湿地生态保护区。加强渔业资源养护和恢复。继续实行伏季休渔制度，减轻捕捞强度。重视和加强海砂等矿产资源的开采管理和保护，合理开发海域资源，分类开发与保护岛屿资源。

三、大红海湾海洋综合发展策略

（一）海洋开发利用助推海洋经济增长

红海湾区在依托“21 世纪海上丝绸之路”发展平台，向西加强与珠三角的融合，对外拓展与东盟的经贸文化合作关系的同时，需要做好自身海洋管理和合理开发，助推本区域海洋经济快速增长。根据大红海湾区的海洋发展战略定位、现有海洋产业基础和发展导向、资源环境和区位优势，按照集约用海、生态用海、海陆统筹、开发保护并重的要求，集聚资源开发优势，促进陆海产业联动发展，优化海洋开发布局，着力打造“两湾”“三大经济带”的海洋经济发展总体布局。

1. 红海湾区域

红海湾位于惠东县港口的大星山至“遮浪角”西侧之间，湾口朝南，口宽约 70 千米。红海湾开发利用的主要功能为农渔业、旅游娱乐、工业与城镇建设。重点打造的海洋产业包括临港工业、现代海洋渔业和滨海旅游业，服务建设好汕尾电厂，打造重要能源生产基地，推进红海湾海洋综合旅游区建设，建设汕尾新港区，集聚发展高端临海产业。

利用红海湾丰富的电力资源，构建火电、风电、核电门类齐全的能源产业集群，建成粤东重要的新型能源基地。东洲 11 万伏输变电站早已建成投产；红海湾风力发电场首期工程也已并网发电，每年可输送 4 500 万千瓦时的绿色环保优质电力，总投资 200 多亿元的汕尾发电厂建设快马加鞭，将成为粤东地区重要的电力供应基地。红海湾海洋环境良好，海产资源及浅海滩涂资源亦非常丰富，湾内有多处洁白柔软的沙滩，还有神秘岛、龟龄岛等数个大大小小秀丽的岛屿，在开发区可投资，在海洋渔业育苗、养殖、加工、销售等方面都有较好的发展前景。可充分发挥红海湾海洋环境良好、海产资源及浅海滩涂资源丰富等优势，发展多形式多层次的海、淡水养殖业，尤其是珍贵海产品的养殖，重点在考洲洋岸段适度发展海洋特色渔业、滨海旅游功能，建成海洋生活和生态区并在东山湾岸段重点保护海洋生态系统，建成海洋生态区。

2. 碣石湾区域

碣石湾在陆丰市南，海丰县东南侧，面积约 345 平方千米，湾内海滩素有“粤东黄金海岸”之称，以“神、海、沙、石”四者兼备而闻名遐迩。海域开发利用的主要功能为农渔业、旅游娱乐、工业与城镇建设，重点发展现代海洋渔业和滨海旅游业。加强临海工业建设和陆域污染对海洋环境影响防治；开展品清湖综合整治，维护水动力环境和纳潮量；重点保护礁盘生态系统、上升流生态系统和碣石湾海马。

碣石湾沿岸有多处优良养殖港湾，养殖面积广阔，湾内生物资源品种多、分布广，增养殖自然条件优越，可在碣石湾岸段适度围填海，建成海洋生产和生活区。碣石湾区域的品清湖自然条件得天独厚，也是天然的避风良港、是重要的渔业增养殖区和盐业生产区、是汕尾港“生命湖”、有丰富的旅游资源，被誉为汕尾“母亲湖”，在品清湖岸段重点维护海洋生态系统平衡和生物多样性，适宜建成海洋生态和旅游区，把品清湖旅游区打造成为以水泊文化为内涵和特色的“广东沿海第一湖”。

3. “三大经济带”

发展壮大蓝色产业经济带、绿色产业经济带、特色旅游产业经济带，即发展以绵长辽阔的海岸、海域为依托的“蓝色产业经济带”；以效益农业、农副产品加工业为纽带的“绿色产业经济带”；以“红、蓝、绿、古”四色资源为亮点的旅游产业经济带。

蓝色产业经济带空间范围包括市城区、红海湾经济开发区和海丰县、陆丰市的沿海区域，利用丰富的海岸线资源，依托铁路、高速公路和以汕尾新港为主的港口群，形成一条海岸经济发展轴，实现蓝色崛起。市城区和红海湾经济开发区重点发展远洋捕捞业、海水养殖业、水产品深加工业；陆丰市的碣石、甲子、甲东、甲西、湖东、金厢、桥冲、东海和海丰县沿海的大湖、鲘门、小漠、梅陇、联安等镇应大力发展海洋养殖和水产品加工业，稳定发展捕捞业。绿色产业经济带空间范围包括海丰县和陆丰市的北部区域、陆河县，利用生态环境优势，重点发展现代农业、农产品深加工业，大力推广水果、茶叶、药材、林木的产品改良优化。特色旅游产业经济带重点发展东部特色旅游区，依托“青山、绿地、碧水、蓝天”和海洋、人文、历史、生态等独特旅游资源，大力开发利用碣石玄武山——金厢滩宗教、人文、红色海滨旅游区、红海湾经济开发区、捷胜镇、环品清湖、银龙湾、金町湾、鲘门镇等岸段及龟龄岛等岛屿旅游资源。为保留岸线的自然风貌、开发旅游资源和改善环境，应把重要的自然景观和人文古迹所在地的岸段规划保护好。

（二）海洋生态文明建设保障海洋经济可持续发展

坚持生态环境保护与海洋资源开发并重、海洋环境整治与陆源污染防治统筹，推进大红海湾区海洋生态文明建设，多措并举保障海洋经济的可持续发展。

1. 加强海洋环境保护与修复

着力推进港湾整治和综合利用，开展海域海岸带综合整治与生态恢复试点，将红海湾区打造成广东探索海洋生态文明建设试验区。继续加大品清湖水域污染清理、生态系统修复力度，鼓励实施红海湾经济开发区等人口密集区、大型工业园区污水离岸排放工程，规范陆域入海污染物排放；实施船舶污染监控；防治渔业养殖污染；对大红海湾区的优质沙滩资源、上升流生态系统及礁盘生态系统进行严格保护。大力实施典型生态系统的保护与修复工程；建立珍稀濒危物种监测救护网络和海洋生物基因库，开展典型海域水生生物和珍稀濒危物种的繁育与养护。加强海洋生物多样性、重要海洋生态环境和海洋景观的保护。

2. 构建蓝色生态屏障

推动人工鱼礁建设，加强遮浪角东人工鱼礁区的海洋生物资源及其栖息环境保护，切实做好碣石湾海马资源自然保护区、遮浪角东海洋生态自然保护区、遮浪汇聚流海洋生态系统保护区生态环境保护和管理，严格限制影响保护对象和保护区环境质量的用海活动。维育滨海湿地、沿海山林和滨海田园等资源，划定生态保护红线和城市增长边界，推进文化保护和城市开发的融合发展，突出滨海城市风貌特色，提升滨海环湖的城市品位，打造独具魅力的宜居、宜业、宜游的现代化滨海新区。

3. 完善海洋公共服务体系

红海湾区是核电站工程重点区域，需要加强海洋核应急监测，推进海洋环境监测站辐射监测实验室建设，开展海洋核辐射监测，将海洋核辐射监测纳入省核应急工作体系。加大海洋环境监测力度，重点加强海洋环境敏感区、赤潮灾害频发海域、陆源入海排污和临海重大项目监视监测，完善海洋环境监测监视体系，促进海洋经济与生态环境的和谐发展。

（三）海洋防灾减灾建设为发展海洋经济保驾护航

大力推进面向沿海地区、中心渔港等人员密集区的海洋灾害预警、监测和抵御能力建设，提高广大民众的海洋防灾减灾意识，为海洋经济良性发展保驾护航。

1. 建立健全海洋灾害监测预警体系

坚持预防为主，综合减灾的原则，强化风暴潮预警报、海浪预报、海平面上升监测等海洋防灾监测预警体系建设，为各级政府和社会公众科学应对突发性海洋灾害事件提供决策依据和预警。开展实时浮标在线监测系统、海洋气象数值预报系统等的研发，开展海洋灾害预警报信息服务，进行海洋水环境监测评价与趋势性分析。建立海洋大气自动气象站网、风廓线仪探测站、GPS 遥感探测仪站、海洋气象站和大气电场仪，同时，完善大型海洋气象浮标远岸采集站建设等。重点开展 GPS（全球卫星定位系统）、GIS（地理信息系统）、RS（遥感系统）技术在海洋灾害趋势分析和影响范围、程度动态监测的应用以及在海洋防灾减灾中的理论研究和技术应用，全面提升海洋灾害监测预警能力建设。

2. 建立健全海洋灾害抗御和救援机制

加强海洋灾害防御和救援机制建设，增强防灾减灾和应对突发事件的能力。积极推进红海湾、碣石湾沿岸海堤等防护工程的加固建设，重点建设田尾山、白沙湖、甲子、小漠海域填海区的海堤防护工程，加强对风暴潮、海平面上升带来侵害的防范力度。推进大红海湾区海洋灾害风险评估和区划，科学、合理核定大红海湾防潮的警戒潮位，开展海啸、风暴潮等海洋灾害避难场所建设，组织应急演练，提高海洋灾害应急反应能力，全面提升海洋安全环境和服务保障能力建设。

3. 增强海洋防灾减灾意识

海洋防灾减灾工作是社会公益事业之一，关系到人民生命财产安全、经济发展和社会稳定，增强广大民众对海洋防灾减灾工作的重要性、长期性的认识，增强忧患意识和责任意识。加强海洋防灾减灾知识的普及教育，提高社会公众对海洋灾害的辨别能力和应对突发性海洋灾害的应急能力，逐步建设一支具有良好政治业务素质和有敬业精神的海洋防灾减灾工作队伍。

第三节　环大亚湾区——广东海洋经济发展的新明珠

一、环大亚湾区海洋开发概况

（一）基本概况

1. 地理区位

环大亚湾区是珠江三角洲的重要组成部分，位于广东省东部的惠州市和深圳市沿岸区域，主要有大亚湾和大鹏湾两个湾区和大鹏半岛共同组成，环大亚湾区是南海向陆地延伸最深的海湾之一。

2. 基本自然概况

大亚湾位于粤东红海湾与大鹏湾之间。大亚湾海岸线长256.1千米，海湾面积为768.5平方千米，口门宽度为29.2米，滩涂面积为20.02平方千米，0～5米水域面积为382.18平方千米，5～10米水域面积为365.9平方千米，大于10米水域面积为0.4平方千米，最大水深为19.8米。大亚湾北靠海岸山脉，东、西两侧受平海半岛与大鹏半岛掩护，海湾周围的山地丘陵由古生代和中生代的各种变质岩、紫色砂岩、凝灰岩或花岗岩构成。在东西向和北西向断裂控制下，海岸轮廓曲折多变，形成近岸水域“大湾套小湾”的隐蔽形势。主要港湾有烟囱湾、巽寮港、范和港、澳头港、小桂湾、大鹏澳。湾中岛屿众多，西北部和中部有港口列岛、中央列岛、湾口有辣甲列岛和沱泞列岛。湾内水深自北向南逐渐增加，底质为粉砂和粘土。沿岸无大河流注入，来沙小，年均淤积厚度小于1厘米。大亚湾内潮汐属不正规半日潮，平均潮差0.49米，最大潮差2.5米，湾口东侧的港口港属不正规日潮，平均潮差0.83米，最大潮差2.14米。涨潮时，外海潮流自中央列岛东西两侧进入湾内，到湾顶向西流动，形成反时针环流；落潮流经中央列岛东侧流出，部分经大鹏澳深槽南退，湾顶落潮向东流动，形成顺时针方向环流。潮流流速，澳头港附近为0.2节，最大0.6节，虎头门峡谷1.0节，大鹏澳0.8节，最大1.2～1.6节。盐度28.4～33.3。水体含沙量湾内4.8克/立方米、湾口4.5克/立方米。平均波高0.5～0.9米，年平均气温22摄氏度，降水量1 900毫米。大亚湾是广东省沿海最优良的海湾之一，其中湾内以大鹏澳的自然条件最好，水深不淤，无污染，水产资源丰富，主要有石斑、黄鳍稠、龙虾、青蟹、马氏珍珠贝、鲍鱼、栉江珧、海参、海胆、马尾藻等，现已列为水产资源繁殖保护区。澳头湾是南海的马氏珠母贝自然苗源稳定丰产区，已建成澳头、东山、赤岸3个国营珍珠养殖场。网箱养殖发展很快，以养殖石斑、鲷鱼为主。范和港潮间带面积达1 000公顷，宜养殖牡蛎、泥蚶、虾、蟹类。北部霞涌圩西侧海滩宽阔，沙质细洁，旅游条件极好。

大鹏湾位于大鹏半岛与香港九龙半岛之间。大鹏湾东、北、西三面环山，湾口朝东南，大鹏湾海岸线长189.2千米（包括香港），海湾面积为458平方千米，口门宽度为11.7米，滩涂面积为0.53平方千米，0～5米水域面积为13.37平方千米，5～10米水域面积为19.1

平方千米，大于10米水域面积为425平方千米，最大水深为23.7米。海湾周围山地丘陵由花岗岩构成，海岸曲折，沿岸港湾主要有南澳湾、土洋湾、沙头角湾、大埔海、大滩海峡等。西部近岸地形复杂，岛屿错落，水道纵横，陀罗水道深入九龙半岛腹地。底质北部为泥，南部为泥质砂，沿岸无大河流注入，无淤积。海底深槽平坦，两侧岸坡陡直，是中国南方最佳的天然港湾，区位条件优越。潮汐属不正规半日潮，平均潮差1.38米。年平均气温22.3摄氏度，降水量2 000毫米。湾内水产资源丰富，主要有黑鲷、石斑、鲍鱼、对虾、龙虾、糙鲹、棕环鲹、栉江珧、合浦珠母贝等。较大渔港有南澳港、盐田港和吉澳港。湾内景色宜人，大梅沙湾、小梅沙湾、平洲、印洲塘为著名旅游点。

大鹏半岛在深圳市东南部大鹏湾和大亚湾之间，包括北半岛、南半岛及其间的颈部连接地带，形似哑铃。大鹏半岛与惠州接壤，遥望香港新界，陆域面积294.18平方千米，海岸线长133.22千米，森林覆盖率76%。大鹏半岛是深圳最大、保存最为完好的生态净土，拥有七娘山（国家地质公园）、排牙山（自然保护区）、横头岭等多座山峰。大鹏半岛属山地性半岛，海拔700~800米，由燕山第三期中粒黑云母花岗岩、中泥盆统桂头组砂页岩、上侏罗统高基坪群火山角砾岩等组成。花岗岩全半岛皆有。北半岛的排牙山海拔708米，中泥盆统岩层出露较广。南半岛七娘山海拔867米，上侏罗统面积较多。河流短，呈放射状入海。植被为旱中生性亚热带草坡、季风常绿阔叶林和马尾松林。土壤为赤红壤。海岸曲折，滩涂面积少。大鹏半岛拥有独特的山海风光、旅游资源、丰富的人文资源、明显的区位优势和巨大的发展潜力。沿岸分布着大大小小十几个沙滩，如下沙、西冲、东冲、桔钓沙等。这些沙滩沙质松软，属中细沙，湾内水深较大，这使得大鹏半岛的沙滩除能承担传统的功能外，还可以冲浪、帆板，为越来越多喜爱甚至尝试新兴运动项目的游客服务。半岛山中拥有径心水库、枫木浪水库、打马枥水库、岭澳水库、香车水库、罗屋田水库等20多座小型水库以及王母河、西涌河、东涌河、杨梅坑河等数十条溪水，名胜古迹有大鹏守御千户所城、王母观音庙、王母妆台及风吹罗带等。由于生态资源得到严格保护，大鹏半岛成为深圳市目前面积最大、保存最为完好的生态乐土。

（二）海洋开发保护及存在问题

1. 海洋开发与保护概况

（1）海洋开发利用概况

环大亚湾海洋开发利用的主要类型有港口航运、临海工业、滨海旅游、海洋渔业等类型。

港口航运主要分布在：①惠州港荃湾港区，目前分为荃湾港区、东马港区、碧甲港区以及三个装卸作业点，共有生产性泊位44个，设计通过能力9 300万吨，其中集装箱泊位通过能力仅10万标准箱；其中万吨级以上泊位17个，通过能力超过8 500万吨。目前，荃湾港区在建5万吨级集装箱泊位2个，设计通过能力达到80万标准箱。②深圳港的盐田港区和秤头角港口区，盐田港区是深圳港的核心组成部分，目前全市大部分集装箱运输都通过该港区；秤头角作业区是深圳市和珠江三角洲地区重要的LNG装卸和储运基地之一。此外，在大鹏湾下洞附近目前还分布有数家成品油、液化气储运企业，建有三个栈桥式危险品码头泊位。因此，港口航运也是本区的主导发展方向之一。

临海工业的开发利用集中在大亚湾北部的石化基地、大亚湾西部的核电基地，用海项目较多且较集中，为环大亚湾岸的用海密集区。大亚湾北部的石化基地，发展目标为基于石化区以中海油、中海壳牌，大炼油、大乙烯为龙头，以石化深加工和精细化工高端石化产品为主线，重点发展芳烃下游系列产品、石化深加工系列产品、化工新材料及橡塑加工产品和专用精细化学品，突出差异化发展模式，最终实现打造世界级生态石化工业园区。大亚湾西部的核电基地主要包括大亚湾核电站、岭澳核电站一期及其后续工程。

滨海旅游主要分布惠东巽寮、大鹏半岛沿岸、小梅沙海洋世界、大梅沙公共浴场、明思克航母世界等，其中惠东巽寮沿岸自然风光优美，沙滩绵长，沿岸分布有多的度假酒店和休闲设施，素有“东方夏威夷”之美誉；大鹏半岛沿岸基本未开发，处于较为原始的状态，有桔钓沙、东冲西冲等旅游景点；在大鹏湾西北部，分布有较多的滨海旅游景区，开发强度较大。

环大亚湾区的渔业养殖主要分布在东山湾、畲下湾等地，主要养殖品种有鲳鲹、红鲅、鲷科鱼类、鲈鱼和石斑鱼等 30 多种，已初步形成了网箱养殖、贝类养殖、海胆护养、围海养殖、鲍鱼养殖等不同养殖方式齐头并进的局面。渔港主要有澳头渔港、霞涌渔港、三门渔港等（图 6.4）。

图 6.4　环大亚湾区开发利用示意图

（2）海洋保护概况

环大亚湾区内已建保护区有 2 个，分别为大亚湾水产资源省级自然保护区和惠东港口海龟自然保护区。

1983 年广东省人民政府批准建立大亚湾水产资源省级自然保护区（粤府〔1983〕63

号），2000 年广东省海洋与水产厅和广东省环境保护局联合发布了《关于下发大亚湾水产资源自然保护区功能区划的通知》（粤海水〔2000〕23 号）和《大亚湾水产资源自然保护区功能区划》（2002 年 5 月修改下发）。大亚湾水产资源省级自然保护区位于珠江口东侧，界于 114°29′44″—114°53′44″E，22°24′40″—22°50′00″N，整个保护区面积为 900 平方千米，海岸线长达 260 千米。据中国水产科学院南海水产研究所调查记载的大亚湾水产资源省级自然保护区内生物种类多达 1 300 多种，其中浮游植物 241 种，浮游动物 300 多种，鱼类 400 多种、贝类 200 多种、甲壳类 100 多种、棘皮类 60 多种、藻类 30 多种，其中绝大多数具有较高的经济价值，还有国家二级保护动物珊瑚的较大面积分布。保护区水产资源的优势不仅具有生物多样性的特点，同时拥有广东唯一的马氏珠目贝自然苗场和鲷科鱼类天然种苗主要产区，拥有石斑鱼类、龙虾、鲍鱼等名贵种类的幼体密集区，还有多种贝类、甲壳类是大亚湾的特有种类。岛屿周围有大量的马尾藻和囊藻生长。大亚湾海域独特结构的水产资源被一些学者和专家称为南海水产资源的摇篮和种苗库，在南海中具有非常重要的作用，与北部胶州湾同属我国两个生物多样性最丰富海湾。根据大亚湾水产资源的分布特点，把整个大亚湾自然保护区划分为四个核心区，其余区域分别划为缓冲区和实验区。①核心区：总面积为 118 平方千米，区域内生态资源保存较好、分布集中的地区，禁止任何单位和个人在其范围内进行一切可能对保护区造成危害或不良影响的活动。因科学研究的需要，必须进入核心区从事科学研究观测、调查活动的，须事先向自然保护区管理机构提交申请和活动计划，并报省主管部门批准。②缓冲区：缓冲区内，在保护对象不遭受人为破坏和污染前提下，经保护区管理机构批准，可在限定时间和范围内适当进行渔业生产、观光性旅游、科学研究、教学实习等活动。缓冲区包括了南部缓冲区和中西部缓冲区，水质目标分别为（GB3097—1997）第一类和第二类，面积共 174. 5 平方千米。③实验区：在保护区管理机构统一规划和指导下，可有计划地进行适度开发活动。实验区包括了北部实验区和南部实验区，水质目标分别为（GB3097—1997）第二类和第一类，面积共 594. 9 平方千米。

惠东港口海龟自然保护区位于广东省惠东县境内，面积 1 400 公顷，为亚洲大陆唯一的海龟自然保护区，成立于 1985 年 6 月。1986 年 3 月，惠东县政府颁发布告，将海龟湾划定 4 000 平方米的滩涂、水面为保护区并颁发了使用证书。1986 年 12 月经广东省人民政府批准升级为惠东港口省级海龟保护区。1987 年 7 月成立惠东港口海龟自然保护区管理站，1992 年 10 月经国务院批准升格为国家级自然保护区。1993 年加入中国生物圈保护区网络；2002 年 4 月经省编办批准，管理机构升格为惠东港口海龟国家级自然保护区管理局，正处级建制，核定事业编制 11 人，经费由省财政核发。为了加强海洋执法监察与管理，经省总队批准，于 2003 年年底成立了海龟保护区渔政执勤点。本区属亚热带海洋性气候，地处大亚湾与红海湾交界处，东北西三面环山，南面濒海，为一东西长 1 000 米，南北宽 70 米的沙滩带，近岸水深 10 ~ 15 米，海底平坦，饵料丰富，是海龟的传统产卵场，也是南海北部大陆沿岸唯一的产卵场。

（3）海洋经济发展概况

环大亚湾海域以临海工业、海洋运输业、滨海旅游业为海洋经济的发展重点。如环大亚湾沿海地区的中海壳牌南海石化、中国海油惠州炼油项目等龙头石化产业，LNG、国华热电、平海电厂等为代表的能源产业以及东风本田汽车零部件、比亚迪等机械、电子产业。临海工业大项目本身极大地推高本区域海洋经济的总量，同时又拉动了诸如海洋运输、海洋信息服务等上游产业和仓储物流、旅游、地产等下游产业的发展。惠州港和深圳港盐田港区地处我国华南沿海地区的珠江三角洲东部，毗邻港澳，是华南沿海地区的海上门户和京九铁路的便捷出海口，海洋交通运输业发展迅猛。以惠东巽寮旅游区、大小梅沙旅游区、大鹏半岛旅游区为代表的滨海旅游区建设进展顺利。

2. 存在的问题

（1）主要海洋产业引领带动能力有待提升

环大亚湾海洋交通运输业受外部环境影响较大，需要在提高信息技术含量、构筑多元化外部市场方面增强稳定性和开拓性；滨海旅游资源的经济效益尚未充分发挥，缺乏成熟的盈利模式，需要在资源集约利用、打造高端产品和产业化动力机制方面寻求突破；海洋渔业养殖面积逐年萎缩，远洋渔业贡献度不高，需要从渔港和集散地基础设施建设入手，提高辐射力；海洋生物医药、海水综合利用、海洋电力业等新兴产业尚未对海洋经济转型升级起到引领作用，需要在技术储备和政策扶持方面加强引导性。

（2）海洋资源集约化利用程度有待加强

环大亚湾海洋资源粗放利用的趋势已有所缓解，但并未逆转。临海产业布局缺乏统筹规划，用海格局相容度不高，亟须通过创新岸线开发模式实现资源优化配置；填海规划缺乏科学性，需要进行整体填海、整体规划和有序开发；岸线资源的粗放使用使大部分海岸线生态、景观价值已严重损耗，亟须推进海岸带更新工程；对海岛资源的保护和开发缺乏系统规划；海洋资源承载力处于勉强可持续发展状态，海洋生态赤字总体呈上升趋势。

（3）陆海统筹机制有待建立和完善

环大亚湾海域在海陆污染治理缺乏有效衔接，河流排污与陆源入海排污标准不统一，河流排污控制与污染治理效果严重影响近岸海域水质；海洋工作涉及规划国土、建设、交通、旅游、环境保护、海事、公安消防、农业及渔业等部门，缺乏海洋管理协调机构与机制；海洋生态环境监测与管理机制有待进一步完善和落实，对污染排放监督检查的执行力有待进一步提升。

（4）海洋法规的系统性有待加强

环大亚湾海域在规范海域使用秩序、保护海洋生态环境、合理开发利用海洋资源方面，面临诸多立法问题。已有的《海域法》《海环法》确立了海域使用管理、海洋环境保护的基本制度，原则性的规定较多，管理程序不够明确。亟须出台与环大亚湾海域实际相结合，具有较强针对性、操作性的地方性海洋法规，建立陆海标准对接的海洋法规体系。

二、环大亚湾区海洋发展政策导向

（一）区域海洋发展政策规划

根据《全国海洋经济发展“十二五”规划》，珠江口及其两翼沿岸及海域发展功能定位是提升我国海洋经济国际竞争力的核心区、促进海洋科技创新和成果高效转化的集聚区、加强海洋生态文明建设的示范区、推进海洋综合管理的先行区。“十二五”时期建设重点包括积极发展新兴旅游项目，重点建设南澳岛、惠东巽寮等一批海洋综合旅游区，建成国际高端旅游目的地。以广州、深圳、湛江、珠海和汕头等主要港口为依托，打造世界级港口群和国际物流中心。

根据《珠江三角洲地区改革发展规划纲要（2008—2020年）》，以深圳市为核心，以东莞、惠州市为节点的珠江口东岸地区，要优化人口结构，提高土地利用效率，提升城市综合服务水平，促进要素集聚和集约化发展，增强自主创新能力，面向世界大力推进国际化，面向全国以服务创造发展的新空间，提高核心竞争力和辐射带动能力。积极培育惠州临港基础产业，建设石化产业基地。珠江口东岸地区要加快发展电子信息高端产品制造业，打造全球电子信息产业基地。

根据《广东海洋经济综合试验区发展规划》，要突出科学发展主题和加快转变经济发展方式主线，优化海洋经济发展格局，构建现代海洋产业体系，加强海洋生态文明建设。惠州市重点建设大亚湾临海先进制造业基地，推进惠东巽寮海洋旅游度假区，打造宜居、宜业、宜游的优质生态湾区。深圳市要充分发挥经济特区和综合配套改革试验区的改革开放先行作用，积极创建全国海洋经济科学发展示范市。提高海洋资源利用效率，在区域开发、集约开发上进行探索。巩固提升海洋交通运输业和高端滨海旅游业，大力发展远洋渔业，培育壮大海洋生物等新兴产业和现代服务业。深化深港合作，加快建设前海深港现代服务业合作区。强化重点海域生态环境保护，创新海洋综合管理体制机制，力争在一些重点领域和关键环节上取得突破。

根据《广东省海洋经济发展“十二五”规划》，重点发展七大临港产业集聚区包括惠州临港产业集聚区，它以大亚湾经济技术开发区、仲恺高新技术开发区为支撑，依托惠州港，重点发展石化、港口物流、能源等临港产业，推动滨海旅游、海水综合利用等产业发展。重点培育珠江口湾区、川岛区、海陵湾区、南澳岛区、深圳大鹏湾区、珠海沿岸与海岛群、惠州稔平半岛、水东湾和大放鸡岛、湛江湾区九个带动型的滨海综合旅游区。完善广州、深圳、珠海港的现代化功能，促进以广州港、深圳港和珠海港为主要港口的珠江三角洲港口群建设，形成与香港港口分工明确、优势互补、共同发展的珠江三角洲港口群。

（二）区域海洋产业发展导向

1. 海洋交通运输业

推进“深圳港、惠州港”两地港口互动与码头业务分工，依托道路、轨道和水路交通实现两地无缝连接，共同构建分工明确、优势互补的“深惠组合港”，打造国际航运中心。发挥现有海港基础设施潜力，建设完善盐田港区集装箱码头。加快推进港口交通基础设施建设，建设高速疏港通道与现有路网构成道路疏港系统，发展海铁联运和“珠江战略”江海联运，构建“海—陆—空—铁”相结合的现代化综合交通运输体系。

2. 临海工业

充分依托中海油大型炼化一体化项目，以惠州大亚湾石化工业区临港优势为有效补充，

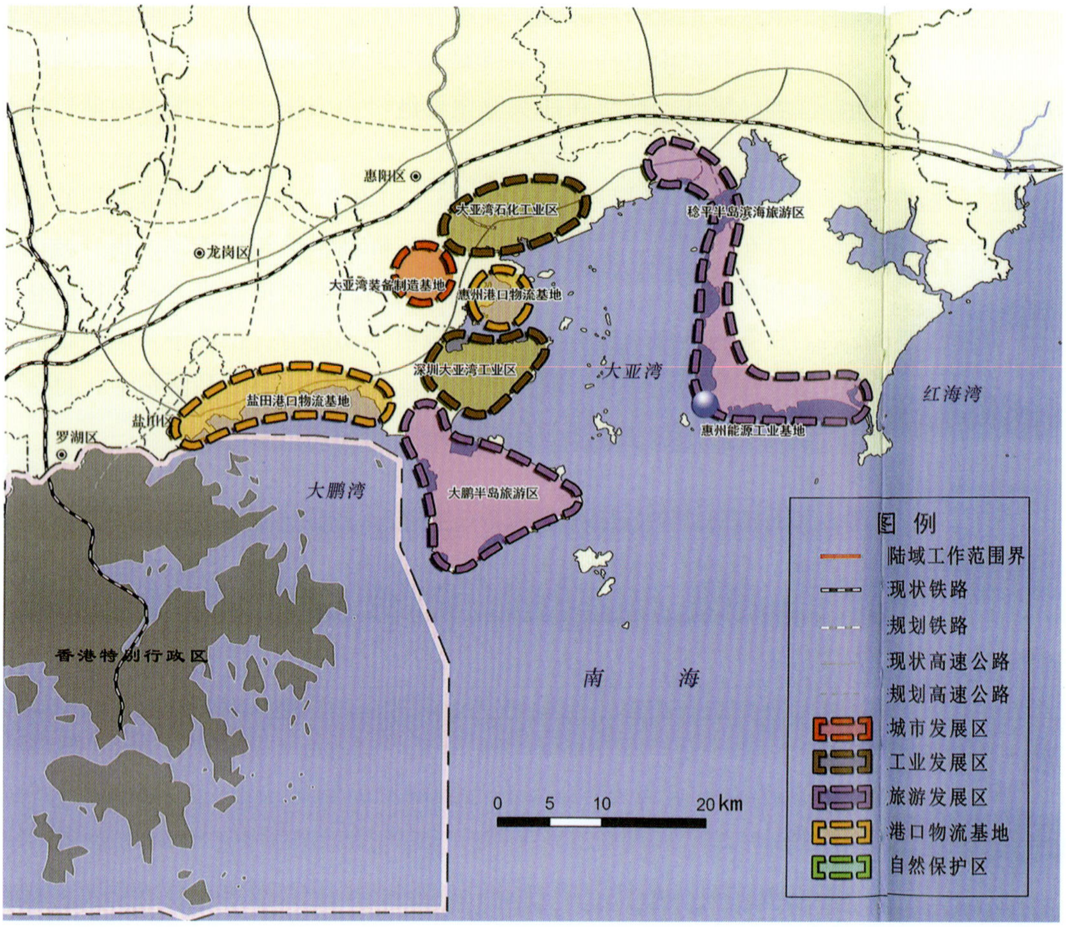

图 6.5　环大亚湾区概念规划图

引自：广东海洋经济地图

发展大型石化下游深加工产业，完善产业链结构，提高资源综合利用率和产品附加价值；结合周边市场需求特点，发展化工新材料和专用化学品产业，走差异化、高端化发展路线，打造园区核心竞争力。

3. 滨海旅游业

依托滨海旅游优势资源，建设滨海旅游圈，将大鹏半岛和稔平半岛打造为国际一流水准的滨海旅游度假胜地，建设成为亚太地区具有重要影响力的国际旅游目的地和游客集散地。积极拓展海上旅游及远海旅游项目，定期举办国际性的游艇展会、文化交流互访和水上运动赛事活动，推进深惠港澳合作培育和拓展邮轮游艇市场，以邮轮游艇业引领高端海洋旅游业发展。加强旅游推广合作，开展“深惠连线”旅游产品的推介活动，完善细化城市旅游标识，突出现代海洋文化特色，推广滨海城市旅游形象，培育城市居民的海洋意识。

4. 海洋渔业

科学规划、扎实推进远洋渔港建设，以高端海产品集散带动区域发展。提高通航、停泊能力，加强陆上集疏运设施建设，建成配套完善、功能齐全的现代化渔港。落实各项远洋渔业扶持政策，支持有较好发展基础条件的远洋渔业企业“走出去”，鼓励企业加快技术改造、购置先进船舶装备，以直接投资或股权投资方式建立海外远洋渔业基地，扩大在海外的资源占有。进一步完善冰鲜冷链、常温冷链和超低温冷链三大冷链；发展高端生鲜海产品采购、加工生产、分割包装、冷藏运输、促销扩售、货物配送于一体的多功能社会化的水产专业物流配送中心；建设海产品中心批发市场，中长期内把“深圳、惠州两地”建成世界知名的高端海产品集散中心。

5. 海洋油气服务业

建设南海油气服务基地，打造南海油气开发服务与后勤保障基地，助力海洋油气产业转型发展。在产业服务方面，重点发展 FPSO、FSO、钻井平台等海洋油气开采设备制造业，加强海洋油气开采技术支撑和深海监测技术支撑，完善油气开采配套及深海开发的基础条件。在商业服务方面，建设南海油气资源开发的后方服务基地，积极发展海员消费中心等配套商业。

6. 海水综合利用业

鼓励和引导沿海工业大量使用海水作为工业冷却水，建设海水直接利用与综合利用示范工程，鼓励有条件利用海水的企业、社区、机关开展海水直接、间接利用。按照循环经济发展要求，鼓励临海电力生产企业利用余热，进行工业用途的淡化海水生产，实现余热的回收再利用。鼓励海水淡化技术装备制造企业落户，开展海水淡化厂试点，建立水源应急机制，争取突破从浓缩海水中萃取和精深利用化学元素的技术瓶颈。建设海水综合利用示范基地，发展海水淡化与综合利用技术，培育海水综合利用业。

7. 海洋生物医药产业

充分利用南海海洋生物资源优势发展海洋生物制药产业，大力发展高科技、高附加值的海洋生物医药新产品，重点开发抗肿瘤、抗心脑血管疾病、抗病毒等海洋创新药物，推进海洋生物医药关键技术产业化。建设南海微生物物种资源、基因资源库，研制开发具有重大应用价值的海洋生物基因工程产品，加强医用海洋动植物的养殖和栽培，积极开发海洋生物制品和海洋保健品。加快发展国家生物产业基地，构建海洋生物产业研究和开发平台，促进海洋生物产业向高、精、尖方向发展，打造海洋生物科技成果转化、企业成长加速器和海洋生物产业化的聚集地，培育一批具有竞争力的海洋生物医药企业（图 6.5）。

三、环大亚湾海洋经济发展策略

（一）海洋开发利用助推海洋经济增长

根据环大亚湾区的海洋发展战略定位、现有海洋产业基础和发展导向、资源环境和区位优势，按照集约用海、生态用海、海陆统筹、开发保护并重的要求，集聚资源开发优势，促进陆海产业联动发展，优化海洋开发布局，着力打造“两湾一半岛”的海陆统筹、岛湾联动的海洋经济发展总体布局。

环大亚湾区的发展方向是充分利用靠近香港的优势，实施大石化、大港口、大能源、大旅游、大开发和大升级战略，建成国际级石化与港口物流基地，广东省重要的海洋先进制造业基地和现代海洋服务业基地。重点建设惠州能源工业基地、大亚湾石化工业区、惠州港口物流基地、深圳大亚湾工业区和盐田港物流基地，重点开发捻山半岛滨海旅游区和大鹏半岛旅游区。

1. 大亚湾滨海新区

建设以石化产业和核电能源为主导，电子信息和汽车工业、旅游业、港口物流业协调发展，大工业与滨海旅游并重的现代滨海新区。以大亚湾海域为中心，完善基础设施建设，优化经济布局，深化产业分工，促进城乡规划和环境保护，打造经济增长极。

2. 大亚湾石化区

依托中海油大型炼化一体化项目，积极引进国外先进石化技术，在石化基地内集聚发展炼油、乙烯及中下游化工产业。重点发展乙烯、芳烃类等高附加值中间原料产品，重点培育合成橡胶、合成纤维、工程塑料 ABS、高等级子午线轮胎等行业。建设成为炼油——化工一体化、上下游相结合的世界级综合性化工园区和以石化工业园为龙头的合成材料、精细化工品研发基地、生产基地和供应基地。以大亚湾石化区、秋长—淡水—西区战略性新型产业区和平海清洁能源产业区为主，重点发展石化清洁能源、战略性新兴产业和先进制造业。

3. 稔平半岛

以稔平半岛为主体，以稔山新城、巽寮湾商务休闲区、双月湾文化风情区、亚婆角高端休闲区为主要载体，以五星级酒店群、高端娱乐休闲设施、海洋生态园为重点实施项目，强化滨海度假、商务休闲功能，打造高端休闲度假品牌。进行滨海城镇建设，发展旅游娱乐与渔业功能，将稔平半岛建成海洋生活和海洋生态建设的示范区。

4. 大鹏半岛

以“保护为主”的策略，围绕半岛型的海洋生态和旅游功能，稳步推进保护与开发，建成高水平、高质量的海滨旅游胜地。大鹏半岛应实施最严格的原生态保护战略，实现人与自然的和谐发展。包括建立最严格的生态保护制度、制定最优化的生态保护政策、采取最严厉的生态执法措施。加强管理与规划实施力度，统筹大鹏半岛保护与开发。设立高规格的管理机构，建立高效协调的工作机制，实施最慎重的开发战略。树立品牌发展的理念，建设国际一流的度假胜地。树立大鹏半岛整体的生态环境与旅游度假品牌，坚持最精细的开发建设方针，并构建本土文化品牌，实现传统乡土文化在现代都市文化中的传承延续。构筑生态补偿的长效机制，保障原居民的发展权益。完善原居民基本生活保障体系，扶持原居民和集体经济组织参与环境保护及旅游业的发展；引导原农村居民点集约发展；建立功能完善、反应迅速、运转协调的海洋生态环境灾害应急机制。

5. 盐田港

为了适应经济全球化和世界经济中心向亚太地区转移、国际航运中心的东移新趋势，盐田港应充分利用宝贵的深水岸线资源，发挥现有海港基础设施潜力，建设完善盐田港区集装箱码头，重点建设盐田港国际港口物流基地，与惠州港合作，建设世界级的交通枢纽，与香港共同打造成国际航运中心。

（二）海洋生态文明建设保障海洋经济可持续发展

坚持生态保护，人海和谐，大力发展特色海洋产业，弘扬海洋文化，优化海洋产业结构，加强生态环境保护，形成环境友好、资源节约、开发有度、排放有序、管理有据、全社会参与的海洋生态文明建设良好局面。坚持“统筹兼顾、科学引领、以人为本、公众参与、先行先试”原则，推进环大亚湾区海洋生态文明建设，保障海洋经济的可持续发展。

1. 优化沿海地区产业结构

转变发展方式。积极推广生态养殖业，大力发展海洋生物资源利用、海水淡化与综合利用、海洋能开发等海洋新兴产业，发展循环经济和低碳经济，用生态文明理念指导和促进滨海旅游业、海洋文化产业等服务产业发展。积极实施宏观调控，综合运用海域使用审批、海洋工程环评审批和工程竣工验收等手段，促进产业结构调整和升级。

2. 加强污染物入海排放管控

改善海洋环境质量。坚持陆海统筹，建立各有关部门联合监管陆源污染物排海的工作机制。加快污水处理厂建设，限期治理超标入海排放的排污口，优化排污口布局，实施集中深海排放。积极建立和实施主要污染物排海总量控制制度，加强海上倾废排污管理，逐步减少入海污染物总量。

3. 海洋生态保护与建设

维护海洋生态安全。大力推进大亚湾水产资源省级自然保护区和广东惠东海龟国家级自然保护区建设，在考洲洋、赤砂湾等海洋生态健康受损海域组织实施一批海洋生态修复示范工程，实施海岛生态修复整治工程，建立海洋生态补偿制度和海洋生态环境安全风险防范体系。

4. 完善海洋公共服务体系

加强海洋核应急监测，推进海洋环境监测站辐射监测实验室建设，开展海洋核辐射监测，将海洋核辐射监测纳入省核应急工作体系。加大海洋环境监测力度，重点加强海洋环境敏感区、赤潮灾害频发海域、陆源入海排污和临海重大项目监视监测，完善海洋环境监测监视体系，促进海洋经济与生态环境的和谐发展。

5. 培育海洋生态文明意识

树立海洋生态文明理念。深入开展海洋生态文明宣传教育活动，建设海洋生态环境科普教育基地，发挥新闻媒介的舆论宣传作用，建立公众参与机制，鼓励社会各界参与海洋生态文明建设，营造全社会共同参与海洋生态文明示范区建设的良好氛围。

（三）海洋防灾减灾建设为发展海洋经济保驾护航

环大亚湾区位于台风、风暴潮等海洋灾害频发区域，沿岸分布又较多的石化产业、核电工业以及滨海旅游设施，受海洋灾害的影响非常敏感。环大亚湾区应加强惠深联系，借鉴国内外先进地区经验，细化和完善现有的减灾防灾方案，将现有的观测预警、风险防范、应急响应、决策服务等工作进行整合、集成和检验，加强精细化预警能力建设，推动建立海洋灾害风险管理、应急预案管理、海洋灾情统计、地方决策服务等海洋减灾综合管理体系，探索建立海洋灾害损失评价制度、灾损风险转移机制，健全海洋减灾防灾救灾业务体质机制，努力建成全国海洋综合减灾试验区。

第四节　环珠江口湾区——粤港澳海洋经济合作的核心区

一、环珠江口湾区海洋开发概况

（一）基本概况

1. 地理区位

“珠江口湾区”的地理学概念首先来自珠江三角洲独特的地质地理背景，从广义上看，应包括伶仃洋、黄茅海河口湾及附近海域，但城市地理学和区域规划学者所关注的“珠江口湾区”往往特指伶仃洋水域周边的密集城市化地区。尽管该湾区的概念被已被多次论及，但并未统一。其中，在2009年由香港、澳门、广东省政府共同完成的《环珠江口宜居湾区建设重点行动计划》中，把环珠江口湾区界定为包括了珠江出海口水域及周边的广州、深圳、珠海、东莞、中山等珠三角五市所管辖的19个区和香港、澳门两个特别行政区全境，陆地面积约6 890平方千米，海域面积约8 680平方千米的区域；2012年5月出版的我国首部海洋经济地图——《广东省海洋经济地图》中把环珠江口湾区界定为珠江出海口，主要由西江、北江和东江冲积的三个小三角洲及珠江口外海的岛群共同组成，包括港澳地区，是我国的“南大门”（图6.6）。在本书中，我们避开其地理边界之论，主要探讨该区域的自然资源概况、存在问题、区位发展优劣势及其海洋产业发展、开发空间布局和海洋生态文明建设等。

2. 基本自然概况

环珠江口湾区，自然资源丰富，堪称华南著名的鱼米之乡。其中，大片三角洲平原适宜种植水稻以及甘蔗等亚热带、热带经济作物，“桑基鱼塘”综合经营方式，尤为称著；低潮位以上的滩涂广大，可资围垦或发展水产养殖事业；河口水域营养盐丰富，盛产鱼、虾、贝、藻，为中国著名的渔场之一。该区域自然景观有风景秀丽的河口地段，绿树成荫的茂密森林，浩瀚无际的大海，风景美不胜收。其中，深圳红树林为我国4个国家级红树林自然保护区之一，沿海岸分布长达11千米,；内伶仃岛被称为“猕猴王国”。同时，这里水运条件优越，目前已形成以香港、广州、深圳3个大型综合性港口为枢纽港，珠海、惠州、虎门、澳门、中山、江门等为中小型港口共同发展的格局。另外，河口湿地、沿岸水网湿地、港湾、岛屿间浅海环境、深港及航道区等是珠江口地区最为丰富的生态环境资源之一。

图 6.6　环珠江口宜居湾区范围

（二）海洋开发保护及存在问题

1. 海洋开发与保护概况

（1）海洋开发利用概况

环珠江口湾区拥有森林、湿地、海洋等多元化生态系统、绵长的海岸线和丰富的生物资源，目前湾区拥有一个国际重要湿地（香港米埔内后海湾国际重要湿地），两个广东省仅有的中国重要湿地（深圳后海湾湿地和珠江三角洲湿地），大陆岸线约占大珠三角岸线总长度的三分之一，近海海域集中分布着450余个海岛，拥有中华白海豚、江豚和黄唇鱼等多种珍贵生物物种。但是，近年来快速的城市化与工业化进程以及缺乏对岸线利用和填海的科学统筹等，给区域整体生态环境带来了不少问题，导致大量生态岸线被破坏，生产岸线超过总岸线长度的一半，过度的填海和开发海洋资源影响了磨刀门、黄茅海等珠江西岸河口的泄洪功能，引致河口段水位升高，洪泛灾害频率增加等。环珠江口湾区海岸线利用情况见图 6.7。

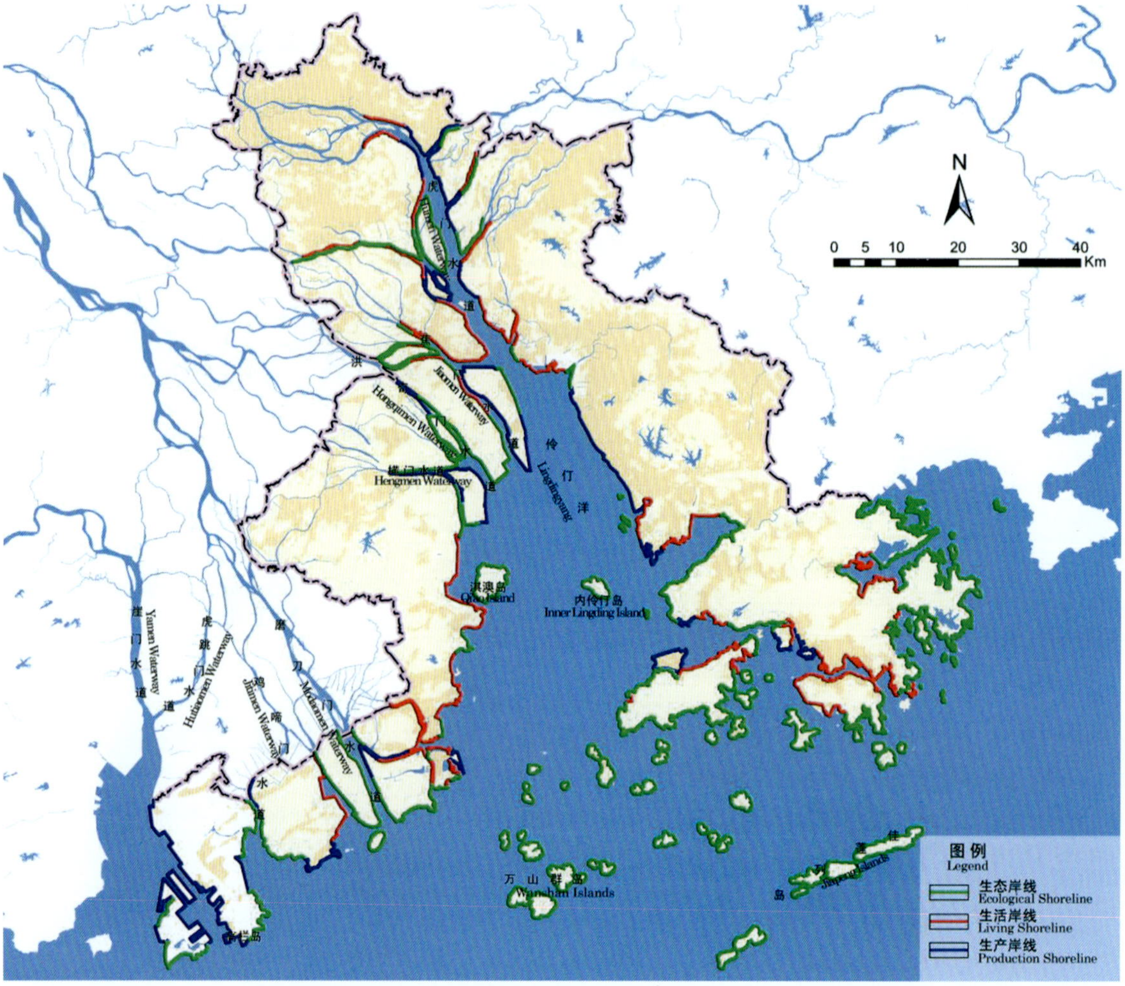

图 6.7　环珠江口湾区岸线利用现状图

引自：环珠江口宜居湾区建设重点行动研究

环珠江口湾区，目前已形成海洋交通运输业、滨海旅游业、海洋渔业及临海工业为主导的海洋产业布局。其中，海洋交通运输也以广州港、深圳港、珠海港为代表；滨海旅游业以深圳“东部滨海旅游圈”和“西部沿海生态—文化旅游圈”、珠海中部、东部、西部三个各具特色的旅游带为代表；海洋渔业以广州莲花山国家级渔港为代表；临海工业以深圳大亚湾、岭澳核电、东莞沙角电厂、广州珠江电厂、中山电厂、珠海电厂为代表；海洋油气业以深圳为代表；海洋船舶工业以广州中船龙穴造船基地为代表等。

（2）海洋保护区概况

环珠江口湾区已建珠江口中华白海豚国家级自然保护区、内伶仃岛—福田自然保护区（国家级），珠海担杆岛猕猴省自然保护区（省级）和东莞黄唇鱼自然保护区（市级），保护对象分别为中华白海豚及其生态环境、猕猴、红树林湿地生态系统以及黄唇鱼等。保护区类型属于海洋和海岸生态系统和海洋生物多样性类型。

①珠江口中华白海豚国家级自然保护区：珠江口中华白海豚国家级自然保护区位于珠江口水域内伶仃岛至牛头岛之间，面积约460平方千米。1999年10月由广东省政府批准建立珠江口中华白海豚自然保护区，2003年6月由国务院正式批准晋升为国家级自然保护区。2007年11月保护区加入中国生物圈保护区网络，成为中国人与生物圈大家族中的一员。该保护区的建立不但最大限度地减少了人为干扰，在挽救濒危的中华白海豚种群同时，也保护了珠江口水域自然环境的生物多样性，修复了海洋生态系统，增殖了渔业资源，为经济可持续发展提供了保障。

②内伶仃岛—福田自然保护区：内伶仃岛—福田自然保护区位于珠江口内伶仃洋东侧，处在深圳、珠海、香港、澳门之间，总面积约554公顷，最高峰尖峰山海拔340.9米。该保护区建于1984年10月，1988年5月晋升为国家级自然保护区，总面积约921.64公顷，它由内伶仃岛和福田红树林两个区域组成。其中，深圳福田红树林自然保护区位于深圳湾东北部，东起新州河口，西至深圳湾公园，南达滩涂外海域和深圳河口，北至广深高速公路，沿海岸线长约9千米，总面积367.64公顷，是全国唯一一个处在城市腹地、面积最小的国家级保护区，也被国外生态专家称为“袖珍型的保护区”。其与拉姆萨尔国际重要湿地——香港米埔保护区隔水相望（最近距离约300米），共同组成了深圳湾红树林湿地生态系统，为我国南方重要湿地之一。保护区不仅是展示城市生态文明建设成果的窗口，是深圳市的一张生态名片。

③珠海担杆岛猕猴保护区：珠海担杆岛猕猴保护区由担杆岛和二洲岛组成，总面积2 270公顷，距珠海市区40海里、深圳42海里。主要保护对象为猕猴及海岛森林生态环境，是广东珍贵稀有生物型自然保护区之一，是研究其原生地和发展史的重要基地。该保护区，1989年11月经广东省人民政府批准成立，现已成为猕猴、鸟类等珍稀动植物的天堂，在生物多样性保护方面起着重要作用。

④东莞黄唇鱼自然保护区（市级）：东莞黄唇鱼自然保护区（市级），东起威远岛西岸，西与广州交界，南起太平水道南河口，北至太平水道北河口，面积686公顷，于2005年5月由东莞市政府正式批准设立。2014年9月《东莞市创建黄唇鱼省级自然保护区方案》通过专家评审，东莞市力争在2017年建成黄唇鱼省级自然保护区；到2020年黄唇鱼自然保护区建设完备，保护区及周边环境得到改善；到2030年左右，实现黄唇鱼物种资源保护与开发协调发展。

（3）海洋经济发展概况

环珠江口湾区地处大珠三角地理中心，借着机场和港口群紧密联系世界主要经济体并以公路铁路网络辐射广大内陆地区，已成为全球化经济发展趋势下大珠三角联系国内外的重要交通中枢。该湾区的海洋经济发展迅速，2013年的海洋生产总值约1.1万亿元，占全国海洋生产总值的比重为20.8%，占广东省的80%左右。其中，广州市在“十一五”期末海洋生产总值超1 250亿元，计划到2015年力争海洋生产总值超过2 500亿元，并且现已形成海洋渔业、海洋交通运输业、海洋船舶工业、滨海旅游业和海洋生物医药业等海洋产业群；深圳市2012年海洋生产总值约1 000亿元，约占全市生产总值的8.3%，占广东省海洋生产总值的

10%，并且形成海洋交通运输业、海洋油气业、滨海旅游业等三大优势产业；珠海市2012年海洋产业产值547.7亿元，同比增长24.2%，力争2015年实现全市海洋主要产业产值1 000亿元，2020年实现海洋产业总产值4 000亿元，并且目前已初步形成“东部海岛经济带＋中部高新技术产业和海洋高端服务业经济带＋西部海洋装备制造和临港工业带”的发展格局。

2. 海洋资源开发利用主要存在的环境问题

近年来，环珠江口湾区快速的城市化与工业化进程，缺乏对岸线利用和填海的科学统筹，给区域整体生态环境带来了不少问题。目前，该湾区存在的主要海洋生态环境问题如下。

（1）海洋环境污染严重，海洋功能区得不到保障

根据《2010年中国海洋环境状况公报》资料显示，“十一五”期间，珠江口海洋生态系统处于不健康或亚健康状态，生态压力超出生态系统的承载能力。同年的《广东省海洋环境质量公报》也显示，由珠江八大口门径流携带入海的COD、油类、氨氮、磷酸盐、砷和重金属等的主要污染物总量约为71.7万吨。大量的污染物入海，使珠江口受到严重污染，成为广东省近岸海域水质污染重灾区，劣于海水水质四类标准，基本不符合海洋功能区划水质要求。海洋环境污染由于得不到有效遏制，造成赤潮、海水入侵和土壤盐渍化等海洋灾害问题突出，海洋功能区得不到保障，严重地影响了沿岸居民生活和海洋资源开发利用，同时海洋生物的生长繁殖受到较大影响。

（2）渔业资源持续衰退，渔民经济效益差

20世纪八九十年代，珠江口有鱼类150多种，头足类10多种，虾类20多种，其中经济鱼类多达50余种。从20世纪末开始，随着珠江口沿岸经济的迅猛发展造成环境的破坏，珠江口鱼类调查的种数越来越少，鱼类经济种不断萎缩，渔船渔获率大幅下降，渔获呈小型化、低龄化、低值化趋势。1987年珠江口经济鱼类包括黄唇鱼、鲥鱼、大眼鲷和刺鲳等优质鱼类，到最近几年，黄唇鱼和鲥鱼等名贵品种已经濒危，白蚬、盖蛏不复存在，原来产量极丰的弹涂鱼、棘头梅童鱼、凤鲚、中国对虾、锯缘青蟹、黄鳍鲷、龙头鱼的产量，连1987年的1/10都不到。

（3）生境受到严重威胁，生物多样性下降

环珠江口湾区是中华白海豚和黄唇鱼等国家一、二级保护动物的主要栖息地。为保护这些珍稀水生生物，国家以及地方政府在珠江口海域专门设立了珠江口白海豚自然保护区和东莞市黄唇鱼自然保护区。然而，随着沿岸海域开发强度的不断增大，受陆源排污、过往船只以及酷渔滥捕的影响，珠江口水生生物生境面临严重威胁。“十一五”期间，珠江口中华白海豚搁浅死亡数量呈逐年上升的趋势。2006年，黄唇鱼被世界自然保护联盟（IUCN）红色名录列入极度濒危物种。最近几年，黄唇鱼成鱼已是十分罕见，黄唇鱼幼鱼也只在每年的5—8月产量繁育季节被零星渔船误捕到。另外，该区域原大片的红树林，是鱼虾产卵繁殖、生物多样性最为丰富的区域，但现在红树林区面积锐减，原有的湿地功能减退。

（4）近岸海域资源开发利用缺乏统筹规划，海岸带不堪重负

环珠江口湾区近岸海域资源开发利用缺乏总体的区域规划，沿岸地市均以服务地方经济发展为根本出发点，缺乏必要的交流合作，互补性不强，影响整体区域的可持续发展。除大

规模围海造地、无序、无度采砂，造成伶仃洋变浅变小，海岸侵蚀和水质破坏等现象外，还主要表现在三个方面。一是港口、码头和石化仓储等大型项目泛滥，成片上马，大量占岸线资源，必将引发内部恶性竞争；二是海岸线破坏严重，大大削弱抵御海啸、风暴潮和海水入侵等自然灾害的能力，20 世纪 80 年代，从深圳的宝安到东莞的沙田沿岸生长着成片的红树林，到现在已是难觅踪影；三是沿岸旅游资源散乱开发，以虎门为例，这里是中国近代史的开篇地，旅游资源丰富，但缺乏统筹规划，威远炮台、沙角炮台、海战馆和硝烟池等景点显得散乱，没能形成整体效应。

（5）不可预测因素的影响

海平面上升是威胁环珠江口湾区地质环境的重要因素。环珠江口湾区地势低洼，软基地广布，据预测，到 2050 年海平面上升幅度可能达到 50 ~ 60 cm，届时该区域将有 1/3 地区位于海平面之下，这将对航道、码头、堤坝等沿海建筑带来诸多问题。水位变化及其影响直接制约着该地区的经济发展，另外寒潮、霜冻、台风等灾害天气也会带来巨大危害。

二、环珠江湾区海洋发展政策导向

（一）区域海洋发展政策规划

“21 世纪海上丝绸之路”战略是我国与沿线国家经贸深度合作、拓展经济发展战略空间的新型纽带，对于深化区域合作、促进亚太繁荣、推动全球发展具有重大而深远的意义。“环珠江口湾区”毗邻港澳、面向南海，是我国综合实力最强、开放程度最高、经济最具活力的区域之一，具有地理位置及自然生态环境优越、经济发达、贸易活跃、交通便利、开放程度高等特点，具备建设比肩国际一流湾区的基础和条件，在践行建设“一带一路”、打造海洋强国等国家战略中具有特殊优势，在建设“21 世纪海上丝绸之路”的进程中，将发挥重要引擎作用，其重要地位无可替代。比如：在东盟“10 + 1”框架下，发挥南沙、前海、横琴等开放平台的作用，推动广东与南海周边国家（地区）共同打造“南海海洋产业国际集聚区”；深化与印度尼西亚等国在油气开发、远洋渔业等领域的合作，与新加坡等国共同培育深海能源产业；联手打造港口物流大通道和自由贸易园（港）区，建设以广州港为核心、以大通关为支撑、以珠三角港口和东盟港口为节点、覆盖海上丝路各国（地区）的海运大通道；推动广东自贸区与升级版中国—东盟自贸区的政策对接，力争在服务贸易等领域先行先试。

根据《全国海洋经济发展“十二五”规划》，环珠江口湾区发展功能定位为提升我国海洋经济国际竞争力的核心区、促进海洋科技创新和成果高效转化的集聚区、加强海洋生态文明建设的示范区、推进海洋综合管理的先行区。“十二五”时期，加强粤港澳邮轮航线合作，打造世界邮轮旅游航线重要节点，积极发展新兴旅游项目，建设重点包括建设广州船舶配套基地。

根据《珠江三角洲地区改革发展规划纲要（2008—2020 年）》，要优化珠江三角洲地区空间布局，以广州、深圳为中心，以珠江口东岸、西岸为重点，推进珠江三角洲地区区域经济一体化，动环珠江三角洲地区加快发展，形成资源要素优化配置、地区优势充分发挥的协调发展新格局。其中，要发挥广州、佛山、深圳等中心城市的辐射带动作用，将广州建设成为广东宜居城乡的“首善之区”，建成面向世界、服务全国的国际大都市，将深圳市建设成中国特色社会主义示范市和国际化城市；对于东莞、惠州市，要加快东莞加工制造业转型升级，建设松山湖科技产业园区，积极培育惠州临港基础产业，建设石化产业基地；对于佛山、中山等市要重点发展佛山机械装备、新型平板显示产业集聚区和金融服务区，中山临港装备制造、精细化工和健康产业基地。

根据《广东海洋经济综合试验区发展规划》，要突出科学发展主题和加快转变经济发展方式主线，优化海洋经济发展格局，构建现代海洋产业体系，加强海洋生态文明建设。环珠江口湾区的发展方向主要是建成具有国际影响力世界级城市群和宜居优质生活圈，我国南方海洋科技中心和国际航运中心，我国最重要的海洋产业集聚区之一。重点建设南山港物流基地、深圳前浅海新区、宝安城市工业发展区、东莞沿海经济带、广州黄埔港口物流发展区和南沙临港工业区，中山市火炬装备工业基地和翠亨新区、珠海城市发展区、横琴新区、珠海航空工业基地、珠海港口物流基地等海洋产业集聚区。

根据《广东省海洋经济发展“十二五”规划》，重点发展先进制造业和现代综合服务业，加快发展海洋交通运输业，着力打造高端滨海旅游业，加快发展海洋战略性新兴产业。推进深圳前海地区、珠海横琴新区、广州南沙新区、深港河套地区等粤港澳重点合作区建设。加强城市之间的分工协作和优势互补，整合区域内的产业、资源和基础设施建设，实现产业布局、基础设施、环境保护等一体化。构建“三心三带”的空间结构，即以广州、深圳、珠海为三大海洋经济增长中心，形成珠江口东岸的现代服务业型产业带、珠江口西岸的先进制造业型产业带、珠江三角洲沿海的生态环保型重化产业带。

“环珠江口湾区”要实现产业发展和宜居环境双赢，在产业发展的同时还在宜居环境上下大力气。早在2009年，粤港澳联合编制《环珠江口宜居湾区建设重点行动计划》时就达成共识，重点围绕着湾区土地利用与设施协调、交通发展、环境保护与生态保育、滨水利用与休闲网络构建等内容等领域提出行动计划并进行实施制度安排。湾区内将执行最严格的生态保护制度，重点保护好湿地、河网、红树林保护区、候鸟及其栖息地保护区，严格限制对生态环境有负面影响的建设项目并建立湾区环境保护监测与区域联防联治机制。

（二）区域海洋产业发展导向

基于构建“21世纪海上丝绸之路”的战略背景，环珠江口湾区经济在丝路建设的进程中，将发挥重要引擎作用，其重要地位无可替代。环珠江口湾区将被打造成为“一带一路”的战略基地，在新丝路的构筑上起到独特作用，为修建信息基础设施的“丝绸之路”、高端服务的“丝绸之路”、金融活动的“丝绸之路”以及科技创新的“丝绸之路”服务。该湾区将以加强资源整合和优化开发为导向，重点提升自主创新能力，做优做强海洋产业，打造若干规模和水平居世界前列的海洋产业基地。重点发展先进制造业和现代综合服务业，加快发展海洋交通运输业，着力打造高端滨海旅游业，加快发展海洋战略性新兴产业并加强与深化与海丝各国的经贸合作（图6.8）。

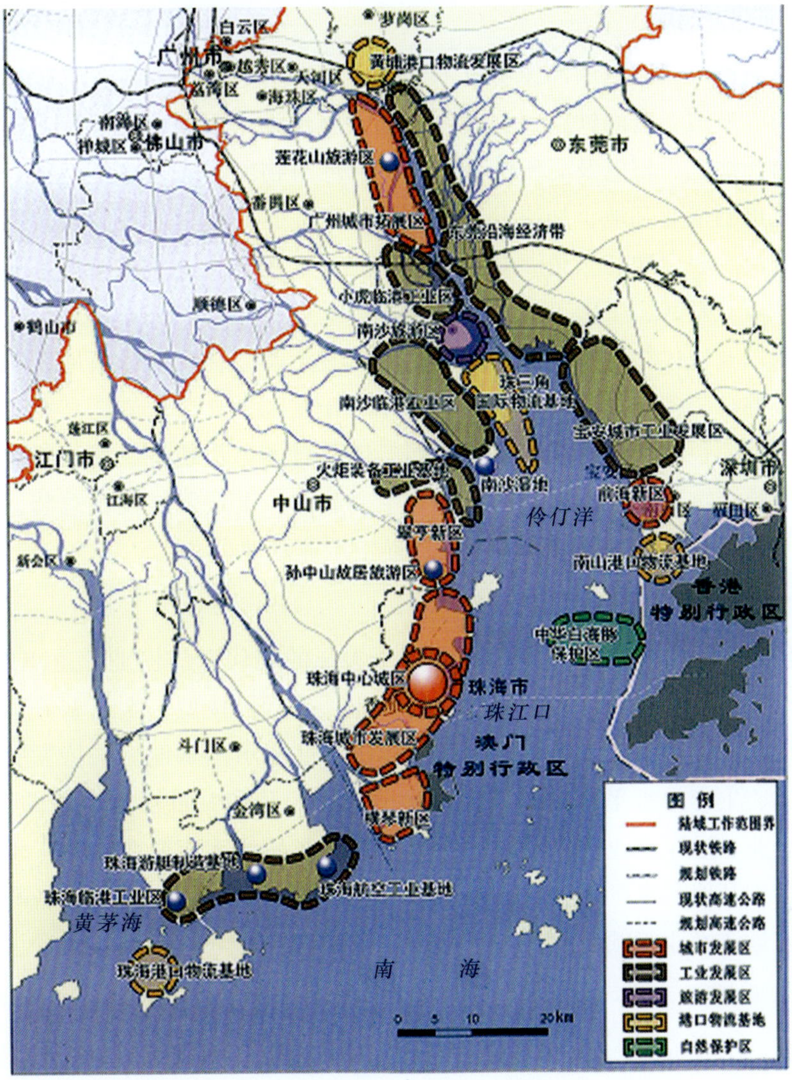

图 6.8　环珠江口湾区概念规划图

引自：广东海洋经济地图

1. 海洋交通运输业

加快打造环珠江口湾区沿海港口群，促进形成优势互补、分工协作、整体竞争力强的沿海港口体系。完善广州、深圳、珠海港的现代化功能，形成与香港港口分工明确、优势互补、共同发展的港口群。加快集装箱、煤炭、矿石、油品等大型专业化泊位建设，提升港口专业化运输能力。加快疏港铁路、公路等基础设施建设，完善沿海主要港口集疏运系统，增强集疏运能力。重点推进南沙港疏港铁路、珠海高栏港高速公路等项目建设。积极拓展港口的航运、商贸、信息、物流、金融等服务功能，推进临海工业港城一体化建设，建设现代化多功能港口群。建设以广州港为核心、以大通关为支撑、以珠三角港口和东盟港口为节点、覆盖海上丝路各国（地区）的海运大通道。

2. 临海工业

依托广州港南沙港区，以南沙经济技术开发区、广州重大装备制造产业基地（大岗）为支撑，加快港口、航道、疏港铁路、公路等基础设施建设，重点布局发展汽车、船舶及海洋工程装备、钢材深加工、核电及高压输变电设备、港口物流等先进临港产业，构建具有国际竞争力的临港先进制造业基地，加快发展以先进生产性服务业为主导的现代服务业，将南沙打造成为国际物流中心、珠江三角洲综合服务中心；依托中山港中山港区、马鞍港区，以中山火炬高技术产业开发区、中山工业园区为支撑，重点布局发展装备制造、大型铸锻、金属加工、精细化工以及现代物流等产业，加快建设马鞍岛大型装备制造基地和明阳新能源工业园，打造国家级临港装备制造基地；以高栏港经济开发区为支撑，依托高栏港深水港区和广珠铁路，加快开发荷包岛深水岸线，重点发展船舶及海洋工程装备、清洁能源、石油化工等临港重化工业和临港物流业。以航空产业园为主要载体，重点发展飞机总装、零部件加工制造、航空维修及航空服务业，打造全国重要的航空产业基地。

3. 现代海洋渔业

加快转变传统渔业发展方式，打造综合竞争力强的现代海洋渔业。重点发展深蓝渔业，大力推进深水网箱产业园建设。大力发展设施渔业，推行科技型、生态型养殖方式，创建健康养殖示范基地。积极发展碳汇渔业，建设海洋碳汇渔业示范基地。扶持发展远洋渔业，建设一支装备先进、生产力水平较高的现代化远洋渔业船队和一批功能齐备的远洋渔业基地、远洋渔业龙头企业、远洋渔业产业园区。加快发展水产品加工流通业，在广州、中山等地建成一批水产品加工基地和水产品物流中心，培育一批市场占有率较高的知名产品。深化与印度尼西亚等国在远洋渔业等领域的合作。

4. 高端滨海旅游业

依托环珠江口岸线资源优势，有效整合滨海旅游资源，建设滨海旅游“黄金海岸”，提升滨海旅游品质。重点培育珠江口湾区、深圳大鹏湾区、珠海沿岸与海岛群等带动型的滨海综合旅游区。打造深圳太子湾和广州南沙等国际邮轮母港基地、中山磨刀门神湾游艇主题休闲度假基地、东莞虎门威远岛爱国主义教育基地、中山翠亨新区爱国主义教育基地等具有专业化特色的重点滨海旅游基地。重点发展广州、深圳、珠海等滨海旅游业。加快珠海长隆国际滨海旅游度假区、中山海上温泉度假区等项目建设。

5. 海洋工程装备制造产业

积极发展深海勘察和开发设备、海洋新能源开发设备、海洋环保装备、海水利用成套装备等海洋工程装备制造业。以广州南沙、中山和珠海为重点，打造珠江口西岸世界级海洋工程装备制造产业带，推进广州龙穴船舶与海洋工程装备制造基地、珠海中船船舶和海洋工程装备基地、中海油深水海洋工程装备制造基地、三一重工珠海现代港口机械和海洋工程装备制造基地建设。以深圳、中山为重点，发展石油钻采专用设备制造、海洋工程大型铸锻件生产和风电设备制造。以深圳和珠海为重点，发展海水淡化设备制造、深海养殖与捕捞设备制造。加快制造业转型升级，鼓励湾区企业重点在中南半岛国家进行“下游产品—上游产品”

捆绑投资，与当地企业形成生产配套网络，展开链际合作。

6. 海水综合利用业

加快研发和推广海水综合利用的技术、工艺和装备，推进海水综合利用关键技术产业化。拓展海水利用领域，努力形成工业海水、生活海水、淡化海水三大产业群，建设海水直接利用、海水淡化利用示范工程和示范区。在深圳建设海水淡化示范工程。积极开发海水化学资源及其深加工产品，重点发展钙盐、镁盐、钾盐、溴和溴系列加工产品。

7. 海洋生物医药产业

推动以海洋药物、工业海洋微生物产品、海洋生物功能制品、海洋生化制品为重点的研发和推广应用项目建设，推进海洋生物医药关键技术产业化，大力发展高科技、高附加值的海洋生物医药新产品、海洋生物制品和海洋保健品，重点研发抗肿瘤、抗心脑血管疾病、抗病毒等海洋创新药物。建设南海海洋生物种质资源库，强化对南海海洋生物基因资源的保护、研究与开发利用。加强广州、深圳国家生物产业基地建设，加快中山国家健康科技产业基地、华南现代中医药城、珠海生物医药科技产业园建设。加强湾区高科技企业与新加坡、印度等沿线国家的企业在生物与健康等战略性新兴产业的互补合作。

8. 海洋现代服务业

加快培育和发展技术服务、金融保险、公共服务、海洋会展、港口物流等海洋现代服务业。依托南海综合开发，大力推动海洋油气勘探、油气储运和海洋资源利用等技术服务业的发展。加快发展涉海金融、保险等服务业，积极支持有条件的企业通过发行股票、公司债券、短期融资券等多种方式筹集资金。探索海域使用权抵押贷款、船舶租赁等融资新模式。推进海洋信息体系建设，提供海上通信、海上定位、海洋资料及情报管理等公共服务。在广州、深圳、珠海等地发展国际海洋会展业。依托主要港口和临港工业基地，规划建设港口物流枢纽和物流园区，建设一批枢纽型现代物流园区，发展各类物流和配送分拨中心。推进海洋服务业标准化、品牌化建设，重点培育和发展一批规模大、实力强的服务业企业，提升海洋服务业现代化水平和竞争力。依托海上丝路的建设契机，拓展服务业发展空间，深化与港澳的合作，并携手新加坡等地，推动在旅游、物流、金融、商贸等行业建立覆盖沿线国家的市场网络，提升服务贸易水平。

三、环珠江口湾区海洋经济发展策略

（一）海洋开发利用助推海洋经济增长

根据环珠江口湾区的海洋发展战略定位、现有海洋产业基础和发展导向、资源环境和区位优势，按照集约用海、生态用海、海陆统筹、开发保护并重的要求，集聚资源开发优势，促进陆海产业联动发展，优化海洋开发布局。该区域重点形成广州南沙龙穴、深圳前海、珠海高栏岛、东莞长安交椅湾、中山翠亨新区等珠江三角洲集中集约用海区；要积极培育海洋新兴产业，重点发展海洋高端制造业和现代服务业，着力打造一批规模和水平居世界前列的现代海洋产业基地。

1. 广州市

广州市要围绕建设国家中心城市、综合性门户城市和区域文化教育中心，增强海洋产业高端要素集聚、科技创新、文化引领和综合服务功能，壮大海洋交通运输业、海洋船舶工业和滨海旅游业三大优势海洋产业，培育海洋生物医药、现代港口物流和海洋信息服务三大海洋新兴产业，建设海洋科技创新、现代物流和临海先进制造业三大基地，完善南沙、莲花山和黄埔三大现代海洋产业组团，率先实现海洋经济发达、海洋科技领先、海洋生态良好、海洋文化繁荣的发展目标。其中，黄埔港区与黄埔新港区优化发展航运业；莲花山岸段和万顷沙岸段建成海洋生态活态区；南沙岸段发展港口与滨海旅游、科技创新、海洋装备制造等功能，建成海洋生产和生活区。

2. 深圳市

深圳市要充分发挥经济特区和综合配套改革试验区的改革开放先行作用，积极创建全国海洋经济科学发展示范市。提高海洋资源利用效率，在区域开发、集约开发上进行探索。巩固提升海洋交通运输业和高端滨海旅游业，大力发展远洋渔业，培育壮大海洋生物等新兴产业和现代服务业。深化深港合作，加快建设前海深港现代服务业合作区。强化重点海域生态环境保护，创新海洋综合管理体制机制，力争在一些重点领域和关键环节上取得突破。其中，蛇口港区、赤湾港区和妈湾港区发展海洋交通运输功能；前海新区重点推进深港合作。

3. 珠海市

珠海市要充分发挥经济特区优势，加快横琴新区建设，积极促进海岛开发开放，重点建设高栏港临海先进制造业基地、三灶航空产业基地，推进万山群岛休闲度假区建设，打造生态文明新特区和科学发展示范区。其中，官塘湾岸段建设滨海新城；拱北湾发展滨海旅游；洪湾岸段建成海洋生态区。

4. 东莞市

东莞市重点建设交椅湾集中集约用海区。其中，东宝河口段开发生态休闲功能；立沙岛狮子洋岸段建设临港石化工业园区，发展港口功能。

5. 中山市

中山市重点建设马鞍岛大型装备制造基地和明阳新能源工业园，开发横门岛东岸集中集约用海区。其中，翠亨岸段发展高端海洋旅游产业；洪奇门和横门建成海洋装备制造业基地。

6. 珠江口岛群

珠江口岛群包括深圳东部沿岸岛区、狮子洋岛区、伶仃洋岛区、万山群岛区、磨刀门—鸡啼门沿岸岛区、高栏岛区6个岛区，重点发展海洋交通运输业、滨海旅游业、临海现代工业、海洋高新技术产业。其中，三灶岛重点发展配套服务业及空港物流业；高栏岛重点发展海洋交通运输业、现代物流业和临港工业；淇澳岛重点发展生态旅游业；万山群岛重点推进万山海洋开发试验区建设；内伶仃岛建设海岛生态博物馆。

（二）海洋生态文明建设保障海洋经济可持续发展

海洋生态文明建设是一项长期任务、系统工程，是促进海洋经济可持续发展和建设现代化海洋强国的必然选择。进行海洋生态文明建设要坚持“在开发中保护，在保护中开发”的工作方针；要坚持陆海统筹的发展战略；是要坚持规划用海、集约用海、生态用海、科技用海、依法用海“五个用海”的总体要求。下面从以下几个方面，推进环珠江口湾区海洋生态文明建设，多措并举保障海洋经济的可持续发展。

1. 实施科技兴海战略，推动海洋产业转型升级

深入实施“科技兴海”规划纲要，大力推进海洋科技与海洋经济的深度融合，加快促进海洋产业转型升级。大力发展海洋服务业、海洋旅游业和海洋文化产业，积极培育涉海金融服务业、海洋公共服务业。加快海洋船舶等传统产业改造升级。进一步推进海洋高新技术产业发展，提升海洋高新技术产业在海洋产业中的比重，加速海洋高技术产业集聚、辐射和扩散。

2. 开展珠海横琴海洋生态文明示范区建设，构建海洋生态环境屏障

深入开展珠海横琴海洋生态文明示范区建设，探索海洋生态文明建设模式。科学制定海洋生态文明示范区建设发展规划，保障海洋生态文明示范区建设的资金需求。尽快制定完善生态文明建设的目标、指标体系和考核评估办法，加强对海洋生态文明示范区建设的科学引领和规范实施。

3. 加强海洋综合管控，实现海洋生态环境安全

加强环珠江湾口近岸海域、陆域和流域环境协同综合整治，限期治理超标的入海排污口，优化排污口布局，实施集中深、远海排放。开展重点海域排污总量控制，削减主要污染物入海总量。严格保护红树林、海草床等典型性海洋生态系统。加强海洋生物多样性保护与管理，提高滨海湿地、海岛植被覆盖率。健全完善沿海及海上主要环境风险源和环境敏感点风险防控体系以及海洋环境监测、监视、预警与防灾减灾体系。加强海洋行政监察执法工作，坚决打击各类海洋违法违规开发活动。

4. 倡导和谐海洋理念，增强海洋生态文明意识

继承和发展传统海洋文化精华，发展具有新时代特征的现代海洋文化，树立科学发展、谋求海洋经济与生态环境相协调的新的海洋文化观。建立完善公众参与机制，提高公众投身海洋生态文明建设的自觉性和积极性，努力形成关心、珍惜、保护海洋生态环境的良好氛围，在全社会牢固树立海洋生态文明理念。

（三）海洋防灾减灾建设为发展海洋经济保驾护航

按照国家海洋观测体系建设总体布局，加快在环珠江口湾区构建具有国际先进水平的海洋灾害监测、预警和应急指挥网络。推进海洋气象与灾害天气预报开放重点实验室、海洋预报台和海洋气象灾害预警中心建设，提高海洋气象灾害监测预报预警和防御能力。增设验潮站、浮标、地波雷达等观测站点，开展近岸精细化预报预警，加强地震、海啸、风暴潮等重大灾害监测和预警。积极开展海洋领域应对气候变化研究，推进海洋灾害风险评估、风险区划及警戒潮位核定工作。开展粤港澳海洋灾害监测预报合作，建立共同应对海洋灾害的工作机制。

（四）弘扬特色海洋文化

海洋文化是人海互动的产物和结果，是人类文化中具有涉海性的部分。大力弘扬特色鲜明的环珠江口湾区海洋文化，打造以广府文化、海商文化为主体的海洋特色文化区，培育海洋文化事业，为海洋经济科学发展提供强劲的精神动力和良好的人文环境。充分发挥广东文艺创作方面的特殊优势，组织创作一批以海洋为主题的涉海文艺作品。围绕“海上丝绸之路”建设，推动申报联合国“世界文化遗产”，大力开发海洋生态文化旅游、海洋民俗文化特色旅游，建设一批海洋文化旅游目的地，办好航海日、海洋经济博览会和海上国际龙舟邀请赛，积极开发具有海洋文化特色的旅游产品等。

第五节　大广海湾区——广东海洋经济发展的增长域

一、大广海湾区海洋开发概况

（一）基本概况

1. 地理区位

大广海湾区位于广东省中南部沿海，由黄茅海（含银洲湖）、广海湾、镇海湾和上下川群岛等沿海一带区域共同组成。

大广海湾区主体区域属江门市，靠近珠三角核心区，是珠三角产业外拓的重点区域，也是珠三角与粤西及泛珠三角区域的连接点。随着港珠澳大桥、深中通道、深茂铁路的建成通车，大广海湾连接珠三角及港澳地区与粤西和大西南的交通枢纽地位将更为突显。

2. 基本自然概况

大广海湾区海岸线曲折，岛屿众多，濒临浩瀚南海，黄茅海、银洲湖、广海湾、镇海湾和川山群岛为其主要海湾和岛屿。大陆岸线东起银洲湖新会港，西至镇海湾；海岛数量位居广东省沿海市、县首位，共有上川岛、下川岛等大小岛屿271个，其中，围夹岛（21°34.1′N，112°47.9′E）和大帆石岛（21°27.7′N，112°21.5′E）是我国领海基点。

大广海湾区属南亚热带海洋性季风气候，雨量丰沛，年际变化大。区内地貌类型以丘陵山地为主，其次为冲积平原，地势从北向南倾斜。地表植被覆盖尚好，森林覆盖率达到40%以上，动植物资源丰富，有多个自然保护区分布。区内近海大部分海域海水符合国家海水一、二类水质标准，海水水质状况基本良好；重要海水增养殖海湾沉积物和生物质量以及主要海水浴场的海水水质都能基本满足其使用功能要求。

大广海湾港湾优良，浅海滩涂面积大，海洋资源丰富，为海洋产业的繁荣提供了发展空间和资源保障。水深小于5米的浅海滩涂面积约140平方千米，发展空间广阔。深水岸线资源丰富，拥有多处天然深水良港港址，广海湾、银洲湖和川岛等海域具备建设深水良港的条件，其中上川岛乌猪洲可建设30万吨级以上深水码头，银洲湖是西江黄金水道的出海通道；

旅游资源优势突出，拥有生态、历史文化、海水浴场、滨海湿地、海岛风情等多种旅游特色资源；渔业资源种类繁多，品种优良，生态环境良好。

（二）海洋开发保护及存在问题

1. 海洋开发与保护概况

（1）海洋开发利用概况

大广海湾海洋开发利用的主要类型有港口航运、临海工业、滨海旅游、海洋渔业等类型。

港口及临海工业的开发利用集中在银洲湖、赤溪半岛岸段，用海项目较多且较集中，为大广海湾岸线的用海密集区，银洲湖沿岸分布有装备制造业、精细化工产业、纸业等，台山西部岸段用海项目较少。台山电厂和台山核电邻近分布在赤溪半岛海岸，利用海水发展能源建设。台山广海湾岸段和赤溪半岛海岸将是滨海工业和海水利用业的重点发展区域。

滨海旅游零星分布在银湖湾、海龙湾、浪琴湾以及上、下川岛的飞沙滩、牛塘湾和王府洲等砂质海湾内；目前较具规模的为上川岛中部东海岸的飞沙滩和下川岛南部南澳湾的王府洲，均已评为国家4A级旅游景区。

大广海湾区的渔业咸围养殖主要分布在黄茅海西岸都斛镇及赤溪镇沿海、广海湾东北沿海、镇海湾东岸汶村镇和深井镇沿海、川岛海域。崖门口经济鱼类繁育场保护区以及在川山群岛海域20米等深线内的黄花鱼幼鱼保护区是多种经济鱼、虾、贝、藻类的繁育场，在渔业发展上占有重要的地位。

（2）海洋保护概况

大广海湾区内已建自然保护区3个，特别保护区1个，保护对象分别为红树林湿地生态系统、中华白海豚、猕猴及其生态环境、海洋与海岸生态系统。保护区类型属于海洋和海岸生态系统和海洋生物多样性类型。

①镇海湾红树林自然保护区，位于恩平市横陂镇，总面积11 100平方千米，主要的保护对象是红树林生态系统，于2005年2月经恩平市人民政府批准建立。

②中华白海豚自然保护区，位于大襟岛近海，保护对象是国家一级保护动物中华白海豚以及中华白海豚赖以生存的生物资源和生态环境，于2003年12月建立，属省级海洋自然保护区。

③上川岛猕猴自然保护区，位于台山市上川岛北边，东与飞沙滩旅游区相邻，东、西、北三面临海，总面积逾20平方千米，保护对象是国家二级保护动物——猕猴及其栖息环境，于1990年1月经广东省人民政府批准建立。

④乌猪洲海洋生态特别保护区，又称乌猪岛，保护区总面积约80平方千米，主要保护海岛岸线地貌、滩涂植被、溪流及岛上的鸟类、龟类等野生动物以及周围海域的海洋生物，于1997年5月建立，属县级海洋生态特别保护区。

另外，江门市海洋与渔业局正在筹建围夹岛海岛特别保护区、黄麖洲海岛特别保护区、坪洲海岛特别保护区、王府洲海岛特别保护区、镇海湾海岛特别保护区、大帆石海岛特别保护区，从而向国家海洋保护区平均水平靠近。

(3) 海洋经济发展概况

2012 年江门市海洋生产总值 249.58 亿元，比 2006 年增长 376%，年均增长 29.7%，高出同期地区生产总值增速约 17 个百分点。以广东轨道交通车辆修造基地、台山清洁能源装备产业基地为基础的临港装备制造业发展迅速。以台山核电、国华台电、川岛风电为主体的临海电力业不断壮大。建立了全国最大的鳗鱼养殖基地、出口基地和全省最大的南美白对虾养殖基地，水产养殖面积和水产品产值分列全省二、三位。基本形成了以临港装备制造、滨海电力、海洋船舶、海洋渔业、海洋交通运输业、滨海旅游业为主导的海洋产业体系。新会银洲湖、台山广海湾海洋产业集群已初具规模，成为全市经济发展最具活力和潜力的地区。

2. 存在的问题

总的来说，大广海湾海域资源利用不够充分，综合开发利用水平较低。目前，大广海湾海洋资源开发仍然局限于近岸海域和少数海岛，以粗放型为主，海洋产业发展不平衡，综合开发利用水平较低。

(1) 港口航运开发滞后

大广海湾港口资源利用不尽合理。由于后方陆域被大量占用，部分水域条件较好的岸段已经没有开发成公用港区的可能，导致海域使用集约程度低。现有港口码头总体靠泊能力较低，沿海缺少公共服务的深水港，海上交通运输网络尚未形成，客货集疏运输条件较差，也制约了大广海湾区港口物流与交通的发展。

(2) 滨海旅游业结构单一

大广海湾滨海旅游业目前主要分布于上下川岛，上川岛飞沙滩旅游开发配套设施不够完善，金沙滩、银沙滩基本未开发，旅游项目比较单一，与现有优质旅游资源不匹配。镇海湾红树林生态旅游与大广海湾沿海休闲渔业旅游开发薄弱。受交通条件制约，川山群岛滨海旅游与大广海湾沿海生态旅游缺乏有效联动。

(3) 海域开发布局较为凌乱

目前大广海湾海域在开发的空间布局上仍较为凌乱。船舶制造业分布零散，规模大小不一。化工园区在银洲湖东西两岸和广海湾一带均有分布，缺乏科学有效的开发引导。港口物流产业与相关海洋产业如临海工业、装备制造业等在空间布局上不一致。

(4) 不合理海域开发导致环境受损

部分不合理的海域开发，致使大广海湾区近岸海域自然生态系统破碎化比较严重。红树林生态系统、海草床生态系统、珊瑚礁生态系统等重要功能水域面积锐减，生物多样性衰退，水生濒危动物种类增多，海域功能明显下降。

二、大广海湾区海洋发展政策导向

(一) 区域海洋发展政策规划

根据《全国海洋经济发展"十二五"规划》，珠江口及其两翼沿岸及海域发展功能定位是提升我国海洋经济国际竞争力的核心区、促进海洋科技创新和成果高效转化的集聚区、加强海洋生态文明建设的示范区、推进海洋综合管理的先行区。“十二五”时期建设重点包括大力发展船舶配套产业，建设广州、江门船舶配套基地。积极拓展深水大网箱等海洋离岸养殖，加快发展水产品加工流通业，建成一批水产品加工基地和物流中心。

根据《珠江三角洲地区改革发展规划纲要（2008—2020年）》，要提升珠江口西岸地区发展水平，以佛山、江门、中山、肇庆市为节点的珠江口西岸地区，要提高产业和人口集聚能力，增强要素集聚和生产服务功能，优化城镇体系和产业布局。重点发展佛山机械装备、新型平板显示产业集聚区和金融服务区，中山临港装备制造、精细化工和健康产业基地，江门先进制造业重点发展区，肇庆传统优势产业转型升级集聚区。

根据《广东海洋经济综合试验区发展规划》，要突出科学发展主题和加快转变经济发展方式主线，优化海洋经济发展格局，构建现代海洋产业体系，加强海洋生态文明建设。江门市重点开发广海湾集中集约用海区，建设江门银洲湖等临海先进制造业基地，建设循环经济园区。川岛岛群重点发展滨海旅游业、海洋交通运输业，加强海洋自然保护区建设。

根据《广东省海洋经济发展“十二五”规划》，重点发展七大临港产业集聚区包括银洲湖—广海湾临港产业集聚区，规划以江门新会经济开发区、台山广海湾工业园区为支撑，加快银洲湖、广海湾公共深水港区的建设，重点发展以能源、装备制造、精细化工、造纸、船舶修造为主的临港工业，推进银洲湖循环经济园区建设。按照海陆统筹规划、科学适度用海、维护海洋生态环境的要求，大胆创新海域使用模式，着力提升海洋空间资源优化利用和生态环境保护水平，推进建设重点突出、特色鲜明、功能明晰、优势互补的江门广海湾集中集约用海区。

（二）区域海洋产业发展导向

大广海湾区的发展方向主要是充分利用临近珠三角，海洋生态资源丰富的优势，建成广东省临海先进制造业基地和高科技水产养殖重点区，广东省滨海旅游及海洋保护区。重点发展海洋交通运输业、临海工业、海洋渔业和滨海旅游业等传统海洋产业以及海洋装备制造业、海水综合利用业和海洋生物医药业等新兴产业（图6.9）。

1. 海洋交通运输业

大广海湾港口运输主要集中在广海湾鱼塘港和新会银洲湖港口群。广海湾重点建设鱼塘港深水港，近期发展5万吨级以下泊位为主，远期港区内泊位吨级可增至10万吨；功能定位于珠江三角洲西部乃至粤西地区的一个国际货运集散中心，与湛茂阳港口群实现分工合作与错位发展。新会银洲湖港口群主要分布于银洲湖两岸，通过崖门航道整治，北达肇庆，连通内陆和大洋；功能定位于联通内陆河外海，服务于银洲湖先进制造业基地产品输运。此外，从保障恩平海洋交通运输用海需求的角度出发，推动恩平港扩建。

2. 临海工业

临海工业主要分布在广海湾—银洲湖临海工业集聚区。重点建设台山核电及相关产业，建设台山核电一期工程，推进台山核电二期工程，将核电及其相关产业作为大广海湾的特色产业。精细化工产业有电镀工业、液体石蜡、润滑剂等化工产业，主要分布于银洲湖临海先

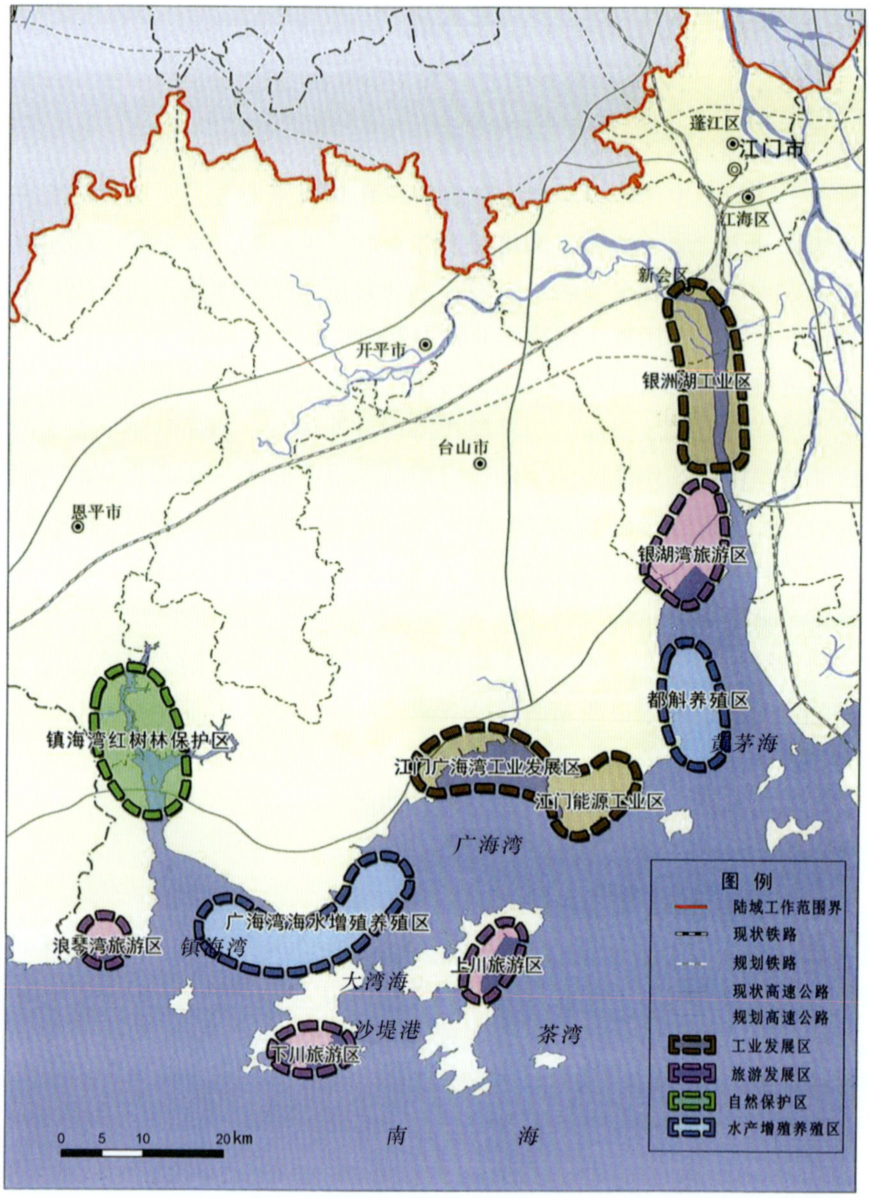

图 6.9　大广海湾区概念规划图

引自：广东海洋经济地图

进制造业基地以及广海湾东区的临港工业园。优化提升银洲湖纸业基地，打造循环经济示范区。

3. 海洋渔业

重点建设广海湾高效、生态、优质养殖示范基地，打造广海湾国际化水产品贸易平台；黄茅海西侧规划建设渔业健康养殖基地，推进水产健康养殖示范；建设川山群岛离岸型深水网箱养殖基地，包括养殖区、增殖区和网箱养殖。大力发展渔港经济，建设上川岛沙堤国家级现代化渔港经济区，升级改造崖门渔港、横山渔港。同时，大力推动海洋捕捞渔船更新改造，建设外海生产基地，拓展外海和远洋渔业，在上下川岛加快建设远洋捕捞基地。

4. 滨海旅游业

大广海湾区应面向珠三角及港澳台市场，以侨乡、海岛、生态特色，发展高端滨海休闲度假旅游和海岛旅游，重点建设上下川岛世界级海岛休闲度假胜地、镇海湾红树林湿地公园、银洲湖崖门文化旅游区、银湖湾和海龙湾游艇度假区等，推进大广海湾邮轮停靠港建设，着力建设与港澳地区配套的银湖湾、海龙湾、上下川岛等三大重要游艇旅游基地。

5. 海洋装备制造产业

打造银洲湖海洋装备制造基地，加快船舶工业结构优化升级，建设船舶配套基地，大力发展船舶配套产业，提升船舶配套设备自主品牌的开发能力。在广海湾填海区大力发展海洋工程装备制造业，打造服务江门、面向粤西和大西南的现代海洋装备制造基地。

6. 海水综合利用业

推动将海水直接应用于生活用水，支持在上下川岛建设海水淡化工程和示范基地并按照循环经济的理念和发展模式，推动建立相互衔接的海水资源综合开发利用产业链。

7. 海洋生物医药产业

充分利用大广海湾海洋生物资源丰富的优势，积极培育广海湾、镇海湾海洋生物产业园，支持与广州、深圳生物产业基地合作共建广海湾海洋生物医药检测和研发服务平台。

三、大广海湾海洋经济发展策略

（一）海洋开发利用助推海洋经济增长

根据大广海湾区的海洋发展战略定位、现有海洋产业基础和发展导向、资源环境和区位优势，按照集约用海、生态用海、海陆统筹、开发保护并重的要求，集聚资源开发优势，促进陆海产业联动发展，优化海洋开发布局，着力打造“一湖”“两岛”“三湾”的海陆统筹、岛湾联动的海洋经济发展总体布局。

1. 银洲湖

银洲湖海域位于崖门水道出海口段，黄茅海北侧，海域开发利用的主要功能为港口航运，保障银洲湖临港产业用海需求。重点打造的海洋产业包括海洋船舶业、临海先进制造业、海洋交通运输业、港口物流业（海洋现代服务业）。

利用银洲湖现有的船舶修造产业基础，加快船舶工业结构调整，提升高新技术、高附加值船舶的设计制造能力和船舶配套设备自主开发能力，鼓励中小型船舶企业与大型船舶制造企业错位发展，提升船舶配套设备自主品牌的开发能力，建成广东省中小型船舶及产业配套基地。建设临海先进制造业基地，以临海造纸业和环保电镀产业发展为基础，建设发展循环经济的产业园区，打造国家级循环产业示范区。通过推进崖门30 000吨级出海航道工程，建设银洲湖公共深水港区，拓展中转服务和江海联运，发展银洲湖港口物流业，建成银洲湖物流基地；公共深水港布置于银洲湖南岸东西两侧，结合后方集疏运网络的建设打造物流基地。

2. 上下川岛

上下川岛位于台山市南部海域，海域开发利用的主要功能为旅游娱乐、农渔业及海洋保护等。重点打造的海洋产业包括滨海旅游业、海洋渔业、海洋可再生能源、海水综合利用等。

利用川岛优质沙滩以及丰富的人文资源，发展大型海上乐园和高端滨海休闲度假旅游，力争在上川岛建成国际邮轮停靠港。积极发展远洋渔业和深海网箱养殖，规划建设深水网箱养殖产业园；进行渔船改造升级与远洋船队建设，发展深海捕捞业和远洋捕捞业；于上川岛西南侧海域建设深水网箱养殖产业园，远洋渔业则以沙堤渔港、三洲渔港等渔业保障基地改造为基础。试点应用集风能、太阳能、波浪能等发电为一体的海岛独立电力系统，推动海洋新能源和可再生能源的发展。推动探索海水生活应用，规划在上下川岛建设海水淡化工程和示范基地，按照循环经济的理念，推动建立海水资源综合开发利用产业链。

3. 黄茅海区域

黄茅海位于江门市东部，崖门水道出海口处，海域开发利用的主要功能为旅游娱乐、农渔业、临海工业及海洋保护等。重点打造的海洋产业包括滨海旅游业、现代海洋渔业、临海能源工业等。

依托银湖湾区域建设用海区的建设，打造银湖湾休闲旅游区，主打“生态”“观光”“休闲”“度假”“体验”和“科教”六大旅游产品，规划建成华南地区时尚生态休闲旅游度假胜地。黄茅海西侧沿岸建设渔业养殖基地，推进水产健康养殖，开展水产健康养殖示范园区、示范场创建活动；考虑结合现代渔业养殖和崖门渔港改造，尝试拓展休闲垂钓、观赏渔业等为主要内涵的休闲渔业，培育渔家体验式旅游功能，规划建设渔人码头、海鲜食街等。稳步推进台山核电及相关产业的建设，保障台山核电用海需求。

4. 广海湾区域

广海湾位于江门市南部，海域开发利用的主要功能为临海工业、城镇建设、农渔业等。重点打造的海洋产业包括海洋交通运输业、临港工业、港口物流业等，保障城镇建设用海需求，同时适度发展海洋渔业、滨海旅游业等。

依托广海湾区域建设用海区的建设，打造滨海新城、临港产业基地、港口物流中心，其中近期建设临港产业基地、交通物流中心，远景规划建设滨海新城。依托鱼塘港、广海港三期工程的建设，完善区域海上交通输运能力，发展广海湾港口物流业；相应结合港区建设推动临港工业园发展，推动与周边港口错位联动发展，打造成为服务江门、面向粤西和大西南的能源材料储运中心和现代海洋装备制造基地。适时建设滨海新城，以满足广海湾不断发展的需要。依托海龙湾旅游度假区的建设，开展游艇等高端水上运动。西部重点加快现代生态渔业发展，建设渔业健康养殖示范基地，推进水产健康养殖，打造海水生态养殖带。

5. 镇海湾区域

镇海湾位于江门市西部，海域开发利用的主要功能为滨海旅游业，保障渔业基础设施、海洋交通运输的用海需求。重点打造滨海旅游业，加强生态保护，积极培育海洋生物医药业等海洋新兴产业。

推动浪琴湾旅游景区的建设升级，以滨海自然环境、红树林生态环境、海洋湿地环境等为依托，积极发展海洋生态旅游，建设镇海湾红树林生态旅游公园。引进先进海洋科学技术，发展海洋生物利用、海产品精深加工等产业，培育镇海湾海洋生物产业园。结合现代渔业发展，拓展集体验渔家风情、海上垂钓、旅游观光、休闲度假、餐饮娱乐等为一体的休闲渔业，建设休闲渔业示范基地。推动恩平港扩建，保障恩平海洋交通运输用海需求。

（二）海洋生态文明建设保障海洋经济可持续发展

坚持生态环境保护与海洋资源开发并重、海洋环境整治与陆源污染防治统筹，推进大广海湾区海洋生态文明建设，多措并举保障海洋经济的可持续发展。

1. 加强海洋环境保护与修复

鼓励实施银洲湖工业区等人口密集区、大型工业园区污水离岸排放工程，规范陆域入海污染物排放；实施船舶污染监控；防治渔业养殖污染；对大广海湾区的优质沙滩资源、沿岸红树林及海草床生态系统进行严格保护。大力实施典型生态系统的保护与修复工程；建立珍稀濒危物种监测救护网络和海洋生物基因库，开展典型海域水生生物和珍稀濒危物种的繁育与养护。加强海洋生物多样性、重要海洋生态环境和海洋景观的保护。

2. 构建蓝色生态屏障

推动人工鱼礁建设，加强川岛海域经济鱼类繁殖场、索饵场、越冬场、洄游通道和栖息地保护，严格执行南海伏季休渔和禁渔期、禁渔区制度，推动海洋牧场示范区建设。规划新建围夹岛海岛特别保护区、黄麖洲海岛特别保护区、坪洲海岛特别保护区、王府洲海岛特别保护区、镇海湾海岛特别保护区、大帆石海岛特别保护区等海洋自然保护区。

3. 完善海洋公共服务体系

加强海洋核应急监测，推进江门海洋环境监测站辐射监测实验室建设，开展海洋核辐射监测，将海洋核辐射监测纳入省核应急工作体系。加大海洋环境监测力度，重点加强海洋环境敏感区、赤潮灾害频发海域、陆源入海排污和临海重大项目监视监测，完善海洋环境监测监视体系，促进海洋经济与生态环境的和谐发展。

（三）海洋防灾减灾建设为发展海洋经济保驾护航

坚持预防为主，综合减灾的原则，强化防风暴潮、防海平面上升等防灾体系建设，增强防灾减灾和应对突发事件的能力。积极推进北陡围海堤、老李围海堤、赤溪海堤、大成围海堤、银湖湾西区海堤等防护工程的加固建设，重点建设广海湾填海区的海堤防护工程，加强对风暴潮、海平面上升带来侵害的防范力度。推进广海湾片区海洋灾害风险评估和区划，科学、合理核定大广海湾防潮的警戒潮位，在沿海地区适当增设验潮站（点），实时把握海平面变化幅度，提供准确预测数据。建设海洋防灾减灾观测站及灾害应急预警预报系统，开展重点海域、岸段的海啸、赤潮、海浪、潮汐等要素的业务化预报。开展海啸、风暴潮等海洋灾害避难场所建设，构建由防灾应急指挥平台、防灾疏散主干通道、次干通道、防灾避难场所以及防灾据点等共同组成的综合防灾避难疏散体系。建立健全防灾预警和应急管理机制，提高大广海湾地区应对突发事件的能力。全面提升海洋安全环境预警报服务保障能力。

(四) 弘扬特色海洋文化

台山川岛为历史上海上丝绸之路的一个重要节点，当前“21 世纪海上丝绸之路”的建设，大广海湾区应深度挖掘特色海洋文化，打造以海上丝绸之路遗址为代表的上下川岛海洋文化风情圈。

挖掘上川岛中西海上交流历史，保护上川岛石笋村“葡玉柱”遗迹、大洲湾“花碗坪”明代外销瓷遗址、乌猪洲海神庙遗址以及圣方济各墓园等文化资源，有序开发“海上丝绸之路”文化旅游和宗教文化旅游。保护棋盘山丰富的奇石怪洞资源，挖掘上川岛藏宝秘窟传说，打造访古寻宝文化体验区。完善上川岛沙堤渔港建设，保护下川岛牛塘湾村、川东村等渔村风貌、田园特色以及特色民俗，建设渔村文化体验区。

第六节　大海陵湾区——粤西对接珠三角的重点区

一、大海陵湾区海洋开发概况

(一) 基本概况

1. 地理区位

2012 年 5 月出版的我国首部海洋经济地图《广东省海洋经济地图》中把大海陵湾区界定为主要由北津港、海陵湾、沙扒港、博贺港、水东湾、海陵岛及附近其他岛屿共同组成，地形狭长的区域。该湾区口门东侧有海陵岛为屏障，湾内海水含沙量很小，潮汐通道稳定性优越适宜发展港口和利用滩涂及浅海吹填造陆，是珠三角与粤西地区的重要通道。其中，海陵湾位于阳江市南部，东临海陵岛，是丰头河入海口，口门宽带 7.1 千米，海域面积 107.9 平方千米；水东湾位于广东茂名市茂港区境内，素有“南方北戴河”之称，海岸线长 54 千米，海域面积 37.4 平方千米，是一个被大型沙坝围抱的古瀉湖湾。

2. 基本自然概况

大海陵湾区处于热带与亚热带过渡海区，以海洋性气候为主，冬暖夏凉，是避暑避寒的胜地。其中，阳江市海岸线总长 458.6 千米，其中大陆海岸线 323.5 千米，岛屿岸线长 135.1 千米，共有 116 个海岛，海域面积 1.23 万平方千米，滩涂面积 131 平方千米，该区自然景观丰富多样，河流纵横交错，拥有红树林 982.5 公顷；茂名市海岸线长 182 千米，水东湾、博贺湾、吉达湾等都是优良天然海湾，更拥有建设华南深水大港的难得深水岸线，既有沙滩海滨景观、丘陵地貌、多样的岛屿地貌，又有极为丰富的生物植物旅游资源，形成独特的生物圈的同时，又具有较高的科研价值和观赏价值。

（二）海洋开发保护及存在问题

1. 海洋开发与保护概况

（1）海洋开发利用概况

大海陵湾区主要包括阳江市、茂名市及其周边海域。其中，阳江市积极发挥海洋资源丰富的优势，提出了实施蓝色崛起战略，已建成海陵岛的大角湾、十里银滩、阳东县东平珍珠湾、阳西县沙扒月亮湾旅游度假区，已初步形成了以电力能源、特殊钢、农（海）产品加工、节能材料生产等为主的临海临港工业格局；茂名市海洋开发强度总体上不高，海湾、海岛以及沙滩、基岩、生物等特殊地形地膜和自然景观海岸大部分还处于较好的自然状态，是海洋渔业、滨海旅游的主要聚集地，具有发展成临海工业基地以及华南地区重要深水大港和西南出海大通道的潜力。

（2）海洋保护概况

1）大海陵湾区海洋保护区状况

有关大海陵湾区海洋保护区状况，目前，阳江市已设立海洋保护区9个，总面积达27 214公顷，其中国家级海洋公园1个，国家级水产种质资源保护区1个，省级自然保护区1个；茂名市已建成包括保护红树林、文昌鱼、人工鱼礁在内的3个海洋自然保护区，2个公益性人工鱼礁区。其中，阳江海陵湾近江牡蛎水产种质资源保护区，位于海陵湾西北部，面积1 000公顷，核心区面积为300公顷，于2008年12月获农业部批准成立，是阳江市目前唯一一个国家级海洋与水产类型保护区；茂名市水东湾红树林自然保护区（市级），位于广东省西南部，东临水东港，于1999年经茂名市政府批准设立，目前已成为全国最大的人工红树林基地，大大地改善了电白县沿海的生态环境。

2）阳江市海岸带保护和整治修复状况。

阳江市正在建设广东海陵岛国家级海洋公园，筹建阳西月亮湾国家海洋公园，正申请美丽海湾建设工作。阳江市的南鹏岛整治修复项目已进入招标阶段，海堤达标工程建设已达432千米，建成防护林带269千米，红树林面积982.5公顷，并且先后投入资金5 000万元，进行人工鱼礁建设，建成礁区5座，礁区面积6 000公顷。

3）茂名市海岸带保护和整治修复状况

茂名市在海岸带保护方面除进行水东湾的整治修复、建设人工鱼礁和海洋牧场外，还进行对第一滩的整治。2011年4月，原茂港区政府投资7 000多万元，开展对第一滩及其周边环境的系统整治工程建设，通过清洁海滩环境、改造排水排污系统、完善公共配套设施以及公众参与等，全面提升了第一滩的服务功能、景观效果和文化内涵。目前，茂名滨海公园（第一滩）沿岸绵延10多千米的海滩，蜕变成为茂名市对外的重要窗口。

（3）海洋经济发展概况

2013年，阳江市的海洋经济生产总值约320亿元，占全市生产总值的30.8%，海洋渔业、滨海旅游、临海临港工业以及海洋文化产业为该市的优势海洋产业。其中，2013年全市海洋渔业总产量103.24万吨，居全省第二位，海洋渔业总产值121.67亿元；2013年全市共实现滨海旅游总收入63.75亿元；阳江核电站、阳西滨海电厂、广青镍合金、嘉吉粮油、明轩节能玻璃等为阳江市规模较大的临海临港工业；中国南海（阳江）开渔节，南海I号等为阳江市久负盛名的海洋文化。

“十一五”期间，茂名市海洋渔业产业结构调整成效显著，海洋化工生产规模不断扩大，以加工海洋石油为主的原油加工能力不断提升；渔民转产转业稳步推进，海洋捕捞作业结构趋向合理，海洋水产品加工能力大幅提升；海洋交通运输、滨海旅游等海洋产业取得快速发展，茂名港吞吐量突破2 000万吨；临港工业发展开始起步，茂名港博贺新港区和临港工业区拉开了建设序幕。2010年，该市海洋产业生产总值达到150亿元，占全市GDP的10%。

2. 海洋资源开发利用主要存在的环境问题

近年来，大海陵湾区域快速的城市化与工业化进程，缺乏对岸线利用的科学统筹，给区域整体生态环境带来了不少问题。目前，该湾区存在的主要问题如下。

（1）海洋资源开发水平低，海洋科技水平总体不高

目前，大海陵湾区海洋开发主要局限于海岸带，还是以粗放型、传统型的开发为主，围海造地、无序、无度采砂等现象存在；海洋产业结构不够合理，二、三产业所占比例偏低。另外，该湾区海洋科研机构、人才队伍不足，海洋科技实力不强，缺乏自主创新能力，尤其是缺少新兴的高新技术海洋产业，制约了该区域海洋产业向深度和广度方向发展。

（2）沿海基础设施建设不完善，海洋生态保护难度大

大海陵湾区防灾减灾设施以及道路、通信、供电、供水等基础设施建设投入不足，基础设施建设滞后，发展环境有待进一步改善。另外，随着海洋开发力度持续加大，海岸带过度开发、资源衰退、港湾淤积、污染加大等问题日益突出，并且该区域沿海城镇缺少污水处理系统，大量生活污水、养殖废水甚至工业污水未经处理直接排海，海洋污染事故时有发生，破坏了海洋生态环境。

（3）近岸海域资源开发利用缺乏统筹规划，海岸带不堪重负

大海陵湾区近岸海域资源开发利用缺乏总体的区域规划，沿岸地市均以服务地方经济发展为根本出发点，缺乏必要的交流合作，互补性不强，影响整体区域的可持续发展。另外，港口、码头和石化仓储等大型项目泛滥，成片上马，大量占岸线资源；海岸线破坏严重，大大削弱抵御海啸、风暴潮和海水入侵等自然灾害的能力；沿岸旅游资源散乱开发，没能形成整体效应等。

（4）海洋综合管理和保障体系较薄弱，海洋保护意识不强

海洋综合管理和保障体系建设投入不足，海洋环境监测监视网络还未完善和健全，监测监视手段和设备还比较落后，对赤潮、海洋污染事故等应急处理能力不强。另外，海洋保护意识普遍不强，沿海群众“祖宗海”意识根深蒂固，海岸带资源开发利用随意性强，违法违规用海时有发生；不少人认为“海容百污”，陆源污染排海控制措施少，未经处理的生产、生活污水直接排海的现象仍然存在。

二、大海陵湾海洋发展政策导向

（一）区域海洋发展政策规划

国家发展改革委、外交部、商务部于2015年3月28日联合发布《推动共建丝绸之路经济带和21世纪海上丝绸之路的愿景与行动》，其中明确了我国各区域在国家“一带一路”战略中的定位及发挥的角色作用。广东是我国海上丝绸之路的发源地和改革开放的先行省，区位优势明显，经济实力雄厚，要抓住国家推进“一带一路”的战略契机，充分发挥作为“21世纪海上丝绸之路”建设重要地区的作用，结合广东经济发展的新常态特征，进一步深化与东盟各国及南亚、中东、非洲等地区的经贸合作，不断提升开放型经济水平。大海陵湾区的“海上丝绸之路”建设，要弘扬海洋文化特色，把“南海I号”打造成“海上敦煌”，扩大我国海洋文化的国际影响力；要大力开发海陵岛等海洋生态文化旅游、海洋民俗文化特色旅游；要以“共促转型、共育产业、共拓市场、共赢发展”为战略取向，共同培育新兴产业，双向对接，全面整合，打造互利共赢的经济命运共同体，使其成为我国实施“一带一路”战略的重要平台。

根据《全国海洋经济发展“十二五”规划》，大海陵湾发展功能定位为提升我国海洋经济国际竞争力的核心区、促进海洋科技创新和成果高效转化的集聚区、推进海洋综合管理的先行区等。“十二五”时期，积极发展新兴旅游项目。

根据《珠江三角洲地区改革发展规划纲要（2008—2020年）》，要带动环珠江三角洲地区加快发展，在珠江三角洲地区劳动密集型产业梯度转移的同时，加快建设大海陵湾区域石化、钢铁、船舶制造、能源生产基地，形成沿海重化产业带；加快大海陵湾区域农村人口向城镇转移，扩大区域中心城市规模，培育新的经济增长极。

根据《广东海洋经济综合试验区发展规划》，要发挥大西南出海口的优势，加快发展临海现代制造业、滨海旅游业、现代海洋渔业、临海能源等产业，重点推进茂名博贺、阳西面前海、阳西江城南岸等集中集约用海区开发。其中茂名市突出水东湾、博贺湾整治与开发，重点发展现代港口物流、临海先进制造和滨海旅游业；阳江市主要推进海陵湾开发，重点发展临海清洁能源、海洋文化旅游度假、临海现代工业和现代海洋渔业等产业。

根据《广东省海洋经济发展“十二五”规划》，以加快海洋资源开发为导向，重点发展临海钢铁、石化、能源工业和港口物流业，做强滨海旅游业，加快发展现代海洋渔业，培育海水综合利用、海上风电、海洋生物医药等海洋战略性新兴产业；发挥大西南出海口的优势，重点推进水东湾、博贺湾、海陵湾和海陵岛等重点区域的开发与保护。

（二）区域海洋产业发展导向

大海陵湾区域加强资源整合和优化开发为导向，充分利用石化产业基础和优越海洋文化资源，建成广东省临海重化工业基地，滨海旅游和海洋文化基地。重点加快发展海洋交通运输业，着力打造高端滨海旅游业，加快发展海洋医药等海洋战略性新兴产业（图6.10）。

1. 海洋交通运输业

加快茂名、阳江等城市建设，加强与东盟的国际合作，对接北部湾经济区和海南国际旅

图 6.10　大海陵湾区概念规划图

引自：广东海洋经济地图

游岛；加快港口、铁路、沿海高速公路等基础设施建设，重点推进茂名博贺港疏港铁路建设。加强与珠三角、粤西、大西南和中南地区的重要交通干线建设，加强与各主要城市的经济联系，拓展国际航运和国际物流功能，成为粤西地区重要的港口城市和新的便捷出海口，成为区域性物流中心和综合交通运输枢纽。

2. 临海工业

加快推进茂名石化油品质量升级改扩建项目建设，依托大型炼化龙头项目，延伸产业链，重点打造茂名大石化基地。另外，依托阳江港，重点发展有色金属加工、装备制造、能源、化工、建材等工业，培育发展船舶修造工业，发展港口物流、滨海旅游等服务业的阳江临港产业集聚区；依托茂名深水岸线资源，以茂名石化产业园区和茂名滨海新区为支撑，发展石化、能源、装备制造、港口物流、粮油加工、水产品加工流通、滨海旅游等临港产业的茂名临港产业集聚区。

3. 现代海洋渔业

加快转变传统渔业发展方式，打造综合竞争力强的现代海洋渔业。重点发展深蓝渔业，大力推进深水网箱产业园建设。大力发展设施渔业，推行科技型、生态型养殖方式，创建健康养殖示范基地。积极发展碳汇渔业，建设海洋碳汇渔业示范基地。扶持发展远洋渔业，建设一支装备先进、生产力水平较高的现代化远洋渔业船队和一批功能齐备的远洋渔业基地、远洋渔业龙头企业、远洋渔业产业园区。加快发展水产品加工流通业，在阳江、茂名等地建成一批水产品加工基地和水产品物流中心，培育一批市场占有率较高的知名产品，积极发展休闲渔业，建设休闲渔业示范基地。

4. 高端滨海旅游业

依托大海陵湾岸线资源优势，有效整合滨海旅游资源，建设滨海旅游“黄金海岸”，提升滨海旅游品质。重点培育海陵湾区、水东湾区等带动型的滨海综合旅游区；重点发展海陵岛群等滨海旅游业，加快广东海陵岛国家级海洋公园项目建设。

5. 海洋生物医药产业

推动以海洋药物、工业海洋微生物产品、海洋生物功能制品、海洋生化制品为重点的研发和推广应用项目建设，推进海洋生物医药关键技术产业化，大力发展高科技、高附加值的海洋生物医药新产品、海洋生物制品和海洋保健品，重点研发抗肿瘤、抗心脑血管疾病、抗病毒等海洋创新药物。在阳江等地新建一批生物产业基地，形成具有国际竞争力的生物医药产业集群，努力将广东打造成为国家海洋生物医药产业创新和品牌基地。

三、大海陵湾海洋经济发展策略

（一）海洋开发利用助推海洋经济增长

根据大海陵湾区的海洋发展战略定位、现有海洋产业基础和发展导向、资源环境和区位优势，按照集约用海、生态用海、海陆统筹、开发保护并重的要求，集聚资源开发优势，促进陆海产业联动发展，优化海洋开发布局。该区域重点建设阳江中心城区和临港工业区、阳江能源基地、阳东滨海工业区、茂名临港工业区、博贺新港区、茂名滨海新城，重点开发海陵岛旅游区、阳江休闲旅游区、电白休闲度假区和滨海旅游区。

1. 海陵湾

海陵湾已被列为广东省十大重点海域之一，随着“湛茂阳”临港经济圈和粤桂琼海洋经济合作圈交流合作的不断加强，以高新区、阳东县和阳西县三大临港工业基地为重点的海陵湾临海经济带将逐渐形成，海陵湾将成为广东省临海工业发展的重点区域。其中，海陵湾重点建设海陵湾海洋经济带，重点发展临港工业、海洋交通运输业和滨海旅游产业；丰头岛建设深水港区，发展船舶制造、能源、物流铁等临港工业。

2. 海陵湾岛群

海陵岛重点发展滨海旅游业和现代海洋渔业，联动第一、第三产业，将休闲渔业与滨海旅游结合起来，发展多元化、高层次的旅游产品。充分发挥“南海Ⅰ号”的品牌带动效应，积极推动海陵岛国家级海洋公园、广东海上丝绸之路博物馆、广东海洋历史博物馆、雪流湾国际旅游度假区等重大旅游项目建设，加强海岸带生态系统保护与修复，将海陵岛建成国际闻名的自然生态、历史文化旅游岛。发展壮大海洋生物医药业。丰头岛重点加快深水港区的建设，依托港口发展船舶制造、能源、物流、钢铁等临港工业。

3. 博贺湾

以电城镇和博贺镇为重点组成的博贺湾，拥有深水良港、土地资源充足，旅游资源丰富，战略地位十分突出，具有极大的开发潜力和美好的发展前景。该区域重点建设海洋经济综合试验区，集聚发展港口物流、能源电力、装备制造、滨海石化产业等。另外，以港博贺新港区、茂名临港工业区和东部新城为依托，重点发展石化、冶金、仓储、电力、船舶修造和港口物流等产业，建成以工业港为主体的、功能齐全的现代化综合性深水大港。

4. 水东湾

发挥石化产业优势，延长产业链，培育大型石化产业集群，打造规模和水平居世界前列的世界级石化产业基地，以茂名港区、茂名南部新城为重点，加快发展以石化为主导的临海工业，积极发展海洋交通运输业等海洋第三产业。积极发展高端旅游产品，进一步推进滨海资源与周边旅游资源的有机组合，努力创建现代化滨海休闲旅游度假目的地。其中，把水东湾滨海旅游度假区发展成为具有浓郁海滨风情和生态文化特色的国家级滨海旅游度假区和滨海旅游产业示范园区。

（二）海洋生态文明建设保障海洋经济可持续发展

海洋生态文明建设是一项长期任务、系统工程，是促进海洋经济可持续发展和建设现代化海洋强国的必然选择。进行海洋生态文明建设要坚持“在开发中保护，在保护中开发”的工作方针；要坚持陆海统筹的发展战略；是要坚持规划用海、集约用海、生态用海、科技用海、依法用海“五个用海”的总体要求。下面从以下几个方面，推进大海陵湾区海洋生态文明建设，多措并举保障海洋经济的可持续发展。

1. 实施科技兴海战略，推动海洋产业转型升级

深入实施“科技兴海”规划纲要，大力推进海洋科技与海洋经济的深度融合，加快促进海洋产业转型升级。大力发展海洋旅游业和海洋文化产业，进一步推进海洋高新技术产业发展，提升海洋高新技术产业在海洋产业中的比重，加速海洋高技术产业集聚、辐射和扩散。

2. 加强海洋综合管控，实现海洋生态环境安全

加强大海陵湾口近岸海域、陆域环境协同综合整治，限期治理超标的入海排污口，优化排污口布局，实施集中深、远海排放。开展重点海域排污总量控制，削减主要污染物入海总量。严格保护红树林、海草床等典型性海洋生态系统。加强海洋生物多样性保护与管理，提高滨海湿地、海岛植被覆盖率。健全完善沿海及海上主要环境风险源和环境敏感点风险防控体系以及海洋环境监测、监视、预警与防灾减灾体系。加强海洋行政监察执法工作，坚决打击各类海洋违法违规开发活动。

3. 积极开展海岸海岛生态整治修复

加强对大海陵湾区重点海岸、海岛的生态整治修复，保护好近岸海域生态环境，维护近岸生态安全和生物的多样性。大力开展渔业资源增殖放流，建设海洋牧场。全面加强对沿岸防护林带、海滩的综合管理，坚决制止非法砍林、挖塘、采矿、取沙等行为，构建沿岸蓝色生态屏障。比如：重点开展对水东湾海域生态环境的综合整治，保护湾内红树林湿地，改善和修复水东湾的生态功能。

4. 倡导和谐海洋理念，增强海洋生态文明意识

继承和发展传统海洋文化精华，发展具有新时代特征的现代海洋文化，树立科学发展、谋求海洋经济与生态环境相协调的新的海洋文化观。建立完善公众参与机制，提高公众投身海洋生态文明建设的自觉性和积极性，努力形成关心、珍惜、保护海洋生态环境的良好氛围，在全社会牢固树立海洋生态文明理念。

（三）海洋防灾减灾建设为发展海洋经济保驾护航

加快大海陵湾区海洋灾害监测、预警和应急指挥网络的建设，提高海洋气象灾害监测预报预警和防御能力。增设验潮站、浮标、地波雷达等观测站点，开展近岸精细化预报预警，加强地震、海啸、风暴潮等重大灾害监测和预警。编制大海陵湾区海洋防灾减灾规划，建立海洋灾害风险分区和分析图，推进海洋灾害风险评估、风险区划及警戒潮位核定工作，在阳江、水东湾等地开展海洋灾害信息发布平台建设，进行海洋灾害避难场所建设。重点完善茂名港等区域海域石油、有毒有害化学品污染应急监测体系。

（四）弘扬特色海洋文化

大力弘扬特色鲜明的大海陵湾区海洋文化，打造以阳江海洋文化、南海观音文化、海商文化为主体的海洋特色文化区，培育海洋文化事业。充分发挥广东文艺创作方面的特殊优势，组织创作一批以海洋为主题的涉海文艺作品。围绕“海上丝绸之路”建设，联合海洋考古、海洋文化遗产，把“南海Ⅰ号”打造成“海上敦煌”，扩大我国海洋文化的国际影响力。建立海洋旅游区域协调机制，吸引国际邮轮停靠，建设一程多站式国际邮轮旅游航线节点。大力开发海陵岛等海洋生态文化旅游、海洋民俗文化特色旅游，积极开发具有海洋文化特色的旅游产品，办好开渔节、龙船邀请赛等活动。

第七节　雷州半岛——粤桂琼海洋经济区的重要组成

一、雷州半岛海洋开发概况

（一）基本概况

1. 地理区位

雷州半岛位于中国大陆最南端，为全国三大半岛之一，东临南海西靠北部湾，南与海南省隔海相望有东海、南三和硇洲等岛屿，东海岛有海堤与大陆相连。半岛三面环海，主要有雷州半岛及其周边岛群共同组成。半岛上主要城市为广东省湛江市（地级市）。雷州半岛对望海南，是广东海域与北部湾海域的分界点和北部湾经济区的重要组成部分。

2. 基本自然概况

雷州半岛属热带气候。年平均气温 23.5℃，1 月平均气温 16.3℃，7 月平均气温 29℃。

年平均降水量 1 417 ~ 1 804 毫米，5—10 月为雨季，9 月为暴雨鼎盛期，有明显的干、湿季之分。常年多风，冬季盛行西北风和东北风，夏季盛行东南风和西南风，年平均风速 3 米/秒。夏秋季多台风，年平均登陆台风 2 ~ 3 个。半岛东侧沿海为不规则半日潮，西侧沿海为规则全日潮。

雷州半岛东部为台地溺谷湾海岸和海积平原，南部为火山台地海岸，中西部和北部为海成阶地和台地溺谷湾海岸。雷州半岛岸线曲折，港湾众多，所在的湛江市大陆岸线总长 1 243.9千米，岸线总长占广东省总岸线的 30.2%，居广东省 14 个沿海市海岸线长度第一位。港湾主要有湛江港、雷州湾、流沙港、乌石港、安铺港。半岛之东近岸海域中有 30 多个岛屿，较大的岛屿有东海岛、南三岛、硇洲岛、新寮岛等。

（二）海洋开发保护及存在问题

1. 海洋开发与保护概况

（1）海洋开发利用概况

雷州半岛开发利用的主要类型有港口航运、临海工业、滨海旅游、海洋渔业等类型。

港口及临海工业的开发利用集中在湛江港及东海岛周边，用海项目较多且较集中。至 2010 年 10 月底，湛江港拥有生产性泊位 125 个，其中万吨级泊位 33 个，年综合货物通过能力达 1.1 亿吨/年（其中货物 7 926 万吨/年、集装箱 16 万标准箱/年）。拥有 2 个 30 万吨级原油码头和 20 万吨级铁矿石码头。可承担集装箱、件杂货、散货、重大件、危险品、石油、液体化工等百余种货物的装卸、储存、转运等。湛江港进出港主航道等级为 30 万吨级，30 万吨级航道全场 54.9 千米，航道底宽 310 米，底标高外段为 -21.6 米，内段 -21.9 米。东海岛已发展钢铁、石化、修造船、装备制造等重化产业。

雷州半岛滨海旅游主要集中在湛江市东部“五岛一湾区”，即湛江湾、东海岛、南三岛、硇洲岛、特呈岛和南屏岛。主要旅游景点有霞海南部城市景观、霞海观海长廊、吴川吉兆旅游度假区、东海岛中国第一长滩旅游度假区、特呈岛旅游度假区、硇洲灯塔等。此外，徐闻南部有白沙湾旅游度假区、清安湾旅游度假区、角尾—灯角楼旅游区、雷州西部的天成台旅游度假区、江洪旅游度假区等。

雷州半岛海水养殖主要集中在雷州半岛西部的英罗港、乌石港、流沙港，雷州半岛东部的雷州湾内。

（2）海洋保护概况

根据《广东省已建海洋与水产自然保护区名录》以及相关资料的调查，雷州半岛已建涉及海洋类的自然保护区 15 个，特别保护区 1 个（特呈岛国家级海洋公园），保护对象分别为红树林湿地生态系统、中华白海豚、珊瑚礁、白蝶贝、儒艮、鲎、文昌鱼、大黄鱼、海草床、海岛生态等。保护区类型属于海洋和海岸生态系统和海洋生物多样性类型，见表 6.1 所示。

表 6.1 雷州半岛海洋类自然保护区名录

序号	保护区名称	级别	主要保护对象	面积（公顷）	保护区所在地
1	湛江红树林国家级自然保护区	国家级	红树林	19 000	湛江市（部分）
2	徐闻珊瑚礁国家级自然保护区	国家级	珊瑚礁	14 378	湛江市徐闻
3	雷州珍稀海洋生物国家级自然保护区	国家级	白蝶贝	46 864.67	湛江市雷州
4	特呈岛国家级海洋公园	国家级	海岛生态	2 193.9	湛江市
5	湛江硇洲岛海洋资源自然保护区	市级	海洋资源	1 500	湛江市
6	雷州湾中华白海豚市级自然保护区	市级	中华白海豚	2 058	湛江市
7	湛江特呈岛海洋生态县级自然保护区	县级	海岛生态	715.4	湛江市
8	雷州海草县级自然保护区	县级	海草场、近岸生态	3 633	湛江市雷州
9	雷州市南渡河口海洋生态县级自然保护区	县级	海洋生态	200	湛江市雷州
10	雷州市东里枋江珧县级自然保护区	县级	里枋江珧、贝类资源	200	湛江市雷州
11	雷州市流沙湾珊瑚礁县级自然保护区	县级	珊瑚礁	300	湛江市雷州
12	廉江英罗湾儒艮县级自然保护区	县级	儒艮	10 380	湛江市廉江
13	遂溪中国鲎县级自然保护区	县级	鲎	1 000	湛江市遂溪
14	吴川文昌鱼县级自然保护区	县级	文昌鱼	1 384	湛江市吴川
15	徐闻大黄鱼幼鱼资源县级自然保护区	县级	大黄鱼	196 512	湛江市徐闻
16	徐闻外罗湾鲎县级自然保护区	县级	鲎	1 726.2	湛江市徐闻

（3）海洋经济发展概况

2013 年，湛江海洋产业总产值达 1 275.8 亿元，增长 9.8%，海洋经济总产值在广东仅次于广州和深圳；渔业经济总产值 433.7 亿元，增长 12.5%，多项渔业经济主要指标持续多年位居广东首位。

“十一五”期间，一批临海石化工业项目建成投产，中海石油（中国）有限公司湛江分公司，湛江东兴石油企业有限公司产值突破百亿元并进入全省工业 50 强企业行列，使工业主导地位日益增强。湛江火力和风力发电厂利用海洋航道、海水冷却、海上风能等，提高了效益。重点建设湛江港 30 万吨级深水航道、30 万吨原油码头和 15 万吨散货码头技术改造等项目。全市港口生产性泊位数从 2005 年的 113 个增加到 2010 年的 153 个，货物吞吐量从 6 620 万吨增加到 1.36 亿吨；国际标准集装箱吞吐量从 17.8 万标准箱增加到 32 万标准箱，完成货运量从 1 071 万吨增加到 2 024 万吨。海洋渔业步入快速增长期，经济地位突出，综合竞争力增强。2010 年湛江市接待来湛旅游客人 1 415.28 万人次，旅游总收入累计 65.32 亿元，分别比 2005 年增长 148.3% 和 102.8%，海洋旅游经济总体呈上升势头。

2. 存在的问题

（1）海洋经济综合管理水平不高

海洋经济整合度不高，海洋经济发展规划与布局不足，产业链接与优势互补不足。海洋开发管理体制尚未健全，涉海管理部门在空间上、管理范围和职权划分不清，制约海洋资源开发活动的协调和综合管理。

（2）海洋产业结构层次低

海洋产业以海洋渔业、海洋交通运输业等传统产业为主，海洋工业、海洋服务业、海洋生物工程、海洋咨询服务业、海洋水产品精深加工等海洋高科技产业和新兴海洋产业所占比重较低，发展速度较慢，战略性海洋新兴产业发展不足。

（3）海洋优势配套产业发展不足

海洋渔业、水产品养殖加工业、港口物流业优势产业发展速度明显，相关优势配套产业，如临港海洋工业、海洋仓储产业，海洋服务业等发展不足，没有形成聚集与辐射作用，带动产业转移与聚集。

（4）海洋经济发展政策支持不足

随着海洋经济的纵深发展，用海需求越来越大，海洋经济发展政策的影响与作用突出。因此，要因地制宜，根据区域海洋经济发展需要，加快财政、政策投资主体多元化、融资渠道多元化和海域使用管理等方面研究与支持，制定海洋经济发展政策，促进海洋经济发展。

（5）海洋生态保护有待加强

近海捕捞强度过大，近海海洋资源衰退，综合效益不高。流域污染物排海量仍在增加，河口及其邻近海域环境没有得到根本性改善；近海海洋资源浪费严重，生物多样性有所降低、生态破坏等现象不同程度存在，海洋资源和环境承载力有所下降等因素制约了海洋经济持续发展。

（6）海洋科技人才队伍建设有待加强

高层次的海洋科技人员与高素质管理人员相对不足，海洋高新技术研发能力较弱，科技对海洋经济的支撑力较小和贡献率不高，具有发展潜力的新兴海洋产业缺乏人才支撑。

二、雷州半岛海洋发展政策导向

（一）区域海洋发展政策规划

根据《推动共建丝绸之路经济带和21世纪海上丝绸之路的愿景与行动》的思想和理念，湛江应以湛江港作为粤西地区通向南海的大型港口，以其为中心，继续推进“三环四通”战略（即市区成环、湾区成环、半岛成环，市外通高铁、县县通高速、镇村通快速、港口通全球），加快交通基础设施建设，增强湛江港的辐射带动能力。扩大港口物流业开放合作，推动完善中国—东盟港口城市合作网络和机制，加快与东盟港口建立友好港口，推进与沿线国家港口的互联互通。统筹开辟航线，加快建设靠泊码头和配套设施，构建“21世纪海上丝绸之路”客货运“穿梭巴士”，积极推进“海上驿站”建设，为“海上丝绸之路”提供安全的通道保障。加快做大做强临海工业主导产业，打造国际化的临海产业体系。加快打造钢铁、石化、造纸“三大产业航母”和特色轻工、食品加工、医药保健、装备制造、能源开发“五大产业集群”，大力引进和培育新能源、新材料、新医药、新电子、新海洋“五新”产业。在文化上湛江应倡导建立“海上丝绸之路”国内沿海港口和城市、“海上丝绸之路”沿线国家旅游合作机制和关系，开发“海上丝绸之路”游。申报“海上丝绸之路”世界文化遗产。在湛江定期举办“海上丝绸之路”文化节、定期举办“海上丝绸之路”博览会。

根据《全国海洋经济发展“十二五”规划》，珠江口及其两翼沿岸及海域发展功能定位是提升我国海洋经济国际竞争力的核心区、促进海洋科技创新和成果高效转化的集聚区、加强海洋生态文明建设的示范区、推进海洋综合管理的先行区。“十二五”时期建设重点包括合加工利用，推进广州、深圳、珠海、湛江、惠州等地深海油气资源开发装备研究、生产基地建设。

根据《广东海洋经济综合试验区发展规划》，重点推进湛江安铺港、角尾湾、新寮、东海岛南部、吴川、茂名博贺、阳西面前海、江城南岸等集中集约用海区开发。湛江市着力发展东海岛高端临海现代制造业集群，建设技术先进、节能环保、装备一流、效益良好的循环经济园区，打造粤西中心城市和西南地区出海大通道。

根据《广东省海洋经济发展“十二五”规划》，粤西海洋经济重点发展区以加快海洋资源开发为导向，重点发展临海钢铁、石化、能源工业和港口物流业，做强滨海旅游业，加快发展现代海洋渔业，培育海水综合利用、海上风电、海洋生物医药等海洋战略性新兴产业。发挥大西南出海口的优势，以湛江港为中心，构建粤西沿海港口群，加快建设临港重化产业集聚区。重点推进湛江湾、雷州湾、水东湾、博贺湾、海陵湾和东海岛、海陵岛等重点区域的开发与保护。推动以湛江为中心的粤西沿海城镇群建设。规划建设东海岛深水港区，以湛江经济技术开发区、湛江临港工业园区为支撑，重点发展钢铁、石化、造船、装备制造等重化产业，大力发展港口物流、滨海旅游、水产品加工流通等产业。推进湛江钢铁基地和中科炼化一体化等项目的建设。

根据《中共广东省委 广东省人民政府 关于进一步促进粤东西北地区振兴发展的决定》，粤西加快建设湛茂阳临港经济带。建设湛江、茂名、阳江功能清晰、协同发展的临港经济带。主动加强与珠三角地区尤其是珠江口西岸各市的经济合作，拓展大西南港口腹地，推动相互间产业、交通、人力等各类资源合理对接和有效配置，打造国家级重化工业基地、全省海洋经济发展的重要增长极、先进制造业基地、统筹城乡发展示范区。湛江市建设成为全国海洋经济示范市、广东对接东盟的先行区、粤西地区中心城市、竞争力强的现代港口城市。

（二）区域海洋产业发展导向

雷州半岛的发展方向是进一步提升海洋经济总量，优化海洋经济结构，进一步完善湛江港口体系和基础设施建设，以钢铁石化项目建设为依托，加快发展临港重化工业、港口物流业、海洋运输业、现代海洋渔业、滨海旅游业和战略性新兴海洋产业，构建区域性航运中心与物流中心，科学研究与加工制造中心，合理布局和发展海洋产业区及功能区，基本形成现代海洋产业体系，加大海洋生态环境保护力度，增强海洋经济综合竞争力（图6.11）。

1. 海洋交通运输业

加大对湛江港港口基础设施建设的投入力度，重点开发建设宝满、东海岛两个新港区和徐闻港区，规划发展南三岛港区及坡头港区，同时对老港区实施技改和功能调整，新增设计

图 6.11 雷州半岛滨海区域概念规划图

引自：广东海洋经济地图

年通过能力 7 000 万吨以上，形成铁矿石、石油、煤炭、粮食、化肥、硫黄等大型物流集散基地和分销中心，发展成为以能源、原材料和集装箱运输为主，临港工业高度发达的现代化国际大港、中国—东盟自由贸易区的海上桥头堡，打造西南沿海和环北部湾区域性国际航运中心和物流中心。

2. 临海工业

做强做大三大临海工业产业：临海石化产业、临海钢铁工业、海洋油气业。发挥大西南出海主通道和深水良港优势，大力发展临港重化产业，突出发展石油化工及配套产业基地、大型现代化钢铁基地和能源产业基地三大蓝色产业。形成东海岛千万吨现代化钢铁基地，湛江东海岛临海石化产业带，大力支持中海油湛江公司开展海上油气开发，建立南海油气开发服务和后勤保障基地。加快湛江经济技术开发区、广州（湛江）产业转移工业园和湛江临港工业园区基础设施建设，重点扶持有规模、有影响的临港工业项目，重点推进广钢环保迁建湛江、中科合资广东炼化一体化及东海岛南岸配套工业园等项目。加快钢铁现代物流体系建设，打造辐射全国、国际一流的钢铁交易平台。从湛江产业基础、海洋资源和区位条件等出发，积极创造条件，引进、发展包括精细化工、船舶修造、能源、花岗岩建材、造纸、汽车配件及有色与黑色金属等临港工业，使湛江成为北部湾重要的临港加工制造业基地。

3. 海洋渔业

优化现代海洋渔业，实施渔业产业升级工程，振兴珍珠产业，优化海洋捕捞业、积极稳妥的发展远洋渔业，发展水产现代物流业，积极拓展休闲渔业，落实渔民转产转业工程。发展生态型、科技型、健康型水产养殖业，加大发展特色品种养殖力度，重点建设抗风浪深水网箱养殖基地，抓好主导养殖种苗生产。发展深水网箱养殖产业，加大水产品良种体系建设，建立重点养殖繁育基地。

4. 滨海旅游业

以海洋生态和海洋文化特色为重点，在巩固传统滨海旅游业基础上，突出海洋文化，大力开发新兴高端滨海旅游产品，大力发展渔家乐、观光游览、休闲渔业、休闲体育、生态科普、海洋文化、水上及潜水运动等特色旅游项目，把湛江的渔家风情和海洋文化、红土文化有机结合起来，开发具有湛江特色、内容新颖、富有创意、游客参与性强的旅游项目，建设国家级滨海旅游示范区。

5. 海洋装备制造产业

依托其优越的港口运输条件与承东启西、沟通南北、连接海内外的区域地理条件，实施以“工业立市、以港兴市、海洋强市”的发展战略，大力发展装备制造业，优先发展修造船业及远洋服务业基地，将湛江打造成为粤西地区修造船中心，区域性远洋航运服务中心。

6. 海洋新兴产业

积极利用高新技术改造传统海洋产业，重点扶持骨干企业和新兴海洋产品的发展，培育壮大海洋新兴产业优势。利用湛江经济技术开发区东海岛新区规划建设的条件，新建一批省级生物产业基地，加快培育生物育种、健康养殖、海洋生物医药、海洋保健食品等海洋新兴产业领域，培育一批名牌海洋生物制药企业；围绕临海钢铁、石化、造纸、造船等产业集群的建设，积极发展海洋服务业，增强海洋产业服务功能，发展会展业，培育海洋信息交流平台；积极培育航运衍生服务产品，加快发展综合航运与港口综合服务业，形成以港口物流为主的航运服务业集聚区，将湛江打造成为粤西地区区域性航运服务中心；完善和新建以海水冷却为主的工业用海水示范工程、开发建设海水淡化、太阳能、风能、电能示范工程。

三、雷州半岛海洋经济发展策略

（一）海洋开发利用助推海洋经济增长

根据雷州半岛的海洋发展战略定位、现有海洋产业基础和发展导向、资源环境和区位优势，按照集约用海、生态用海、海陆统筹、开发保护并重的要求，集聚资源开发优势，促进陆海产业联动发展，优化海洋开发布局，增强海洋区域带动能力，构建四大海洋产业区及一个海洋经济功能区建设。培育临港产业集聚区、构建临海产业经济带、建立战略性海洋新兴产业区、建设海岛产业经济区，搭建区域性海洋产业发展功能区。通过海洋经济产业区及功能区建设，形成海洋产业的集约化发展，扩大产业集聚效应，进一步增强海洋经济的辐射带动能力。

1. 培育临港产业集聚区

湛江港是中国沿海通向非洲、中东、欧洲、东南亚及大洋洲的海洋运输距离最短的港口，也是与新马泰经济圈和珠港澳经济圈航程最短的港口。湛江港既具有深水港条件，又具有能源工业基础。以湛江经济开发区、湛江临港工业园区为支撑，以东海岛钢铁基地和中科炼化一体化等项目的建设为契机，规划建设东海岛深水港区，重点发展钢铁、石化、修造船、装备制造等重化产业，大力发展港口物流、水产品加工流通、海洋旅游等产业。加快湛江经济开发区、广东（湛江）产业转移工业园和湛江临港工业区基础设施建设，上马一批上规模、有影响的临港工业项目，重点推进广钢环保迁建湛江、东海岛南岸配套建设工业园等项目。

发展临港物流聚集区，借助港口发展物流业，着力打造区域性航运中心和物流中心，建立货运中心、配送中心、物流信息中心和商品交易中心，使港口真正成为货物流、商贸流、资金流理想聚集地。加快建设临港物流园区和保税物流中心。充分利用深水大港的比较优势，实行与珠三角港口错位互补发展战略。

2. 构建临海产业经济带

以临港产业聚集区为依托，以雷州半岛海岸线长、港口多为优势，构建临海产业经济带。发挥大西南出海口和港口资源、海洋生物资源丰富的优势，大力发展海洋工业、海洋渔业、港口物流业和滨海旅游业等海洋支柱产业，大力发展石油化工及配套产业基地、大型现代化钢铁基地和能源产业基地三大蓝色产业。加快湛江经济技术开发区东海岛新区和临港工业园区基础设施建设，抓紧上马一批上规模、有影响的临港工业项目。重点推进湛江钢铁基地及其东海岛南岸配套工业园、临海修造船、海洋工程装备、雷州燃煤发电等临港大型用海项目的实施。加快专业港口码头建设，完善港口体系建设，构建油品、煤炭、矿石、粮食、化肥等大宗散货集散中心和交割地，带动临海产业发展。

3. 建立战略性海洋新兴产业区

扶持海洋新兴产业的研发，辟建战略性海洋新兴产业区，大力发展生物育种、健康养殖、海洋生物开发利用，推进海水综合利用、海洋能源开发与利用。支持发展海洋信息与服务业，加快“数字海洋”建设步伐，推进海洋信息化进程，构建网络、基础数据、信息共享平台，实施海洋信息产业化战略。加大对公益性海洋科研单位的支持力度，发挥高等学校和科研机构优势，推动产学研联合，加速海洋科学研究成果的推广应用；扶持一批上规模、创品牌的龙头企业，利用高新技术和生物技术，大规模发展海洋生物工程和海洋药物制造业；开展海水淡化、海水直接利用技术、海洋化学资源的综合利用的技术创新，逐渐形成规模较大的海水化学资源开发产业，努力把海洋药品生物产业培育成湛江海洋经济的新增长点。

4. 建设海岛产业经济区

雷州半岛优势海岛资源丰富，开发潜力巨大。东海岛重点发展以钢铁和石化两大产业为主导的临港重化工业，以重化工业发展为契机建设大型深水港口。加快东海岛、南山岛、特呈岛、硇洲岛等旅游资源的开发利用，推进东海岛旅游产业园、特呈岛渔家、海洋公园等项目的建设。巩固滩涂海水养殖基地，优化发展浅海水产资源增养殖，做大做强创汇渔业基地。

5. 搭建区域性海洋产业发展功能区

以粤西海洋经济区为支撑，将湛江打造成为粤西海洋经济区中心。发挥大西南出海口的优势，以湛江港为中心，构建粤西沿海港口群，加快建设临港重化产业集聚区。以环北部湾海洋经济合作为支撑，加强与环北部湾省市以及东盟国家的产业分工与合作，重点加强海洋渔业、海洋交通运输业、海洋旅游、海洋基础设施建设等方面的合作，发挥湛江东南亚水产品集散地的作用，以推动海南国际旅游岛建设为契机，整合旅游资源，发展提升海洋旅游业。依托广东省强大的经济技术优势，着力打造区域中心港建设，推进湛江区域中心城镇建设，形成集聚与辐射作用。以湛江高校、科学院所等的研发优势，建立科学与技术服务平台。

（二）海洋生态文明建设保障海洋经济可持续发展

坚持生态环境保护与海洋资源开发并重、海洋环境整治与陆源污染防治统筹，推进雷州半岛海洋生态文明建设，多措并举保障海洋经济的可持续发展。

1. 加强海洋污染防治

加强海洋环境管理，将海洋环境保护纳入沿海各级政府环境保护责任考核范围，建立海洋、环保、海事、渔业、军队等协调合作的区域海洋环境保护管理模式和海洋环境保护管理协调机制。以海洋环境功能区划和主体功能区划为基础，完善海洋环境保护规划，优化海洋环境资源和空间配置，按照海洋生态健康与区域经济同步发展要求，逐步完善与经济发展相协调的环境法规政策标准体系。

海洋污染防治必须实行以防为主、防治结合的方针，严格执行海洋功能区划和环境影响评价制度，努力改善海洋环境质量。坚持陆海统筹，以海定陆的原则，严格控制陆源污染物排海，完善区域排污收费制度，逐步实行污染排放总量和排放标准控制制度，推进排污许可制度。深入推进海岸带结构减排、工程减排和管理减排，加快海滨城市生活污水、垃圾处理和持久性有机污染物综合防治，加快海域环境综合整治工作。加快城市生活污水、垃圾处理和工业废水处理设施建设，提高污水处理率、垃圾处理率和脱磷、脱氮效率，妥善处理生活垃圾和工业废渣，严格限制重金属、有毒物质和难降解污染物的排放。加强倾倒区规范管理，进行全程监控管理，对现有的海域倾倒区环境污染状况进行监测和回顾评价，严格控制倾倒区数量和范围，限期整治和关闭污染严重的入海排污口、废物倾倒区。重视河口、海湾及城市附近等近岸海域的生态环境保护，着重对污染严重海域进行生态修复和生态系统重建，临海企业要大力发展循环经济，逐步推行全过程清洁生产。

加强海上污染源管理，开展重点海域污染治理。加强海洋环境监督，加快建立海洋监测、监视、预警系统，进一步提高海洋环境监测、监视的覆盖率、时效性和反应能力，严格执行海洋环境影响评价制度，加强对海洋功能、海岸工程、海洋倾废、船舶活动及港口环境的跟踪监督，建立海洋重大污染事件通报和污染海区关闭制度。完善技术手段，监测监控海上流动污染源，提高对海上环境安全的应急反应能力和处理水平，减少环境损失。实施新的海上污染物排放标准，船舶油类等污染物力争达到“零排放”。提高船舶和港口防污设备的配备率，做到达标排放。海上石油生产及运输设施要配备防油污设备和器材，减少突发性污染事故。严格控制养殖自身污染，开展养殖池塘标准化建设，积极发展生态型种养殖业。

2. 保护和修复海洋生态环境

加强海洋自然保护区、海洋公园、重点滨海湿地、海洋特别保护区建设，修复近海重要生态功能区。开展我市海洋生态调查，特别是海草床、河口、滨海湿地等特殊海洋生态系及其生物多样性的调查、研究与保护。进一步加强沿海红树林的建设，逐步建成分布均匀、结构合理、生态功能稳定的红树林湿地生态体系。重点保护红树林湿地、珊瑚礁、海草床三大典型海洋生态系统和水生生物产卵场、孵育场等敏感生态系统，完善南海伏季休渔和禁渔期制度，实现海洋生物资源养护增殖行动，规划建立一批海洋生物增殖放流基地，开展海洋珍稀、濒危物种保护。建设人工鱼礁、海洋牧场、恢复种植红树林和建设沿海防护林、开展大型海藻增养殖等生态系统恢复工程，构筑近岸生态屏障，维持海岸带生态平衡，恢复海洋生态环境。加强海洋生态保护及开发利用示范工程建设，严格执行海洋开发利用环境影响评价制度。

3. 合理开发利用海岸线

根据《广东省海岸保护与利用规划》，科学合理利用岸线资源，解决竞争性利用而导致的岸线资源破坏问题。海岸线区域集中了旅游、水产、矿产、盐业、森林、交通、水电、石油、天然气等产业，是实施海洋综合开发的主要区域。海岸线区域具有经济基础好、开发程度高、产业发达、人才集聚等优点，同时也存在产业结构复杂、门类繁多的问题，这客观上要求海岸带的开发利用活动必须统筹兼顾、综合利用、合理开发，以获得最大的社会效益、经济效益和环境效益。把整个海岸线资源分为保护岸段、限制利用岸段和允许利用岸段，对海岸线资源实行分区段保护与管理。促进海岸带资源保护与旅游开发协调发展，对具有特色的海岸自然、人文景观要加强保护，提高旅游总体竞争实力。倡导科学生态的海洋开发方式，尽可能保护自然岸线，延长人工岸线，推进沿海防护林建设，严禁非法采砂，加强侵蚀岸段的治理与保护。进一步完善有关岸线资源利用和保护的法规和规章，使岸线开发利用和管理做到有法可依，有章可循，深水岸线优先保证重要港口建设需要。着力提高科学开发利用海洋空间资源水平，加快发展沿海工业，培育海洋战略性新兴产业，加强海洋和海岸带生态系统建设，打造宜居、宜企、宜游、宜自然生态的海岸线。

4. 加强海洋环境监测体系建设

按照国家海洋观测体系建设总体布局，统筹规划建设南海北部海洋环境监测网络，参与构建海洋立体观测监测网络，加快推进南海及其诸岛海洋监测站点建设。充分利用常规技术和卫星、遥感等高新技术，建设仪器设备配套、观测技术先进、功能齐全的海洋环境监测系统，加大对用海项目和重点项目的监测力度。加强海洋环境监测能力建设，对所有入海河口进行长期监测，对排污口、海上倾倒区、滨海浴场、增养殖区和流动污染源实行全面监测，定期评价和发布海洋环境质量信息，提高监测工作的规范化、标准化和信息化。加强海洋环境监测力度建设，强化海洋环境敏感区、赤潮灾害频发海域、陆源入海排污和临海重点项目规划、建设、竣工和运营期间监督监测，开展中大尺度的海洋环境变化监测，建立科学完善的海洋环境评价模式，提供多样化、有针对性的海洋环境评价信息，提升海洋环境质量公报的影响力。加强海洋环境监测体系建设，健全海洋环境监测、生物资源监测、生态灾害监测和海洋环境预警预报等监测监视体系，提高技术装备支撑能力，有效地为政府和社会公众提供气象、地震、赤潮灾害和海上事故的预测预报。强化区域海洋环境监测协调与协作，各有关部门应当相互提供与海洋环境有关的监测资料。

5. 海洋自然保护区建设

实施红树林、海草床、珊瑚礁、滨海湿地等典型生态系统的保护、恢复和修复工程，抢救性保护海岛、滨海湿地等一批典型自然生态系统、濒危物种和有价值的历史遗迹、自然遗迹与自然景观，加强国家级和省级自然保护区的管护建设。进一步完善海洋自然保护区的法律法规体系和管理标准体系建设，加强海洋自然保护区管理机构、人员配备及管护、科研、宣传科基础建设。加强现有海洋自然保护区的保护能力建设，提高管理水平，规划建设一批新的海洋自然保护区。实施珊瑚礁、白蝶贝、中华白海豚、海草床、文昌鱼、滨海湿地、红树林等典型生态系统的保护，完善建设硇洲岛东北角斗龙至东海头以东、海康港以南盐庭至楼角东南侧、乌石石港以南东土角西侧等三个海底珊瑚自然保护区以及特呈岛海洋生态保护区、通明渔港红树林、红树林生态保护区等三个红树林保护区。

(三) 海洋防灾减灾建设为发展海洋经济保驾护航

建立湛江市海洋预报台和海洋灾害预警报系统；建设沿海防护林，形成“带、网、片、点”相结合的沿海防护林体系；实现海洋灾害预警报信息传输网络化，完善海岸防灾紧急救助系统，提高湛江市防抗海洋灾害的能力；做好海上安全技能培训、灾情调查统计分析以及相关的科学配置与管理工作，为开发海洋和实现海洋经济强市的目标提供有利的支撑条件。

第八节　粤北地区——广东海洋经济发展的联动区

一、粤北地区经济发展概况

(一) 基本概况

1. 地理区位

根据广东省人民政府颁布的《粤北地区经济社会发展规划纲要（2011—2015 年）》，粤北地区即广东省北部地区，具体包括韶关、河源、梅州、清远、云浮五个地级市。该区域总面积7.71万平方千米，占广东全省的42.9%；2014年常住人口约1 646万人，占广东全省的15.3%。

粤北地区与广西壮族自治区、湖南省、江西省、福建省接壤，为连接邻近省份的重要纽带（图6.12）。

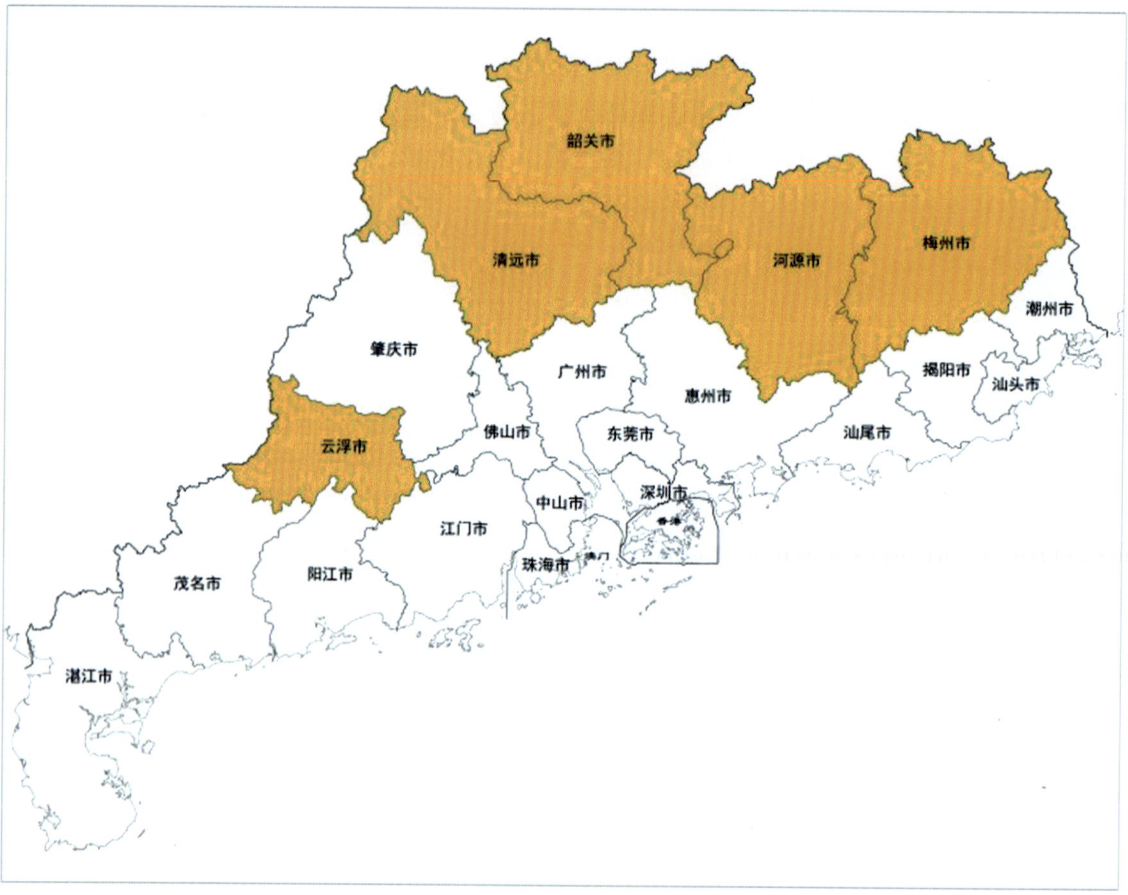

图6.12　粤北地区地理位置分布

2. 基本自然概况

粤北属于亚热带季风气候，常年主导风向为东北风和北风，夏季主导风向为东南风和南风。夏季太阳高度角大，日照时间长，太阳额射热量大，冬季部分地区有霜雪。年均温18.0～21.1摄氏度，年变幅较大，极端最低温度－2～－6摄氏度，无霜期260～325天，几乎每年冬季都结冰且有降雪。雨量充沛，但分布不均，降雨受季风和台风影响显著，冬季和初春少雨，5月、6月降雨量为全年最大。年降水量1 400～2 000毫米，多年平均蒸发度为1 028～1 986毫米，多年平均相对湿度为76%～82%。

粤北地区总体属珠江流域北江水系，受地形影响，区内河流向多由北向南。主干河流北江发源于江西省信丰县西溪湾，流域面积4.67万平方千米，干流全长468千米，总落差310米，主要支流有连江、南水河、武江、侦江、翁江等，其中连江最大。据水文测流资料，北江位于英德市横石水文站的多年平均流量为1 073米^3/秒，集水面积34 013平方千米，年径流量338.4亿立方米；连江在连州市高道水文站的多年平均流量为327米^3/秒，集水面积9 007平方千米，年径流量103.1亿立方米。

粤北地区以山地和丘陵为主，地带性植被为亚热带常绿阔叶林，种类繁多、成分复杂，有利于多种经济林木的繁育和发展；在亚热带湿润季风气候下，岩石风化强烈，形成深厚红色风化壳，基岩主要有花岗岩、砂页岩、石灰岩等，土壤以红壤和山地黄壤为主，海拔1 000～1 500米的山地为黄棕壤。土地资源利用适合以农为主，农林结合。

（二）社会经济发展概况及存在问题

1. 社会经济发展概况

2013年，粤北山区生产总值、规模以上工业增加值、固定资产投资、实际利用外资、地方财政一般预算收入等主要经济发展指标取得较好，其中地区生产总值4 158.76亿元，比上年增长8.4%；实际利用外资8.56亿美元；地方一般预算收入328.5亿元。

工业化进程快速推进。2013年，粤北山区实现规模以上工业增加值1 350亿元，比上年增长10.5%，比珠三角地区和全省平均水平分别高2个和1.8个百分点。其中粤北山区的云浮市规模以上工业增加值增速约为26%，大幅领先于全省其他地市。河源汉能太阳能光伏电池项目投产，顺德清远（英德）经济合作区等一批产业转移平台加快建设，韶关市获国务院批准列入第三批资源枯竭城市名单并获重大资金支持。

重点项目进展顺利。2013年，粤北山区固定资产投资2 417.1亿元，比上年增长23.4%，比珠三角地区和全省平均水平分别高8.7和5.2个百分点。粤北山区共安排省重点项目62个，总投资2 970亿元；年度投资计划496亿元，完成投资529亿元，为年度投资计划的106.7%．开工建设韶关发电厂“上大压小”燃煤机组工程、糯扎渡送电800千伏高压直流输电工程、溪洛渡送电500千伏同塔双回直流输电工程、河源中兴通讯生产研发培训基地等项目。

技术创新体系初具雏形。2013年，粤北山区高技术产业产值338.6亿元，约占全省1.4%．拥有1家国家企业技术中心，累计建立66家省级工程技术研究开发中心，39家省级企业技术中心。全年专利申请量3 880件，授权量2 364件，增长速度较快，分别增长47.4%和25.0%，分别占全省2.0%和1.8%。

能源设施加快建设。2013年，粤北山区全社会用电量450.33亿千瓦时，比上年增长10.8%，占全省总用电量9%；完成电网建设投资41亿元，占全省当年电网建设总投资14.4%；梅县荷树园电厂三期扩建工程（2×30万千瓦）建设顺利推进；梅州大埔电厂（2×60万千瓦）、梅州抽水蓄能电站（4×30万千瓦）获国家同意开展前期工作。截至2013年底，粤北山区发电总装机容量1 215万千瓦，占省内发电装机总容量的15.9%。

生态环境保持良好。2013年，粤北山区森林覆盖率达到68.9%，高于全省平均水平11.9个百分点；城镇生活垃圾无害化处理率达52%；空气环境质量保持在国家二级标准以上，初步形成具有山区特色的生态体系。

2. 存在的问题

当前粤北地区经济发展仍面临一系列突出问题，主要表现在：经济发展的总量仍偏小且与发达地区的差距过大；产业结构得到优化，但与发达地区之间专业化分工协作水平不高；基础设施建设不够完善，同时软环境建设方面也相对滞后。

（1）经济总量有待提升

长期以来，粤北地区经济社会发展与珠三角等发达地区存在较大的落差，粤北地区经济总量偏小，2013 年粤北地区生产总值 4 158.76 亿元，仅占全省生产总值的 6.7%，相较于 2013 年珠三角地区 53 060.48 亿元，经济总量仅为珠三角发达地区的不足 1/10，粤北地区人居 GDP 为 25 513 元，则只有珠三角地区 93 114 元的 27.4%。虽然从经济总量及人均 GDP 上看，自 2007 年开始粤北地区占全省的比重波动中上升，区域差距呈不断缩窄的趋势，但由于区域发展长期的不均衡，区域经济不协调问题仍十分突出。

（2）产业结构需优化调整

近年来，广东继续借助经济周期波动和国际市场的“倒逼”机制，加快推进经济结构调整和产业转型升级，产业结构得到优化。2013 年粤北地区三次产业产值占 GDP 的比重为 16.3∶41.7∶42.0，初步实现三次产业结构为“三二一”结构。但与此同时，粤北地区内产业同构的现象仍较明显，与省内其他区域之间优势互补、错位发展还处于起步阶段，珠三角与粤东西北地区产业专业化分工协作水平并不高。粤北地区的优势行业为电力、热力生产和供应业、非金属矿物制品业，需进一步突出区域发展中心，统筹粤北区域内各市的产业发展，积极、有效承接珠三角产业转移，加强与省内其他区域专业化分工协作，促进区域产业布局继续不断优化。

（3）基础设施及软环境建设不够完善

基础设施的完善，是区域发展的必要条件。粤北大部分地区城镇化率都低于全国平均水平，粤北地区区域性基础设施也长期滞后，高速公路面积密度不到珠三角的 1/3，城乡基础设施建设相对不足，落后的基础设施使得粤北各市要素对外流通不畅，长期面临发展动力不足的困境。

粤北地区发展思想观念相对落后，也是制约经济发展的关键。在投资环境、社会管理、政府职能、市场体系、体制机制改革等软环境建设方面相对滞后，与珠三角仍然存在一定差距，振兴发展的扶持政策有待深化落实，是粤北地区亟须解决的瓶颈。

二、粤北地区融入海洋强省建设的发展策略

（一）区域陆海协调发展策略

粤北地区在地理区位上与海洋不相连，但其同样属于广东建设海洋强省的一部分，为海洋经济发展的辐射区、联动区；国家新提出的“一带一路”战略，粤北地区作为历史上连接陆路丝绸之路与海上丝绸之路的通道，也将在“21 世纪海上丝绸之路”的建设中发挥其应有的作用。在实现区域陆海协调发展的同时，推动粤北地区实现经济追赶和社会全面发展。

1. 加强产业转移协作建设

近十年广东区际之间的增长差距呈现细微缩小的态势，而区域内部表现为经济增长逐渐

走向平衡的显著趋势，这得益于广东在基础设施不断完善条件下持续实施的“双转移”战略，粤北地区在承接珠三角地区产业转移的过程中实现经济的转型发展。珠三角地区是广东海洋产业的核心集聚区，也是广东建设海洋强省的重点区域，珠三角地区海洋产业的升级改造及产业链延展、优势提升对于推进海洋强省建设至关重要。粤北地区具备良好的资源优势，在服务珠三角产业转移到过程中，也可以充分发挥其优势，承接发展基础好、产业带动力强、产业纵深延展性好的海洋产业上下游产业链，培育或引进与海洋产业关联度高、核心竞争优势明显、有产业影响力的大中型骨干企业进驻，构建与沿海地区之间的产业协作网络，形成各具优势的内陆—沿海海洋产业团组，将内陆发展与沿海发展相结合，助推海洋强省经济发展。

在粤北融入海洋强省建设的过程中，还要注意强化以点带面、点面互动的机制建设。注重粤北地区条件优越的地市，率先起到小区域增长的引擎效应，将其视为以点带面的重要抓手，发挥其内部市场的资源低成本流通优势，激发市场活力。进而，更要在各次区域之间，尽力消除彼此之间的负向边界效应，扩大区域间的市场自由化流通，构筑省内内陆与内陆之间、省内内陆与省际交界地区、省内内陆与沿海统一的市场建设，形成全省所有地区并联动周边省份共同推动“21 世纪海上丝绸之路”建设的新格局。

2. 加强内陆港口集疏运建设

港口是海洋与陆地连接的纽带，是海洋经济和陆地经济的交点，是联系内陆腹地和海洋运输的桥梁，也是海洋强国的一个重要依托。港口发展离不开内陆腹地的拓展，腹地是港口客货流的生成地和目的地，是港口赖以生存和发展的基础。广阔的经济腹地和腹地资源在港口竞争中的位置日显突出，沿海港口为了争取到更广阔的经济腹地和寻求到更多的货源市场，促使了内陆港的产生和发展。港口的发展能带动海洋经济的推动，内陆港作为海港的延伸，也是海洋强国的基点，积极发展内陆港，促进海港和陆港联动发展是实现海洋强国的重要路径。

粤北地区内河水系发达，西江、北江及韩江均从区内穿过，具备良好的水路交通条件。加强粤北地区内陆港口建设，发挥区域内入海河流航道优势，完善江海联运通道，提高主要港口水路集疏运能力；加快建设连接沿海和内河港口的高速公路和铁路，完善港口集疏运体系。内陆港口的建设既促进了内陆城市的物资贸易，也为海港带来货源，是一种双赢的关系。

此外，内陆港口建设对于粤北地区融入“21 世纪海上丝绸之路”的战略提供了便利，一方面为沿海港口提供了更广阔的经济腹地和充足的货源．促进沿海港口的平稳发展；另一方面极大地推动了粤北地区和沿海地区的经贸往来与合作，同时也使粤北地区与国际的联系更加紧密，有利于粤北地区承接先进地区的产业转移和利用外部市场、资金、技术和管理经验，从而推动区域经济的协调发展和共同进步，最终对粤北地区增强经济实力，优化经济结构起到重要的积极作用，也为广东海洋强省建设带来积极效应。

（二）区域联动发展布局

粤北地区韶关、河源、梅州、清远、云浮五个地级市，在助推广东海洋强省建设方面，可根据区位条件的不同以及各自资源、产业等特殊性，与邻近的沿海地市形成优势互补、合理联动开发的布局，使得经济、社会、生态等在更大范围内实现协调发展。

1. 清远、云浮与广佛肇区域联动

拓展珠三角地区发展脊梁至清远，强化肇庆、云浮“东引西连”的区位优势，打造“广佛—肇庆—云浮”的区域发展带，推动云浮、清远加快融入广佛肇经济圈。在充分利用广州对口帮扶清远、佛山对口帮扶云浮优势的基础上，实现区域经济整合升级创新，进一步抓好交通对接，加快西江、北江航道扩能升级，研究空港、海港等的对接与合作，构建海陆空全面融合的综合交通网络，以交通建设助推经济圈发展；进一步扩大深化产业合作，开展联合招商，共同推进广佛产业落户广佛肇（怀集）经济合作区；进一步强化环保协调治理，以水环境污染和空气污染联防联治为重点，共享环保基础设施，打造珠江—西江—北江绿色生态走廊；利用建设广东自贸区的契机，广佛肇经济圈各市可考虑在南沙自贸片区设立基地，共同参与自贸区建设。

加快清远与广州的融合发展，为广州提供更大的发展腹地，通过产业支撑、项目带动把清远建设为广州卫星城市、环珠三角高端产业成长新区、广东区域协调发展示范区；云浮要紧抓《珠江—西江经济带发展规划》这一新的国家战略的实施，共同打造江海联运的综合交通运输大通道，密切加强内陆与沿海地区的联系，主动接受珠三角的辐射，承接珠三角产业转移，大力发展交通、产业、环保、民生等四大领域，建设为循环经济和人居环境建设示范市、生态文明建设示范区。

2. 河源与深莞惠区域联动

近几年来，随着省区域协调发展、“双转移”、促进粤东西北振兴发展等重大战略的实施，河源交通区位条件日益改善，深圳、东莞、惠州一大批企业向河源转移，河源的发展与深莞惠经济圈的辐射密不可分。

河源与深莞惠区域紧密联动，使深莞惠经济圈总体实力进一步增强，发展空间进一步拓展，珠三角与粤东北之间的要素通道进一步打通，为珠三角地区优化发展和粤东西北地区加快发展提供了有力抓手。提升惠州—河源发展轴，推动河源全面融入深莞惠经济圈，在规划整体化、交通一体化、产业协作化和环保联动化等方面形成合力，充分发挥河源的比较优势，在低碳环保、新兴产业、生态旅游等方面与深莞惠寻求合作的对接点、融合点，建设河源—深莞惠新兴产业集聚区。

3. 梅州与潮汕揭区域联动

促进梅州与汕潮揭地区的区域协作。强化汕潮揭地区空港、海港等战略性基础设施对于梅州地区的辐射和服务作用；以海上丝绸之路建设为契机，促进产业结构调整升级，通过技术创新，提高相关产业的技术含量，发挥梅州的产业优势，加强与“海上丝绸之路”沿线地区在经济、贸易、能源、金融、服务、基础设施、石油化工、海洋设备、海洋生物医药、农业和旅游等领域的合作；强化依托汕梅高速、梅汕铁路、广梅汕铁路，打造汕（头）梅（州）发展轴，加快把梅州建设成为粤东经济圈有机组成部分，努力把梅州建设成为潮汕平原北上开拓腹地的枢纽。

4. 韶关打造成珠三角与泛珠地区连接的桥头堡

韶关作为粤北地区中心城市，是三省交通枢纽，同时也是对接国家“三横两纵”城市战略格局中“京广轴”的重要枢纽节点。

以韶关为中心，加强横向区域运输通道构建，强化广东省北向交通枢纽门户地位，加强韶关与湘赣边区的省际经济交流、协作发展，重点加强商贸、物流等产业合作，培育粤北国际物流中心，深化泛珠三角合作，打造成为粤港澳地区面向中南地区的“北大门”、珠三角与泛珠地区连接的桥头堡。

第七章

推举措

——多管齐下建设海洋强省

第一节　文化海洋，增强海洋意识

古往今来，海洋意识和海洋力量的强弱，直接关系到国家与民族的兴衰。罗马超级帝国之雄，葡萄牙西班牙海上霸主之盛，日本之崛起，美国之纵横全球，皆与重视海洋密切相关。重海则兴、轻海则衰，如此颠破不灭的真理在中国古代同样应验。秦汉之强大，唐宋之繁荣，鸦片战争及此后的百年耻辱，皆与重视海洋与否有着直接的关系。国家如此，一个滨海地区的发展更是如此。广东要发展海洋经济，成为海洋强省，首先要使民众具要有强烈的海洋意识。而培养民众的海洋意识，提倡和发展海洋文化是重要之举。开展形式多样的海洋文化活动，有利于培育民众的海洋国土观念，增强民众的海洋意识，使大众形成包括领海主权、资源开发、全球通道、海洋健康、海上安全等观念在内的科学的、顺应当代世界发展潮流和中华民族利益的海洋意识，让民众生活充满海的气息，把广东建设成为人人知海、懂海、爱海、用海、养海、护海的海洋强省。

一、扬长并蓄：广东海洋文化宣教的路径选择

广东海洋文化宣教活动的进一步发展，有着多种选择，其大致可从本土经验及外来借鉴两方面吸收养分。本土经验，包括广东在过往海洋文化宣教中积累的成功经验以及富有本土风情特色的海洋文化宣教形式。外来借鉴，包括省外及国外两方面的海洋文化宣教经验借鉴。

（一）本土经验

1. 成功经验

（1）海洋文化宣教形式走向综合化

广东海洋文化宣教的一大趋势，就是文化宣教活动无论在形式上还是内容上，都有走向综合化的趋势。例如，湛江市举办的2014年世界海洋日暨全国海洋宣传日系列活动，突破了以往开大会、作报告、评先进的传统模式，而是走上了综合化宣教道路。这体现在：其一，参加主体综合化。与会代表来自湛江市海洋与渔业局、湛江广播电视台经济广播、共青团广东海洋大学委员会、三亚蓝丝带海洋保护协会，此外还有普通的公众代表，参与人数多达300人，属于大型海洋宣教活动。其二，活动内容综合化。宣教的主要内容有：海洋科普、海洋法律法规、海洋防灾减灾知识等。其三，活动形式综合化。活动内容主要包括：海洋科普图片展、专题讲座、手语表演、小品表演、海洋环保绘画比赛、保护海洋签名和志愿者清洁沙滩等。又如，2014年6月阳江市团市委联合阳江市海洋与渔业局举办“蓝色崛起·阳江起航”——阳江青少年海洋生态保护宣传系列活动启动仪式也是走综合化的路子，活动包括了“保护海洋，从我做起”的签名仪式、海洋知识进校园讲座，海洋知识小竞赛、海洋生态保护宣传微视频大赛、清洁沙滩志愿服务行动、放生行动和媒体线上线下宣教活动等。

然而，若论广东海洋综合宣教之经典，就不得不提中国海洋经济博览会了。它是集商贸、科普、宣教一体的嘉年华式的海洋宣教盛会。2012年12月13—15日，由广东省人民政府、

国家海洋局主办的2012中国海洋经济博览会（以下简称“海博会”）在广州市琶洲国际会展中心举行。本次举办的第一届海洋经济博览会内容丰富，除了设立专门的场馆展示活体南极企鹅外，还展出了“蛟龙号”载人深潜器模型、港珠澳大桥模型、海水淡化装置等模型或实物。另外，还有海洋论坛，论坛围绕海洋经济可持续发展、海洋探测、发展绿色海洋装备产业、海水养殖业的可持续发展、南海海洋生物资源研发和产业推进、发展蓝色产业、广东湾区计划等议题展开研讨，对海洋经济规划方法、南海开发和三沙市建设等进行了探讨，专家学者齐聚一堂，共商海洋经济发展大计，为海洋经济发展提供了理论基础和方法借鉴。此届海博会更加贴近百姓 注重交流互动，海博会期间10多万名观众入场参观。媒体对此次海洋经济博览会的报道，大大地扩展了其影响范围。博览会之前，广东各大媒体通过各种方法，宣传海博会：广东电视台从海洋经济、海洋生态、海洋科技和海洋强省等四个方面对海博会进行预热报道；羊城晚报社组织开展“订报送海博会门票”活动；中国移动公司免费发送海博会举办的公益短信；南方日报社专门编辑出版了海博会会刊，还启动“走向蓝海——打造海洋经济强省”系列活动，充分利用南方日报社旗下报纸、官方网站、官方微博群、户外LED联播网等多种媒体，全方位多角度多层次为海博会营造良好的舆论氛围。在海博会举办期间，更多的媒体关注海博会的动向，新华社、中国新闻社、人民日报、中国海洋报、南方日报、广州日报、羊城晚报、信息时报、南方都市报、新快报、香港文汇报、香港商报、广东电视台、广东电台、中国网、南方网等40多家媒体的60多名记者对海博会盛况进行了跟踪报道。新闻界的广泛关注、积极参与及深度报道，大大地扩展了这一大型海洋文化宣教活动的影响范围，有效地增强了这一宣教活动的影响效果。而后分别于2014年12月、2015年11月举办的第二届、第三届海博会规模不断扩大提升，已经成为全面反映我国海洋经济发展成就和未来趋势的国家级综合展会，成为政府、企业、民间组织共同携手发展海洋经济的重要合作平台。

（2）利用大众喜闻乐道的方式进行海洋文化宣教

为了使活动取得较好的效果，广东的部分海洋文化宣教活动选择大众喜闻乐道的方式开展，这也是广东海洋文化宣教的成功经验之一。旨在唤醒人们的海洋意识、主权意识的《广东沿海行》就是其中的代表作之一。《广东沿海行》是2013年广东世界海洋日宣传活动的重头戏，是广东建设“海洋强省”的实际行动之一，其由南方影视传媒集团、广东电视台联合广东省海洋与渔业局、广东海事局、广东省旅游局组织策划，广东电台和广东沿海地区14个地市台参与的大型海洋文化宣教活动，节目历时半年，从国家战略、海洋发展、地缘特点出发，着眼于经济建设、文化建设、社会建设、生态文明建设，系统、全景式地介绍广东沿海地区各方面的建设成就，为广大民众创造一个认识海洋、了解海洋、关心海洋、亲近海洋的平台。节目形式生动、内涵丰富、知识性与趣味性并重，在叙事诗式的描述中蕴含了对海洋深沉的感情，传达爱海爱乡的真挚情感，极富感染力，是深受大众欢迎的海洋文化宣教节目。另外，在广东举办的某些主题博物展，亦以呈现丰富多彩的文物与展现饶有趣味的故事的形式，吸引民众去自觉了解海洋。2014年4月，在广州博物馆举办的“跨越海洋——中国‘海上丝绸之路’九城市文化遗产精品联展”之中，广州站展厅由“启航”“沿海明珠”“远渡重洋”“海不扬波”“满载而归”五个主题小场景串联起一条“海上丝绸之路”的航线，让民众在参观中不知不觉地感受到广州作为“海上丝绸之路”交通枢纽的辉煌。此次展出还对展览品进行了精心选择，例如参展文物中有一件康熙年间的广彩描金徽章花卉纹盘，此盘纹饰精美，为英属马德拉斯总督皮特的儿子托马斯·皮特而订制的。它之所以入选，是因为其背后隐藏着欧洲贵族联婚、加官晋爵、广彩徽章瓷欧洲私人订制等引人入胜的故事，它反映了当时在海上丝绸之路带动下的中西方文化交流现象。广东民众能从中感受到广州作为中外经济、文化交流枢纽的深厚底蕴。

（3）请进来与走出去海洋文化宣教结合

广东海洋文化宣教的又一个成功经验是，宣教不局限在广东，而是想办法扩大宣教影响范围。一方面，广东注重走出去进行海洋文化宣教。2014 年 7 月 29 日在广州天字码头“南海神”号船上举行“探访海上丝绸之路”海外联合报道启动仪式。为推动“21 世纪海上丝绸之路”建设，扩大对外开放，海外联合报道组远赴东南亚、南亚、西亚、非洲等地，探寻“海上丝路”的千年记忆，在寻觅海上丝绸之路与广东的历史渊源的同时，还将对外宣传今日广东与沿线国家日益频繁的文化交流和经贸往来，以走出去的形式唤起更多的人关注广东“21 世纪海上丝绸之路”建设。另一方面，广东也注重请进来海洋文化宣教方式的运用。2014 年 4 月，广州与宁波、福州、扬州、蓬莱、北海、南京、漳州、泉州等城市强强联合，共同举办了“跨越海洋——中国‘海上丝绸之路’九城市文化遗产精品联展”。展览整合了郑和下西洋、鉴真东渡、妈祖信仰、遣唐使等在中外海上经济文化交流中具有重大影响的人物和事件，集中展现了泉州的元代古基督教八思巴文墓碑石、福州的南宋提花开裆裤，漳州的荷兰“女神站像”鎏金银币、宁波的南宋旅日华侨捐资修路石碑、蓬莱的元代白釉酱花龙凤纹罐、北海出土的焊接制作工艺源自印度和古希腊的汉代金花球串饰、扬州唐城遗址出土的唐青花碗瓷片。引进来的海洋文化宣教方式，能利用外来资源与本地资源结合，制造集聚效应，其在宣教冲击力与感染力上都比单纯的本土宣传更加强烈，因而宣传效果更为明显。

2. 特色文化宣教

富有地方民俗特色的海洋文化宣教最为吸引眼球。广东的特色海洋文化宣教可以分为利用海洋历史遗迹进行文化宣教与利用海洋民俗活动进行宣教两大类。

（1）在保护与利用海洋历史遗迹中进行海洋文化宣教

在平海古城的保护和利用中进行海洋文化宣教。由于明代推行都司卫所地方军事防御制度，所以广东沿海出现了不少海防所城，部分遗留至今，遂成临海古迹。平海古城就是其中之一。平海古城地处惠州市惠东县稔平半岛南端，傍依大亚湾和红海湾。其始建于明洪武十八年（1385 年）的，是用于抗击寇敌的海防所城。惠东县在保护中宣传这一海洋古迹。1984 年，惠东县人民政府将其定为文物重点保护单位。1992 年平海古城管理委员会成立，颁布了《惠东县平海古城管理暂行规定》，详细制定的平海古城文物的保护和管理措施。① 管委会对平海古城进行了卓有成效的维护。2008 年惠东县平海文化站又成立了文物保护小组，专门负责镇内文物保护的日常监管、巡查、登记、协调工作。② 在惠东县政府牵头、社会各界共同

① 资料来源：惠东县平海古城管理委员会。

② 资料来源：惠东县平海文化站。

努力之下，平海古城至今保存了较为完整的四座城门楼、部分的城墙、完整的十字古街、大部分古民居以及一批古寺庙、古文化遗址和大量的历史文物。这些留存下来的古迹，就是活的宣传栏，它们向世人传递着海防历史、海洋意识等海洋文化信息。另一方面，惠东县还在利用古迹的过程中进行海洋文化宣教。惠东县利用星海联珠、龙山耸翠、孤洲钓月、鼓岭观潮等古城“十大景观”以及在城内保留着的绚丽多姿的民间传统艺术遗产，如楹联、渔歌、书画、扮景、民间舞蹈等，举办古城民间文化艺术节，吸引各地游客前来参观，在拉动地方经济的同时宣扬了本地的海洋历史与文化，增强了民众的海洋意识。

在沙角炮台的保护和利用中进行海洋文化宣教。沙角炮台位于广东省沙角山上。鸦片战争前夕，林则徐、关天培等于虎门两岸及海口岛峡修筑炮台 11 组，形成三道防线。相关部门对沙角炮台进行保护维修并将其建设成为爱国主义教育和旅游观光的场所。为了取得更好的文化宣教效果，沙角炮台还联合沙角缴烟码头广场、濒海台、临高台、节兵义坟、节马与陈连升塑像、捕鱼台、林则徐纪念碑等共同开放，这带给游客更加丰富的海洋文化宣教教育信息。

（2）在传承民俗活动中进行文化宣教

广东海洋民俗活动是具有广东特色的海洋文化宣教形式之一。特殊的历史及地理环境，造就了广东独特的民俗传统。广东民众至今仍定期举行各种活动，用以纪念与传承自己的海洋文化。此类活动的举办，因其独特性而给广大受众带来深刻的海洋感染力体验。因而此类活动的宣教效果明显。

近年来惠州市以惠东渔歌为载体而举办的各种活动就体现了运用海洋民俗活动进行海洋文化宣教的独特性与新鲜感。惠东渔歌是宋朝时由福建沿海传入惠东的浅海渔歌。渔歌是疍民们生活中不可缺少的一部分，唱渔歌是渔民们重要的精神文化生活方式之一，惠东渔歌已成为惠州文化的一部分，它成为记录和歌颂惠州沿海渔民生活和坚毅品格的载体。但是随着工业化、城市化进程的加快，渔民后代改行，渔歌传唱者越来越少。对此，惠州市政府开展了一系列的活动，在对惠东渔歌开展普查、挖掘、收集、整理、保护、发扬中宣传惠州这一独特的海洋文化。在当地政府及社会各界的努力下，2006 年“惠东渔歌”入选广东省第一批非物质文化遗产代表作名录，2008 年又入选第二批国家级非物质文化遗产代表作名录。此后，惠东渔歌在上海世博会、深圳文博会和第 13 届省运会、第 16 届广州亚运会、广东省第十届“百歌颂中华”歌咏活动群众歌会等活动中常常获奖，向更多的人展示了它的无限魅力。为了扩大其影响力，惠东渔歌的宣传一方面继续在省里的各大活动中亮相，2012 年 7 月惠州市组队参加广东省第三届民间歌会，获得一银一铜的好成绩；2012 年 9 月，借广东省渔歌精英赛暨全国渔歌邀请赛在惠州举办之机，惠州市展现了本土亮丽的海洋民俗文化风采，并发挥主场之利，一举夺得三大金奖。让全国各地的代表欣赏惠东渔歌的魅力，接受来自岭南海洋文化的熏陶。同时，为了扩大影响力，惠东渔歌的宣传在另一方面走深入细致的发展路线。首先出版了《惠东渔歌》一书，此书不仅对原生态渔歌进行了收集、整理、挖掘，而且以原生态渔歌为蓝本，创作出同样具有辽阔、悠扬、抒情韵味且富有时代特色的新渔歌，此为惠东民间海洋文化传承的重要举措，对惠东渔歌的进一步宣传推广起到了良好的作用。其次，当地政府将惠东渔歌纳入教学点音乐课教学。从 2013 年 1 月起，惠东县教育行政部门将惠东渔歌的教唱纳入音乐课教学内容，在沿海各渔区的中小学校设立的 12 个教学点试行。

此举为惠东渔歌的深入推广及培养传承人创造了条件，是惠东海洋文化深入宣传的有效措施。

与惠东渔歌相似，广州波罗诞也是广东海洋文化宣教的良好载体。波罗诞又称南海神诞，是广东百姓纪念南海神诞辰的一项极具地方特色的海洋民俗宣传活动。庙会活动时间现为7天，内容精彩，形成了以南海神庙为核心，以波罗诞庙会为载体，集游乐、工艺、美食、民俗、非遗展示等活动于一体，全面展示广东海洋民俗文化艺术的民间文化盛事，受到了广大民众的热情追捧，参与人数从首届的近30万人次到2014年的115万人次，文化宣教效果良好。

（二）外来借鉴

1. 寓教于乐的外国志愿者海洋文化宣教

2014年6月，宁波诺丁汉大学埃塞克（AIESEC）学生组织与蓝丝带海洋保护协会组织了来自9个不同国家的11名志愿者，在三亚加拿大国际学校开展了一场生动的海洋环保交流活动，以寓教于乐形式普及海洋保护知识与理念。活动形式包括展示海洋环保视频、讲述海洋知识、举办海洋知识竞答、来自英国布里斯托大学地理系的Becky教授海洋环保课程等，课间穿插各国特色歌舞表演与儿歌教学，志愿者还从家乡带来的饼干和大家一起分享，活动过程轻松愉快，感染力强，宣传效果良好。

寓教于乐是海洋文化宣教的较高境界，即海洋宣传教育要通过艺术和美的形式来进行。上述各国志愿者为中国学生举办的海洋环保交流活动带给广东的启示是海洋文化宣教活动可以更加生动有趣，比如，寓教于文化活动、寓教于文艺汇演、寓教于体育竞技、寓教于游艺交流、寓教于游览参观等。海洋文化宣教寓教于乐的形式是多样的，广东在实践中还可以有更多的创新。若能把多种形式的娱乐活动纳入到一个大的海洋文化主题宣传教育中去，力求形式与内容的统一，不断提升海洋文化宣教活动的水平与档次，这样更能增强海洋文化宣教活动的渗透力和吸引力，更能增强海洋文化宣教的效果。

2. 传扬海洋文化的活体博物馆

夏威夷波利尼西亚文化中心是海洋文化保护的经典之作，那里以活体博物馆的形式保存了波利尼西亚人的历史和文化传统。文化中心各村的建筑设施均保持本民族几百年前的传统风貌，即使是各种现代化服务设施，也都带有当地人的民族色彩。精彩的互动式活动从不同侧面反映了各民族的文化特色。

广东的渔民传统文化弥足珍贵，可借鉴夏威夷波利尼西亚文化中心的经验，走海洋文化活体博物馆的路线。具体而言，选定若干海岛规划建设南海海洋文化活体博物馆区，引导、鼓励当地渔民沿袭传统的生活、生产方式，定期在岛上举办各种节庆活动，并且委托文化创意机构对其表演节目进行包装，做到节目每年更换，每节更新，以达耳目常新的宣传效果。

3. 丰富的中国海洋文化节宣教活动

中国海洋文化节，自2005年起，迄今已举办8届，是浙江省海洋宣传活动的重头戏。历届主办单位包括中国海洋学会、中国海洋报社、浙江海洋学院、舟山市人民政府、岱山县人民政府、浙江省海洋文化研究会、国家海洋局、浙江省人民政府、文化部、国家旅游局等。中国海洋文化节，从最初的学术研究和文化娱乐两大主线开始，至今已演化成“民俗·民风”“艺术·学术”“时尚·浪漫”三大板块，活动形式多姿多彩，内涵饱满丰富。历届中国海洋文化节的主要活动如表 7.1 所示。

表 7.1　历届中国海洋文化节主要活动

届别	时间	主办单位	主要活动
第一届	2005 年	中国海洋学会、中国海洋报社、浙江海洋学院	谢洋休渔仪式、海洋主题系列学术研讨会、海洋主题特色博物馆开馆（奠基）仪式、海洋文化主题文体比赛娱乐活动及中国海洋文化节闭幕式五大块
第二届	2006 年	中国海洋学会、中国海洋报社、浙江海洋学院	海洋贝壳博览会、海洋文化民间民俗踩街表演、全省沙滩风筝邀请赛、秀山泥浆节、中国东海海鲜美食大赛
第三届	2007 年	中国海洋学会、中国海洋报社、舟山市人民政府、浙江海洋学院、浙江省海洋文化研究会	休渔祭海大典、沿港踩街巡游活动、首届中国海洋文化论坛暨长江三角洲海洋文化研究交流合作会、海洋文化广场系列文艺晚会、闭幕式第三届“我为泥狂”秀山泥浆节
第四届	2009 年	中国海洋文化节组委会	由祭海谢洋和歌舞谢洋两大板块组成。歌舞谢洋版块包括大型歌舞及杂技节
第五届	2010 年	国家海洋局、浙江省人民政府	传递平安旗、“魅力高亭”大型文艺晚会及系列活动、“魅力东沙”摄影创作展、弄堂游戏大赛、古镇游、民俗民间文化大巡游、精品文化展示、船灯亮化、OK 大家唱、美食一条街、祭海谢洋大典、放流 300 万～400 万尾大黄鱼苗种、中国民间海神崇拜和信仰的特点、祭海文化资源的开发和利用、广场舞蹈大赛、K 歌赛、民间团队表演秀、社区文艺汇演、网格歌星卡拉 PK 赛、泥中拔河、赛木船、“泥护”等、沙滩竞技类项目、环岛集结赛、挑战皮划艇和极限沙滩车、篝火派对、环岛低碳游、组织游客参观岱山海洋博物馆等、徒步走、户外挑战赛、篝火晚会、舟山民俗表演等
第六届	2011 年	岱山县节庆活动领导小组	设计专门“小螃蟹”Logo、举办了第二届中国民间海神信仰与祭海文化资源开发研讨会、首届“岱山杯”全国海洋散文征文大赛等
第七届	2012 年	国家海洋局、浙江省人民政府	休渔谢洋大典、第二届“岱山杯”全国海洋散文大赛、全县青少年龙文化大赛、2012 岱山县百姓文化节、全国舞龙精英赛、全国名作家“蓬莱仙岛”采风、美丽岱山——魅力高亭文化大会、首届东海瀛洲艺术节、第三届东沙古镇弄堂游戏节、第八届秀山岛海泥狂欢节等
第八届	2013 年	文化部、国家海洋局、国家旅游局、浙江省人民政府	历共 14 项主体活动和 7 项配套活动：开幕活动休渔谢洋大典和国际风情海岛秀、海洋生态修复活动、“美丽海洋”全国海洋摄影大赛、国际海洋旅游研讨会、舟山国际海鲜美食争霸赛、首届中国海洋文化“浪花奖”评奖活动、中国舟山国际艺术衍生品展、中国海洋文化论坛、闭幕式活动中国海洋歌会——大海歌谣、舟山群岛国际游艇展、国际海洋“食尚音乐汇”“美丽海洋”全国海洋摄影展、“我为泥狂”海泥秀等

中国海洋文化节的活动异常丰富，其主要活动大致可以分为以下几类。仪式：祭海谢洋仪式、海洋主题特色博物馆开馆（奠基）仪式、休渔祭海大典；节庆："我为泥狂"秀山泥浆节、2012 岱山县百姓文化节、东海瀛洲艺术节、东沙古镇弄堂游戏节；学术：海洋主题系列学术研讨会、首届中国海洋文化论坛暨长江三角洲海洋文化研究交流合作会、中国民间海神信仰与祭海文化资源开发研讨会、国际海洋旅游研讨会、中国海洋文化论坛；艺术：海洋贝壳博览会、"魅力东沙"摄影创作展、精品文化展示、全国名作家"蓬莱仙岛"采风、美丽岱山——魅力高亭文化大会、国际风情海岛秀、首届中国海洋文化"浪花奖"评奖活动、中国舟山国际艺术衍生品展、中国海洋歌会——大海歌谣、国际海洋"食尚音乐汇""美丽海洋"全国海洋摄影展；娱乐：海洋文化民间民俗踩街表演、舟山民俗表演、民俗民间文化大巡游，全省沙滩风筝邀请赛，中国东海海鲜美食大赛，海洋文化广场系列文艺晚会、"魅力高亭"大型文艺晚会及系列活动、大型歌舞表演、社区文艺汇演，杂技节目，民间团队表演秀，传递平安旗，弄堂游戏大赛，泥中拔河、挑战皮划艇和极限沙滩车、徒步走，古镇游、环岛低碳游、组织游客参观岱山海洋博物馆，篝火派对、篝火晚会；比赛："岱山杯"全国海洋散文征文大赛、全县青少年龙文化大赛、全国舞龙精英赛、"美丽海洋"全国海洋摄影大赛、舟山国际海鲜美食争霸赛、户外挑战赛、赛木船、沙滩竞技类项目、环岛集结赛、广场舞蹈大赛、歌唱比赛；环保：放流 300 万 ~400 万尾大黄鱼苗种和海洋生态修复活动。

在中国海洋文化节丰富的海洋宣传活动中，有不少的形式可资广东海洋文化宣教主办方学习与借鉴：

第一，加强海洋仪式类宣传。浙江的祭海谢洋仪式、海洋主题特色博物馆开馆（奠基）仪式、休渔祭海大典等，都带有浓厚的历史韵味与民俗特色，广东可以根据自身情况，将目前较为简单的休渔与开渔活动升格为有广东特色的谢洋祭海仪式类宣传活动。

第二，增加海洋艺术类活动。举办广东海洋艺术品博览会、海洋生产及海洋风光相关摄影展、征文赛、诗文会、音乐节等，发展海洋艺术衍生品产业及举办海洋艺术衍生品博览会。

第三，不断推出海洋娱乐类节目。在各种海洋文化宣教活动中增加由民众参与的海洋娱乐节目的分量。可效仿中国海洋文化节，举办广东海洋民间民俗表演、海洋民俗民间文化大巡游、海洋文化广场系列文艺晚会、渔村游戏大赛、广东海鲜美食大赛、海岛环岛低碳游、海滩篝火派对等。

第四，进一步发挥涉海赛事的作用。可适当增加每年涉海赛事的数量，如滨海挑战赛、渔船竞渡、沙滩竞技、环岛集结赛等，为民众创造更多的感受海洋与热爱海洋的良好机会。

二、影响深远：广东海洋文化建设的方略构建

民众海洋意识的强弱与海洋文化建设力度大小息息相关。加强广东海洋文化建设，对增强民众海洋意识，早日争取建成海洋强省具有积极的意义与深远的影响。而广东海洋文化建设的长远发展，离不开远期建设方略的选择。广东构建海洋文化远期建设方略，应从以下几个方面开展。

（一）完善广东海洋文化教育体系

广东海洋文化建设应以教育为本。借鉴台湾地区的经验，培育民众海洋文化教育体系及运作模式。①规划引领。教育部门配合政府制订的广东海洋文化教育发展战略规划，完成对广东地区海洋文化教育蓝图的整合性布局，在拟定九年制义务教育、职业教育及高等教育纲领时，将海洋文化教育纳入实施方案，有计划有步骤地在海洋专业教育中开展海洋文化素质训练，强化各级学校学生的海洋文化素质。确立广东地区海洋文化教育未来发展的远期目标、方向及策略。②多措并举。建立专业教育网站、安全和高质量的海洋文化体验场所、海洋文化相关科研院所等，形成策略联盟，建立产、学、研合作机制，鼓励各层次教育机构共同举办海洋文化教育活动，或联合民间社团、文教基金会、学术机构等民间企业团体，为民众提供其他海洋文化教育资源，从而形成全社会共同参与海洋宣教与海洋文化建设的强大推动力，提升广东海洋文化影响力。

（二）构建广东现代海洋公共文化服务体系

海洋公共文化服务是指：为保障民众基本海洋文化权益，由政府主导、社会力量参与提供的各种海洋公共文化设施、产品、活动和服务。这是一种涉海的、均等的、基本的、公益的、便利的公共文化服务。在这种理念指导之下，建立相应的、适应现代社会需求且具有时代特征的组织体制、运行机制、政策体系、服务系统、传播方式，从而构成具有时代性、创新性和开放性的政府和社会力量向民众提供基本海洋公共文化服务的制度安排。在广东现代海洋公共文化服务体系构建的初始阶段，其重点任务主要包括：①建立广东公共海洋文化服务体系建设协调机制；②促进广东基本公共海洋文化服务标准化、均等化；③推动广东公共海洋文化服务社会化发展；④加快广东公共数字海洋文化发展；⑤广东海洋文化事业单位建立法人治理结构，创新管理体制和运行机制。

（三）推动广东海洋文化传播现代化发展

推动广东海洋文化传播向技术先进、传输快捷、覆盖广泛的现代化发展。硬件方面：积极推进广东海洋文化数字出版、数字印刷、数字发行、数字阅读，构建面向多屏幕、多终端、多播出平台的广东海洋文化综合制播系统，从而提升广东海洋文化相关信息发布、节目传输和接收的质量和水平。软件方面：① 强化互联网思维。即广东海洋文化传播的互动思维。在推动广东海洋文化传播的过程中，应当树立民众观念，注重民众体验，满足多样化、个性化的民众需求。② 增强借力发展意识。广东海洋文化传播应充分利用互联网等领域的成熟技术、平台与沟通渠道，实现自身的快速发展。③ 加强本土化建设。本土的才是最具魅力的。积极引进本土优秀海洋文化人才，建立本土化公司，逐步实现海洋文化信息采集、编辑制作等业务流程本土化运作，切实增强广东海洋文化在广东本土传播的实效。

（四）提高广东海洋文化开放水平

①加强国内话语体系与国际话语体系建设。由于广东是融合粤语、客家话、潮汕话的方

言大省，因此，深入研究省外及国外受众的心理与习惯，着重打造融通内外的易于被省外及国外受众所接纳的表达方式，是扩大广东海洋文化的传播范围的必经途径与重要手段。②与省外及国外加强深层次海洋文化交流。树立广东海洋文化的自信与自尊，对外传递广东海洋文化的优秀成果与先进理念，推动广东与省外及国外的海洋文化互促互鉴，增强广东海洋文化的国内影响力与国际感召力。从而为世界认知中国海洋文明而作出广东应有的努力。③拓宽省外及国外的传播渠道。加快跨省与跨国海洋文化企业、媒体、广东海洋文化海外基地等海洋文化传播阵地建设的步伐，融合新旧媒体，引导新科技与文化整合，扩大广东海洋文化传播的国内网络与国际网络的覆盖度。

从长远来看，广东海洋文化建设方略的构建，将从完善的广东海洋文化教育体系、构建广东现代海洋公共文化服务体系、推动广东海洋文化传播现代化发展、提高广东海洋文化开放水平等方面开展，这将会为广东的发展带来深远的影响。扬己之长，兼收并蓄，高屋建瓴，勇于开拓，广东海洋文化建设必将迈上新的台阶。勇立潮头，上下齐心，爱海护海，共同努力，广东海洋强省建成指日可待。

第二节　经略海洋，发展海洋经济

一、海洋产业结构的大调整

（一）提升海洋传统优势产业

广东省传统优势海洋产业包括海洋渔业、海洋交通运输业、海洋油气业、滨海旅游业等，是广东省海洋经济的支柱产业，而随着目前广东省经济转型的迫切需求，传统海洋产业的升级改造，直接关系到广东省的海洋经济能否由数量增长型过渡到质量提高型。因此，需加大科技创新力度，优化产业结构，巩固其传统优势，进一步夯实传统优势产业在广东海洋经济发展中的基础地位。

1. 海洋渔业

总体来说，随着海洋渔业资源的减少和污染，广东要发展现代海洋渔业需严格控制近海捕捞强度，用高技术改造海水养殖业，大力发展远洋渔业和休闲渔业。

重点研究新养殖品种人工繁殖和大量生产种苗技术，主要海水养殖鱼虾的营养需求研究与配合饲料开发，海洋养殖高效饲料加工技术，优质、高产、高效增养殖技术，抗风浪网箱养殖技术，海洋渔牧化综合技术等。扶持具有开发外海渔场能力的龙头企业、渔业合作组织实施渔船改造，形成一批装备先进、适应深海作业的捕捞渔船。

远洋渔业资源开发和近海渔业资源的增殖技术主要研究远洋渔业资源评估开发技术和浅海、滩涂、海湾生物资源增殖技术，通过评估广东远洋渔船作业的渔场和附近海域以及其他有开发前景的渔场渔业的种类数量、开发潜力和经济效益，研究增殖种类、增殖生态环境、增殖方式，从而促进渔业资源的可持续利用。

积极发展水产品精深加工业。对产业结构进行调整，以水产品保鲜、保活和低值水产品精深加工为重点，实现水产品加工废弃物的综合利用。发展海洋水产品精深加工及配套服务产业，形成捕捞、冷冻、加工、市场、服务产业链。用高新技术改造和建设水产品加工企业，提高水产品加工特别是传统风味水产品加工的机械化和市场竞争力。培养和形成一批具有较强科技创新能力的龙头企业，提高海洋水产品的国际竞争力。

积极发展休闲渔业。制定适合广东海洋休闲渔业发展的战略规划，鼓励并扶持海洋休闲渔业的发展，开发休闲养殖垂钓型、涉渔运动观光型、渔业生产体验型、综合旅游服务型、观赏教育娱乐型等多样化发展模式，完善管理机制，健全休闲渔业保障体系。

2. 海洋交通运输业

打造珠江三角洲、粤东、粤西沿海港口群，促进形成优势互补、分工协作、整体竞争力强的沿海港口体系。加快集装箱、煤炭、矿石、油品等大型专业化泊位建设，提升港口专业化运输能力。加快疏港铁路、公路等基础设施建设，完善沿海主要港口集疏运系统，增强集疏运能力。发展综合物流模式，把单一的纯海洋运输向综合物流服务方向转化①，积极发展和应用多功能复合的运输船和交通运输新模式，提高海洋交通运输效率和效益。重点推进湛江东海岛铁路、南沙港疏港铁路、粤东疏港铁路、珠海高栏港高速公路等项目建设。积极拓展港口的航运、商贸、信息、物流、金融等服务功能，推进临海工业港城一体化建设，建设现代化多功能港口群②。

发展海运船舶，扩大港口建设。为了海洋运输业保持现有优势，不断发展，应不断提高运输装备的自主开发能力，改善船舶的动力性、安全性、舒适性；淘汰类型单一、吨位较小的散杂货船队，提高集装箱船、滚装船、干散货船、油轮、液化气船等多种功能齐全、技术先进、专业化的船舶拥有量；形成大、中、小型相衔接，高、中、低档相互补的运输装备发展格局。此外，还要搞好配套设施建设，提高储、运、装、卸现代化水平，增强集疏能力，提高集装箱港口的装卸效率。

加强省内运输互补，促进区域合作。应注意加强省内港口的通力合作，进一步搞好沿海港口的规划布局，加快建设大型综合性公共码头，提高广东省港口的吞吐能力和综合竞争力。要做大做强港口，必须打破行政区划限制，用港口群的自然属性和经济规律协调发展，在市场竞争中对港口进行资源整合，巩固枢纽港的主导地位，充分发挥支线港和喂给港的辅助作用，在共有腹地中相互依存，在互补中形成规模效益。

改善港口环境，提高服务质量。海洋运输业作为一个综合性的系统，其建设和发展与其他行业有较强的关联性。所以首先要改善广东港口的环境，包括改善港口的自然环境、经济环境和商业环境。只有港口的综合环境得到了提升，临港工业才能同运输业形成互动，得到顺利发展。此外，必须完善港区商品、卫生检验、通关程序，以及健全船舶修理、船员及其他港口运输从业人员生活后勤服务，形成交通运输咨询、市场情报服务等一整套服务网络，建立集货物装卸、运输、仓储、水陆联运、中转、代办代运、船货代理、进出口代理于一体

---

① 海洋经济可持续发展战略研究课题组．我国海洋经济可持续发展战略蓝皮书［D］．海洋出版社．2012. 10. P118.

② 广东省人民政府．广东省海洋经济“十二五”规划.

的港口服务体系，为海洋运输业发展和物流中心建设提供全方位的服务保障，促进港口生产经营进一步规范化，实现海洋运输业的快速发展。

3. 海洋油气业

由于广东濒临南海，南海开发离不开广东省的政治、经济资源的支持，广东也具备条件加入这种开发，如何在争取这一资源的开发利用，关键在于对这一产业的高度认识，应抓住国家推进南海深海油气资源开发的契机，加快发展油气资源勘探、开发、储备和综合加工利用。加大海洋勘探开发力度，进一步完善近海石油勘探开发技术体系。加强深水油气资源开发技术研发，提高深海油气开发的技术水平，加快开采深海油气资源。支持广州、深圳、珠海、湛江、惠州等地建设深海油气、天然气水合物资源勘探开发及装备研究、生产基地，积极推进省部合作，依托全国深海研究力量，研究解决南海深水油气资源勘探、开采、储运、工程装备制造等领域的技术难题，为南海油气资源开发做好技术储备。依托油气开采，形成油气资源综合利用产业链。鼓励与中海油等央企合作开发南海油气资源，在广州、深圳、珠海、湛江等地建立南海油气开发的服务和后勤保障基地。启动依托油气资源的高附加值大型能源项目，重点建设大型 LNG 输气、发电项目，继续建设沿海油气战略储备基地，提高油气商业储备能力。

加强油气开发设备、技术和服务研究，勘探开发油气资源，发展油气加工业。推动海洋工程和技术服务业的发展，启动具有高附加值的依托油气资源的大型能源项目，综合开发利用油气加工废弃物和副产品，延伸油气资源综合利用产业链。

加强区域协同发展。加强区域统筹规划，集中省内资源协调利用，对省内各区域海洋油气产业发展进行专业化分工，产品差异化定位显得尤为必要。结合粤东、粤西油气炼化产业布局、区位特点及现有基础，明确本产业的定位，因地制宜，展开分工协作，避免“盲目”扩大产业规模和低质重复性建设，实现区域协同发展。推进海洋油气与上下游产业的战略合作，建立行业间以重点产品或共性关键技术为纽带的协作同盟，协调解决区域行业合作中的各种问题，强化供需双方在技术、新产品研发等领域的交流与协作，加快建立区域协作加工、配送等社会化服务体系。同时加强陆海统筹战略，推进陆上油气业与海洋油气业的战略合作，特别是陆域油气资源勘探方面可以为海洋油气资源开发积累丰富经验，就加强陆海结合，实现联动发展。此外可利用广东毗邻南海的地理优势，与环南海国家进行区域合作，加强三沙地区的油气盆地的勘探与开发，建立互利共赢模式，保证国家石油安全，促进海洋经济的可持续发展。

强化科研开发力度。油气资源的开发属于知识密集、技术密集型的行业，从海上油田的勘探、钻探、开采和油气集输到提炼的全过程，几乎全靠高科技的支撑，持续研发投入，加强科研开发力度是产业发展成功的保障之一。加强海洋油气业的研发力度，提升自主创新能力，尤其是提高研发设计和总承包能力设计。当前设计和总包两头在外的局面严重制约了油气产业的发展，限制了产业链条的延伸并影响了我国海洋工程装备制造业对国民经济拉动作用，因此有必要强化关键技术的科研设计，注重引进技术的吸收、消化，形成二次创新，大力开展集成创新，积极培育原始创新能力，通过合作攻关自主研发，逐步掌握海洋油气勘探开采的关键核心技术，打破国外核心技术的垄断，提高海洋油气业的附加值。同时科研开发要尽可能贴近市场需求，让产品更加适应市场与客户的要求，才能加速科研创新成果产业化，引导“产、学、研、用”相结合，鼓励产业技术创新战略联盟围绕产业链开展技术创新，推动实现重大技术突破和科技成果产业化。

4. 滨海旅游业

依托广东省丰富的岸线、人文、海洋文化等资源优势，以改善旅游环境，打造旅游品牌，提高产业水平，提升产业素质以及促进产业升级为战略措施，推进旅游信息化，提高旅游业发展水平。着力打造高端旅游业，建成国际高端滨海旅游目的地，突出海洋生态和海洋文化特色，重点发展滨海度假旅游产品。大力发展邮轮、游艇旅游，加强粤港澳邮轮航线合作。

滨海旅游资源的开发技术。通过对广东省滨海风景旅游资源结构、旅游客源市场结构、接待服务设施结构等综合研究，借鉴世界滨海旅游发展经验，大力发展度假旅游、生态旅游和海上体育活动，加强旅游市场和旅游容量的基础研究，全面提高滨海旅游的文化含量和科技含量，强调以人为本、天人合一的开发理念，提出广东滨海旅游发展的重点旅游项目及相关配套技术，包括海上体育运动基地及配套技术；海底潜游及配套技术；海岛观光与万山群岛海上生态公园的建设；滨海景区沙荒地绿化与污水处理技术。

完善基础设施建设，奠定滨海旅游基础和发展优势。广东省内各旅游区应加强交通、住宿等基础设施建设，形成食、住、行、游、购、娱“一条龙”服务，以吸引更多的游客。此外，为减轻强风暴浪对海岸及滨海旅游工程的损害，提高风险防范意识十分重要，同时要加强工程选址、结构和材料的可靠度研究。观赏性与防护性相结合的护岸工程不仅为人们提供了观海游览的场所，同时具有防强风暴浪的综合效益，加强这些护岸的养护和维修是保证旅游业发展的基础条件。

推进优势品牌建设，提升城市滨海旅游形象。推进优势品牌建设，高档化策略主要体现为在建设上要瞄准国际水准，科学精心地规划，积极审慎地开发，高标准高质量地建设。具体包括：高起点做好广东省海滨旅游城市规划，高品位选择旅游开发项目，高标准建设旅游景点，对旅游开发商实行高门槛进入。广东省海滨旅游资源丰富，但知名度较低。作为滨海大省，并未打造出在国内极具知名度、影响力的滨海市如大连、青岛、厦门，更不能与国外著名滨海旅游地区相比。如果广东省滨海旅游资源开发还走传统模式，走中低档市场，就很难形成自己的优势和特色，将无法取得成功并会对广东省内优良的海滨旅游资源造成一定程度的破坏和浪费。

细分旅游客源市场，进行科学旅游市场定位。广东海岸线漫长，有许多地区可以开发滨海旅游，但各个旅游区要有市场细分，针对不同的市场，提供不同的产品和服务。广东滨海度假区建设时间短，旅游产品少，知名度不高，再从国内旅游业的发展看，近几年我国旅游客源市场中，国内客源迅速增长，已成为中国旅游业的主体。广东滨海旅游的市场定位应以国内市场为主体，按国内度假者的消费水平来调整建设规模和档次；再挑选一、二个区位、资源和基础较好的度假区，作为重点建设开拓海外市场的基地，集中力量推向海外。

强化环境保护意识，大力倡导滨海生态旅游。在滨海旅游发展的过程中，游客旅游的热点转变为以精神追求为主的生态旅游及注重低碳环保的生态理念，未来滨海旅游的发展还体现在旅游的深度开发、体现社会责任、关注民生、注重细节与精致的人性化旅游、对低碳和生态旅游的关注以及滨海区域与城市的整合等趋势上。滨海旅游业未来要加强基础设施与生态环境建设，进一步突出海洋生态特色，科学确定旅游环境容量，促进滨海旅游的持续发展。

①保护自然景观的原真性。不要对原有的自然景观加太多人为的装饰，因为现代人的滨海度假旅游目的在于感受原汁原味的蓝天碧海，太多人为的人工的反而破坏了自然景观的原有本色。

②合理开发资源。沿海地区在开发滨海旅游当中，要结合自身的条件，制定出滨海旅游的开发计划，将今后所有的滨海旅游开发活动，全部按计划有步骤地实施，避免重复建设、低效开发和破坏滨海旅游资源。

③树立环境保护意识。通过媒体的宣传、教育，使游客及居民的海洋旅游环保意识得到提高并对旅游相关部门人员进行环境保护、滨海旅游生态相关知识的培训，使其建立其可持续发展的旅游观，这需要旅游局和环保局的密切配合。另外，从中小学抓起，以高等教育机构为主，增设有关滨海旅游环境、海洋生态旅游及旅游可持续发展等相关内容，提高旅游管理人员、从业人员的专业知识、技能和意识，为滨海旅游的可持续发展储备人力资源。

④开展滨海旅游度假区环境监测工作。掌握滨海旅游度假区环境状况及变化趋势，对其生态环境质量进行综合评价并通过媒体发布各重点滨海旅游度假区的生态环境质量现状和预报，供游人和决策部门参考。

构建多样化产品体系，打造个性化滨海旅游区。由于滨海旅游具有季节性的特点，广东省的滨海度假区要注重产品的多层次开发，大力开发海上休闲旅游、滨海度假旅游、生态渔业观光旅游、渔村文化旅游、海洋科普旅游等产品，全面拓展滨海旅游产品结构，突出健康、环保的绿色生态旅游，引导游客由观光型向度假型产品过渡。除了开发高质量产品外，还应开发海洋特色观光，如海水养殖观赏、海底世界探奇、红树林观光；海洋文体娱乐，如潜水、垂钓、滑翔这类游乐体育项目；旅游区更应挖掘能突出本地人文特色文化的内容并通过深化其历史内涵，增大其参与性来吸引更多游客。度假地一般环境优美、交通便捷、经济活跃，旅游地应大力发展商务会议旅游，提供会议服务和培训基地，会议旅游潜力巨大。

加大政府资金支持，形成旅游产业链管理系统。广东省各沿海市的滨海旅游应发挥市政府的主导地位，由市政府统一规划，整体开发。地方政府、旅游局按照规划去执行，同时要通过主动服务引导开发建设。这样可避免投资浪费和经营的恶性竞争。各地区间的景点还可以相互补充，形成整体效应。各沿海市可通过地方、行业立法，加强对旅行社的管理和监督。除此之外，更重要的是要提高旅游行业的整体素质。各级政府可以和当地的高校长期合作培养高素质的导游人才，不定期地组织当地旅行社学习国内外先进的旅行社内部管理、业务经营等经验，这些措施均有望促进旅游业的健康发展。

区域联合与差异化双管齐下，拓宽滨海旅游精品建设。广东省滨海旅游资源丰富，可用于旅游开发的海岛众多，发展滨海旅游拥有地利，此外，广东省周边城市如香港也拥有许多可用于旅游开发的海岛，因此，广东省各沿海市应把握地缘优势，加强与周边地区的合作，将其纳入自身打造滨海旅游城市的内容体系中。广东省滨海旅游资源空间分布差异较大，粤西海滩资源突出，应做大以自然资源为主的滨海旅游；粤东的人文旅游资源优势明显，则应以人文旅游为主；而珠三角地区则较为综合，海岛资源丰富，海滩资源等级也较高，故珠三角地区应整合旅游线路，进一步开发滨海旅游市场。

5. 海洋船舶工业

加快船舶工业结构调整。大力提升高新技术、高附加值船舶（LNG 船、VLCC 船、大型集装箱船、大型矿砂船、高速滚装客轮、大型汽车运输船等）的设计制造能力和船舶配套设备自主开发能力，发展以中高档游艇制造为主的游艇制造业，加快推进游艇休闲港等配套设施建设。提高船舶改装技术水平和修船效率，在做好常规船型修理的基础上，重点发展大型化、高技术、高附加值船舶的维修。

在产品发展方面，重点提高大型散货船、油船、集装箱船等主力船舶的市场份额，逐步实现标准化、系列化、品牌化。增强海洋调查监测和海洋执法管理等装备的研制能力。大力发展救助打捞装备、远洋渔船、大型工程船和个性化游艇等产品。有规划、有重点地支持船用设备发展，提高船用设备生产本土化水平。优先发展船用动力装置、甲板机械等已具备一定基础和优势的产品，打造国际品牌；加强对外合作，促进机舱、装卸和观通导航等自动化系统产品的本土化生产。协同相关行业发展船用钢材、焊材、涂料、电缆等相关产品，保障船舶工业发展需要①。

合理布局海洋船舶工业。以中船集团等大型国有船舶企业为龙头，加快建设广州、中山、珠海三大船舶制造基地。鼓励中小型船舶企业与大型船舶制造企业错位发展，重点发展 10 万吨级以下灵便型散货船、特种作业船等具有特色优势的品牌化船舶产品。加快发展船舶配套产业，重点建设中船大岗船用柴油机制造与船舶配套产业基地。加快推动珠江三角洲游艇产业园建设，重点打造珠海游艇产业研发和制造基地。鼓励东西两翼地区船舶制造企业升级改造，提升产品研发和制造能力。择机在东西两翼布局建设大型船舶修造基地。

（二）培育海洋新兴产业

培育海洋新兴产业不仅是增加海洋经济总量，也是促进海洋产业的拓展和结构优化的重要途径。抓好新兴产业的研发和技术储备工作，开发一批具有自主知识产权的核心产品，扶持做强骨干企业，可为产业发展营造良好环境，为广东省海洋经济发展增强后劲。

海洋生物医药业。主要发展海洋生物活性物质筛选技术，重视海洋微生物资源的研究开发。重点研究开发一批具有自主知识产权的海洋药物。重点研究开发一批具有自主知识产权的海洋药物②。努力开发一批技术含量高、市场容量大、经济效益好的海洋中成药。积极开发农用海洋生物制品、工业海洋生物制品和海洋保健品。形成规模的海洋医药与生化制品业。努力开发海洋生物医药相关产品体系，集成构建具有国际竞争力的产业集群。加强医用海洋动植物的养殖和栽培，建设南海微生物物种资源、基因资源、药物资源库和海洋生物样品库。

海洋工程装备制造业。发展与广东省海洋资源勘探开采、海底工程、海洋环境保护、海

① 海洋发展战略研究所课题组．中国海洋发展报告 2013 [D]．海洋出版社．2014. 10：166.

② 海洋经济可持续发展战略研究课题组．我国海洋经济可持续发展战略蓝皮书 [D]．海洋出版社．2012. 10：122.

水综合利用及航道疏浚工程等相关的海洋工程装备制造业。重点发展海洋钻井平台、移动式多功能修井平台、海洋平台生产和生活模块、从浅海到深水区导管架和采油气综合模块、大型工程船舶、浮式储油生产轮①。推进水下运载装备及配套作业工具系统、海洋勘探开发和监测设备、海洋油气生产设备、海上风电设备制造研发，推进海洋工程装备制造业的专业化和高端化。

海水综合利用业。把发展海水利用作为战略性新兴产业加以培植。编制海水资源综合开发利用规划，推动海水资源产业化开发的全面启动；继续积极发展海水直接利用和海水淡化技术，重点是降低成本，扩大海水利用产业规模，逐步使海水成为工业和生活设施用水的重要水源；积极建设海水淡化及综合利用示范工程和示范城市（海岛、工业园），推进重点行业海水综合利用。按照循环经济的理念，研究开发浓海水制盐、提钾等产业化技术，推进建立相互衔接的海水资源综合开发利用产业链。

海洋可再生能源业。开展海洋能资源普查，科学规划海洋能开发，确定优先开发范围和重点。加快海洋风电、波浪能、潮汐潮流能发电等技术研发。实施示范带动，探索在万山群岛等条件适宜的海岛建设海洋可再生能源开发利用技术试验基地，开展集风能、太阳能、波浪能等发电为一体的海岛独立电力系统应用试点。

海洋高端服务业。积极发展海洋服务业，加快培育和发展港口物流、服务外包、中介服务、信息服务、金融保险、滨海旅游等服务业，推进服务业标准化和品牌建设，重点培育和发展一批规模大、实力强的服务企业。

二、合理调整布局区域经济

针对广东省内海洋资源配置不合理，区域海洋经济发展不协调的状况，根据海域自然属性的特点和区域资源的比较优势，结合经济社会发展水平，实施区域协调发展战略，统筹区域规划布局，调整优化区域空间结构，加强资源整合和产业互动，构建珠三角、粤东和粤西三大海洋经济区。充分发挥珠三角龙头带动作用，重点发展高新海洋产业和现代服务业；强化东西两翼工业主导作用，发挥临海区位和资源优势，重点发展临海石化工业、特色产业和配套产业，形成分工合理、优势互补、协调发展的区域海洋经济新格局。

（一）珠三角海洋经济区

珠三角要创新发展模式，提升发展能力，继续做优做强，辐射带动泛珠三角区域经济发展，继续保持海洋经济在全国的领先地位。重点发展临海重化工业、海洋交通运输业和滨海旅游业，加强城市之间的分工协作和优势互补，整合区域内产业、资源和基础设施的建设，增强珠三角城市群的整体竞争力。

广州、深圳市强化龙头带动作用，加快建设广州南沙港区、深圳盐田港区和大铲湾港区等集装箱码头和专业化码头，推动广州港出海航道二期、三期以及深圳铜鼓航道建设；加快广州南沙开发，大力推进龙穴岛造船基地建设，把南沙区建设成为现代化滨海新城区。珠海

① 海洋经济可持续发展战略研究课题组．我国海洋经济可持续发展战略蓝皮书［D］．海洋出版社．2012. 10：123.

市要大力发展临海石化产业，建设高栏港区和进港航道扩建工程；推进泛珠三角横琴经济合作区建设，推动万山海洋开发试验区建设，促进海洋渔业、滨海旅游和中转仓储三大支柱产业的发展。惠州市重点发展临海石化工业、海洋交通运输业和海洋旅游业，以中海壳牌石化项目为龙头建设大亚湾石化基地。江门市积极推进台山核电项目前期工作，开发崖门航道，抓好海水养殖、捕捞以及水产品精细加工产业；充分发挥川山群岛的港口资源优势，树立游艇、垂钓和海滨疗养等滨海旅游品牌，发展优质、高效、高产的海水养殖业。东莞、中山市分别推进虎门和中山火炬高新技术开发区等临港开发区的发展。

（二）粤东海洋经济区

加快发展以汕头为中心的粤东城镇群，积极构建工业经济带、生态经济带、东延城市经济带三大战略经济带，把汕头市建设成现代产业协调发展、城乡经济整体推进的经济强市，带动整个粤东地区海洋经济的发展。充分发挥侨乡优势，以发展特色型、生态型工业为核心，重点建设汕潮揭石化基地等项目，加快发展海洋水产品精深加工业、海洋船舶制造业和海洋电力业，大力推动滨海旅游业。

汕头市要重点建设汕头港广澳港区，疏浚汕头广澳港区航道，建设海门国家级中心渔港等现代化渔港经济区以及东翼水产品加工流通中心，加快建设海门电厂。南澳县是广东省唯一的海岛县，要打造特色海岛生态游、休闲度假游，开展海上风能发电研究，深化风能基地建设，加强南澎列岛的海洋保护区建设。潮州市加快建设三百门电厂和三百门港区，大力发展规模化、集约化、立体化的海水养殖。揭阳市要加快建设惠来电厂、惠来石碑山风电项目。汕尾市加快建设汕尾电厂和风电项目，推进陆丰核电项目前期工作，积极发展滨海旅游业。

（三）粤西海洋经济区

加快发展以湛江为中心的粤西城镇群，发挥大西南出海口的优势，形成沿海经济新的增长带。加快湛江主枢纽港建设，重点发展外向型渔业、临海重化工业、临海钢铁工业和配套产业。

湛江市加快湛江港建设，发展区域物流基地，开发乌石天成台、城市海港风光、珊瑚礁观赏游区和红树林生态游区等滨海旅游景区，建设优质海产品种苗、养殖和加工流通中心；加快推动东海岛湛江钢铁基地项目前期工作，重点开发龙海天休闲度假游，培育水产品加工业及海洋生物工程等。茂名市要加快发展临海石化工业，积极发展海洋交通运输业和滨海旅游业等第三产业；加强放鸡岛的开发和保护，把放鸡岛建设成为全省无居民海岛开发示范岛，大力发展海洋生态观光、潜水、垂钓、海上运动等旅游项目。阳江市要加快海洋电力业和滨海旅游业的发展，建设阳江核电站和阳西电厂，开展以海洋历史文化、渔家文化和海洋生态为主题的旅游活动；加快海陵岛的开发，大力发展“海上丝绸之路”、休闲疗养和海上运动等多种旅游产品①。

广东要充分发挥海洋资源优势，建设海洋经济强省，强调海洋经济发展的基础和方向，

① 广东省海洋与渔业局．广东海洋经济综合试验区发展规划．2012.7.

充分尊重资源优势。由于珠三角、粤东、粤西和粤北四大区域之间自然条件基础、政策和社会经济、产业结构、基础设施等方面的差异，导致并加剧了珠三角的发展速度远远快于粤东、粤西和粤北地区四大区域之间的发展呈现不平衡的状态，因此在优化开发的空间布局中，应发挥海洋经济对东西两翼的发展的强大带动作用。目前广东省海洋资源的配置利用不尽合理，造成了海洋资源利用与海洋经济发展的地区差距非常大，应加强对地区海洋资源开发与海洋经济发展的协调，加大对欠发达的粤东粤西两翼海洋基础设施建设与海洋经济发展的扶持力度，根据海洋经济发展的战略定位、海洋资源禀赋、资源环境承载力、现有基础和发展潜力，编制海洋主体功能区规划，科学确定各区域的海洋主体功能，合理配置海洋空间的开发强度。以海岸带为主轴，以三大海洋经济区为依托，以临港产业集聚区为核心形成临海产业带，以海洋产业群、滨海城镇群、海洋景观、海岸生态屏障为支撑，通过产业、居住、景观带的科学错位布局，打造宜业、宜居、宜游的广东沿海经济带。

三、推进区域海洋经济合作

（一）完善粤港澳合作圈

调整优化广东的产业结构，提升区域产业发展水平。充分利用 CEPA 优势，加快引入港澳生产性服务业和专业服务业，带动广东现代服务业发展，为港澳服务业的进入提供审批“绿色通道”及一站式服务。推动广东周边、北部山区及东西两翼承接珠三角劳动密集型企业，协助港澳资企业转型升级，积极推进“双转移”。推动先进制造业合作，联手港澳共同承接国际高端项目，打造区域国际品牌，吸引全球龙头企业进驻。完善支持科技创新机制，以建设科技产业园、深港创新圈、穗港创新合作基地为载体，引导外资加大科研投入，发展高新技术产业，建立广东现代产业体系。

创新经济合作方式，使市场机制在经济运作中发挥核心作用。健全粤港、粤澳双方高层会晤机制和行政首长联席会议机制，着重就关键合作事项和重要议题进行磋商和作出决策。完善督促和协调制度，理顺专责小组落实架构，保障有效运作，增强双方对合作议定事项的执行力。鼓励两地学术界、工商界开展多种形式的交流合作，共同参与部分合作事项的推进工作，积极为政府决策提供咨询建议。

加快广东营商环境和规则的规范化、国际化。大胆学习借鉴港澳经济社会发展的成功经验，建立稳定规范的政策环境和与国际通行做法相适应的法制环境。推动粤港澳行业之间建立经常性交流机制，为港澳服务提供者提供沟通联系平台。培育面向粤港澳中小服务企业的公共服务平台，包括电子信息服务平台、电子商务平台、科技创新服务平台、金融服务平台等，鼓励各类企业参与服务市场的竞争，推动建立开放、透明的市场机制。

（二）加强泛珠三角合作

党的十八大作出深入实施区域发展总体战略的部署，十八届三中全会提出构建开放型经济新体制的要求，泛珠三角区域作为丝绸之路经济带和“21 世纪海上丝绸之路”、中国—东盟自由贸易区升级版建设的重点区域，面向未来深化泛珠合作符合国家的战略部署，意义重大。着力推进泛珠三角区域合作，提高国际和区域经贸合作水平。以提升合作水平，拓宽合作领域，推动互利合作，促进共同发展为重点，深入推进区域经贸合作。充分利用 CEPA 机制，构建一体化区域融资平台；进一步扩大对内对外开放，实现投资便利化措施，促进“9 + 2”产业和技术转移；加强区域信用体系建设，建立信息共享机制；加强证券、信托、融资租赁、产业投资基金等合作；建立综合监管机制，增强上市公司融资能力。

（三）推进海上丝路建设

广东作为“海上丝绸之路”最早的发祥地，是“海上丝绸之路”历史最长、港口最多、航线最广的大省，与“海上丝绸之路”沿线国家经贸往来非常密切，在“ 21 世纪海上丝绸之路”建设当中具有不可替代的独特优势。

广东应充分发挥与东盟合作的桥头堡作用，积极争取中国—东盟海上合作基金、中国—东盟投资合作基金和中国太平洋岛国论坛合作基金，探索与丝路沿线各国海洋金融领域合作，推进在广州、湛江设立“海上丝绸之路”海洋渔业贸易中心，以广州作为“海上丝绸之路”的新起点，推动建设“海上丝绸之路”总部基地。

广东省与沿线国家在资源上存在一定差异性和互补性，产业结构和经济实力也存在一定差距，这为广东积极推进“海上丝绸之路”经济发展和实现广东产业转移升级提供了机会。广东可借助与这些国家间的产业梯度差异，推动广东省产业升级。与沿线的大部分国家相比，广东省在新兴产业和基础研发等方面具有一定优势，但也存在创新不够和产业层次低等问题，而沿线不少国家拥有大量的劳动力和环境资源，特别需要引进外资发展本国经济，部分国家在产业创新和研发技术上也值得借鉴。加强产业合作，广东省要充分发挥自身优势，同时也要积极引进和借鉴国外的先进技术。首先，广东省要改变以往的基于生产环节的简单和垂直分工合作，加大与新加坡等国的水平合作，通过整合这些国家的资源和技术，共同实现经济的创新发展，提高产业发展科技含量。其次，广东省应充分利用沿线国家丰富的劳动力资源，将广东的加工制造业引入这些国家，既为这些国家增加工作岗位、扩大就业，又保持自身制造业的持续发展，使广东省既能承接先进国家的高新产业合作计划，又能向较落后的国家转移低端制造业，实现广东产业的双向发展。

“21 世纪海上丝绸之路”沿线国家多是发展中国家，其经济社会发展所需的基础设施都不同程度存在不完善或较落后等问题。完善基础设施，需要大量资金投入，而目前恰恰存在融资渠道和规模有限等难题。为此，要充分利用中国发起设立的“亚洲基础设施投资银行”的平台和框架，加快完善广东与沿线国家的金融合作机制，充分利用现有基金和融资平台，如亚洲发展基金、中国—东盟投资合作基金、“海上合作基金”等重要的双方、多方融资合作平台，为交易双方的基础设施建设提供资金支持。此外，积极探索建立人民币贸易结算中心的路径，扩大人民币跨境贸易融资和结算范围，加快推进人民币可自由兑换和国际化进程，使企业、投资者和个人能够跨境交易人民币。通过建立海上丝绸之路绿色交易通道等措施，加快广东与沿线国家在交易过程中的速度，减少交易障碍，加快资金流动，畅通各经济主体间的交易渠道。

充分利用侨商侨资优势，拓宽资金来源渠道和使参与主体多样化。可通过为粤籍侨商搭建更多的沟通平台，加强与侨商的紧密联系，充分发挥文化教育、新媒体、智库、非政府组织的作用，通过各主体间的交流合作加强广东与丝路沿线各国的交流，如通过召开多层次多形式的侨团商会等，积极引导海外华侨、企业和社会组织参与广东与丝路沿线国家的经贸往来；发挥华侨华人桥梁纽带作用，为粤企“走出去”牵线搭桥，使沿线国家进一步了解广东省建设“21世纪海上丝绸之路”的发展战略，发挥华商在经济、文化往来中的作用。政府部门应制定相关政策措施鼓励各类企业和民间组织参与新丝路建设，进一步加强与丝路沿线国家的联系和合作。

第三节　认知海洋，创新海洋科技

针对广东省海洋科技投入不高，海洋科研整体竞争力在全国沿海省市尚处于中下等水平这种与其海洋经济大省地位较不相称的状况，政府应加大海洋科技投入，实施“科技兴海”战略，积极推动海洋高新技术产业化。

由于海洋科技自身特点以及各种历史现实因素，广东省发展海洋科技面临不少困难与问题。一是海洋科技本身是一种多学科交叉、高难度、高风险、高投入且投资回收期长的技术门类；二是不少海洋技术产品社会需求品种多，但批量小，难以形成规模效益吸引产业部门为其产业化投入大量资金；三是海洋技术进入市场缺乏广阔的销售渠道和专业销售人才；四是长期以来受计划经济体制和观念影响造成海洋科技领域缺乏灵活的人事制度、分配制度和完善的激励机制；五是随着市场的不断开放，有限的海洋技术市场将面临更激烈的国际竞争①。

一、广东海洋科技发展的对策措施

（一）加大海洋科技投入

多渠道、多元化、多层次加大对海洋科技的投入。通过广东省政府财政资金的合理配置和引导，建立以政府投入为引导，社会、企业、民间及外资等参与的海洋科技投入体系，引导社会资本更多投向海洋科技创新。实施分类支持政策，确保重点领域与重点项目的投入，有针对性地加强能力建设。稳定支持公益性、基础性、培育性的海洋科技研究与开发，加大支持节能减排、新能源、深海技术等代表长远需求方向的技术和产品研发，持续提高对海洋基础科学创新的投入。结合广东实际，把解决海洋科技投入作为加强海洋科技工作的根本保障加以落实，有条件的地区要建立海洋开发研究专项资金。发挥广东金融强省的优势，鼓励商业银行扩大对海洋高技术企业的贷款规模，鼓励民营资本投资海洋新兴产业，引导创投基金、风投基金投向海洋新兴产业领域。研究开展科技成果保险试点，探索设立高技术产业保险险种。组织实施广东省重大科技兴海（兴渔）项目，对海洋经济发展具有关键性影响的重大技术项目实行省公开招标，联合攻关，力争使海洋生物、海洋油气勘探、海水利用和海洋

① 容景春，颜学亮，吴壮．广东海洋产业发展方向与对策［D］．海洋出版社．2002. 5：135.

监测等领域科技创新达到国内领先水平，形成一批具有自主知识产权的海洋科技创新成果。

（二）建立科技创新体系，提高科技原创力、科技成果转化率

加强中国南方海洋科技创新基地、广东海洋与水产高科技园、南海海洋生物技术国家工程研究中心、广东省区域性水产试验中心和公共实验室等多种类型的海洋科技平台建设，完善海洋科技创新体系。促进产学研结合，积极培育一批科技型龙头企业，支持发展多种形式的民营科技企业，建设若干个海洋科技开发示范和中试基地，促进科技成果产业化。深入落实广东省各项自主创新政策措施，高度重视海洋科技创新工作的部署和落实，完善符合海洋科技发展规律的创新机制和激励政策，推动海洋高技术企业成为技术创新活动和创新成果应用的主体。建立共享机制，提高各类海洋科技资源使用效率，推进技术创新，进一步加强对海洋技术引进和消化吸收再创新工作的管理和引导，加强知识产权的创造、运用、保护和管理，建立自主知识产权衡量科技创新成果的评价机制，推动建立广东省企业、科研院所和高校共同参与的海洋产业技术创新战略联盟。引导和支持创新要素向企业集聚，完善海洋战略性新兴产业创业孵化环境，切实发挥企业家和科技领军人才在海洋科技创新中的作用，鼓励发展海洋科技中介服务，推进海洋新产品开发和新技术推广。

（三）完善人才激励机制与科研队伍

整合现有海洋科技教育力量，完善海洋科技与管理人才的培养、激励和使用机制，积极引进、培养海洋科技人才和海洋管理人才，逐步建立起一支“开放、流动、竞争、协作”的海洋人才队伍。进一步整合驻粤大专院校和科研院所力量，加快广东海洋大学建设步伐[①]。积极推动海洋高新技术产业化，是将海洋高新技术转化为现实生产力，提高广东整体海洋技术实力的必由之路。政府应对海洋高新技术产业化给予资金和政策上的支持，通过立法和行政手段进行宏观调控，以优惠政策来扶持新兴海洋科技产业的发展，尽量缩短技术成果产业化的转化周期，帮助科研部门尽快将技术优势转化为经济优势，使海洋科技产业成为广东经济新的增长点[②]。

（四）发挥中央驻穗单位作用

青岛拥有众多国家级、中央驻穗海洋科研机构，承担着全国50%以上的国家级海洋科研项目，使青岛能够充分发挥在海洋科技方面的独特优势，为推动山东半岛蓝色经济区建设作出应有的贡献。而广东也拥有众多中央驻穗单位，如国家海洋局南海分局直属科研机构、中科院南海所、中国水产科学院南海水产研究所等，这些科研院所拥有海洋水文、化学、地质、气象、生物、遥测浮标、海洋计量检定、海洋环境质量评价、海洋信息服务等专业队伍及先进的仪器设备，拥有遍布两广沿海的观测站网和遥测海洋环境数据浮标网，有装备比较先进的“中国海监”船、远洋考察船，如能充分发挥这些中央驻穗单位的作用，有针对性加大对

① 刘良宏．广东海洋经济可持续发展研究［J］．海洋开发与管理．2007（3）．

② 王泽宇．辽宁省海洋产业结构优化升级及合理布局研究［D］．辽宁：辽宁师范大学，2006.

其海洋科技研发的投入，必将带动广东海洋科技迈上新的台阶。

因此，广东省应加大海洋科技创新投入，建立省内海洋科技合作交流机制和模式，积极创造条件，推动国内涉海机构及涉海企业间的交流与合作。围绕广东省海洋产业发展及技术需求，发挥中央驻穗单位的作用为地方海洋产业发展提供科技支撑。在构筑现代海洋产业体系方面加强合作，提升海洋渔业、海洋化工等传统海洋产业，推动海洋生物医药、海水利用、海洋新能源等战略性新兴产业发展，推动海洋工程建筑、海洋生态环保、海洋装备制造等产业集群化发展，推动海洋食品加工等传统产业高端化发展。

（五）引入世界五百强企业

目前以世界500强企业为代表的跨国公司通过转让技术、输出管理和直接投资，有力地推动了广东省经济社会的发展。面对当前海洋经济发展的新形势，进一步做好以世界500强企业为代表跨国公司的引进工作，对于推动广东省实施海洋强省战略具有重要现实意义，有利于海洋产业集聚发展，有利于更好地推动海洋经济发展方式转变和可持续发展。

世界500强企业具有规模大、技术先进、研发能力强和资金雄厚等特点，在创新能力、社会责任、人才培养、品牌影响力、自主知识产权和核心技术、国际化能力等方面都处于领先地位，引进后能带动国内外的中下游企业集聚。此外，世界500强企业具有先进的管理模式和企业文化，可以拓宽海洋管理视野，转变海洋产业发展理念，促进海洋产业转型升级，提高广东省的海洋经济综合竞争力。引入世界500强企业可以促进海洋领域国内外的经济合作，提升广东省海洋经济的影响力，有助于扩大市场经济规模、增加税收、扩大就业。

广东省应全面贯彻落实科学发展观，以经济转型升级为主线，抓住有利时机，加强投资促进工作，加大政策支持力度，优化投资服务环境，立足现有海洋产业基础上，着力引进世界500强企业投资先进制造业、海洋高新技术产业、海洋现代服务业、海洋新能源和节能环保产业，充分发挥其在广东省海洋经济转型升级中的重要作用。

二、中长期广东省需开展的海洋科技项目

根据广东现有海洋科技发展现状，结合国内海洋发展战略定位及广东省未来海洋经济发展需求，建议中长期广东省开展的海洋科技项目如下。

（一）海洋生物资源综合开发技术

①海洋药物及海洋功能食品资源调查、筛选和开发研制技术重点研究抗癌、抗心血管病海洋药物的开发技术和其他新药的研制，构建基因文库技术等。

②远洋渔业资源开发和近海渔业资源的增殖技术主要研究远洋渔业资源评估开发技术和浅海、滩涂、海湾生物资源增殖技术，通过评估广东远洋渔船作业的渔场和附近海域以及其他有开发前景的渔场渔业的种类数量、开发潜力和经济效益，研究增殖种类、增殖生态环境、增殖方式，从而促进渔业资源的可持续利用。

③海水养殖技术。重点研究新养殖品种人工繁殖和大量生产种苗技术，主要海水养殖鱼虾的营养需求研究与配合饲料开发，海洋养殖高效饲料加工技术，优质、高产、高效增养殖

技术，抗风浪网箱养殖技术，海洋渔牧化综合技术等。

④海洋水产品深加工技术。重点开发和推广水产品加工副产品的综合利用技术，速食水产品系列开发技术，海藻综合高效开发利用技术，海洋生物产品综合利用及保鲜、保活技术，大宗贝类的清洗、脱毒技术，海洋产品的单体冻结新技术等。

⑤防病抗病技术。重点研究主要海洋经济鱼、虾、贝病害快速诊断及防治技术、主要水产品的疫苗与抗体开发技术等。

⑥渔业设施。重点研究抗风浪网箱技术装备、渔船用低成本海水淡化设施、渔获物冰水保鲜技术、工厂化养殖设施技术与水处理与循环利用系统技术、苗种培育配套装备、鱼、虾、贝苗养殖地的越冬恒温系统及设备的研制等。

（二）海水资源开发利用技术

①海水直接利用技术。研究利用海水冷却的技术及相关技术（防腐蚀、防生物附着等技术以及海水循环冷却方式等）并在临海的发电、化工等用水量大的企业推广海水冷却技术，在部分沿海城镇和海岛逐步推广海水直接利用的技术。

②海水制盐新技术。研究、引进一次性连续成盐等新技术，提高广东原盐自给的能力。

③海水淡化技术。加强海水淡化现有技术适用性和经济性的研究，努力降低海水淡化的生产成本，逐步满足沿海地区和海岛开发对海水淡化日益迫切的要求。重点在减少能耗和能量回收以及提高水的回收率等方面降低成本，着重于造水与发电、淡化与浓缩、分离与精制等多重目的和效用的开发研究，并且向装置大型、自动化和现代化方向发展。

（三）海岸与海洋工程技术

①海岸工程技术。重点加强油码头的单点前泊的试验与应用，新型浮式防波堤的试验，新型港工混凝技术的试验与应用，沙质海岸港口泥沙输移系统的试验，海湾水库工程技术等应用技术的研究。

在应用基础理论研究方面加强砂质海岸（华南特色）泥沙输移机理研究以及暴浪增水情况下的海堤稳定性研究。

②海洋工程技术。重点研究海洋环境监视技术，水下施工技术（包括软基处理、硬基处理、港工混凝技术等），深潜技术，水下通讯技术，防腐和生物附着技术，海洋工程地质调查技术等。

（四）海洋能源及矿产开发应用的新技术

①海岛风能开发技术。通过应用高新技术来开发利用海岛风能资源，为海岛建设提供能源，带动其他开发项目的开展，从而推动海岛经济的发展。当前的研究重点是解决风能发电设备国产化中的关键环节并加强建设南澳岛风能发电试验示范基地。

②海洋油气勘探开发技术。重点研究地球物理勘探及数据处理技术，海洋深钻技术，海洋采油平台工程技术等。

③滨海矿产资源的勘探开发与利用技术。重点研究海滨矿产的勘探新技术，滨海矿产的

综合利用技术等。

（五）滨海旅游资源的开发技术

通过对滨海风景旅游资源结构、旅游客源市场结构、接待服务设施结构等综合研究，借鉴世界滨海旅游发展经验，大力发展度假旅游、生态旅游和海上体育活动，加强旅游市场和旅游容量的基础研究，全面提高滨海旅游的文化含量和科技含量，强调以人为本、天人合一的开发理念，提出广东滨海旅游发展的重点旅游项目及相关配套技术，包括海上体育运动基地及配套技术；海底潜游及配套技术；海岛观光与万山群岛海上生态公园的建设；滨海景区沙荒地绿化与污水处理技术。

（六）海域资源和环境评估技术

持续开展近海综合基础调查，对海岸带、滩涂多功能地段、有重大经济开发价值的海岛、主要河口、海湾（珠江口、韩江口、漠阳江口、南渡河口、雷州湾等）开展重点调查，加强研究近海及深远海的重要海洋生物的分布、变动规律，开发南海生物资源考察与利用的新技术，加强对敏感海域的海洋资源承载力研究，关注海洋经济可持续发展的关键技术。

（七）海洋监测及海洋灾害预报、预警和服务技术

1. 海洋立体观测探测技术

研发低功耗、小型化的海洋生物化学传感设备，开发生态环境下现场原位测量和水下自航行剖面测量技术，加强卫星航空遥感、浮标、潜标、海底观测平台和装备的集成与应用，开展无人机监测监视、微波遥感、重要生态过程与生态区遥感遥测、海洋航空遥感监测等技术研究，促进海洋观测仪器设备的产品化和国产化，促进海洋监测高技术产业发展，形成近海实时、快速观测能力。

2. 海洋环境灾害预警预报技术

加强研究海洋观测资料数据同化技术，开展海洋灾害特别是南海海域海洋灾害的形成机理研究，加快近海近岸精细化海洋环境预报技术研究；重点研发近岸浪潮流耦合技术和河口与海岸带精细化数值模拟技术，重点海域风暴潮、海浪、等不同灾害类型的社会、经济风险评估技术，海上溢油、海水入侵、海岸侵蚀等海洋灾害预警报技术；开发海平面变化预测与评估技术，研究海洋防灾减灾辅助决策及应急预案系统。

3. 海上活动海洋环境安全保障服务技术

发展重点海域的实时海洋环境预报预警和导航服务技术；开发海上航线、海上渔场和重点区域的海洋环境信息服务技术，及海上活动综合服务保障系统关键技术；研究滨海旅游区及重大海洋工程的环境预报及服务技术，以及近海搜救应急预报和辅助决策系统；加强对海洋航运和物流关键技术的研究，发展多种运输方式的无缝连接技术，开发航运与物流管理决策。

（八）海洋污染防治和生态保护技术

1. 加强海洋生态保护研究

围绕沿海开发与海洋生态保护协调发展的要求，解决制约海洋生态保护和生态修复的理论瓶颈，建立完善近海及海岸带生态系统健康评价、保护、修复和生态灾害控制技术体系，推进基于生态系统的海洋管理，为促进海洋经济与生态系统和谐发展提供科技支撑。

2. 海洋生态修复与污染控制

建立海洋生态修复重建技术体系、监测指标体系和效果评价方法，开发海岸带综合整治及海洋生境保护与修复的指标体系和技术标准；深入研究多源污染物入海定量评估模型和生态毒理学评价方法、新型污染物的分析与监测技术、评价基准，基于近岸海域环境质量的流域污染总量控制技术，研发适应“供给侧改革”和“经济新常态”条件下新型工业化城镇化要求的海洋产业集群海洋污染防控技术体系，建设海洋生态文明示范区。

3. 海洋生态灾害评估与人体健康维护

深入研究海洋赤潮的灾害控制关键因子、技术指标体系和风险预警技术，研发生态灾害高效防治技术；开发海洋外来生物入侵的生态效应评估和防控技术，与人类健康有关的海洋病原生物流行特征与危害调查评价技术；发展新型的海洋分子生物学检测方法，加强对新病原体、毒素和污染物的引入过程和引入影响的研究，加强对其影响人体健康、传染和流行、防治与控制的监测、评估和预报研究。

（九）海洋基础性研究

海洋基础性研究方面，建议分期分批进行下列研究：广东海岸带和海岛可持续发展综合研究；南海北部重要盆地地质、地球物理勘探及油气资源远景评价；华南沿海自然灾害及其减灾、防灾对策研究；重要海湾、河口上升流区生态系调查及其资源综合开发利用模式研究；广东沿海经济开发区、石油开发区的海洋环境与工程地质、地壳稳定性研究；海洋遥感与卫星海洋学研究；海洋水产种苗资源与遗传改良及水产养殖增殖、病害防治研究；海岸带区域水资源开发和保护研究；海洋调查与开发的高新技术应用研究。

第四节　美丽海洋，保护海洋环境

党的十八大首次提出建设“美丽中国”，这是我们党对中国特色社会主义总体布局的深刻认识，是对亿万中华儿女的强劲号召。建设美丽海洋是“美丽中国”的重要组成部分，美丽中国与美丽海洋相辅相成、相得益彰。蓝天碧海是建设美丽中国的重要目标，而保护海洋生态，维持良好的海洋环境是建设美丽海洋的重要任务。

广东是海洋大省，随着近几十年来对海洋开发利用活动，海洋生态环境出现一系列问题，主要表现在资源总量减少、多样性程度降低、整体开发潜力减弱。广东未来需遵循全球生态文明时代的价值观，秉承经济文明和生态文明“两手抓，两手都过硬”的基本方针，转变海洋开发模式，转变海洋环保理念，维护海洋生态系统平衡，共建生态文明，良好的生态环境成为海洋强省战略重要的彰显体系。

一、海洋生态文明示范区建设

生态文明，是指人类遵循人、自然、社会和谐发展这一客观规律而取得的物质与精神成果的总和；是指以人与自然、人与人、人与社会和谐共生、良性循环、全面发展、持续繁荣为基本宗旨的文化伦理形态。党的十七大报告将“建设生态文明”作为全面建设小康社会的新要求，是建设和谐社会的必然要求。十八大更是将生态文明建设放在突出地位，提出建设生态文明是关系人民福祉、关乎民族未来的长远大计，把生态文明建设融入社会主义建设“五位一体”的总体建设布局。十八届三中全会对生态文明建设理论和实践作出了全面系统的论述和部署，提出要“加快生态文明制度建设”“建立系统完整的生态文明制度体系”。从理论到制度，从倡导到落实，构建科学的制度体系已经成为深入推进生态文明建设的首要任务。

依据生态文明的理念，海洋生态文明的核心是追求人与海洋、社会经济的和谐，保障海洋经济发展和海洋环境保护的和谐统一，以海洋经济的繁荣来维护海洋生态环境的平衡，以海洋生态环境的良性循环来促进海洋经济开发，两者相互促进，最终形成一个和谐共荣的海洋生态文明的格局。依据国家海洋局下发的《关于开展“海洋生态文明示范区”建设工作的意见》，海洋生态文明建设已作为我国“十二五”海洋事业发展的战略目标，海洋生态文明建设将推动我国沿海地区经济社会和谐、持续、健康发展。

为贯彻落实党的十八大关于生态文明建设的总体部署，大力推进海洋生态文明建设，2013 年 2 月 16 日，国家海洋局对外公示首批国家级海洋生态文明示范区名单，共有 12 个市、县（区）入选首批国家级海洋生态文明建设示范区，广东省的横琴新区、南澳和徐闻县进入首批海洋生态文明示范区。海洋生态文明示范区建设的主要任务在于优化沿海地区产业结构，转变发展方式；加强污染物入海排放管控，改善海洋环境质量；强化海洋生态保护与建设，维护海洋生态安全等。广东省建设海洋生态文明示范区的主要任务是重点加强对珊瑚礁、海草床、红树林、滨海湿地、海岸带等海洋生态系统的保护、修复；加快建设国家级海洋公园；科学利用海岸线，严控围海填海；加大海洋公共服务，优化海洋开发方式；完善涉海法律法规，强化海洋执法监督；转变海洋生产生活方式，合理开发海洋资源，使海洋经济发展和环境保护双赢。

目前，广东省三个国家级海洋生态文明示范区已分别做好建设规划、示范区建设项目实施方案等相关工作，今后将会进一步落实建设项目，示范区建设的相关配套管理制度。广东以创新模式，大力推动广东省海洋生态保护和建设，推动全省海洋生态文明的发展。主要工程包括率先开展以贝类增殖、海藻养殖、海草种植为主要内容的海洋蓝色碳汇试点；选择重点海域开展海洋环境容量和总量控制试点，会同有关部门共同建立重点海域入海污染物总量控制工作机制和陆海监测信息共享制度；加强海洋生态环境修复，建成一批海洋生态环境修复示范区；积极推进海洋保护区和海洋公园建设，开展海洋生态旅游试点；强化海洋环境风险监视监测与环境事故应急处置能力；探索建立海洋环境责任考核机制，积极推进开展海洋环境保护责任考核试点等。

二、实施海洋生态红线制度

（一）海洋生态红线划定的意义

党的十八届三中全会作出划定生态保护红线的重要战略部署，对优化国土空间开发格局、构建科学合理的生态安全格局、促进经济社会可持续发展、推进生态文明建设具有十分重要的现实意义。加快建立实施海洋生态红线制度、实现海洋生态红线的科学划定和严格管控，是落实党中央和国务院重要精神、推进海洋生态文明建设的重要举措，是协调沿海经济社会发展、优化沿海开发利用格局的有效手段，也是遏制海洋生态环境恶化趋势、深化海洋生态环境保护工作的有力抓手。

2011 年，《国务院关于加强环境保护重点工作的意见》和《国家环境保护“十二五”规划》均提出，“编制环境功能区划，在重要（点）生态功能区、陆地和海洋生态环境敏感区、脆弱区等区域划定生态红线”，这标志着生态红线正式从区域战略上升为国家战略，是我国生态环境保护的重大突破，反映出我国生态环境保护由污染治理向系统保护、从事后治理到事前预防的战略性转变过程。

海洋生态红线制度是指为维护海洋生态健康与生态安全，将重要海洋生态功能区、生态敏感区和生态脆弱区划定为重点管控区域并实施严格分类管控的管理制度。实施海洋生态红线区划是全面贯彻党的十八大“五位一体”总体布局“生态文明建设”和“保护海洋生态环境”的保障，同时也是落实国家海洋局 2013 年全国海洋环境保护工作会“建立海洋生态评价制度”指示精神的重要基础性工作，贯彻 2014 年全国海洋环境保护工作会中提出的“三个体系、六项制度、十项工作”中基础制度中“海洋生态红线制度”的主要行动。

改革开放以来，广东省对海洋开发利用的规模和力度日益扩大，沿海地区经多年的经济社会发展和持续的海洋资源开发已引发诸多海洋生态安全与环境污染问题。近岸海域特别是珠江口等河口海域污染程度不断加重；陆源入海排污尚未得到有效控制；海洋生物资源数量与质量不断下降；过度的围垦和填海消耗了珍贵的海岸线和岛礁资源的同时，对当地的海洋生态系统造成难以逆转的破坏；海洋灾害和污染事故频频发生等。如何平衡海洋生态保护与资源开发的矛盾，切实贯彻国务院“保住生态底线，兼顾发展需求”的要求，是关系到国家安全的战略问题，也关系到广东省海洋资源的可持续利用和经济的健康发展。开展海洋生态红线划定技术方法研究并实施有效管理，是落实海洋生态评价与管控制度建设，协调国家大力发展海洋经济和做好海洋环境保护工作的技术支撑，是提高海洋综合管理管控能力的必要环节，是贯彻落实“十二五”海洋事业发展规划目标，形成人口、经济、资源环境相协调的海洋空间开发格局的重要举措，也是建设好广东省海洋经济综合试验区的具体措施。

（二）广东省海洋生态红线划定方法探讨

海洋生态红线划定具体方法包括如下。

1. 基础资料调研

充分收集资料，充分掌握自然岸线分布、重要河口、重要滨海湿地、特殊保护海岛、海洋保护区、自然景观及历史文化遗迹等海洋自然特征因子；考虑水质、入海污染物、围填海现状、海洋产业分布、岸线利用等人类活动引发的海洋胁迫因子；了解未来用海需求、海洋产业规划布局、产业政策等驱动力因子，为海洋生态红线划定提供基础数据。

2. 确定海洋生态红线控制指标体系

依据国家海洋局的《全国海洋生态红线划定技术指南》，设定自然岸线保有率、红线区所占的面积比例等指标作为控制指标，设定海洋养殖区的面积、入海排污达标率、陆源污染物入海总量、海水水质达标率、围填海利用率等海洋生态红线制度的管理指标。将相关指标逐层分解至沿海各市。

3. 海洋生态红线识别及划定

海洋生态红线划定拟采用区划的思路，具体划定落实到某个空间区域单元，即海洋生态红线区。海洋生态红线区范围界定根据所在海域生态敏感性、脆弱性，以其上位规划《广东省海洋功能区划（2011—2020 年）》为主要参照依据，从保护海洋生态完整性、维持自然属性，便于保护生态环境，防止污染和控制建设活动及便于管理需要进行确定。

海洋生态红线的划定及识别主要依据《全国海洋生态红线划定技术指南》，同时考虑广东省资源环境现状进行海洋生态红线区的识别，同时制定分区分级的管控措施。

4. 海洋生态红线划定的成果形式

广东省海洋生态红线划定的主要成果包括：《广东省海洋生态红线研究报告》《广东省海洋生态红线文本》《广东省海洋生态红线图集》《广东省海洋生态红线划登记表》四份成果，其中《广东省海洋生态红线文本》《广东省海洋生态红线登记表》经省政府批复后作为法定文件向社会公开发布。

（三）海洋生态红线工作设想

1. 做好顶层设设计，明确地方政府是红线制度的执行主体

地方政府是区域海洋生态环境质量的第一责任人，也是海洋生态红线制度的执行主体。广东省海洋与渔业局在开展此项工作前，应做好顶层设计，采取自上而下的工作方式。沿海各地政府应切实提高认识，强化组织领导，明确目标责任，将海洋生态红线制度工作目标、任务和职责逐层分解、逐级细化，制定切实可行的落实方案和考评办法，将红线区管理和责任落实情况作为考察领导干部实绩的重要依据。

2. 全省生态红线的划定工作

目前，广东省的三个国家级海洋生态文明示范区的红线划定的相关成果已经提交，为全省海洋生态红线的推进奠定了良好的基础。在生态红线支撑性专题研究的基础上，可参照三个国家级生态文明示范区即南澳、徐闻、横琴新区的海洋生态红线示范运用结果，总结经验，逐步向全省推广运用。

3. 相关的专题研究

省岸线修测及岸线类型分类专题研究：为符合全国海洋生态红线自然岸线保有率的要求，

建议利用最新的遥感影像对全省岸线长度和岸线类型进行重新界定，以便于更科学地确定自然岸线保有率等相关控制指标。同时，通过编制岸线整治修复方案，提高自然岸线保有率。

典型生态系统与主要生态问题识别：调研典型生态系统状况、胁迫因子及发展状况，包括重要河口、重要滨海湿地、特殊保护海岛、海洋保护区、自然景观与历史文化遗迹、重要海湾、珍稀濒危物种分布区、重要滨海旅游区、重要砂质岸线和沙源保护海域、重要渔业海域、红树林、珊瑚礁、海草床、特殊利用区。对资料不全的生态系统进行科学、严谨的勘界

海洋生态敏感性、脆弱性评价及其压力响应：总结全省海洋生态系统的基本特征，初步筛选广东近岸海域生态敏感性和脆弱性评价指标，启动海洋生态敏感性及脆弱性评价方法研究；识别全省开发过程中生态系统面临的主要威胁，开展典型区域回顾性评价及响应机制研究，探讨各种人类干扰所产生的压力对关键生态区生态系统的影响。识别亟待解决的海洋生态问题及风险。

4. 建立海洋生态红线信息系统

在生态红线划定的基础上，逐步建立和完善全省海洋生态红线信息系统，包括红线空间信息、脆弱性和敏感性分级指标、生态管控的分级分区措施等相关信息，便于实时查询和管理。

三、完善海洋环境保护制度建设

根据十八届三中全会《关于全面深化改革若干重大问题的决定》，按照“源头严防、过程严管、后果严惩”的总体思路，推进海洋环境保护制度建设。

（一）建立“源头严防”的制度

源头严防，是建设海洋生态文明、建设美丽海洋的治本之策。“源头严防”应从3个方面加强制度建设。

1. 健全海洋资源资产产权制度

海洋资源资产产权制度是海洋生态文明制度体系中的基础性制度。产权是所有制的核心和主要内容。我国宪法中规定，除法律规定的属于集体所有的滩涂外，其他的海洋资源归国家所有。《海域使用权》明确规定，海域属于国家所有。海洋资源所有权似乎是清晰的，但是长期以来，国家所有权巨缺乏人格化的代表，在实际的经济运营中是虚拟模糊的。对海洋资源的开发利用和保护的权、责、利关系就无法确定。加强对滩涂、海域等海洋资源的确权登记，建立归属清晰、产权明确、保护严格、流转顺畅的现代海洋资源资产产权制度。

2. 完善海洋主体功能区规划制度

海洋主体功能区规划是科学开发海洋国土空间的行动纲领和远景蓝图，是海洋国土空间开发的战略性、基础性和约束性规划，是建设美丽海洋的基础性制度。目前广东省海洋开发布局不尽合理，局部开发过度与总体开发不足的矛盾，亟须统筹安排和宏观调控海洋区域开发和环境保护的相关工作，将还发开发规划与布局设计提升至战略性决策的高度。在充分考虑全省资源环境承载能力、海洋资源禀赋及开发利用现状并于《广东省主体功能区划》相协

调的基础上，加快完善我国海洋主体功能区规划制度。

3. 建立健全海洋保护区网络体系

海洋保护区作为一种预防性的海洋综合管理工具，是应付海洋环境污染、生物多样性丧失，资源衰退及生境丧失等海洋生态系统压力的重要手段。广东省海洋保护区建设已取得明显成效，初步建立了以海洋自然保护区、海洋特别保护区和海洋公园为主体的海洋保护区网络体系。全省特有的生态系统珊瑚礁、红树林、滨海湿地、海草床以及海岛、海湾、上升流等典型的生态系统和珍稀濒危物种得到了有效的保护，对减缓和控制海洋生态恶化起到了重要的作用。全省应进一步加强海洋保护区网络体系建设，加强海洋生物多样性养护能力，进一步提升海洋保护区面积，优化保护区空间分布格局，真正形成典型海洋生物的海洋保护通道和庇护所。

（二）建立“过程严管”的制度

过程严管，是建设海洋生态文明、建设美丽海洋的关键。“过程严管”的制度体系要加强3个方面的制度建设。

1. 健全海洋资源有偿使用制度

我国海洋资源及其产品的价格总体上偏低，没有体现海洋资源稀缺性特点和开发中对海洋生态环境的损害，必须加快海洋资源及其产品价格改革，全面 反映市场供求、资源稀缺程度、生态环境损害和修复效益。要建立有效调节海洋资源的比价调节机制，提高海洋资源的使用价格，从源头上环节海洋资源的开发压力。深化海洋资源性产品税及配套税费改革，建立公平合理、调节有效的海洋资源税费体系。同时，要建立健全海洋资源开发利用的绿色市场准入制度，抑制不合理的海洋资源开发需求。健全海洋资源的有偿使用制度，引导海洋资源利用产业健康发展，促进海洋资源利用走向科学、合理、永续发展的道路。

2. 建立海洋生态补偿制度

建立海洋生态补偿制度是完善海洋生态环境保护的法律体系，落实科学发展观、建立生态文明、构建和谐社会的重要举措。采取生态补偿来进行干预、调整海洋资源开发中的各利益相关者的关系，是海洋生态破坏者和生态保护的受益者支付相应的额成本和代价，对海洋生态保护着和海洋生态破坏的受害者进行经济补偿，从而积极海洋生态保护行为、一直海洋生态破坏行为，保持海洋生态保护与海洋经济发展的动态平衡，最终实现海洋可持续发展的战略目标。

3. 落实入海排污总量控制制度

总量控制制度是环境保护领域的一项基本制度，也是各国普遍实施的一项制度。虽然近年来我国入海污染物的总量控制制度实施取得了一定成效，积累了一些经验，但总的来说，入海污染物总量控制制度还有待进一步完善。当年实施的入海污染物总量控制主要是通过行政计划方式分解指标，总量控制类型单一、水平不高、指标分配缺乏效率，此外，有些跨行政的湾区在在指标分配上存在明显的弊端。落实入海污染物总量控制制度是抓好海洋环境污染防控工作的根本，要坚持陆海统筹，建立各有关部门联合监管陆源污染物排海的工作机制。要实施主要的陆源污染物排海总量控制，优化排污口布局，加强海上倾废排污管理，实现逐步改善海洋环境质量、建设美丽海洋的目标。

（三）落实“后果严惩”的制度体系

后果严惩，是建设海洋生态、建设美丽海洋必不可少的重要举措。重点从2个方面推进“后果严惩”的制度建设。

1. 建立海洋生态环境损害责任终身追求制

要把海洋生态文明建设状况的指标纳入经济社会发展考核评价体系，着力推动海洋经济向质量效益型转变、着力推动海洋开发方式向循环利用型转变。要对违背科学发展的行为实行责任追究，对拍脑袋决策、拍胸脯蛮干，对造成海洋资源严重浪费的和海洋生态严重破坏的，要从严追究责任。对造成重大责任事故的，要追究刑事责任。建立海洋生态环境损害终身问责制，探索编制海洋自然资产负债表，对领导干部实行自然资源资产离任审计。不以GDP论英雄，引导地方官员牢固树立“攻成不必在我”的发展观念，做出经得起实践和历史检验的政绩。

2. 健全海洋环境损害赔偿制度

当前，我国正面临海洋资源约束趋紧、海洋环境污染严重、海洋生态系统退化的严峻趋势，海洋环境保护工作面临前所未有的压力与挑战。我国有关法律法规中对造成海洋生态环境损害的处罚数额太少，远远无法弥补海洋生态环境损害程度和治理成本，更难以弥补对人民群众健康造成的长期危害。要对造成生态环境损害的责任者严格实行赔偿制度，让违法者掏出足额的真金白银，有利于强化企业的环境责任心，增强环境风险意识，扭转“违法成本低、守法成本高”的不正常现象。健全海洋环境损害赔偿制度，确保海洋环境保护法律责任、行政责任、经济责任的“三重落实”，是保障保护海洋环境，维护公众环境权益的必然要求，同时也是制裁环境违法行为的现实需求。

四、海域海岸带整治修复工程

海域海岸带整治修复工程是指在自然景观受损、生态功能退化、防灾减灾能力减弱，以及利用效率低下的海域海岸带，通过加强管理和实施整治修复项目，修复和改善景观、恢复生态功能、提升防灾减灾能力、提高岸线和海域使用效率等的活动。

自2010年财政部支持中央分成海域使用金返还资助海域、海岸带及海岛整治修复项目以来，近三年来共申请获批的海域海岛海岸带整治修复项目共十多项，中央财政拨款超过2亿元，多数工程包括地方配套。

（一）整治修复规划目标

根据全省海域开发利用过程中海域海岸带自然景观受损严重、生态功能退化、防灾减灾能力减弱等的实际情况，结合全省沿海经济社会发展及环境保护要求、海洋开发利用保护和综合管理实际需要，依据全国和省级海洋功能区划，经过周密调研和科学论证，明确提出本省（自治区、直辖市）或计划单列市海岸防护、沙滩资源修复、近岸构筑物整治、海域清淤、海岸景观美化等项目内容的海域海岸带整治与修复目标，确定本省海域整治修复的重点项目，明确整治修复项目的管理措施和工程技术手段，制定本省整治修复规划的实施保障措施，编制省级海域海岸带整治与修复项目名录，提出省（自治区、直辖市）或计划单列市整治修复规划的岸线长度和海域面积指标。

（二）基本原则

贯彻落实党的十八大政府报告和全国海洋工作会议精神，加快推进海洋生态文明建设，提高海洋资源开发能力，促进海洋经济发展，全面落实海洋功能区划。需遵循以下基本原则：

1. 坚持社会、经济和环境效益相统一的原则

整治修复项目应根据海域海岸带自然资源条件、环境状况、区位、开发利用现状，综合考虑海域海岸带资源的可持续利用及地区经济与社会发展的需求，合理确定整治修复项目。

2. 统筹安排与重点保障并重原则

规划应统筹考虑全区范围内海域海岸带开发利用与保护、当前利益与长远利益、局部利益与全局利益的关系，从推动区域海洋经济发展的作用、规模效应、预期效果等方面，合理安排各整治修复项目类型，确定重点整治修复项目布局。

3. 科学性和前瞻性原则

充分利用已有的调查资料和最新研究成果，综合分析全区范围内海域海岸带自然资源环境，在展望未来海域空间资源开发利用社会经济发展需求基础上，充分体现对海域海岸带开发与保护的前瞻意识，筛选和设计海域海岸带整治修复项目。

4. 遵循海洋功能区划与相关规划相协调原则

应落实海洋功能区划，整治修复岸线长度不低于区划要求目标，与沿海土地利用总体规划、城乡建设规划、港口规划等涉海规划相协调。

（三）主要任务

1. 明确整治修复目标

依据国家海域海岸带整治修复的任务和目标要求，结合全区海域海岸带资源、生态环境条件，确定海域海岸带整治修复总体目标和分阶段实现目标。

2. 确定海域海岸带整治修复内容

依据全区海域海岸带整治修复目标，在充分调研和研讨的基础上，科学分析海域海岸带自然环境条件，剖析因海域海岸带开发利用造成的海洋景观受损、生态功能退化、环境质量恶化、防灾减灾能力减弱的问题和产生的主要原因，确定海域海岸带整治修复内容。

3. 确定整治修复类型及空间分布

依据整治修复目标、海洋功能区划和相关涉海规划，针对海域海岸带开发利用存在的主

要问题，确定整治修复类型及空间分布。

4. 制定整治修复项目的考核指标与技术要求

根据不同整治修复类型特点，科学分析预期实施效果，明确整治修复项目的考核指标。分析项目所在海域自然环境条件，结合国内外最新的技术现状和发展趋势，提出不同整治修复类型的工程技术建议。

5. 提出海域海岸带整治修复的重点项目

根据全区整治修复类型空间分布情况，着重从海域海岸带资源受损程度、区域海洋经济发展作用、规模效应和预期效果等方面确定重点项目。重点项目可优先获得整治修复续建项目的支持。

6. 建立省级海域海岸带整治修复项目库

根据项目基本分类体系，对整治修复项目进行归类；依据整治修复项目对区域海洋经济的贡献、作用及重要性，明确项目实施的先后顺序，编制全区海域海岸带整治修复项目名录，形成海域海岸带整治修复项目库。

7. 制定规划实施保障措施

从组织管理、技术支撑、资金保障、制度建设和宣传推广等方面，制定海域海岸带整治修复规划的实施保障措施。

（四）项目类型

1. 海岸防护与整治

通过修建近岸防护堤、海岸养护、海防堤修固等，针对受损海岸科学的设计修复措施，理顺近岸海流，起到防浪护岸的作用，构筑平衡态势下的海岸格局；对已发生侵蚀灾害的、受海洋等自然灾害严重威胁的和人为活动严重破坏的海岸进行的海岸防护与整治。

2. 沙滩资源整治与修复

选择受损沙滩区域，分析海滩历史数据，掌握区域波浪、水流等水动力条件，海滩形态要素、物质组成和岸线演变规律等，依据水动力条件、岸滩剖面及岸线演变规律，科学设计海滩填沙平衡剖面、静态平衡岸线、填沙粒径及人工岬角、离岸堤坝辅助工程等，合理制定海滩修复方案，实现沙滩平衡状态并维持相对的稳定性。

3. 近岸构筑物整治与修复

针对影响正常海域使用、损害海岸健康的海堤、废置堤坝、围塘、海洋工程垃圾和废弃物等，依据其破坏和影响程度，制定清理计划，采取工程措施和行政措施逐步清理，实现海洋工程废弃物的减容减量，扩大水域面积，增强河流泄洪和海域水体交换能力，减小近岸环境风险，提升海域海岸带开发的空间潜力。

4. 清淤整治与修复

通过对海域淤积和滩涂淤泥的清除，增强海湾水交换能力、纳潮量和河流泄洪能力，改善河口、海湾等生态敏感海域的环境质量，提升其生态服务功能和空间利用效率。

5. 海岸景观美化与修复

选择重点海湾、大中城市等具有开发潜力的海岸带和海域，经过科学的景观设计与规划，建设滨海休闲长廊、海岸公园、滨海步行道等公益性海岸景观，整体提升海岸景观质量，改善滨岸地区人居环境。针对受损原生海岸地貌景观（原生砂质海岸、典型沙坝、潟湖、海蚀拱桥、海蚀柱、海蚀崖等）等重要海岸景观资源区域，通过清退破坏和影响海岸景观的用海活动，整治修复海岸景观资源。

6. 海域海岸带综合整治与修复

整治修复项目内容中包含1～5中两个类型以上的项目。

7. 其他类型整治与修复

指符合海域使用金分成专项资金支持的其他类型海域海岸带整治修复项目。

（五）典型项目案例

1. 广东省惠州市赤砂湾海域海岸带综合整治修复项目

广东省惠州市赤砂湾海域海岸带综合整治修复项目位于大亚湾东海岸的巽寮镇赤砂村的赤砂湾，处于大亚湾水产资源自然保护区北部实验区范围内。项目所在地的海域海岸，具备发展滨海旅游、海洋科普教育的先天优势。通过建设护岸工程、观海平台、观海长廊、公共码头等基础设施，能够拓展海岸海域空间，提升海岸景观质量，合理配置海洋资源，促进人海和谐发展，最终把赤砂湾建设成集海洋旅游、海洋保护、海洋科普教育与海洋综合管理于一体的多功能海岸。

2. 广东省惠来县靖海湾绿洲海域海岸带综合整治与修复项目

根据湾内的自然特征和资源条件，以海岸的生态特点，针对保护沿海绿化和生态恢复的问题，修复岸线位于靖海镇资深村后港。针对靖海湾绿洲海岸带侵蚀后退的成因机制：拟布置8组垂岸丁字堤，促进局地稳定岸滩发育，同时人工就近取沙补养岸滩活动泥沙量值，“软”“硬”互济，控制海岸侵蚀。同时对岸带进行景观绿化，一共绿化岸带2 000米。增强海岸的稳定性，提高防风抗浪能力，维护海岸自然系统平衡，最大限度地减少和避免海洋灾害损失。通过海岸生态景观整治与修复，修复受损海岸景观资源，使海岸和近岸海域资源得到合理配置；促进海洋生态环境建设，保障海洋生态安全；整体提升区域海岸景观质量和海域资源价值，促进海洋资源、环境与生态和谐发展。

3. 揭阳市榕江海岸及近岸海域综合整治项目

榕江流域位于广东省东南部，是粤东的第二大河流，该区域的资源环境已受到严重威胁，榕江海域的生态环境日益恶化，海水的富营养化照成水浮莲大量的生长。同时由于沿岸大量码头的建设，对近岸的植被特别是红树林和堤防造成了破坏。本整治修复项目包括揭阳市榕江近岸及邻近海域调查、揭阳市榕江海岸和近岸海域整治与修复工程技术研究、揭阳海岸和近岸海域整治与修复工程三个方面，在摸清揭阳市榕江海域生态环境现状和存在问题的基础上，研究和评价海洋生态环境问题的根源和发生机制，分析生态环境的变化趋势，对揭阳市榕江海域进行整治与修复，改善海岸和近岸海域生态环境质量，保护重要海洋生态系统和景观资源，提升海岸和近岸海域生态服务功能价值，保持海洋开发的潜力与活力；提出资源和环境的保护措施，以维持揭阳近岸海域生态系统的稳定，避免或减少临海经济建设对揭阳近岸海域生态环境的损害，进一步强化海岸和近岸海域综合管理，实现海岸资源开发、海洋环境保护和海洋经济的协调可持续发展。

4. 广东省台山市下川岛综合整治修复项目

本项目位于下川岛，独湾码头位于下川岛东北侧，是下川岛与外界相连的主要交通码头，码头东侧有一段长约40米的叠石式防波堤，该段防波堤在码头遭东南风吹袭时可起到一定的防护作用，但由于长期受海浪、台风的侵袭，码头防波堤已损毁较重。独湾码头目前基本处于失去防护屏障的状态。通过建设独湾码头的防波堤，可以改善下川岛对外交通条件、整体增强海岛防灾减灾能力、改善海岛周边水动力环境，提高海岸景观的观赏度，促进社会经济与自然环境的和谐发展。

5. 广东省东莞市虎门镇威远岛西南侧海岸景观综合整治项目

项目所在地位于威远岛的西南面，水深较浅，水质较清澈，陆域后方为沙滩及堤岸，堤岸之上种植有防风暴潮林带。堤岸和环岛路相连接，环岛路修建的较为平整，现为旅游纪念品的小集散地。项目西侧有著名的海战博物馆和威远炮台，其前沿海域分布着绵长的沙滩。通过建设亲海平台、望东桥、沙滩及堤岸整治、主题广场、黄唇鱼雕塑、休闲栈道、园林景观、海洋科普知识展墙、海洋观测站和海洋休闲配套设施等，从根本上整治威远岛西南侧海岸。增加人民群众的亲水空间，美化岸滩，整体提升海岸景观质量和知名度，优化海岸和海域资源分布，创建一个新的具有海岛特色的休闲旅游景点。一方面可以改善海岸景观，提升区域形象；另一方面可以建成独具滨海风情的文化景点，提高人们的海洋意识和海洋知识。

五、广东省美丽港湾建设

党的十八大提出“大力推进生态文明建设”的部署，依据建设“美丽中国”和“美丽海洋”的具体部署，广东省启动“十大美丽港湾”建设和评选，开展重点港湾整治和生态修复试点，建设一批生态优美、宜居宜游的海岸景观带。

美丽海湾建设是2014年海洋渔业系统的重要任务，主要围绕规划建设管理主线，全面推进美丽海湾建设工作。为确保美丽海湾建设取得实效，一要转变观念，把保护海洋，建设美丽海湾放在履行职责的突出位置。二要务求实效，将美丽海湾建设这个民心工程办好办实。三要因地制宜，充分利用已有资源环境优势，又要突出特色。四要统筹协调，加强与发改、财政、水利、林业、国土、环保、住建等部门的联动，形成美丽海湾建设的合力。五要广泛宣传，联合新闻媒体，加强宣传发动，让美丽海湾建设深入人心。六要奖惩分明，综合运用政策支持，资金安排，用海审批等办法，切实推动美丽海湾建设。

目前，通过初选的湾区已提交美丽湾区的建设实施方案，参加“十大美丽港湾”的评选，评选后的湾区将分批次进入美丽湾区的建设。为了更好地推动美丽海湾的建设工作，

《广东美丽海湾建设规划》的编制工作已经全面展开。下一步，广东将选择沿海市开展省级美丽海湾示范建设，初步考虑每个沿海地级市都要建设至少一个，让各地都动起来。省海洋主管部门还将组织划定美丽海湾生态红线，划定禁止和限制开发区域。而在上述工作开展的基础上，省级海洋主管部门还将开展美丽海湾验收工作、“十大广东美丽港湾”评选活动等。

第五节　法治海洋，加强海洋管理

自1991年国家海洋局会同财政部第一次向国务院提出加强海域使用管理工作以来，我国的海域管理事业已经走过了25个年头。在这25个年头里，我国海域管理相关法律法规体系日趋完善 实现有法可依。自2001年10月27日《海域使用管理法》实施以后，我国基本建立起了海域法配套制度和政策体系。先后报请国务院批准发布了6个规范性文件；制定了30多个局规范性文件并会同财政部制定了4个规范性文件，会同国家发展和改革委员会制定了2个规范性文件，会同国土部制定了1个规范性文件，还联合监察部等部门出台了1个部门规章。沿海地方出台了8部地方法规，3个政府规章，制定了上百个政策文件。

广东省作为改革开放的排头兵，为了加强海洋管理，使得海洋开发有序有度，科学合理，在严格执行实施国家法律法规政策的同时，也出台了一系列法规条例及标准，如《广东省渔业管理条例》《广东省海域使用管理条例》《广东省渔港管理条例》《广东省国民旅游休闲示范单位滨海旅游示范景区评定标准（试行）》《广东省海域使用金征收使用管理暂行办法》《广东省渔业资源增殖保护费具体征收标准》《广东省海洋与渔业基本建设项目管理试行办法》等。

广东省在加强自身管辖海域管理的同时也要加强与其他沿海省份海洋管理的沟通与协调，周边特别是与海南、广西、福建等相邻省区。南海是我国的南大门，海域面积大，形式较为复杂，管理起来比较困难，相互沟通协调，在海洋经济发展和海洋环境保护方面要加强合作就显得尤为重要。

一、完善海洋管理法律法规体系

目前我国海洋的整体意识还相对薄弱，海洋法律法规不够完善，同时在执法过程中也存在海洋立法操作性差、实用性低，各部门之间的法律规章难以协调统一的各种问题，目前我国海洋管理体制的完善首先要完善海洋管理体制的法律法规体系，使得各管理主体有法可依，执法必严。为了明确海洋管理各部门的权责，同时避免在海洋利益竞争过程中威胁或损害各利益主体的权利，规范各利益主体的行为，我国需要一套规范和调节产业海洋活动各主体基本权利和义务的法律法规体系。

（一）发挥广东省先试先行权限，制定相应地海洋综合法

从发达国家的经验来看，各主要的海洋强国都非常重视海洋法律法规的建设，大多是以《联合国海洋法公约》的内容为依据创立了本国综合性的海洋法律法规。在颁布基本法律法规的同时，还配备了相应地配套法律法规，海洋法律法规体系非常完善。而我国的海洋立法

工作相对落后，海洋法律还不够完善。我们在海洋强省的建设过程中，应当认真地研究世界上主要的海洋大国和周边邻国海洋立法和执法的现状及经验，不断地完善和加强我国的海洋立法和执法。广东省一直是我国改革开放的排头兵，拥有地方立法的独立性，根据我国相关法律规定，广东省人大、广州市人大及深圳市、珠海市人大都可以制定地方性法规，同时广东省也一直是全国的海洋大省，因此我省要发挥这种优势，在自身职责范围内，借鉴国外先进的经验，加强我国海洋法律法规的建设，抓紧制定综合的能够约束海洋相关行业和部门的综合性法律法规。同时还要完善相应地配套法规，已经制定实施的法律法规要根据海洋行政管理过程中出现的新问题进行及时修订。在这一过程中广东省还可以积累海洋立法的经验，可以为全国立法提供一定的借鉴意义。完善的海洋法律法规是广东省海洋管理和海洋执法的重要法律依据及制度保障，这将有利于提高广东海洋行政管理水平，早日实现海洋强省。

（二）建立综合执法队伍，推进执法部门的统一

伴随着海洋经济在全世界的快速发展，海洋经济对一国竞争力提升的重要性快速提升，全球范围内对海洋的需求进一步加强，海洋安全、资源与环境、国家间海岛争端、海域划界、海洋油气资源开发等问题得到了越来越多的关注，因此需要我们建立综合的执法队伍，维护我国的海洋权益及海洋安全。国外的海洋管理体制检验及海上纠纷解决经验表明，建设一支同一部门管理的海上综合执法队伍是提高我国海洋执法能力，维护海洋权益和安全的保障。目前我国正在推进海洋统一执法的建设，国家在2013年通过了《国务院机构改革和智能转变方案》，方案重新组建了国家海洋局，并且将中国海监、中国渔政、边防海警和海上缉私警察四支海上执法队伍的职责进行重新整合，以中国海警局的名义开展海上执法，由国土资源部管理，接受公安部的指导。国家的这项举措是推进我国海洋统一执法，加大海洋执法力度，提高执法效能的重要一步。

但是目前广东省实行的仍然是分散的多部门的海洋执法体制。其中，由广东省渔政总队，承担海洋监察、渔政管理、渔船渔港监督和渔业船舶检验工作。同时还负责管辖海域的巡航监视、监督管理、依法查处违法活动，维护国家海洋与渔业的权益；省公安边防总队所属的海警支队则负责海上治安管理；广东省的各个执法机构目前要全面统一还尚未成熟，但可以在国家推进执法体制统一的机遇中，创造条件，通过整合渔政、海关缉私、海警等海上执法队伍的职责，深化地方的海洋综合执法体制改革，提高执法力度。在统一执法部门的推进过程中，还要建立各部门的信息共享平台，加强各执法部门之间的信息交流和共享，从而提高执法的效能。

二、建立健全海洋综合管理体制

从世界各个发达的海洋国家经验来看，由于海洋管理过程中涉及的利益主体较多，而且由于海洋本身的特殊性决定了我国海洋管理体制的改革和优化方向是完善的海洋综合管理体制。海洋综合的管理体制就是指国家设立专门的国家级海洋行政主管部门，负责管理一切涉及海洋的公共事务，形成全国海洋工作的协调机制。由于我国是单一制国家，我国的政府管理是中央到地方的层级领导模式，在这种模式下，我国的海洋管理体制也必然是中央到地方

的层级领导。从我国现行的海洋管理体制来看，海洋管理部门复杂，其中管理职能重叠，海洋管理职权设立交叉重合，海洋管理规则，政策缺乏统一性。

因此，广东省在海洋强省建立过程中的海洋管理体制改革一方面要明确海洋管理的职能，理顺各海洋管理机构的关系。明确海洋综合管理职能是建立海洋综合管理体制的前提条件。根据赵伟（2013）将海洋管理职能划分为四类：一是海洋的政治管理职能，即维护我国的海洋权益。主要是捍卫国家的海洋主权和领土完整，维护国家的各项海上权益。二是海洋经济管理职能。主要是为海洋经济的顺利进行提供服务。建立海洋管理体制，促进海洋资源的合理开发利用。具体主要由宏观调控海洋资源利用、海洋产业布局规划、提供海洋公共产品与服务等。三是海洋社会管理职能。主要是维护滨海人文社会的稳定发展，包括保护海洋生态环境，防灾减灾，保护滨海地区安全生产等。四是海洋文化管理职能，主要是提高海洋的科技文化水平，发布相关海洋信息，研究海洋文化，提高公民海洋意识等。在明确了海洋管理部门的各项职责后，就可以建立综合的海洋管理机构。

另一方面要通过立法确定各管理部门的权利和责任，海洋管理机构要依照法律的规定的职权、行为规范来履行管理职能，同时还要接受相关部门的监督。权责的统一要求在管理部门的职位涉及上要合理，要依据法律法规和管理的实际需要，合理设置岗位，同时实施岗位责任制，理顺各部门的职责关系，分工明确，建立减去相关的管理规程，设立责任制度。

三、建立完善海洋综合协调机制

广东省在海洋强省建设过程中，必须建立海洋管理的综合协调机制，来协调中央和地方以及区域之间在管理过程中的各项事宜，才能够保障海洋管理的顺利进行。由于在海洋管理过程中，设计的利益主体较多，各利益主体都会从自身的利益出发，寻求自身利益的最大化，因此地方政府在海洋管理过程中就不可避免地出现各职能部门间、区域间、中央和地方间的利益冲突，这时就需要有一个综合的海洋管理协调机制来对这种冲突进行协调，实现局部与整体、短期与长期利益的均衡，以减少管理过程中的交易成本。

由于涉及多区域和多部门的利益，因此在管理过程中就会产生各种冲突和摩擦，综合的协调管理机制主要是为了打破边界的限制，建立有效地协调机制。海洋综合协调机制中的机构可以是常设机构也可以是通过定期或不定期的会议或其他方式来解决问题的非常设机构。综合协调机制中的最高机构要由每个区域或部门中最具有权威性的人员或代表构成，这样才能保证该机构制定的正常和措施得到实施并具有一定的权威性。广东省要加强同周边地区的合作与交流，通过各区域间的资源禀赋差异，实现各区域的互补共赢。综合协调机制的构建并不是一个单一的机构就可以解决的，根本上还是要健全法律法规，要有各层级的协调机构，同时还要有监督保障机构及公众的参与来共同实现。

四、合理规划海域综合使用水平

（一）实施海洋功能区划制度，促进产业布局结构优化

海洋功能区划制度是《海域使用管理法》确立的重要制度之一，海洋功能区划从编制到

执行，直接影响到《海域使用管理法》的实施，影响到产业布局，影响到海岸线保护和海洋环境生态的改变。国务院在2012年正式批复了《广东省海洋功能区划（2011—2020年）》（2012年），使广东省第一产业用海得到了全面提升和优化，第二、第三产业用海得到了大力支持，促进了全省海洋产业结构和布局的优化，全省海洋整体环境在开发力度不断加大的今天向好转变。公开审批程序，优化审批流程，提高审批效率，一直是海洋管理部门在实际工作中追求的目标。广东省在严格用海审批的同时，确保满足交通运输、能源、原材料、机械制造等重大基础设施和重点行业的用海需求，为广东省经济发展提供了有力保障。

（二）强化海域使用管理水平，保证海域使用合理论证

自2002年《海域使用管理法》实施以来，全国累计征收海域使用金达630多亿元，不仅增加了中央和地方财政收入，实现海域国有资源性资产的保值增值，也实现了节约用海，减少浪费。2005年，广东省出台了《广东省海域使用金征收使用管理暂行办法》，进一步规范了海域使用金的征收和使用，在2010年8月，国家海洋局许可广东省在全省实施拍卖挂牌方式出让海砂开采海域使用权。广东省把国家海洋矿产资源和海域使用金征收有效结合起来管理，使得国有资产流失得到有效的控制。加强围填海管理，促进海域资源集约节约利用；围填海是沿海地区拓展发展空间、推动经济社会发展的重要途径，对缓解沿海地区工业及城镇用地供需紧张的矛盾，促进地方经济发展具有重要积极作用。目前，广东省在国家海洋局的指导下，已经形成区划统筹、规划引导、计划调节、科学论证、严格审批、强化监管的管理体系，遏制了围填海的过快增长。严格控制围填海，特别是重要的河口、海湾和由于填海造成自然岸线消失或海岛消失。出台区域用海管理政策，保证沿海地区发展战略规划实施；2006年，国家海洋局出台了《关于加强区域建设用海管理工作的若干意见》，对于连片开发、需要整体围填用于建设或农业开发的海域，编制区域用海规划，加强区域用海整体规划、整体论证、整体审批和整体围填海管理，不仅降低了围填海成本，更是将污染降到最低。此后，国家发改委、国土资源部出台的政策文件和国务院批准的全国海洋功能区划中对该项制度给予进一步明确。实践证明，区域用海管理能够最大限度地节约集约用海，减少围填海活动对海洋环境的破坏，为落实国家区域发展战略、承接产业转移、实施经济转型提供宝贵空间。

海域使用论证是海域管理的重要基础性工作。国家海洋局先后发布了《海域使用论证管理规定》《海域使用论证资质管理规定》等多部规范性文件，建立了较完善的管理制度和技术体系。2007年，广东省出台了《广东省海域使用管理条例》，明确了海域使用申请、审批权限、相关法律责任等。为了提高海域使用申请的科学性，广东省成立了省一级海域使用论证专家库，盲选出来的专家负责对用海项目的海域使用论证报告都进行严格科学的审查并作为主管部门审批的依据。省一级专家库需要定期考核，论证报告编制单位需要有国家海洋局颁发的海域使用论证资质证书，编制人员也要求有有效的上岗证书。同时建立国家海域动态监视监测管理系统，提高了海域综合管控能力。2006年，国家海洋局启动了国家海域动态监视监测管理系统建设。2009年，启动了业务化运行，利用卫星遥感、航空遥感、远程视频监控和现场监测等手段，对全部管辖海域尤其是近岸海域进行动态监视监测，形成了4级海洋部门“一个网”，各类海域管理数据“一张图”的格局，提高了海域管理的网络化、信息化、

科学化、规范化水平。广东省动态监视监测管理系统顺利与国家海域动态监视监测管理系统进行了对接，再利用国家动态监测网络系统资源的同时，也在拓展动态监视监测系统服务范围，帮助市一级动态网络建设，形成省市两级海域使用动态监测网络，为全省海域管理执法提供有效证据。

（三）加强海域勘界科学管理，维护沿海地区社会稳定

由于我国海域管理起步较晚，相关法律法规等规范性文件不够完善，所以导致海域勘界不够明晰，容易产生纠纷，影响社会稳定。在此背景下，国家海洋局在2002年出台了《海域勘界管理办法》，明确了海域勘界原则，要求“以国家利益为主，兼顾地方利益；以整体利益为主，兼顾局部利益；实事求是，互谅互让，协商解决”的原则。广东省与福建、海南、广西三省区海域相邻，要在海域勘界工作领导机构的协调下，积极配合解决海域勘界中的问题，尊重历史、注重现实的原则，共同维护国家海洋权益和社会稳定。过去广东省沿海地区的农民大多数都是以养殖捕鱼为生，养殖就成了渔民的主要经济来源，但是，我国海域规范管理起步较晚，许多渔民都是无证养殖。随着沿海地区经济迅速发展，人们对海洋的索取越大，许多涉海工程的上马，许多养殖必须搬迁或是拆除，对渔民的生产生活带了一定的影响。广东省出台了水产养殖、捕捞渔业、转业转产、渔业执法渔业安全生产等相关法律法规，在确保渔民利益的同时，又维护了社会的稳定和谐。

五、加强海洋环境管理体系建设

海洋环境管理是海洋管理的内容之一，伴随着全球气候变暖，各种环境问题的凸显，海洋环境管理也变得越来越重要。海洋环境管理的具体内容主要包括保护和改善海洋环境、促进海洋的生态平衡，划定金海岸海域的环境功能区，对海水水质分类管理，控制陆地污染排放，海岸工程建筑、海上船舶及海洋倾废等污染源对海洋的污染，保护海洋生物多样性，防止海洋生态遭受损坏的一系列活动。由于海洋环境与陆地环境具有差异性，海洋环境中由于海水具有流动性，所以海洋环境具有整体性，因此我们要建立区域海洋环境管理制度，构建良好的区域好友环境协调机制，通过区域间各主体的共同合作，共同实现海洋环境保护，海洋生态系统的平衡。

广东省在建立海洋强省的过程中一定要重视海洋环境的保护，通过与周边区域的合作共同实现海洋经济的可持续发展，主要表现在以下几个方面：首先，要建立区域海洋环境保护机构，这样在处理区域间跨界或跨部门的纠纷及海洋环境管理时发挥总的调控作用。区域海洋环境保护机构的成员可以由各区域的海洋管理决策部门的代表组成，共同探讨和解决区域间的海洋环境问题。其次，要构建区域间海洋环境保护的协调机构，保障各区域或部门间的协调和沟通。再次，构建良好的协商沟通渠道，当出现利益冲突是，各区域海洋环境管理中的地方政府、各部门及利益相关者及时表达自身的诉求，进行平等的沟通，打破地方政府间、部门间的冲突，形成良好的信任和合作关系。

第六节　安全海洋，保障减灾防灾

广东省海洋经济总量连续18年居全国之首，但广东历年来海洋灾害损失也非常严重。因此，有必要完善海洋防灾减灾体系建设，开展海洋灾害风险评估和区划工作，开展粤港澳海洋监测预报合作，加强海洋防灾减灾的宣传教育工作，提高整个社会的海洋灾害风险防范意识，切实保障人民群众生命财产安全，促进社会经济全面协调可持续发展。根据广东省海洋灾害防灾减灾的现状，本节提出：增强海洋灾害意识，加强海洋灾害风险防范和突发事件的应急管理，提高海洋灾害观测能力和预警预报服务水平，增强海洋领域应对气候变化能力，完善海洋防灾减灾体系，保障人民生命和财产安全。

一、完善海洋灾害应急法律制度

海洋防灾减灾是一项非常复杂的工程，需要建立在科学的基础上，完善于法制体系的保障下。由于海洋防灾减灾涉及海洋、水利、气象、交通、农业、林业、邮电通信及宣传媒体等各部门，其法律制度也涉及方方面面，但目前现有的法律制度并不完善，使海洋防灾减灾的效果受到了很大的影响。同时，人们对海洋防灾减灾的法制观念也很淡薄，有法不依、执法不严的情况普遍存在。因此，需要根据广东省海洋强省的建设需要和广东省海洋灾害的管理现状，制定广东省海洋防灾减灾法规和海洋灾害应急管理办法、海洋环境监测管理条例及配套规章制度等，增强全民法制观念，为广东建设海洋强省提供安全保障机制。一方面要进一步强化还有灾害应急法律制度的建设。主要是在现有的海洋灾害应急法律基础之上，进一步细化海洋灾害应急的法律法规体系，将海洋灾害应急管理的各个方面都纳入进该体系中，将海洋灾害应急法律体系的覆盖范围进一步扩大。同时还要进一步提高还有灾害应急法律的可操作性，设置相应地配套法律法规保障其执行力。另一方面要进一步海洋灾害应急预案。海洋灾害应急元是海洋灾害发生时应急管理工作能够及时、有序、有效开展的重要保障，该制度体现了预防为主和防治结合的基本原则，是对我国海洋灾害应急法制不足的补充。海洋灾害应急预案确定了应急管理的范围和体系，为海洋灾害应急准备和应急管理提供依据。

二、提高海洋灾害风险防范能力

积极拓展海洋环境专题服务领域，重点建设广东省省级海洋渔业生产安全环境保障专题服务系统。开展广东省海洋灾害风险评估工作，为沿海地区的经济发展和涉海工程防护规范标准的制定提供科学指导。选择几个典型县（市、区）开展海洋灾害风险评估和区划工作。编制海洋灾害风险区划，探索建立沿海大型工程海洋灾害风险评价制度。建立海洋领域应对气候变化工作体制机制，加强对因气候变化引起的海平面上升、灾害加剧、生态丧失等问题的对策研究。建立沿海海洋灾害主要工程施工风险评估体系，制定风险评估规范。在海洋灾害重点防御区内设立产业园区、进行重大项目建设的，应在项目可行性研究阶段开展海洋灾害风险评估并制定相应的对策措施，尽可能减小海啸、风暴潮等海洋灾害带来的不利影响。对已建和在建的沿海核电站、化工企业、大型产业园区和城镇发展区开展风险排查，及时消除安全隐患。推进海堤加固工程，提高海岸防护标准，增强海浪、海潮的防抗能力，增强抵御台风、风暴潮、海啸等灾害的能力。继续搞好沿海防潮堤工程建设，重点加强沿海城市、经济开发区、旅游景点及低平海岸带等重点区域的防护能力，在重要入海河口地段修建防潮闸，逐步建成和完善风暴潮防御工程体系，使沿海城市及重要地段防护能力达到50年一遇的标准。加强海洋环境监测的软件和硬件设施的建设，提高海洋环境监测预报的准确性和适时性。

采取措施增强海岸带抵御风暴潮和海啸等自然灾害的能力，保护好滨海湿地、红树林和珊瑚礁等自然屏障或缓冲区。投入资金，对沿海环境资源进行考察，掌握全省海岸线的基本情况，对重要的海洋灾害的屏障要严格保护，严禁砍伐红树林、破坏珊瑚礁和乱采沙石的现象发生。对于天然的挡浪坝、缓冲区要适时维护，使它们保持抗击或者缓冲海洋灾害的能力。加快推进地震海啸预警系统建设，建立省级海啸预警机制，建立地震海啸信息及核扩散预测信息转发制度，制定海啸应急预案。

三、完善海洋灾害应急演练教育

还有灾害应预案体系是对我国还有灾害法制不完善的一个补充，它可以在海洋灾害发生的时候确保应急管理工作能够顺利及时有序的开展，当前广东省要进一步完善还有灾害的应急预案体系，建立和完善海洋灾害的分类管理，分级负责，属地管理为主的海洋灾害应急管理体制。制定海洋灾害应急预案，建立多部门统筹的灾害预警和应急机制，定期组织专项培训和应急演练。加快海洋减灾中心和移动应急指挥平台建设，加强海洋灾害信息快速获取能力建设，提高应对各类海洋灾害的能力，水平和物资储备。做好海洋防灾减灾宣传教育工作，提高全民的灾害防范意识。从事故预防、灾时救援、灾后救济等环节，完善应急救助系统。加强海洋安全基础设施建设，强化船舶安全管理，加快海洋渔业安全应急系统建设，构建海上搜救和救助联动机制。建立海洋专业救助和群众性联防互救相结合的救助体系，提高应付突发性海难事件的能力，为及时提供应对海洋灾害提供重要保障。

海洋灾害应急反应牵扯到沿海众多行业，需要调动各方面的人力和物力，所以建议相关政府部门积极提高认识，将广东省洋灾害的应急反应纳入政府工作计划，加强各部门的沟通和衔接，为海洋灾害的应急反应做好组织和物资准备。加强海洋防灾减灾的宣传教育，进一步提高全社会海洋防灾减灾意识。通过媒体宣传海洋灾害的危害、海洋减灾知识；进行公众减灾的基本技能训练，掌握防灾、救灾技能；对从事海上生产作业的人员、沿海地区公务人员进行强制训练和培训；推动科技人员知识创新，掌握海洋灾害预报和防御的新技术、新方法。

四、健全海洋灾害预警防范体系

海洋自然灾害具有突发性，及时预报和发布警报是防灾减灾的重要手段。重视海洋防灾减灾工作，将海洋的防灾减灾工作纳入广东的经济社会发展总体规划。制定各级防御海洋防灾实施方案、应急执行计划。建立海洋灾害的预警、防御体系和海上救捞机构，改进装备，提高对灾害性天气的防御能力和应付突发性海难事件的能力。加快建设海洋灾害立体观测网，着力提高海洋观测能力。在沿海重要经济带、海洋保护区、灾害脆弱区建成由中心站、基本观测站和备用观测点组成的岸基海洋观测站网，逐步推进集岸基观测、空中遥感、浮标观测、浅海观测、深海观测于一体的海洋立体化观测体系建设。加强海洋、气象、地震、环保、水利、海事、民政、渔业等主管部门的协同与配合，提升海洋预报服务水平，形成以目标为导向的、互补的海洋预报服务模式。扩大海洋预报服务领域，丰富服务内容，建立渔业生产、海洋通航安全、海上搜救、海洋石油和天然气生产等专题服务系统。加强海洋预警信息发布，通过各种媒体及时发布海洋灾害预警信息，增强海洋预报的社会服务功能。加快建立灾害监测预警体系，完善相关应急预案。加强基础能力建设，形成完整的多级互补的预报、警报体系，提高海浪、风暴潮等海洋灾害预报和警报的时效及准确率。重点推进广东省海洋防灾减灾业务数据汇集平台、精细化海洋灾害预警预报产品制作平台、海洋灾害预警预报产品发布平台建设，初步建成集漫堤风险预报、海洋灾害评估、赤潮预警、海啸预警等功能于一体的海洋防灾减灾辅助决策平台。开展海洋防灾减灾基础研究，为社会公众和政府决策提供服务。加强沿海防护林建设，形成多林种、多层次的林带防护屏障。加强规划，优化布局，加大海洋灾害观测覆盖密度，增强离岸观测能力，完善沿岸观测、海底观测、海上平台、浮标、潜标、船舶、航空遥感和卫星遥感等多种手段相结合的海洋灾害立体观测网，提高观测网运行保障能力。

同时在全球气候变化频繁出现异常的情况下，提高海洋应对气候变化能力。加强海洋气象服务预警系统建设，完善防台风预案，进一步健全包括海气象、海洋通讯、海洋环境、海洋灾害、赤潮监测在内的海洋预报和海洋灾害预警防御系统，切实做好风暴潮预报和台风期间海上养殖人员的安全转移工作。提升海洋对气候变化影响的分析预测能力，定期发布各种分析和预报产品。加强沿海湿地的保护和防护林带、防潮工程建设，提高沿海各类重大工程项目和城镇市政排水设施的设计标准，增强沿海地区应对气候变化的能力。用先进技术设备装备海洋预报台和观测站，增加海洋浮标站，提高海洋实时探测能力和预警预报准确性。

五、完善海洋灾害信息披露机制

结合世界上各海洋大国的经验来看，公众的积极参与对于海洋灾害的防治是非常重要的。而完善海洋灾害的信息披露机制，及时向公众发布相关的海洋灾害信息是提高公众参与海洋灾害防治的前提条件。这是因为，公众只有在全面了解灾害的详细情况及相关信息并对政府所采取的应急措施加以了解，才能做出相应地反映和行动，才能最大限度地配合政府所采取的措施，使得公共利益和个人利益得到统一，使得海洋灾害防治能力得到有效提升，尽量将灾害的损失降到最低程度。因此海洋管理行政部门在发生海洋灾害时，除了涉及国家机密或商业秘密外，必须及时向公众及社会公开海洋灾害信息及其行政部门所采取的应急措施，公开海洋管理行政部门行使职权的相关事项，例如，定期发布海洋灾害应急管理的各方面进展，公开涉及海洋灾害政策的制定、实施情况，让公众了解海洋灾害应急标准、海洋灾害应急管理工作程序、监督方式，可能造成的损失和社会影响等方面的内容。对海洋灾害及其相关信息得到充分地了解，促进公众对海洋灾害防治的参与。因此广东省在加强海洋防灾减灾能力建设过程中，要不断完善本省的海洋灾害公开制度，这不仅是对政府进行应急决策和应急处理的要求，也是维护公民的知情权及自身利益的必要条件。同时还要强调公共管理过程中的主体多元化，动员各种力量参与到公共管理的过程中，可以动员公众、媒体、非政府组织和居民社区等都是海洋灾害治理的重要力量。在建立海洋灾害公众参与机制过程中，除了要及时披露海洋灾害相关信息外，还要提高民众的海洋意识，在教育过程中加强对海洋灾害的宣传和教育，对公众加强防灾减灾应急教育。

六、加大海洋防灾减灾投入力度

完善海洋防灾减灾资金投入机制，拓宽资金投入渠道，加大海洋防灾减灾基础设施建设、重大工程建设、科学研究、技术开发、科普宣传和教育培训的经费投入。完善海洋防灾减灾项目建设经费中央和地方分级投入机制，加强海洋防灾减灾资金管理和使用。重视发展多形式、多渠道的农业保险，按照政府主导、财政扶持、市场运作、自愿参保的原则，开展海洋灾害保险的试点工作。根据实际情况，积极探索把渔工责任保险的范围扩大到渔船及渔业生产设施的途径，采取切实可行的措施，渔业生产提高保障水平。加大政府财政资金投入和引导，结合发达国家海洋灾害事后风险补偿机制建立的经验，建立海洋灾害防治基金及商业保险，运用各种经济手段来补偿海洋灾害造成的损失，使海洋灾害的事后补偿机制得以完善。

加强防灾减灾人才和专业队伍建设全面推进海洋防灾减灾人才战略实施，整体性开发防灾减灾人才资源，扩充队伍总量，优化队伍结构，完善队伍管理，提高队伍素质，形成以海洋防灾减灾管理和专业人才队伍为骨干力量，以各类灾害应急救援队伍为突击力量，以海洋防灾减灾社会工作者和志愿者队伍为辅助力量的海洋防灾减灾队伍。加强海洋防灾减灾科学研究、工程技术、救灾抢险和行政管理等方面的人才培养。加强基层海洋灾害信息员队伍建设，推进海洋防灾减灾社会工作人才队伍建设。

加强防灾减灾文化建设。将海洋防灾减灾文化服务作为广东省公共文化服务体系的重要组成部分，提高海洋综合防灾减灾软实力。强化各级人民政府的防灾减灾责任意识，提高各级领导干部的灾害风险管理和应急管理水平，完善政府部门、社会组织和新闻媒体等合作开展防灾减灾宣传教育的工作机制。提升社会各界的防灾减灾意识和文化素养。结合全国“防灾减灾日”和“国际减灾日”等，组织开展多种形式的海洋防灾减灾宣传教育活动。把海洋防灾减灾教育纳入国民教育体系，加强中小学校、幼儿园海洋防灾减灾知识和技能教育，将海洋防灾减灾知识和技术普及纳入文化、科技、卫生“三下乡”活动。强化海洋防灾减灾文化场所建设，充分发挥各级公共文化场所的重要作用，推进海洋防灾减灾宣传教育基地网络平台建设。

七、提高海洋防灾减灾科技水平

加大科研的投入，利用科学技术来防灾减灾是提高防灾减灾能力的主要途径之一。一方面要从减灾的迫切性出发，研究还有灾害的形成规律及原因，加强海洋灾害的预报。各种海洋自然灾害的发生都有其特定规律，包含了复杂的背景和内在的联系，加强对海洋科学的研究，可以增加对还有灾害的了解，我们对海洋灾害形成特点越是了解，当海洋灾害发生时可以采取的措施就越多越有效。我们在进一步加强海洋灾害发生规律、成因机理、强度变化及发生周期等课题的研究的同时也要加强对海洋灾害发生后的灾情评估、社会调查和灾害社会经济影响等领域的研究。另一方面要加强海洋灾害防治的基础能力和关键技术的研发，全面提高海洋灾害防御能力。我们应加强海洋灾害预警技术手段的深入研究，通过计算机科学、海洋气象科学、电子信息技术等多学科的结合，建立海洋灾害信息数据库，提高海洋灾害防治的基础能力。加大海洋灾害防治的技术研究，重点研究灾害社会经济学及重大灾害后评估救援分析方法，积极开展海洋环境预报方法研究，提高海洋灾害预报能力，加大对海洋研究机构的建设和海洋科学研究人员的培养。这些海洋灾害研究的开展都离不开大量的资金支持，这时需要政府在海洋科学研究上给予政策上倾斜。

参考文献

白福臣，贾宝林．广东海洋产业发展分析及结构优化对策［J］．农业现代化研究，2009，30（4）：419－422.

白福臣．构建广东海洋生态补偿机制的困境及对策［J］．新经济，2013（1）：31.

毕斗斗，方远平．世界先进海港城市的发展经验及启示国际经贸探索［J］，2009（5）：35－40.

蔡兵，等．建设海洋经济强省：广东的机遇与挑战［J］．岭南学刊，2012（4）：102－107.

蔡先凤．浙江海洋经济发展与海洋生态安全保护［J］．法治研究，2012（10）：108－116.

陈德宁，郑天祥，邓春英．粤港澳共建环珠江口“湾区”经济研究［J］．经济地理，2010（10）：1589－1595.

陈海秋．转型期中国城市环境治理模式研究［D］．南京：南京农业大学，2011.

陈丕茂．广东发展海洋休闲渔业的问题与对策［J］．新经济，2014（25）：25－31.

陈万灵，何传添．海上丝绸之路的各方博弈及其经贸定位［J］．改革，2014（3）：74－83.

陈武．发展好海洋合作伙伴关系——深入学习贯彻习近平同志关于共建21世纪“海上丝绸之路”的战略构想［J］．东南亚纵横，2014（1）：3－5.

戴胜德，黄伟宗．中国南海海洋文化传［M］．广州：广东经济出版社，2013.

邓松，任品德．广东省海洋灾害调查分析及减灾对策［J］．海洋开发与管理，2007（5）：127－131.

段桂霞．高中历史教育中的海洋意识教育［D］．长春：东北师范大学，2005.

傅高义．先行一步：改革中的广东［M］．广州：广东人民出版社，2008.

高建平，唐洪森．国民海洋观［M］．北京：海洋出版社，2012.

高艳．海洋综合管理的经济学基础［D］．青岛：中国海洋大学，2004.

管华诗，王曙光．海洋管理概论［M］．青岛：中国海洋大学出版社，2003.

广东省地方史志编委会．广东省志・华侨志［M］．广东人民出版社，1996.

广东省委召开常委集中学习讨论会．奋力开创海洋强省建设新局面［N］．南方日报，2013－08－31.

郭亚贞．大陆地区海洋文化研究与建设［J］，农业图书情报学刊，2010（11）：169－172.

海洋发展战略研究所课题组．中国海洋发展报告2013［M］．北京：海洋出版社．2014.

海洋经济可持续发展战略研究课题组．我国海洋经济可持续发展战略蓝皮书［D］．北京：海洋出版社．2012.

韩英，王斌．广东海洋文化强省建设现状及前瞻性的思考［J］．理论观察，2011（5）：109－110.

韩增林，栾维新．区域海洋经济地理理论与实践［M］．大连：辽宁师范大学出版社，2001.

何东霞．广东经济体制模式评说［J］．管理世界，1999（2）：37－43.

何欣，等．内陆港对建设海洋强国的影响初探［J］．中国港口，2013（8）：24－26.

侯英民．山东海情［M］．北京：海洋出版社，2010.

胡领太．海洋科教［M］．广州：中山大学出版社，2012.

黄华梅，等．海洋生态文明示范区的构建内涵研究［J］．海洋开发与管理，2013（1）：65－69.

惠州在海上丝绸之路建设中优势明显［N］．惠州日报，2014年6月16日．第A02版．

加尔布雷斯．经济学与公共目标［M］．北京：华夏出版社，2010.

贾欣．海洋生态补偿机制的问题与对策分析［J］．渔业信息与战略．2012，27（3）：189－193.

姜秀敏，等．台湾地区海洋意识培养的借鉴与启示［J］．航海教育研究，2013（1）：39－42.

蒋明智，黄伟宗．中国南海民俗风情文化辨（岭南沿海篇）［M］．广州：广东经济出版社，2013.
蒋帅．浅析海洋综合管理问题［J］．海洋开发与管理，2009（8）：17－21.
金文姬．海洋旅游产品开发［M］．杭州：浙江大学出版社，2013.
晋保平．广东参与共建21世纪海上丝绸之路的优势和作用［J］．新经济，2014（11）：14－16.
兰圣伟．广东：借力“一带一路”建设海洋强省［N］．中国海洋报，2015－01－19001.
李加林，王杰．浙江海洋文化景观研究［M］．北京：海洋出版社，2011.
李均．广东加强与海上丝绸之路国家互联互通建设的探索与思考［J］．探求，2014（4）：84－90.
李莉，等．美国、日本金融支持循环海洋经济发展的成功经验和借鉴［J］．生态经济，2009（2）：88－91.
李敏．将汕头港列为“海上丝绸之路”枢纽港［N］．汕头日报，2014年3月9日．
李明龙．论广东建设海洋经济强省的必要性与必然性［J］．南方论刊，2011（09）：8－10.
李宁．广东海洋产业结构升级研究［J］．2012年中国海洋经济博览会论文集：145－152.
李双建，魏婷．广东省海洋生态环境质量评价与保护措施研究［J］．海洋开发与管理，2013，7（3）:70－74.
李双建，羊志洪．广东省海洋经济发展的战略思考［J］．中国渔业经济，2012，30（6）：104－110.
梁桂全．广东历史人文资源调研报告［M］．北京：社会科学文献出版社，2008.
廖翔．制度变迁对广东经济增长影响研究［D］．广州：广东财经大学，2011.
林宁，黄南艳，吴克勤（译）．海洋综合管理手册——衡量沿岸和海洋综合管理过程和成效的手册［M］．北京：海洋出版社，2008.
林璇华．广东滨海旅游存在问题及对策思考［J］．沿海企业与科技，2007（5）：133－136.
林毅夫，蔡昉，李周．中国的奇迹［M］．上海：三联出版社，1994年．
刘良宏．广东海洋经济可持续发展研究［J］．海洋开发与管理．2007（3）：61－64.
刘明．海洋灾害应急管理的国际经验及对我国的启示［J］．生态经济，2013（09）：172－175.
刘奇葆．扬帆海上丝路，实现共赢发展［J］．对外传播，2015（3）：4－6.
刘奇洪，孔令浩．改革开放30余年江苏、广东两省经济发展比较研究［J］．南京邮电大学学报（社会科学版），2012（1）：34－55.
刘霜，等．芬兰湾海洋环境保护与管理及其对我国的启示［J］．海洋开发与管理，2012（3）：79－86.
鹿守本，艾万铸．海岸带综合管理——体制运行机制研究［M］．北京：海洋出版社，2001.
路旭，李贵才．珠江口湾区的内涵与规划思路探讨［J］．城市发展研究，2011（1）：97－102.
吕余生．深化中国—东盟合作，共同建设21世纪海上丝绸之路［J］．学术论坛，2013（12）：19－35.
罗智中．粤港澳区域经济合作的成功经验及瓶颈问题研究［D］．长春：吉林大学，2013.
马林娜，刘建强．对如何完善我国渤海海洋环境管理制度的思考．海洋渔业经济［J］．2013（2）：36－40.
马英杰，胡增祥，解新英．海洋综合管理的理论与实践［J］．海洋开发与管理，2001（4）：27－31.
缪绅裕，等．粤北森林群落优势种群的频度与年龄结构［J］．植物科学学报，2011，29（4）：446－451.
倪鹏飞，等．城市竞争力蓝皮书：中国城市竞争力报告［J］．北京：社会科学文献出版社，2014.
宁陵，唐静，廖泽芳．中国沿海省市海洋资源比较分析［J］．中国渔业经济，2013，31，（1）：141－149.
潘新春，等．“六个衔接”：全面落实陆海统筹的创新思维和重要举措［J］．太平洋学报，2012，20（1）：1－9.
潘义勇，黄伟宗．中国南海经贸文化志［M］．广州：广东经济出版社，2013.
钱宏林，黎作聪．广东省自然保护区的建设和管理初探［J］．海洋与海岸带开发，1992（10）：45－48.
钱宏林，徐胜．艰苦奋斗铸就五十年光荣历史 展望未来再续海洋梦辉煌篇章［N］．中国海洋报，2015－03－

18-002.

钱宏林. 海洋——中国21世纪可持续发展战略的必然选择[J]. 海洋开发与管理, 1997(4): 37-41.

丘杉, 梁育民, 刘伟. 携手"蓝海"——国际视野下广东与东盟的战略合作[M]. 北京: 人民出版社, 2010.

曲金良. 海洋民俗[M]. 青岛: 中国海洋大学出版社, 2012.

全国干部培训教材编审指导委员会. 社会主义文化强国建设[M]. 北京: 人民出版社, 党建读物出版社, 2015.

任品德, 等. 广东海洋产业可持续发展策略研究[J]. 海洋开发与管理, 2007(3): 37-41.

荣艳红. 美国海洋增地学院对海洋经济的推动作用及启示[J]. 河北学刊, 2008(2): 220-223.

容景春, 颜学亮, 吴壮. 广东海洋产业发展方向与对策[M]. 北京: 海洋出版社, 2002.5.

山东省海洋与渔业交流考察团. 挪威和冰岛海洋与渔业的考察报告[J]. 中国渔业经济, 2002(3): 46-47.

申玉春, 吴灶和, 叶富良. 广东省海洋生物资源保护与开发利用现状[J]. 海洋与渔业, 2009(2): 7-10.

石强, 郝美田. 深圳滨海旅游资源开发研究[J]. 热带地理, 2006(1): 61-65.

舒元. 广东发展模式[M]. 广州: 广东人民出版社, 2002年.

司徒尚纪, 曹小曙, 朱竑, 等. 环中国南海文化[M]. 北京: 商务印书馆, 2014.

司徒尚纪. 中国南海海洋文化[M]. 广州: 中山大学出版社, 2009.

宋云飞. 大力加强我国海洋文化建设[J]. 学习月刊, 2010(3): 51-52.

孙云潭. 中国海洋灾害应急管理研究[D]. 青岛: 中国海洋大学, 2010.

谭元亨, 敖叶湘琼, 廖文, 黄伟宗. 中国南海海洋文化论[M]. 广州: 广东经济出版社, 2013.

汤坤贤, 等. 国家海岛整治修复及保护项目申报材料编制的建议. 海洋开发与管理[J]. 2013(10): 29-32.

田伯平. 后金融危机时代: 世界经济的艰难复苏[J]. 世界经济与政治论坛, 2009(6): 1-3.

田若虹. 江门海上丝绸之路与商泊贸易[J]. 五邑大学学报(社会科学版), 2013, 15(4): 1-5.

童映磊. 美国巨灾保险体系及启示[J]. 经济导刊, 2011(1): 18-19.

王法良. 山东省海洋强省发展战略研究[D]. 青岛: 中国海洋大学, 2009.

王方方, 李宁, 扶涛. 广东区域经济增长的收敛性研究[J]. 中国区域经济, 2014(2): 46-55.

王方方. 构建经济带优化广东区域协调新格局[N]. 南方日报, 2014-05-12.

王建. 十类海洋产业将获鼓励[N]. 中国海洋报, 2013-01-28.

王军, 林晓红, 史云娣. 海湾开发与生态环境保护对策探讨——日本东京湾发展历程对青岛的借鉴[J]. 中国发展, 2011(4): 5-9.

王荣武, 等, 岭南文库编辑委员会. 广东中华民族文化促进会编. 广东海洋经济[M]. 广东人民出版社, 1998.

王世红. 粤东沿海城市参与21世纪"海上丝绸之路"建设的战略思考——以汕尾市为例[J]. 城市, 2015(1): 14-16.

王希军. 我国沿海省市国家海洋战略比较研究[M]. 山东人民出版社, 2014, 128-140.

王永中, 郑联盛. 挪威发展海洋经济金融有哪些妙招[N]. 上海证券报, 2014-03-08.

王友绍, 王肇鼎, 黄良民. 近20年来大亚湾生态环境的变化及其发展趋势[J]. 热带海洋学报, 2004, 23(5):85-95.

王芸．我国海洋渔业捕捞配额制度研究［D］．青岛：中国海洋大学，2012.
王泽宇．辽宁省海洋产业结构优化升级及合理布局研究［D］．辽宁：辽宁师范大学，2006.
翁小红．汕头建设 21 世纪海上丝绸之路重要门户应优先发展现代港口物流业［N］．汕头日报，2015－03－10.
吴健鹏．广东省海洋产业发展的结构分析与策略探讨［D］．广州：暨南大学，2008.
吴静．完美我国海洋灾害应急法律制度的思考［J］．知识经济，2012（3）．
吴润华译．美国海洋管理［M］．北京：海洋出版社，1986.
吴伟萍．深化广东与海上丝路国家经贸合作［N］．南方日报，2015－04－17.
吴迎新，陈平，李静，杨海生．广东建设海洋经济强省的优势、问题和对策［J］．新经济，2014：49－51.
武卫红．“一带一路”助力广东建设海洋强省［N］．经济参考报，2015－01－21008.
向晓梅．我国战略性海洋新兴产业发展模式及其创新路径［J］．广东社会科学，2011（9）：35－40.
谢子远，闫国庆．澳大利亚发展海洋经济的经验及我国的战略选择［J］．中国软科学，2011（9）．
修斌．透视日本海洋战略［J］．南开日本研究，2013（2）：108－127.
徐嘉蕾，李悦铮．日本海洋经济经营管理模式、特点及启示［J］．海洋开发与管理，2010（9）：67－69.
徐梅．国际航运中心建设的沪港比较与上海定位［J］．上海城市管理，2011（11）：44－48.
徐启望，谭树东．风暴潮灾害经济损失评估方法研究［J］．海洋通报，1998（2）：1－12.
徐胜，张鑫．环渤海地区海洋经济资源环境因素分析及对策研究［J］．中国人口资源环境，2011（12）：366－369.
杨黎静．建设海洋经济强省的财政思路与对策——以广东为例［J］．地方财政研究，2013，（11）：63－68.
杨伦庆，刘强．湛江参与 21 世纪海上丝绸之路建设的思考［J］．当代经济，2015（1）：82－83.
杨明．“十一五”时期广东加快发展海洋经济的政策思考［J］．新经济杂志，2009（1）：101－103.
杨明杰．金融危机与社会变革［J］．现代国际关系，2009（4）：30－31.
杨伟民．建立系统完整的生态文明制度体系［N］．光明日报，2013－11－23.
姚国成．广东规划发展现代海洋渔业［N］．中国渔业报，2012－09－03.
“一带一路”助力广东加快建设海洋强省［N］．国际商报，2015－01－27.
殷克东．中国沿海地区海洋强省（市）综合实力评估［M］．北京：人民出版社，2013.
余韵诗．粤北古村落传统公共空间形态研究［D］．广州：广东工业大学，2012.
曾路．广东区位的地缘政治与地缘经济分析［D］．广州：暨南大学，2005.
詹鹏飞．广州海关全国首推快速验放机制［N］．南方日报，2015－04－22.
张春琳，等．浅谈江苏海洋防灾减灾博物馆教育［J］．海洋开发与管理，2014（6）：38－40.
张晋青．辽宁省海洋运输业发展研究［J］．渤开发与市场，2010（9），817－820.
张开城，徐质斌．海洋文化与海洋文化产业研究［M］．北京：海洋出版社，2008.
张开城，张国玲．广东海洋文化产业［M］．北京：海洋出版社，2009.
张开城．论广东海上丝绸之路文化资源的开发利用［J］．南方论刊，2011（11）：14－17.
张开城．湛江－海上丝绸之路建设的湛江担当［N］．湛江日报，2014－01－05.
张丽婷，等．区域共建模式下海洋生态文明示范区建设的探究［J］．海洋开发与管理．2014（10）：20－22.
张庭．我国政府环境保护职能的缺失与完善［D］．南京：南京师范大学，2011.
赵长春，等．确保可持续发展各国有高招［N］．中国环境报，2005－03－15.
赵毅．广东海洋行政管理体制改革研究［D］．广州：中共广东省委党校，2010.
郑才荣．完善广东省海洋行政管理与执法的思考［J］．珠江水运，2013，7：84－86.

郑梦婕．主动作为先行先试打造海丝重要门户［N］．汕头日报，2014－10－17.
郑苗壮，刘岩．建立“源头严防”的制度体系［N］．中国海洋报，2015－04－09.
周聿峨，曾路．粤港澳地缘经济关系分析［J］．科技管理研究，2005（11）：256－260.
朱坚真，闫柳．基于点轴理论的珠江三角区域海洋产业布局研究［J］．区域经济评论，2013（4），18－27.
朱艳．“海上丝绸之路”的历史价值［N］．光明日报，2015－03－22.
左晓安．对粤港澳海洋经济合作的几点思考［J］．新经济，2011（11）：82－85.